高 等 学 校 教 材

材料有机化学

吕海霞　主　编

李宝铭　温　娜　副主编

化 学 工 业 出 版 社

·北京·

《材料有机化学》按照有机化合物官能团编排，将饱和烃（烷烃和环烷烃），不饱和烃（烯烃，炔烃和二烯烃），芳烃，卤代烃，醇、酚、醚、醛、酮、醌，羧酸及其衍生物，β-二羰基化合物等各自设章，较系统地阐述了各类有机化合物的分类、命名、性质、重要的反应机理、来源和用途等。专章介绍了合成高分子聚合物的基本概念、结构、合成、性质及重要应用，着重强化了结构与性质之间的关系。在每一章拓展知识部分还介绍了与材料类专业或生产生活紧密相关的化学知识，以拓展学生知识面。

　　《材料有机化学》可作为高等学校材料类等相关专业的教材，也可作为其他专业的学生、教师及科技工作者的参考用书。

图书在版编目（CIP）数据

材料有机化学/吕海霞主编. —北京：化学工业出版社，2016.11（2025.2 重印）

高等学校教材

ISBN 978-7-122-28307-8

Ⅰ. ①材…　Ⅱ. ①吕…　Ⅲ. ①材料科学-应用化学-高等学校-教材　Ⅳ. ①TB302

中国版本图书馆 CIP 数据核字（2016）第 240906 号

责任编辑：窦　臻　林　媛　　　　　　　　装帧设计：王晓宇
责任校对：宋　夏

出版发行：化学工业出版社（北京市东城区青年湖南街 13 号　邮政编码 100011）
印　　装：北京科印技术咨询服务有限公司数码印刷分部
787mm×1092mm　1/16　印张 17　字数 416 千字　　2025 年 2 月北京第 1 版第 7 次印刷

购书咨询：010-64518888　　　　　　　　售后服务：010-64518899
网　　址：http://www.cip.com.cn
凡购买本书，如有缺损质量问题，本社销售中心负责调换。

定　　价：49.80 元　　　　　　　　　　　　　　　　版权所有　违者必究

前 言
Foreword

19 世纪初，瑞典化学家贝采利乌斯提出"有机化学"的概念，它是作为"无机化学"的对立物而命名的。当时许多化学家相信，有机化合物只能够在生物体中产生，而不能在实验室里合成。直至 19 世纪 20 年代，德国化学家维勒利用氰水解合成草酸，又无意中用加热的方法使氰酸铵转化为尿素，这说明有机化合物是可以通过人工合成的。此后，越来越多的有机化合物不断地在实验室中合成出来。目前，有机化学作为一门研究有机化合物的基础学科，已经成为化学学科及相关学科如化工、材料、医药、农林、环境、生命等的重要基础。因此，建设好这门课程的教材，对提高高校相关学科的人才培养质量具有重要的实际意义。

材料科学是一门涵盖物理、化学、电子、生物等诸多研究领域的交叉学科，其专业的设立是为了培养符合国民经济和科学技术发展需求，具备材料科学相关的基础知识、实践技能，能够从事材料科学与工程基础理论研究，新材料、新工艺和新技术的开发，具有高综合素质及创新能力的"知识-能力结合型"人才。随着教学改革的不断深入，各高校都本着加强专业基础、拓宽专业口径的原则，积极拓展专业方向，培养既掌握材料科学与工程的基础知识，又知晓有机高分子功能材料专业知识的复合型工程技术人才。特别是中国作为"华盛顿协议"的正式成员，正在持续构建与国际实质等效的工程教育专业认证体系。因此，我们根据材料科学与工程类专业特点和工程教育专业认证的要求，并结合编者多年从事有机化学教学积累的经验，在广泛吸收兄弟院校有机化学教材优点的基础上，编写了本书。

本教材既考虑到课程自身的系统性，又注意教学时限和专业要求，在内容上，力求简明扼要，通俗易懂，实用够用，注重基础知识的讲授，删除一些理论性较强、较难及实用性不强的内容；在编排上，以官能团为主线，以结构和性质的关系为重点，力图做到重点突出、文字简练。在每一章后面介绍了与材料类专业或生产生活紧密相关的化学知识，以拓展学生知识面，增加趣味性。同时，加强习题的基础性、探究性和创新提高性，使学生更好地理解和掌握有机化学的基本理论和基础知识，提高分析和解决复杂工程问题的能力，为后续课程的学习和从事科技工作打好必要的专业基础。

本教材共13章，第1～5章由温娜编写，第6～9章由吕海霞编写，第10～13章由李宝铭编写，全书由吕海霞主编并进行统稿。

在编写过程中编者参考了国内外教材，并引用了其中的一些图表、数据和习题等。在此谨向他们表示衷心的感谢！

由于编者水平有限，书中难免有不当之处，敬请广大读者批评指正。

编者

2016 年 5 月

目录
Contents

第1章

绪　论

1.1　有机化合物和有机化学

通常，有机化合物是指碳氢化合物及其衍生物。有机化合物中除了主要含有 C、H 两种元素外，还可能含有 O、N、S、P 等元素。一些具有典型无机化合物性质的碳的氧化物（如 CO、CO_2）、碳酸、碳酸盐、金属碳化物、氢氰酸和金属氰化物等，一般不列入有机化合物的讨论范围。

总之，有机化合物都是含碳化合物，但是含碳化合物不一定是有机化合物。

有机化合物是生命产生的物质基础，所有的生命体如脂肪、氨基酸、蛋白质、糖、血红素、叶绿素、酶、激素等都含有有机化合物。生物体内的新陈代谢和生物的遗传现象，都涉及有机化合物的转变。此外，许多与人类生活有密切相关的物质，如石油、天然气、棉花、染料、化纤、塑料、有机玻璃、天然和合成药物等，均与有机化合物有着密切联系。

有机化合物和无机化合物相比，具有如下显著的特性：

首先，有机化合物数目众多，可达几千万种，并且还在快速增加。而无机化合物却只发现数十万种，因为有机化合物的碳原子的结合能力非常强，可以互相结合成碳链或碳环。碳原子数量可以是 1、2 个，也可以是几千、几万个，许多有机高分子化合物（聚合物）甚至可以有几十万个碳原子，例如在聚乙烯分子中可以含有几十万个碳原子。此外，有机化合物中同分异构现象非常普遍，这也是有机化合物数目繁多的原因之一。

其次，有机化合物一般相对密度小于 2，而无机化合物正好相反。"相似相溶"是物质溶解性能中的一个经验规律，其本质是结构相似的分子之间的作用力比结构上完全不同的分子之间的作用力强。例如，氯化钠可溶于水而不溶于汽油中，石蜡则不溶于水而溶于汽油。这是由于水是极性分子，极性物质易溶于水，而汽油是非极性分子，它不具备拆散离子晶格的能力。有机化合物一般可溶于汽油，难溶于水。无机化合物则易溶于水。

再次，典型的有机化合物一般可以燃烧，绝大多数的无机化合物却不能燃烧。有机化合物的挥发性较大，通常是以气体、液体或低熔点固体的形式存在的。大多数有机化合物热稳定性差，熔点、沸点都比较低，易受热分解，许多化合物在 200～300℃之间就分解。无机化合物通常不能熔化或难以熔化。例如，酒精的沸点是 78.5℃，醋酸的沸点为 117.9℃。而氯化钠的熔点为 801℃，氧化铝的熔点高达 2000℃。相比较无机化合物，有机化合物化学反应速率慢且反应复杂，副反应多。

最后，应当指出，有关有机化合物的一些共同性质，是相对大多数的有机化合物来说的，也有不少有机化合物并不具有这些共同性质。例如，四氯化碳（CCl_4）不仅不易燃烧，而且用作灭火剂；醋酸不仅可以溶于水，而且能够电离；一些特殊的高分子化合物则可以耐上千摄氏度的高温，因此可以用于宇宙航行器上；石油裂解反应不仅不慢，而且可以瞬时完成等。

　　有机化合物与无机化合物性质上的这些差异，主要是由于分子中化学键的本性不同。一般有机化合物是以共价键结合起来的，而典型的无机化合物则是用离子键结合起来的。

1.2　有机化合物的分类

　　有机化合物的数目众多，种类繁杂。有机化合物的结构与其性质密切相关，因此有机化合物按其分子结构通常采用两种分类方法：一种是按照有机化合物分子的碳架分类；另外一种是按照有机化合物分子中的官能团分类。

1.2.1　按基本骨架分类

　　按基本骨架可以把有机化合物分为以下三类。

　　（1）开链化合物

　　分子中碳原子相互结合成碳链，其中碳原子之间可以通过单键、双键或三键相连。例如

$CH_3CH_2CH_2CH_3$　　　　　$CH_3—CH_2—CH=CH_2$

丁烷　　　　　　　　　　丁烯

$CH_3—C≡CH$　　　　　　　$CH_3CH_2CH_2OH$

丙炔　　　　　　　　　　丙醇

　　（2）碳环化合物

　　碳环化合物是含有完全由碳原子互相组合成的环状化合物。它们又可分为两类：一类是脂环族化合物；另外一类是芳香族化合物。

　　① 脂环族化合物　它们可以看作是由开链化合物的碳干连接起来形成的闭合环状化合物。例如

环己烷　　　环戊二烯　　　环辛烯　　　环己醇

　　② 芳香族化合物　芳香族化合物的结构特征是大多含有由六个碳原子组成的苯环，它们的性质不同于脂环化合物，具有独特的"芳香性"。例如

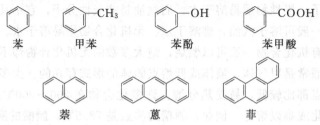

苯　　　甲苯　　　苯酚　　　苯甲酸

萘　　　　　　蒽　　　　　　菲

　　（3）杂环化合物

　　这类化合物具有环状结构，但是组成环的原子除碳外，还有氧、硫、氮等其他元素的原子。例如

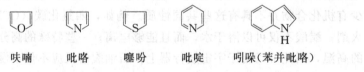

呋喃　　　吡咯　　　噻吩　　　吡啶　　　吲哚(苯并吡咯)

1.2.2 按官能团分类

将含有相同官能团的化合物归属为一类，因为官能团是决定某类化合物的主要性质的原子、原子团或特殊结构。显然，含有相同官能团的有机化合物具有相似的化学性质。例如，含有羟基（—OH）官能团的醇和酚；含有羰基（—$\overset{\text{O}}{\underset{\;}{\text{C}}}$—）官能团的醛和酮等。常见的官能团及其相应的化合物的类别见表 1-1。

表 1-1 常见的官能团及相应化合物的类别

官能团名称	官能团	化合物类型
碳碳双键	C=C	烯烃
碳碳三键	C—C≡C—C	炔烃
卤素原子	—X	卤代烃
羟基	—OH	醇、酚
醚基	—C—O—C—	醚
醛基	—C—C—H（O）	醛
羰基	—C—C—C（O）	酮等
羧基	—C—C—OH（O）	羧酸
氨基	—NH₂	胺
酰基	R—C—（O）	酰基化合物
硝基	—NO₂	硝基化合物
磺酸基	—SO₃H	磺酸
巯基	—SH	硫醇、硫酚
氰基	—CN	腈

1.3 有机化合物中的共价键

碳元素位于周期表中第ⅣA族，在有机化合物分子中是四价，因此，碳原子与碳原子或碳原子与其他原子不容易通过电子转移相互结合，而是通过共用电子对的方式即共价键相互结合。典型的有机化合物和以离子键结合的典型的无机化合物在性质上和反应性能上有显著的差异，这都是由分子中化学键的本质决定的。共价键形成的理论解释有很多，最常用的是价键理论、碳原子杂化轨道理论和分子轨道理论。

1.3.1 价键理论

价键的形成是原子轨道的重叠或电子配对的结果，如果两个原子都有未成键电子，并且自旋方向相反，就能配对形成共价键。两原子的原子轨道重叠越多，两核间的电子云密度也越大，形成的共价键就越牢固。因此，两原子在成键时，原子轨道的重叠，在可能的范围内，一定要采取电子云密度最大的方向；能量相近的原子轨道可以进行杂化，杂化后组成了能量相同的杂化轨道，杂化轨道的成键能力比没有杂化前要强。共价键的实质是原子轨道的重叠。

例如，碳原子可与四个氢原子形成四个 C—H 键而生成甲烷。

$$\cdot\dot{C}\cdot +4H\times \longrightarrow H\overset{H}{\underset{H}{\times}}\!\!\underset{}{C}\!\!\underset{}{\times}\!H \quad 或写成 \quad H-\overset{H}{\underset{H}{C}}-H$$

由一对电子形成的共价键叫做单键，用一条短直线表示，如果两个原子各用两个或三个未成键电子构成共价键，则构成的共价键为双键或三键。

$$-\overset{|}{\underset{|}{C}}-\overset{|}{\underset{|}{C}}- \qquad \overset{|}{C}=\overset{|}{C} \qquad -C\equiv C-$$

　　单键　　　　　　双键　　　　　　三键

在形成共价键时，一个电子和另一个电子配对之后就不能再与其他电子配对，这种性质称为共价键的饱和性。成键的两个电子的原子轨道只有在一定的方向上才能达到最大重叠，形成稳定的共价键，这就是共价键的方向性。

1.3.2　碳原子的杂化轨道理论

碳原子的电子构型为 $1s^2 2s^2 2p_x^1 2p_y^1 2p_z^0$（基态），只有两个未成对电子，这与有机化合物中碳是四价和甲烷分子呈正四面体构型等事实不符合。这些矛盾可以用碳原子的轨道杂化理论来解释。该理论认为当碳原子与碳原子、碳原子与氢原子或碳原子与其他元素的原子成键时，碳原子 $2s^2$ 上的一个电子激发到 $2p_z$ 空轨道上，形成了碳原子以杂化状态存在能量更低、更稳定的新的电子构型 $1s^2 2s^1 2p_x^1 2p_y^1 2p_z^1$（激发态）。能量近似的 2s 和 2p 轨道重新组合成能量相等的新轨道（杂化轨道）。杂化轨道包含了原子轨道的成分，其数目等于参与杂化的原子轨道数目。杂化轨道的方向性更强，成键能力也增大。碳原子的轨道杂化一般有三种可能的类型：2s 轨道和全部三个 2p 轨道杂化，称为 sp^3 杂化；2s 轨道和两个 2p 轨道杂化，称为 sp^2 杂化；2s 轨道和一个 2p 轨道杂化，称为 sp 杂化。

（1）sp^3 杂化

如果 2s 轨道与三个 2p 轨道杂化，则形成四个能量相同的 sp^3 杂化轨道，它们互成 109.5°的角，每个 sp^3 轨道中有一个电子。四个氢原子分别沿着 sp^3 杂化轨道的对称轴方向接近碳原子，氢原子的 1s 轨道可与 sp^3 轨道最大限度地重叠，生成四个稳定的、彼此间夹角为 109.5°的、等同的 C—Hσ 键，即形成甲烷分子。甲烷分子中的氢原子处于四面体的四个顶角上，碳原子位于四面体的中心。如图 1-1 所示。

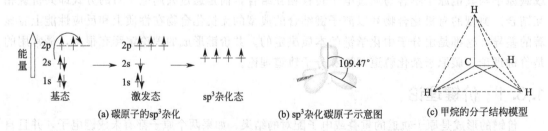

(a) 碳原子的sp^3杂化　　　　(b) sp^3杂化碳原子示意图　　　　(c) 甲烷的分子结构模型

图 1-1　sp^3 杂化及甲烷分子结构

通常将进行了 sp^3 杂化轨道的碳原子称为 sp^3 杂化碳原子，烷烃分子中的碳原子均为 sp^3 杂化碳原子。

如果一个碳原子的 sp^3 杂化轨道与另一个碳原子的 sp^3 杂化轨道沿着各自的对称轴相互重叠，则形成了 C—Cσ 键。

σ 键是两个原子沿着原子轨道对称轴方向互相重叠而形成的，此种轨道的重叠程度最大，其电子云集中于两核之间围绕键轴呈圆柱形对称分布，任意成键原子围绕键轴旋转时，都不会改变两个原子轨道重叠的程度，因此 σ 键可绕键轴自由旋转。有机化合物分子中的单键都是 σ 键。

（2）sp^2 杂化轨道

如果碳原子的 2s 轨道与两个 2p 轨道杂化，则形成三个能量相同的 sp^2 杂化轨道，三个 sp^2 杂化轨道的对称轴都在同一平面内，互成 120°角。碳原子还保留了 $2p_z$ 轨道未参与杂化，其对称轴垂直于 sp^2 杂化轨道所在的平面。如图 1-2 所示。三个 sp^2 杂化轨道和未参与杂化的一个 $2p_z$ 轨道中各有一个未成对电子，因此碳原子仍表现为四价。三个 sp^2 杂化轨道的能量，同样高于 2s 轨道而稍低于 2p 轨道。

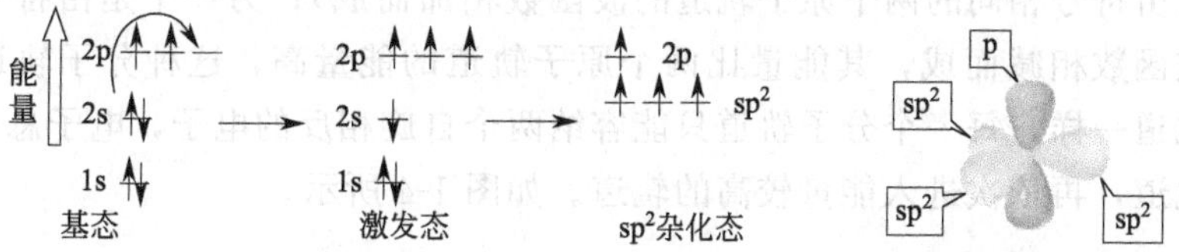

(a) 碳原子的sp²杂化   (b) sp²杂化碳原子示意图

图 1-2 sp³ 杂化

通常将进行了 sp^2 轨道杂化的碳原子称为 sp^2 杂化碳原子，烯烃分子中构成碳碳双键的碳原子和其他不饱和化合物分子中构成双键的碳原子均为 sp^2 杂化。

如果碳原子的 sp^2 杂化轨道与另一个碳原子的 sp^2 杂化轨道沿着各自的对称轴方向重叠，则形成 C—Cσ 键，与此同时，互相平行的两个 p_z 轨道相互靠近，从侧面互相重叠，则形成一个 C—Cπ 键。

π 键是两个原子相互平行的 p 轨道从侧面重叠形成的。其电子云分布在键轴平面的上、下方。由于 π 键没有轴对称性，所以 π 键不能自由旋转，当成键原子围绕单键旋转时，则 π 键断裂。π 键的电子云不是集中在两个原子核之间，受核束缚力较小，易受到外界影响而极化，故 π 键比 σ 键更容易发生反应。

（3）sp 杂化

如果碳原子的 2s 轨道与一个 2p 轨道杂化，则形成两个能量相同的 sp 杂化轨道，其对称轴间互成 180°角，两个 sp 杂化轨道和两个未参与杂化的 2p 轨道中，各有一个未成对电子，碳原子也表现为四价。如图 1-3 所示两个 sp 杂化轨道都与 p_x 和 p_z 所在的平面垂直，

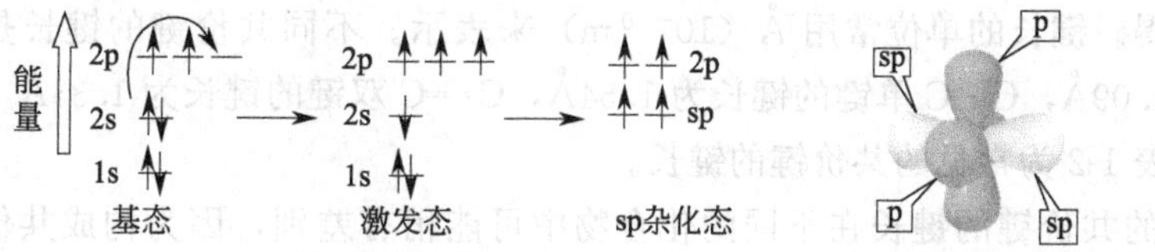

(a) 碳原子的sp杂化   (b) sp杂化碳原子示意图

图 1-3 sp 杂化

且 p_x 和 p_z 轨道仍保持相互垂直。sp 杂化轨道的能量介于 2s 轨道和 2p 轨道之间。两个碳原子的 sp 杂化轨道沿着各自的对称轴相互重叠，形成 C—Cσ 键，与此同时，两个 p_y 轨道和两个 p_x 轨道也分别从侧面重叠，形成两个相互垂直的 C—Cπ 键。

通常炔烃分子中构成碳碳三键的碳原子和其他化合物中含有三键的碳原子均为 sp 杂化。

1.3.3　分子轨道理论

分子轨道理论是从分子的整体出发去研究分子中每一个电子的运动状态，认为形成化学键的电子是在整个分子中运动的。在分子中原子核以一定的方式排列，分子中的电子分布在这些原子核周围，分子中电子的运动状态叫做分子轨道，用波函数 ψ 表示。通过薛定谔方程的解，可以求出描述分子中的电子运动状态的波函数 ψ，每一个分子轨道 ψ 有一个相应的能量 E，E 近似地表示在这个轨道上的电子的电离能。分子轨道常用于描述共轭体系。

分子轨道理论认为，当任何数目的原子轨道重叠时，就可形成同样数目的分子轨道。

两个原子轨道可以线性地组合成两个分子轨道：其中一个比原来的原子轨道的能量低，叫成键轨道（由符号相同的两个原子轨道的波函数相加而成）；另一个是由符号不同的两个原子轨道的波函数相减而成，其能量比两个原子轨道的能量高，这种分子轨道叫做反键轨道。和原子轨道一样，每一个分子轨道只能容纳两个自旋相反的电子，电子总是优先进入能量低的分子轨道，再依次进入能量较高的轨道。如图 1-4 所示。

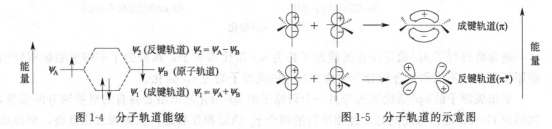

图 1-4　分子轨道能级　　　　　　　　　　图 1-5　分子轨道的示意图

由原子轨道组成分子轨道时，必须符合三个条件：对称匹配，即组成分子轨道的原子轨道的符号（位相）必须相同；原子轨道的重叠具有方向性；能量相近。

例如乙烯等具有双键的分子，在双键碳原子上各剩下一个 $2p_z$ 轨道，它们可以组合成两个分子轨道，一个是成键轨道（π），另外一个是反键轨道（π*）。成键轨道的电子云分布在 xy 平面的上下，反键轨道在两个碳原子核之间有节面，如图 1-5 所示。

1.3.4　共价键的键参数

(1) 键长

键长是指形成共价键的两个原子核间距离。键长可通过电子衍射法（气体）、X 射线衍射法（固体）测得。键长的单位常用 Å（10^{-10} m）来表示。不同共价键的键长是不同的。例如 C—H 键长为 1.09Å，C—C 单键的键长为 1.54Å，C＝C 双键的键长为 1.33Å，C≡C 三键的键长为 1.20Å。表 1-2 为常见的共价键的键长。

同一类型的共价键的键长在不同的化合物中可能稍有差别，因为构成共价键的原子在分子中不是孤立的，而是相互影响的。一般地，键长越短，表示化学键越牢固，越不容易断开。

表 1-2　一些常见共价键的平均键长

共价键	键长/Å	共价键	键长/Å
C—H	1.09	C=C	1.33
C—C	1.54	C=O	1.22
C—Cl	1.76	C≡C	1.20
C—Br	1.94	C=N	1.30
C—I	2.14	C≡N	1.16
N—H	1.03	C—N	1.47
O—H	0.97		

（2）键角

分子中两个共价键之间的夹角称为键角。例如，甲烷分子中 H—C—H 的键角为 109.5°。但同种原子在不同分子中形成的键角不一定相同，是由于分子中各原子间相互影响的结果。例如丙烷中的 C—CH$_2$—C 键角为 112°。键角与成键中心原子的杂化态有关，也受到分子中其他原子的影响。键长和键角决定着分子的立体形状。

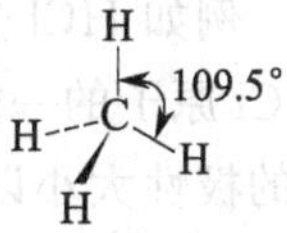

习惯用立体透视式表示分子中原子或基团在空间的排列关系，以纸面为平面，用细线表示键在纸面上；楔形实线表示键由纸面前方伸向纸面；虚线表示键由纸面后方伸向纸面，故甲烷分子中 H—C—H 的键角为 109.5°（见图 1-6）。

图 1-6　甲烷的立体透视式

（3）键能

键能是指共价键形成时放出的能量或共价键断裂时所吸收的能量，也称为该键的离解能。键能反映了共价键的强度，是决定一个反应能否进行的基本参数。

通常键能越大，两个原子结合越牢固，键越稳定。不同分子中的同一化学键或同一分子中不同位置的化学键，其键能也不相同。一些常见分子中共价键的键能（单位：kJ/mol）如下。

$$\overset{439}{H{-}CH_3}$$

$$\overset{420}{H{-}CH_2CH_3}$$

$$\overset{410}{H{-}CH(CH_3)_2} \qquad \overset{157}{F{-}F}$$

$$\overset{400}{H{-}C(CH_3)_3} \qquad \overset{243}{Cl{-}Cl} \qquad \overset{460}{F{-}CH_3}$$

$$\overset{372}{H{-}CH_2C{\equiv}CH} \qquad \overset{194}{Br{-}Br} \qquad \overset{350}{Cl{-}CH_3} \qquad \overset{377}{H_3C{-}CH_3}$$

$$\overset{370}{H{-}CH_2C_6H_5} \qquad \overset{153}{I{-}I} \qquad \overset{294}{Br{-}CH_3} \qquad \overset{728}{H_2C{=}CH_2} \qquad \overset{356}{H_2N{-}CH_3}$$

$$\overset{369}{H{-}CH_2CH{=}CH_2} \qquad \overset{163}{CH_3O{-}OCH_3} \qquad \overset{239}{I{-}CH_3} \qquad \overset{954}{H_2C{\equiv}CH} \qquad \overset{385}{HO{-}CH_3}$$

但是对于大多数多原子分子来说，每个共价键的键能是不同的。例如甲烷分子中每个 C—H 键离解时的能量是各个离解能的平均值，如 C—H 键的键能就可以取上列甲烷各个 C—H 键离解能的平均值 415kJ/mol。

$$CH_4 \longrightarrow \cdot CH_3 + H\cdot \qquad \Delta H = 435kJ/mol$$

$$\cdot CH_3 \longrightarrow \cdot \overset{\cdot\cdot}{C}H_2 + H\cdot \qquad \Delta H = 443kJ/mol$$

$$\cdot \overset{\cdot\cdot}{C}H_2 \longrightarrow \cdot \overset{\cdot\cdot}{C}H + H\cdot \qquad \Delta H = 443kJ/mol$$

$$\cdot \overset{\cdot\cdot}{C}H \longrightarrow \cdot \overset{\cdot\cdot}{\underset{\cdot\cdot}{C}} + H\cdot \qquad \Delta H = 338kJ/mol$$

$$(435+443+443+338)/4 = 415(kJ/mol)$$

（4）键的极性

键的极性与键合原子的电负性有关，一些元素电负性数值大的原子具有强的吸电子能力。常见元素电负性为：

H	C	N	O	F	Si	P	S	Cl	Br	I
2.1	2.5	3.0	3.5	4.0	1.8	2.1	2.5	3.0	2.5	2.0

对于两个相同原子形成的共价键来说，可以认为成键电子云是均匀分布在两核之间，这样的共价键没有极性，为非极性共价键。但当两个不同原子形成共价键时，由于原子的电负性不同，成键电子云偏向电负性大的原子一边，这样一个原子带有部分正电荷。电子云不完全对称而呈现极性叫做极性共价键。

例如 HCl 分子中，Cl 原子的电负性大于 H 原子，电子云偏向 Cl 原子的一端，因此靠近 Cl 原子的一端带有部分负电荷，H 原子的一端带有部分正电荷，分别用 δ^- 和 δ^+ 表示。键的极性大小以键的偶极矩 μ 表示，偶极矩 μ 是一个向量，用 $+\!\!\rightarrow$ 表示其方向，箭头指向负电中心，偶极矩越大，键的极性越强。

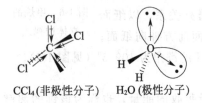

CCl₄（非极性分子）　H₂O（极性分子）

图 1-7　CCl₄ 分子和 H₂O
分子的偶极矩

对于双原子分子来说，键的偶极矩就是分子的偶极矩，但对于多原子分子来说分子的偶极矩是各键的偶极矩的向量和，也就是说多原子分子的极性不只决定于键的极性，也决定于各键在空间分布的方向，即决定于分子的形状。例如，CCl₄ 分子中 C—Cl 键是极性键，但由于分子呈四面体型，四个氯原子对称地分布于碳原子的周围，分子的正电中心与负电中心重合，所以 CCl₄ 分子没有极性，而在水分子中 H—O—H 不在一条直线上，分子的正电中心和负电中心不重合，因此水是极性分子。如图 1-7 所示。

值得指出的是，带有未共用电子对的分子，其未共用电子对也影响分子的偶极矩，如水分子的偶极矩为两个 H—O 键的偶极矩与由两对未共用电子对产生的偶极矩的向量和。另外，由极性键组成的分子不一定是极性分子。分子的极性对熔点、沸点、溶解度等都有一定的影响

1.4　有机化学反应的基本类型

化学反应中涉及分子中化学键的断裂，即旧化学键的断裂，新的化学键的形成，同时生成新的分子的过程。

1.4.1　共价键断裂方式

（1）均裂

成键的一对电子平均分给两个原子或原子团，这种断键方式称为均裂。均裂往往需要高温或光照等条件，均裂产生具有未成对电子的原子或原子团，称为自由基或游离基。

$$A:B \longrightarrow A\cdot + B\cdot$$

（2）异裂

成键共用电子对完全被成键原子中的一方单独占有，形成正离子和负离子，这种断键方式称为异裂。异裂往往需要酸、碱或极性试剂催化，通常在极性溶剂中进行。

$$A:B \longrightarrow A^+ + B^-$$

$$C:X \begin{cases} \longrightarrow C^+ + X^- : 碳正离子 \\ \longrightarrow X^+ + C^- : 碳负离子 \end{cases}$$

但应该指出，碳正离子、碳负离子是在反应中暂时生成和瞬间存在的活性中间体。它们与无机反应中的正、负离子大不相同。严格地说，这种离子型中间体不具有无机反应中正、负离子的真正含义。

（3）协同反应（周环反应）

反应不受外界条件的影响，反应时发生共价键的断裂和生成，是经过中心环状过渡态协同地进行，没有活性中间体的产生，这种反应称为协同反应，又称一步反应，周环反应就是一类重要的协同反应。例如

$$\Bigg\langle \underset{\text{光照（或加热）}}{\rightleftharpoons} \Big[\square \Big]^{\neq} \rightleftharpoons \square$$

顺-1,3-丁二烯　　　环状过渡态　　环丁烯

1.4.2　有机反应的类型

（1）自由基型反应

在气相或惰性溶剂中，光照或高温下共价键的断裂以均裂为主，生成自由基活性中间体而引发的反应称为自由基反应，主要发生自由基型反应，例如烷烃的卤代反应等。

（2）离子型反应

在极性溶剂中，或在酸、碱催化下共价键的断裂以异裂为主，通过共价键异裂生成碳正离子或碳负离子活性中间体引发的反应称为离子型反应。如卤代烃的取代反应等。

（3）协同反应

反应过程中，旧键的断裂与新键的形成同时进行，无活性中间体生成，这类反应称为协同反应。协同反应的过程中不生成自由基或离子活性中间体，是通过一个环状过渡态的形成一步完成的反应，如双烯合成反应、周环反应等。

此外，有机反应还可依据产物与原料的关系分为取代反应、加成反应、氧化还原反应等。像烯烃、炔烃与卤素的加成反应，称为亲电加成反应；芳香化合物的卤化、硝化反应，称为亲电取代反应；醛和酮的羰基加成反应，称为亲核加成反应；卤代烃的水解反应，称为亲核取代反应；烷烃的卤代反应，称为自由基取代反应等。

拓展知识

有机化合物与人们的生活

有机分子组成了生命的化学构筑单元，脂肪、糖、蛋白质以及核酸是主要成分为碳的化合物。人们日常生活中使用的难以计数的物质也都是由含碳化合物组成。例如，几乎所有人们穿的衣服都是由有机分子组成的，这些衣服包含天然纤维和人造纤维。天然纤维主要是指由棉花和丝绸等制造的纤维；人造纤维则主要是指黏胶纤维、醋酸纤维、铜氨纤维、聚酯纤维等。人们日常生活中常用到的牙刷、牙膏、肥皂、洗发水、除臭剂、香水等都包含有机化合物。此外，家具、地毯、电器和厨具、塑料、涂料、食物（例如糖精、味精）等

也都与有机化合物息息相关。

　　有机物例如汽油、药物、杀虫剂和高分子聚合物等已经大大地提高了人们的生活质量。然而，有机物垃圾的随意丢弃、焚烧和填埋已经造成了环境污染，引起动物、植物等生活环境的恶化，同时也使得人类受到了伤害，直接或间接地感染了疾病。如果能制备合成出有用的物质，掌握并运用有机化学的原理，了解它们的性质和行为，同时能控制和掌握它们对人类造成的影响，将是人们学习有机化学的目标和意义之一。

习　题

1. 用简单的文字解释下列术语：

(1) 有机化合物；(2) 键能；(3) 键长；(4) 均裂；(5) 异裂；(6) sp^2 杂化

2. 共价键的键参数指什么？共价键断裂的方式有哪些？

3. 在沸点、熔点和溶解度方面，有机化合物和无机化合物有哪些差别？

4. 正丁醇的沸点（118℃）比它的同分异构体乙醚的沸点（34℃）高得多，但这两个化合物在水中的溶解度却相同（每100g 水溶解 8g），怎样说明这些事实？

5. 试判断下列化合物是否为极性分子

(1) HBr；(2) I_2；(3) CCl_4；(4) CH_2Cl_2；(5) CH_3OH；(6) CH_3OCH_3

6. 根据键能数据，乙烷分子在受热裂解时，哪种键首先断裂？属吸热还是放热反应？

7. H_2O 的键角为 105°，水分子中的氧原子用什么类型的原子轨道与氢原子形成等价的单键？

8. 正丁醇（$CH_3CH_2CH_2CH_2OH$）的沸点（117.3℃）比它的同分异构体乙醚（$CH_3CH_2OCH_2CH_3$）的沸点（34.5℃）高得多，但两者在水中的溶解度均约为 8g/100g 水，试解释此现象。

9. 矿物油（分子量较大的烃的混合物）能溶于正己烷，但不溶于乙醇或水，试解释。

10. 根据官能团区分下列化合物，哪些属于同一类化合物？称为什么化合物？如按碳架区分，哪些同属一族？属于什么族？

(1) 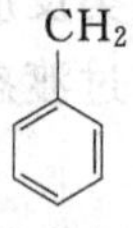 ![苯甲醇结构] CH_2OH ；(2) ![苯甲酸结构] COOH ；(3) ![异丙醇] OH/OH ；(4) ![环己醇] OH ；(5) ![烯丙醇] OH ；(6) ![甲基丙烯酸] COOH

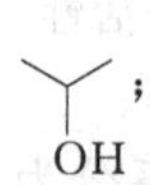

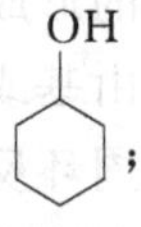

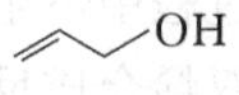

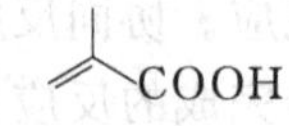

11. 典型有机化合物和典型无机化合物性质有何不同？

12. 指出下列各化合物分子中所含官能团的名称和化合物的类别。

(1) CH_3CH_2OH；(2) C_6H_5OH；(3) $C_6H_5NH_2$；(4) $CH_2\!=\!CH\!-\!COOH$

13. 下列化合物分子中有无偶极矩，若有用箭头标明极性的方向。

(1) CH_3Cl；(2) CCl_4；(3) CH_3OCH_3；(4) CH_3OH

14. 比较下列各组化合物的化学键极性大小。

(1) CH_3Cl；CH_3F；CH_3Br

(2) CH_3CH_2OH；$CH_3CH_2NH_2$

15. 指出下列各化合物分子中碳原子的杂化状态。

(1) $CH_3CH\!=\!CH_2$；(2) $CH_2\!=\!C\!=\!CH_2$；(3) $CH\!\equiv\!C\!-\!CH_2\!-\!CH\!=\!CH_2$

第2章

饱和烃（烷烃和环烷烃）

把只含有碳和氢两种元素的有机化合物统称为碳氢化合物，简称"烃"。如果烃分子中碳原子均以碳碳单键相连接，则叫做饱和烃。饱和烃包含两类，其中分子内碳原子连接成链状的称为脂肪烃，而碳原子连接成环状的称为脂环烃。

以烷烃为例，烷烃中的甲烷、乙烷、丙烷、丁烷、戊烷、己烷、庚烷、辛烷、壬烷、癸烷等，除了端基碳与一个碳原子和三个氢原子相连外，其他每一个碳都与两个碳原子和两个氢原子相连，它们相差 n 个亚甲基—CH_2—，用结构通式 $CH_3(CH_2)_nCH_3$ 表示，这些分子相互都是同系的。一般的，把结构相似、分子组成相差若干个"—CH_2—"的有机化合物互称为同系物，CH_2 称为系差，这样的系列称为同系列。甲烷是同系物中的第一个分子，乙烷是第二个分子，依此类推。同系物一般出现在有机化合物中，同系物必须是同一类物质（含有相同且数量相等的官能团，羟基例外，酚和醇不能成为同系物，如苯酚和苯甲醇），一类同系物的化学性质基本相似，物理性质随着碳原子的增加而有规则地递变。可以从一些典型化合物的性质推测其他同系物的性质。

2.1 烷烃

2.1.1 烷烃的通式及异构现象

甲烷（CH_4）、乙烷（C_2H_6）、丙烷（C_3H_8）、丁烷（C_4H_{10}）等是同系物，可用通式 C_nH_{2n+2} 表示。丙烷中的一个氢原子被甲基取代，可得到两种不同的丁烷：正丁烷（熔点 $-138℃$，沸点 $-0.5℃$）和异丁烷（熔点 $-159℃$，沸点 $11.7℃$），这两种不同的丁烷，具有相同的分子式和不同的结构式，其中甲烷与正丁烷互为同系物，甲烷与异丁烷也互为同系物。像这种有机化合物分子组成相同而结构式不同的现象，称为同分异构现象，彼此互为异构体。甲烷、乙烷和丙烷没有同分异构体，从丁烷开始有同分异构体。

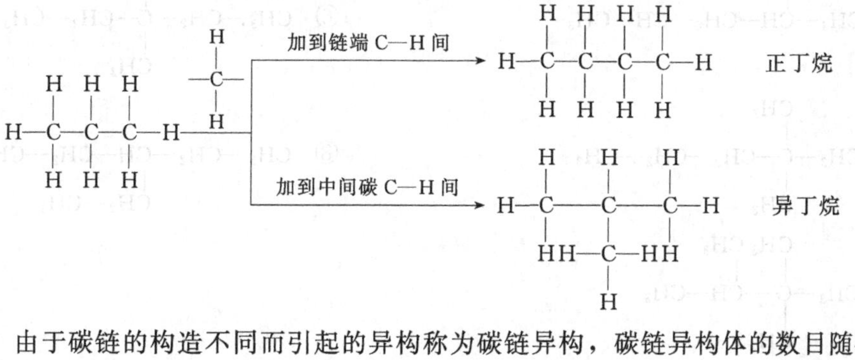

此外，由于碳链的构造不同而引起的异构称为碳链异构，碳链异构体的数目随碳原子数

的增加而迅速增加，这种随着碳原子数增加（四个碳原子以上）出现的相同分子式而不同碳链结构的异构现象，属构造异构。分子式相同，分子构造不同的化合物，称为构造异构体。例如戊烷有三种碳链异构——（正）戊烷、异戊烷和新戊烷。

（正）戊烷

$$CH_3CH_2CH_2CH_2CH_3 \quad \text{或} \quad CH_3(CH_2)_3CH_3 \quad \text{或}$$

异戊烷

$$CH_3CHCH_2CH_3 \quad \text{或} \quad (CH_3)_2CHCH_2CH_3 \quad \text{或}$$
$$\quad\quad |$$
$$\quad CH_3$$

新戊烷

$$\quad\quad CH_3$$
$$\quad\quad |$$
$$CH_3CCH_3 \quad \text{或} \quad (CH_3)_4C \quad \text{或}$$
$$\quad\quad |$$
$$\quad\quad CH_3$$

烷烃分子中，随着碳原子数增加，同分异构体迅速增加。如己烷（C_6H_{12}）有 5 个同分异构体，庚烷（C_7H_{14}）有 9 个同分异构体，辛烷（C_8H_{18}）有 18 个同分异构体，癸烷（$C_{10}H_{22}$）有 75 个同分异构体，四十烷（$C_{40}H_{82}$）有 62491178805831 个同分异构体（表 2-1）。

C_6H_{14} 有如下 5 种异构体：

① $CH_3{-}CH_2{-}CH_2{-}CH_2{-}CH_3$

② $H_3C{-}CH{-}CH_2{-}CH_2{-}CH_3$ （上方 CH_3 支链）

③ $H_3C{-}CH{-}CH{-}CH_3$ （上方两个 CH_3 支链）

④ $CH_3{-}CH_2{-}CH{-}CH_2{-}CH_3$ （上方 CH_3 支链）

⑤ $CH_3{-}\overset{\displaystyle CH_3}{\underset{\displaystyle CH_3}{C}}{-}CH_2{-}CH_3$

C_7H_{16} 有如下 9 种异构体：

① $CH_3{-}CH_2{-}CH_2{-}CH_2{-}CH_2{-}CH_2{-}CH_3$

② $CH_3{-}CH{-}CH_2{-}CH_2{-}CH_2{-}CH_3$ （上方 CH_3 支链）

③ $CH_3{-}CH_2{-}CH{-}CH_2{-}CH_2{-}CH_3$ （上方 CH_3 支链）

④ $CH_3{-}CH{-}CH{-}CH_2{-}CH_3$ （上方两个 CH_3 支链）

⑤ $CH_3{-}CH{-}CH_2{-}CH{-}CH_3$ （上方两个 CH_3 支链）

⑥ $CH_3{-}CH_2{-}\overset{\displaystyle CH_3}{\underset{\displaystyle CH_3}{C}}{-}CH_2{-}CH_3$

⑦ $CH_3{-}\overset{\displaystyle CH_3}{\underset{\displaystyle CH_3}{C}}{-}CH_2{-}CH_2{-}CH_3$

⑧ $CH_3{-}CH_2{-}CH{-}CH_2{-}CH_3$ （下方 $CH_2{-}CH_3$ 支链）

⑨ $CH_3{-}\overset{\displaystyle CH_3\ CH_3}{\underset{\displaystyle CH_3}{C}}{-}CH{-}CH_3$

表 2-1　烷烃的异构体的数目

分子式	异构体的数目	分子式	异构体的数目
CH_4	1	C_8H_{18}	18
C_2H_6	1	C_9H_{20}	35
C_3H_8	1	$C_{10}H_{22}$	75
C_4H_{10}	2	$C_{15}H_{32}$	4347
C_5H_{12}	3	$C_{20}H_{42}$	366319
C_6H_{14}	5	$C_{40}H_{82}$	62491178805831
C_7H_{16}	9		

2.1.2　烷烃的结构

　　碳链作为烷烃最普遍的结构特征，不仅影响烷烃的物理性质，也影响具有碳链结构的任何其他有机分子的物理性质。

　　烷烃分子形成时，碳原子的一个 s 轨道与三个 p 轨道通过杂化后形成四个能量相等的新轨道即 sp^3 杂化轨道。碳原子的 sp^3 轨道沿着对称轴的方向分别与碳的 sp^3 轨道或氢的 1s 轨道相互重叠成 σ 键。C—Hσ 键是由碳原子的 sp^3 杂化轨道与氢原子的 1s 轨道在 sp^3 杂化轨道对称轴的方向交盖而成。烷烃中 C—C、C—H 键都是以单键相连（即 σ 键），通常 C—H 键长约为 1.10Å，C—C 键长为 1.54Å。

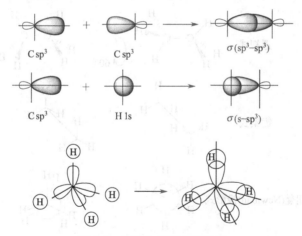

图 2-1　甲烷分子形成示意图

　　甲烷分子中的碳原子是 sp^3 杂化，四个 sp^3 杂化轨道分别与四个氢原子的 1s 轨道互相重叠生成四个等同的碳氢 σ 键（图 2-1）。所以，甲烷分子具有正四面体的空间结构，碳原子位于正四面体的中心，四个氢原子在四面体的四个顶点上，四个 C—H 键长都为 1.09Å，所有键角 H—C—H 都是 109.5°（图 2-2）。乙烷由于碳原子上所连接的基团不同，C—C 键长为 1.54Å，C—H 键长为 1.09Å，键角有所变化，但也接近于 109.5°［图 2-3(a)］。与甲烷相似，乙烷分子中 C—H 键也是由碳原子的 sp^3 杂化轨道与氢原子的 1s 轨道交盖而成。不同之处是，其 C—Cσ 键是由两个碳原子各以一个 sp^3 杂化轨道在 sp^3 杂化轨道对称轴的方向交盖而成，如图 2-3(b) 所示。

　　σ 键存在于任何有机分子中，由于 σ 键是在成键轨道的轴线上相互交盖而成的，故相互重叠的程度较大，电子云集中于两原子核之间，在轨道的对称轴上重叠的程度最大，这就决

定了 σ 键的键能大，极化度小，稳定，且成键原子可绕键轴旋转而不会被破坏，导致烷烃化学性质稳定，且具有特殊异构现象。

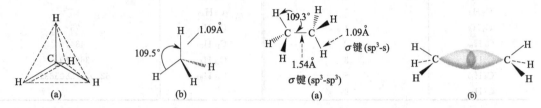

图 2-2　甲烷的正四面体构型　　　图 2-3　乙烷的分子结构（a）和 sp³ 杂化碳原子形成的乙烷分子示意图（b）

把烷烃分子中成键原子绕单键自由旋转，导致分子中原子或基团在空间有不同排列方式，称为构象。这种因单键旋转而产生的特殊的异构现象，称为构象异构，构象异构属立体异构。如乙烷分子中碳碳单键的自由旋转可以产生无数种构象，但最典型的构象只有两种，如图 2-4 所示，即交叉式构象和重叠式构象，分别用透视式、锯架式和纽曼（Newman）投影式表示。从 C—C 轴的方向看过去，交叉构象中第一个碳原子上的所有氢原子都正好处于第二个碳原子上两个氢原子的正中间，如果以 C—C 键为轴旋转 60℃，则得到重叠构象。

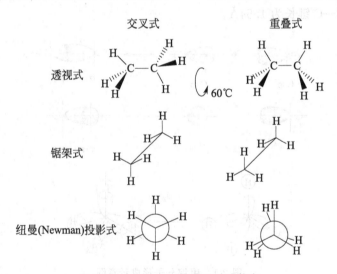

图 2-4　乙烷的交叉式和重叠式构象

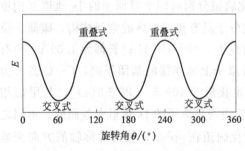

图 2-5　乙烷不同构象的能量曲线

乙烷的交叉式和重叠式构象是乙烷的两种极端构象。在室温下，乙烷分子中的 C—C 键能迅速地旋转变化而产生的各种构象异构体之间具有不同的势能，交叉式构象中，相互排斥力最小，能量最低，最稳定，为优势构象。重叠式构象中，相互排斥力最大，能量最高，是最不稳定的构象。两者之间的能量差为 12.6kJ/mol，如图 2-5 所示。在室温时，这些构象之间相互快速地旋转，因此不能分离出乙烷的某一构象。

碳链一般是曲折地排布在空间，在晶体时碳链排列整齐，呈锯齿状，在气、液态时呈多种曲折排列形式（因 σ 键能自由旋转所致）。例如，戊烷的各种构象可简写成键线式或直链式。

$$\begin{array}{c} CH_2 \quad\quad CH_2 \\ CH_3 \quad CH_2 \quad CH_3 \end{array} \text{ 或 } \wedge\!\!\wedge$$

$$\begin{array}{c} CH_3 \\ CH_2 \quad\quad CH_2 \\ CH_3 \quad CH_2 \end{array} \text{ 或 } \wedge\!\!\backslash$$

$$\begin{array}{c} CH_2 \\ CH_3 \\ CH_3 \quad CH_2 \\ CH_2 \end{array} \text{ 或 } \pentagon$$

2.1.3 烷烃的命名

（1）伯、仲、叔、季碳原子

为了方便，通常将有机分子中的碳原子分为以下四类：在烃分子之中仅与一个碳相连的碳原子叫做伯碳原子（或一级碳原子，用 1°表示）。例如，所有的烷烃链的端基碳都是一级碳。与两个碳原子相连的碳叫做仲碳原子（或二级碳原子，用 2°表示）。与三个碳相连的碳原子叫做叔碳原子（或三级碳原子，用 3°表示）。与四个碳相连的碳原子叫做季碳原子（或四级碳原子，用 4°表示）。同样，与伯、仲、叔碳原子相连的氢原子，分别称为伯、仲、叔氢原子。不同类型的氢原子的反应性能有一定的差别。

例如：

$$\begin{array}{ccccccc} & & CH_3 & & & & \\ 1° & | & 4° & 2° & & 3° & 1° \\ CH_3 & - & C & - CH_2 & - & CH - & CH_3 \\ & | & & & & | & \\ & CH_3 & & & & CH_3 & \end{array}$$

（2）普通命名法

碳原子数 10 个或 10 个以内的烷烃根据分子中碳原子数目称为"某烷"，依次用天干顺序甲、乙、丙、丁、戊、己、庚、辛、壬、癸十个汉字表示碳原子的数目。例如，$CH_3CH_2CH_2CH_2CH_3$ 命名为正戊烷。十以上的用小写中文数字表示碳原子的数目，例如，$CH_3(CH_2)_{18}CH_3$ 命名为碳二十烷。表 2-2 给出了碳原子数 ≤12 的直链烷烃的命名。

表 2-2 十二种直链烷烃的命名

序号	分子式	中（英文命名）	序号	分子式	中（英文命名）
1	CH_4	甲烷(methane)	7	$CH_3(CH_2)_5CH_3$	庚烷(hexane)
2	CH_3CH_3	乙烷(ethane)	8	$CH_3(CH_2)_6CH_3$	辛烷(octane)
3	$CH_3CH_2CH_3$	丙烷(propane)	9	$CH_3(CH_2)_7CH_3$	壬烷(nonane)
4	$CH_3(CH_2)_2CH_3$	丁烷(butane)	10	$CH_3(CH_2)_8CH_3$	癸烷(decane)
5	$CH_3(CH_2)_3CH_3$	戊烷(pentane)	11	$CH_3(CH_2)_9CH_3$	碳十一烷(undecane)
6	$CH_3(CH_2)_4CH_3$	己烷(hexane)	12	$CH_3(CH_2)_{10}CH_3$	碳十二烷(dodecane)

对于含有支链的烷烃，则必须在某烷前面加上一个汉字来区别。在链端第二位碳原子上连有一个甲基时，称为异某烷，在链端第二位碳原子上连有两个甲基时，称为新某烷。例如

$$CH_3-CH_2-CH_2-CH_2-CH_2-CH_3 \qquad CH_3-\overset{\displaystyle CH_3}{\underset{\displaystyle |}{CH}}-CH_2-CH_2-CH_3 \qquad CH_3-CH_2-\overset{\displaystyle CH_3}{\underset{\displaystyle \underset{\displaystyle CH_3}{|}}{\overset{|}{C}}}-CH_3$$

正己烷   异己烷   新己烷

普通命名法简单方便，但只能适用于构造比较简单的烷烃。对于比较复杂的烷烃必须使用系统命名法。

（3）系统命名法（IUPAC 命名法）

① 烷基　将烷烃分子去掉一个氢原子后剩余的基团，称为烷基。烷基的通式为 C_nH_{2n+1}，通常用 R—表示。比如将甲烷、乙烷和丙烷除去一个氢原子后，分别称为甲基（CH_3-）、乙基（CH_3CH_2-）和丙基（$CH_3CH_2CH_2-$）。此外，从烷烃分子中去掉两个氢原子后余下的基团称为亚烷基。表 2-3 列出了最常见的烷基和亚烷基。

表 2-3　常见的烷基和亚烷基

烷基	名称	常用符号
CH_3-	甲基(methyl)	Me
CH_3CH_2-	乙基(ethyl)	Et
$CH_3CH_2CH_2-$	丙基(propyl)	n-Pr
$(CH_3)_2CH-$	异丙基(isopropyl)	i-Pr
$CH_3CH_2CH_2CH_2-$	正丁基(butyl)	n-Bu
$(CH_3)_2CHCH_2-$	异丁基(isobutyl)	i-Bu
$CH_3CH_2CH(CH_3)-$	仲丁基(sec-butyl)	s-Bu
$(CH_3)_3C-$	叔丁基(tert-butyl)	t-Bu
$(CH_3)_3CCH_2-$	新戊基(neopentyl)	new-Amyl
$CH_3CH_2C(CH_3)_2-$	叔戊基(tert-amyl)	t-Amyl
亚甲基	名称	
$-CH_2-$	亚甲基(methylene)	
$-CH(CH_3)-$	亚乙基(ethylidene)	
$-CH_2CH_2-$	1,2-亚乙基（或二亚甲基）(dimethylene)	
$-C(CH_3)_2-$	亚异丙基(1-methylethylidene)	
$-CH_2(CH_2)_4CH_2-$	1,6-亚己基（或六亚甲基）(hexylidene)	

② 系统命名法　系统命名法由 1892 年的瑞士日内瓦化学会议首次引入，中国化学学会根据国际纯粹和应用化学联合会（International Union of Pure and Applied Chemistry，IUPAC）制定的有机化合物命名原则，再结合我国汉字的特点而制定的。通过表 2-2 可知，普通命名法可以命名前 20 种直链烷烃。但是对于具有支链的化合物体系，则必须采用系统命名法。

在系统命名法中，对于无支链的烷烃，省去正字。对于结构复杂的烷烃，则按以下命名规则来命名。

规则一：选择分子中最长的碳链作为主链。根据主链所含碳原子的数目定为某烷，再将支链作为取代基。把与主链相连的所有基团命名为烷基。在分子式中，选择主链时，复杂支链烷烃的最长碳链往往不会一目了然。下面的例子中，黑色虚线表示的主链总共有七种，但只有排在第一个的化合物中，黑色虚线表示的最长链才能作为主链。主链中碳原子数目的名称就作为该分子的名称，连接到最长主链上的基团称为取代基。下列化合物中最长碳链含有 10 个碳原子，确定为主链，称为"癸烷"。第一个化合物的正确命名为"3-甲基-6-乙基癸烷"。

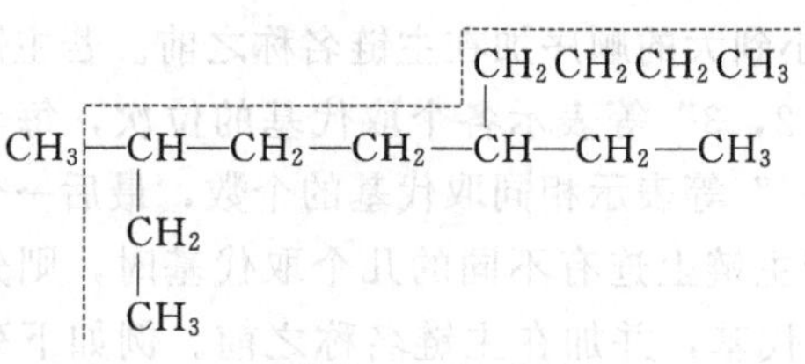

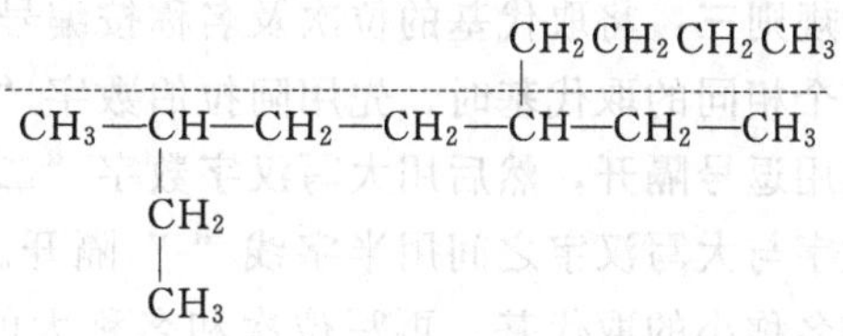

$$CH_3-CH-CH_2-CH_2-CH-CH_2-CH_3$$

下接 $CH_2CH_2CH_2CH_3$（第5位）及 $\begin{matrix}CH_2\\CH_3\end{matrix}$（第2位）

3-甲基-6-乙基癸烷

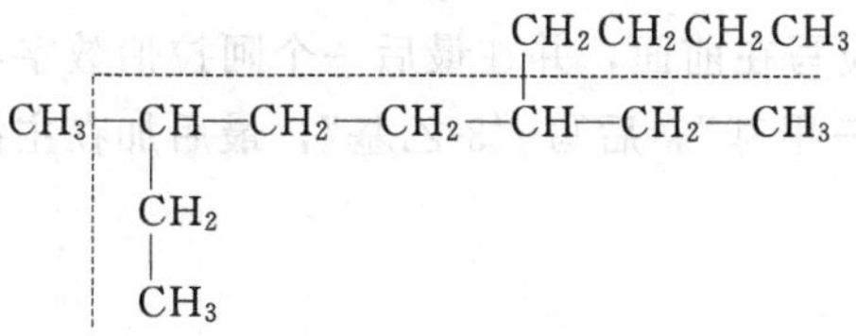

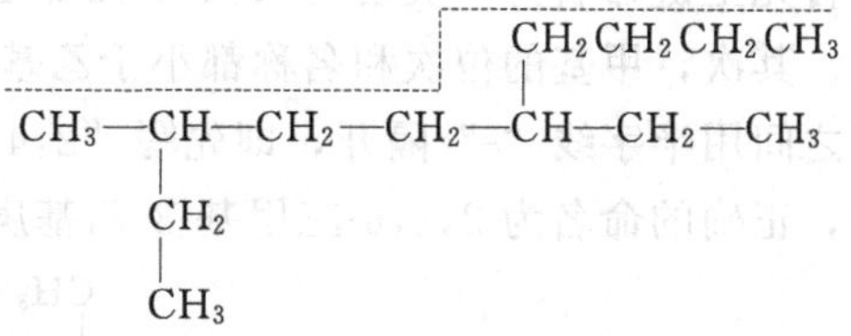

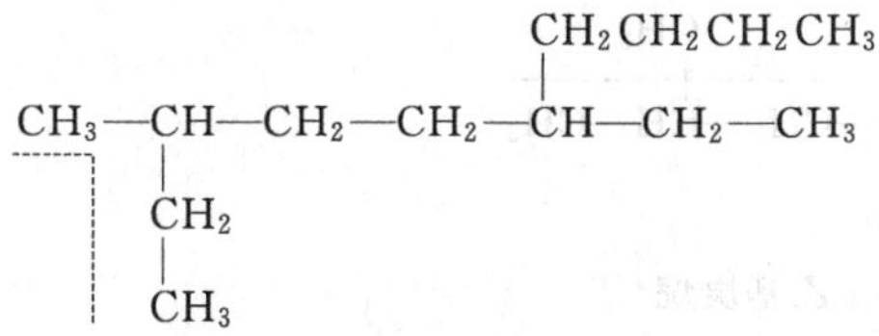

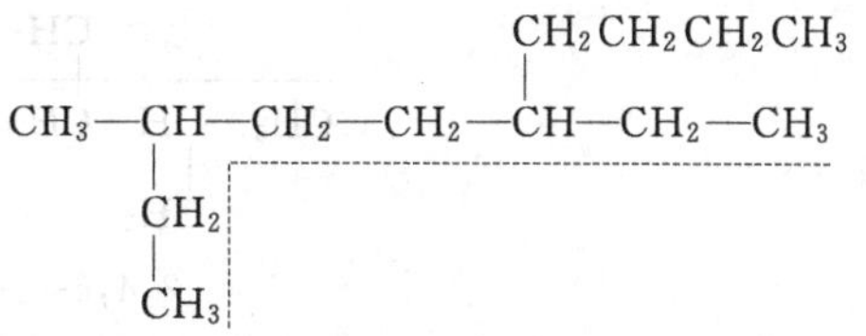

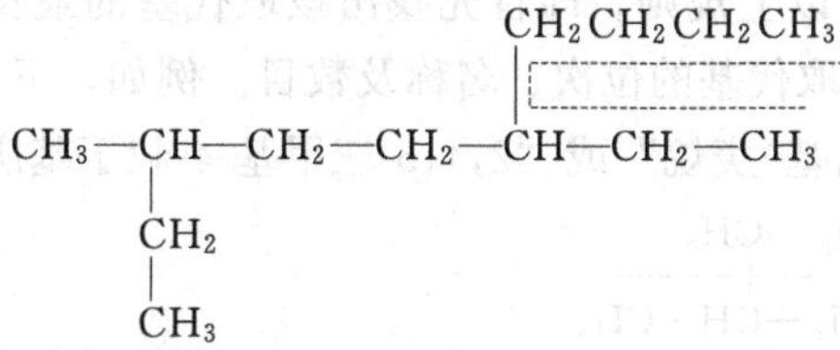

若有几条等长碳链时，选择支链较多的一条为主链。例如下列化合物有四个取代基的庚烷（左图）和三个取代基的庚烷（右图），正确命名为"2,5-二甲基-3-乙基-4-丙基庚烷"（左图）。

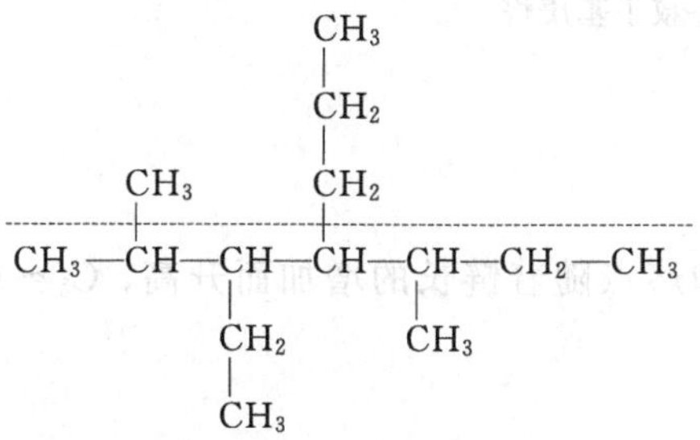

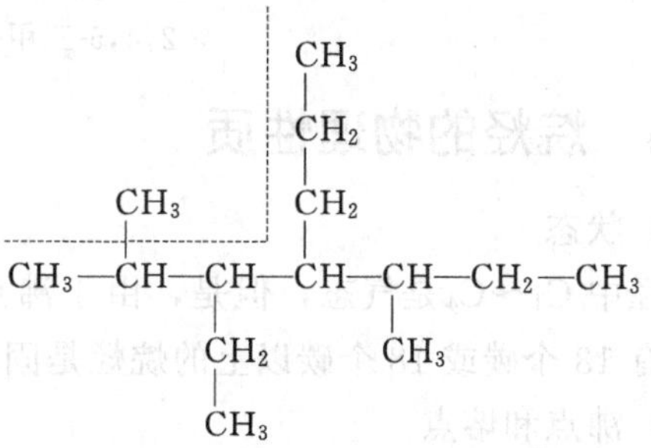

2,5-二甲基-3-乙基-4-丙基庚烷

规则二：从靠近取代基的一端开始，给主链上的碳原子开始用阿拉伯数字编号。若主链上有两个或者两个以上的取代基时，则主链的编号顺序应使支链位次尽可能低。例如，下列化合物的最长碳链命名为"己烷"，对于取代基，其阿拉伯数字编号有多种，但只有虚线所示的顺序是正确的，即 2,5-二甲基-3,4-二乙基己烷，这样才使取代基的位次最低。

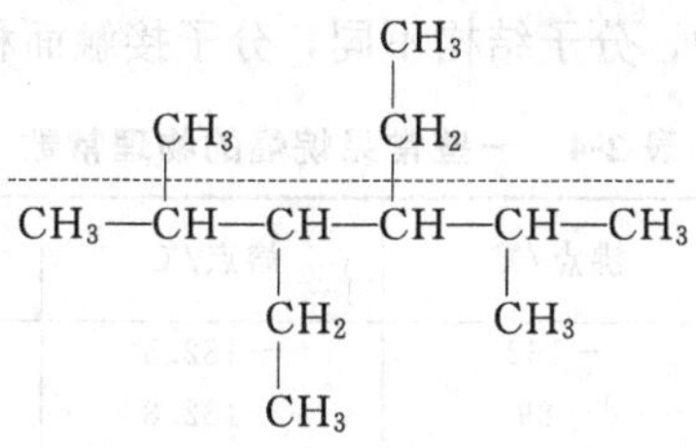

2,5-二甲基-3,4-二乙基己烷

规则三：将取代基的位次及名称按编号由小到大的顺序加在主链名称之前。若主链上连有多个相同的取代基时，先用阿拉伯数字"1，2，3"等表示各个取代基的位次，每个位次之间用逗号隔开，然后用大写汉字数字"二、三"等表示相同取代基的个数，最后一个阿拉伯数字与大写汉字之间用半字线"-"隔开。若主链上连有不同的几个取代基时，则先写位次和名称小的取代基，再写位次和名称大的取代基，并加在主链名称之前。例如下列化合物，首先主链命名为"庚烷"，2,4,6 位都是甲基，3 位为乙基，这样符合取代基位次最低的规则。其次，甲基的位次和名称都小于乙基，应写在前面，并在最后一个阿拉伯数字与大写汉字之间用半字线"-"隔开，即先写"2,4,6-三甲基"，后写"3-乙基"，最后加在主链名称之前，正确的命名为 2,4,6-三甲基-3-乙基庚烷。

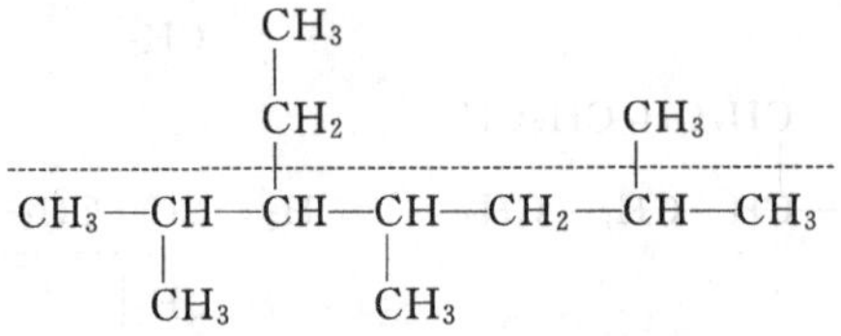

2,4,6-三甲基-3-乙基庚烷

规则四：如果支链上还有取代基时，也适用以上规则。即首先找出该取代基的最长主链，然后再命名其他所有的取代基并补充命名支链上取代基的位次、名称及数目。例如，下列化合物的正确命名为"2,4,5-三甲基-4-(1,1-二甲基乙基)庚烷"或"2,4,5-三甲基-4-叔丁基庚烷"。

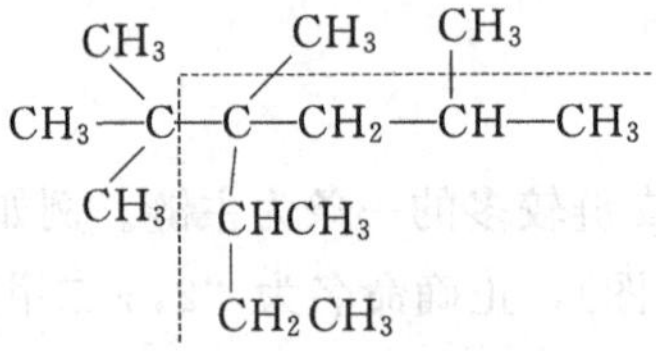

2,4,5-三甲基-4-叔丁基庚烷

2.1.4　烷烃的物理性质

（1）状态

烷烃中 $C_1 \sim C_4$ 是气态，但是，由于沸点和熔点随着链长的增加而升高，$C_5 \sim C_{17}$ 是液态，含有 18 个碳或 18 个碳以上的烷烃是固态。

（2）沸点和熔点

表 2-4 列举了一些常见烷烃的某些物理常数。烷烃的碳原子数目越多，分子间的力就越大，沸点也依次升高。这是因为沸点的高低与分子间引力，也称作范德华引力（包括静电引力、诱导力和色散力）有关。烷烃的碳原子数目越多，分子间的接触面（即相互作用力）也增大，分子间的作用力就越大，并以稳定的固态或液态存在。低级烷烃每增加一个碳原子，分子量变化较大，沸点也相差较大。高级烷烃的相差较小，故低级烷烃比较容易分离，高级烷烃的分离困难得多。在同分异构体中，分子结构不同，分子接触面积不同，相互作用力也不同。

表 2-4　一些常见烷烃的物理常数

烷烃	分子式	沸点/℃	熔点/℃	20℃下的状态	20℃下相对密度 /(g/cm³)
甲烷	CH_4	−162	−182.5	气体	—
乙烷	C_2H_6	−89	−182.8	气体	—
丙烷	C_3H_8	−42	−187.7	气体	0.584(40℃)

续表

烷烃	分子式	沸点/℃	熔点/℃	20℃下的状态	20℃下相对密度/(g/cm³)
丁烷	C_4H_{10}	0	−138.0	气体	0.601(0℃)
戊烷	C_5H_{12}	36	−130	液体	0.649
正己烷	C_6H_{14}	69	−95	液体	0.659
庚烷	C_7H_{16}	98.8	−91	液体	0.695
辛烷	C_8H_{18}	126	−57	液体	0.708
壬烷	C_9H_{20}	151.7	−53	液体	0.724
癸烷	$C_{10}H_{22}$	174.9	−30	液体	0.734
十一烷	$C_{11}H_{24}$	196.3	−26	液体	0.743
十二烷	$C_{12}H_{26}$	216	−12	液体	0.753
二十烷	$C_{20}H_{42}$	343.4	37	固体	0.787
三十烷	$C_{30}H_{62}$	450	66	固体	0.810
四十烷	$C_{40}H_{82}$	525	82	固体	0.817
五十烷	$C_{50}H_{102}$	575	91	固体	0.824

从表中还可以看出，除了 $C_1 \sim C_4$ 外，主链上每增加一个碳原子，烷烃的沸点就增高 20～30℃，这不仅适用于烷烃，而且也适用于以后要研究的各种同系列化合物。因为在沸腾和熔融过程需要克服液体和固体的分子间作用力。当分子变大时，分子间的作用力增大，因而沸点和熔点都升高。

直链烷烃的沸点与分子量的关系如图 2-6 所示。支链增多时，使分子间的距离增大，分子间的力减弱，因而沸点降低。支化作用对沸点的影响在各类有机化合物中可以观察到，支化作用使沸点降低是合理的；由于支化作用，使分子的形状趋向于呈球形，这样，表面积便降低，结果是分子间作用力变弱，因此就能在较低的温度被克服。

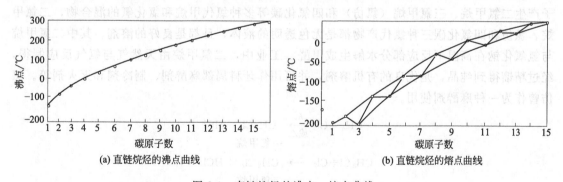

(a) 直链烷烃的沸点曲线   (b) 直链烷烃的熔点曲线

图 2-6 直链烷烃的沸点、熔点曲线

烷烃的熔点变化大致和沸点相似，随着碳原子数目增减或分子量的增减而相应增减。这是因为分子间的作用力不仅仅取决于烷烃分子的大小，还与烷烃分子的对称性有关，越是对称性高的烷烃，分子间排列就比较紧密，熔点相对就高。

（3）密度

在 20℃下，烷烃的密度都小于 $1g/cm^3$，在 $0.8g/cm^3$ 左右时趋于稳定并随着烷烃分子数目的增大而增加。

（4）溶解度

烷烃分子完全是由共价键连接起来的。这些键或是连接两个同类的原子，因而是非极性的；或是连接两个电负性相差很小的原子，因而只有很小的极性。而且这些键在方向上分布得非常对称，所以键的微弱的极性易于抵消。因此烷烃分子或是非极性的，或是极性很弱。与"相似相溶"规律相一致，烷烃溶解于苯、乙醚和氯仿等非极性溶剂，而不溶于水和其他极性强的溶剂。把烷烃作为溶剂时，液态烷烃能溶解极性弱的化合物，而不能溶解极性强的化合物。

2.1.5　烷烃的化学性质

烷烃没有官能团，不发生官能团化分子中典型的比如亲电、亲核等反应。且由于分子中的 C—C 键或 C—H 键是非极性或弱极性的 σ 键，因此在常温下烷烃很不活泼，它们与强酸、强碱、强氧化剂（如酸性高锰酸钾溶液）、强还原剂（如氢气）及活泼金属都不发生反应，只有在特殊的条件（如高温、光照）下才能通过 C—H 键和 C—C 单键等共价键的均裂而生成具有反应活性的自由基，这些自由基相互组合形成新的化学键，这与构成烷烃分子的 C—H 键和 C—C 单键的键能较高有关。烷烃分子的这类反应在生物、医药、环境和工业化学中具有十分重要的应用。

（1）卤代反应

卤代反应是在光照、加热或催化剂的作用下，烷烃分子中的氢原子被卤素原子取代，生成烃的卤素衍生物和卤化氢的反应。烷烃的卤代反应一般指氯代和溴代，氟代反应非常剧烈（爆炸性反应），而碘代很难直接发生。烷烃的卤代反应可用以下通式表示

$$R—H + X_2 \xrightarrow{h\nu \text{ 或} \triangle} R—X + HX + 热$$

① 甲烷的卤代反应　在漫射光（$h\nu$）或适当加热的条件下，将甲烷与氯气混合，氯气吸收能量，共价键均裂而分解成为两个氯原子，从而氯原子与甲烷分子发生反应。反应开始，氯原子可取代甲烷分子中的一个氢原子得到一取代产物氯甲烷，同时还能继续取代氢原子产生二氯甲烷、三氯甲烷（氯仿）和四氯化碳等多种氯代甲烷和氯化氢的混合物，二氯甲烷、氯仿和四氯化碳三种氯代产物都是无色透明的液体，且都是良好的溶剂。其中二氯甲烷与氢氧化钠在高温下反应部分水解生成甲醛。工业中，二氯甲烷由天然气与氯气反应制得，经过精馏得到纯品，是优良的有机溶剂，并可用作牙科局部麻醉剂、制冷剂和灭火剂等。氯仿曾作为一种麻醉剂使用。

$$CH_4 + Cl_2 \xrightarrow[\text{或}\triangle]{h\nu} \underset{\text{一氯甲烷}}{CH_3Cl} + HCl$$

$$CH_3Cl + Cl_2 \longrightarrow \underset{\text{二氯甲烷}}{CH_2Cl_2} + HCl$$

$$CH_2Cl_2 + Cl_2 \longrightarrow \underset{\text{三氯甲烷}}{CHCl_3} + HCl$$

$$CHCl_3 + Cl_2 \longrightarrow \underset{\text{四氯化碳}}{CCl_4} + HCl$$

由大量的实验事实可知，甲烷和氯气在室温下和暗处可以长期保存而并不起反应。在暗处，若温度高于 250℃时，反应立即发生。在室温有紫外光的照射下，反应立即发生。若将 Cl_2 先用光照射，然后迅速在黑暗中与甲烷混合，则发生氯代反应。若将氯气照射后，在黑暗中放置一段时间，然后与甲烷混合，反应又不发生。

如何控制得到高选择性的单一取代产物？这就需要调整反应物（甲烷和氯气）的比例，如果想让反应产物停留在 CH_3Cl，则保证反应中氯原子时刻处于大量甲烷的包围之中，与

CH_3Cl 接触而生成 CH_2Cl_2 的机会将会大大减小，从而选择性地得到 CH_3Cl，而甲烷过量时，则主要得到 CCl_4。

② 卤代反应机理　大量的实验证明，甲烷的卤代反应机理为自由基链式反应，这种反应的特点是反应过程中形成一个活泼的原子或自由基。其反应过程包含以下三个阶段。

a. 链引发　在光照或加热至 250～400℃时，氯分子吸收光能而发生共价键的均裂，产生两个氯原子自由基，这两个自由基具有很高的能量，这种带有单电子的原子或原子团被称为自由基，只要有自由基的存在，由于其处于高能量的状态，所以非常活泼，一旦形成瞬间就可以引发反应。

$$Cl_2 \xrightarrow{h\nu \text{ 或加热}} 2Cl\cdot$$

b. 链增长　氯自由基能量高，非常活泼。当它与体系中浓度很高的甲烷分子碰撞时，就可以从甲烷分子中夺取一个氢原子，结果生成了氯化氢分子和一个新的甲基自由基，甲基自由基与体系中的氯分子碰撞，生成一氯甲烷和一个新的氯自由基。反应一步又一步地传递下去，所以称为链反应。

$$Cl\cdot + CH_4 \longrightarrow HCl + CH_3\cdot$$
$$CH_3\cdot + Cl_2 \longrightarrow CH_3Cl + Cl\cdot$$
$$CH_3Cl + Cl\cdot \longrightarrow CH_2Cl\cdot + HCl_3$$
$$CH_2Cl\cdot + Cl_2 \longrightarrow CH_2Cl_2 + Cl\cdot$$

c. 链终止　随着反应的进行，甲烷分子中的一个氢原子被迅速消耗，形成氯化氢分子和一个新的甲基自由基，随着自由基的浓度不断增加，自由基相互之间发生碰撞结合生成分子的机会就会增加，取代反应就可以终止。

$$Cl\cdot + Cl\cdot \longrightarrow Cl_2$$
$$CH_3\cdot + CH_3\cdot \longrightarrow CH_3CH_3$$
$$CH_3\cdot + Cl\cdot \longrightarrow CH_3Cl$$

③ 甲烷氯代反应的能量变化　在甲烷的氯代反应中，在一定的条件下，氯自由基与甲烷分子逐步接近，达到一定的距离后，CH_3—H 键开始伸长，氯自由基的进攻，使得 CH_3—H 键开始断裂，在甲基自由基和氯原子之间开始形成新的共价键，形成 CH_3—Cl。同时，其他 C—H 键之间的键角也开始逐渐发生变化，此时，体系的能量逐渐上升，到最大值后，随着氢原子和氯自由基的结合，发生反应生成 H—Cl 的概率增大，体系的能量开始降低，最后反应达到平衡，生成氯甲烷。

反应中的能量变化分为三步：第一步，氯分子裂解成为氯自由基的离解能为 242.5kJ/mol，等于氯分子的键能；第二步，甲烷分子断裂一个碳氢键吸收了 435.1kJ/mol 的能量；第三步，形成 CH_3—Cl，放出了 351.4kJ/mol 的能量，而形成一个 H—Cl 则放出 431.0kJ/mol 的能量。对总反应来说，断裂键需要吸收的能量为 677.6kJ/mol，而形成新的键所放出的能量为 782.5kJ/mol，即甲烷氯代反应是一个放热反应。只要在合适的条件下引发了氯自由基，整个反应就快速地进行。

$$CH_3\text{—H} + Cl\text{—}Cl \longrightarrow H_3C\text{—}Cl + H\text{—}Cl$$

键能/(kJ/mol)　　　 435.1　　　 242.5　　　 351.4　 431.0

断裂键需吸收的能量：$435.1 + 242.5 = 677.6 \text{kJ/mol}(\sum H > 0)$

形成键放出的能量：$-(431.0 + 351.4) = -782.4 \text{kJ/mol}(\sum H < 0)$

反应热　$\sum H = 677.6 - 782.4 = -104.8 \text{kJ/mol}$

　　根据同样的方法可以计算出甲烷分别与氟、溴、碘等其他卤素发生取代反应时的能量变化，见表 2-5。

表 2-5　甲烷发生卤代反应的各级能量变化

反　　应	能量/(kJ/mol)			
	F	Cl	Br	I
第一步 $X_2 \longrightarrow 2X\cdot$	+159	+243	+192	+151
第二步 $X\cdot + CH_4 \longrightarrow HX + CH_3\cdot$	−130	+4	+57	+138
第三步 $CH_3\cdot + X_2 \longrightarrow CH_3X + X\cdot$	−293	−108	−101	−83
第四步 $CH_4 + X_2 \longrightarrow CH_3X + HX$	−423	−104	−34	+55

　　从表 2-5 中可知，在室温下，甲烷分别与氟、氯、溴和碘发生卤代反应，前三个反应均为放热反应，与碘反应为吸热反应。其中与氟反应放出的热量最多，与溴反应放出的热量最少。大量的实验事实表明，甲烷与氟反应，强烈放热，有可能会引起爆炸，而其他烷烃与氟反应时，还可能破坏 C—C 键，发生 C—C 键的断裂。而甲烷的氯化和溴化反应尽管也是放热反应，但氯化反应进行较快而溴化反应则能缓和进行，碘化反应因为是吸热反应，故甲烷与碘在室温下无明显反应。由此可见，卤素反应的活性次序为：$F_2 > Cl_2 > Br_2 > I_2$。

$$CH_4 + F_2 \longrightarrow CH_3F + HF$$
$$CH_4 + Cl_2 \longrightarrow CH_3Cl + HCl$$
$$CH_4 + Br_2 \longrightarrow CH_3Br + HBr$$
$$CH_4 + I_2 \longrightarrow CH_3I + HI$$

　　④ 烷烃卤代反应的取向　对丙烷及以上碳原子的烷烃来说，同一烷烃，不同级别的氢原子被取代的难易程度也是不相同的，从而导致生成多种氯代烷的异构体的混合物。以丙烷（$CH_3CH_2CH_3$）和异丁烷 [$CH(CH_3)_3$] 的氯代反应为例：

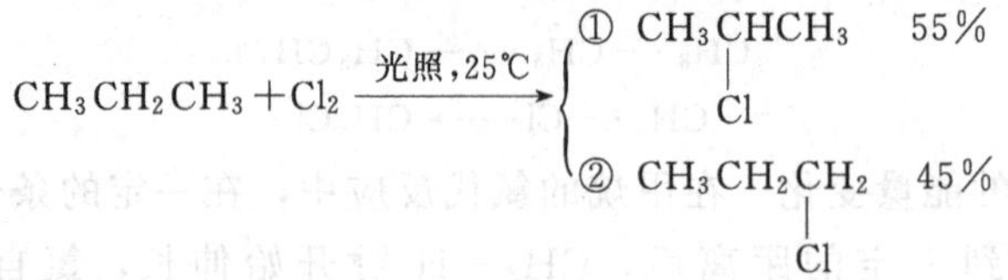

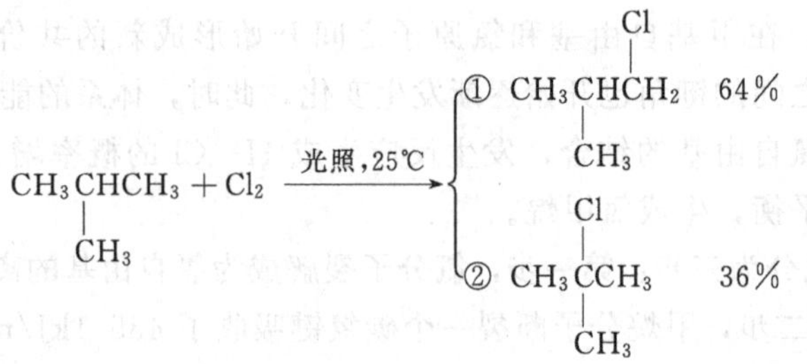

　　$CH_3CH_2CH_3$ 分子中有 6 个伯氢原子和 2 个仲氢原子，在 25℃ 光照条件下，氯自由基能够同时跟 $CH_3CH_2CH_3$ 分子中的伯氢和仲氢发生取代反应，从而生成了两种化合物，分别是 45% 的正丙基氯和 55% 的异丙基氯，计算得到仲氢和伯氢活性之比为 3.7：1。实验结果说明伯氢和仲氢两种不同类型的氢原子被取代的概率是不同的。而对于 $CH(CH_3)_3$ 来说，分子中有 9 个伯氢原子和 1 个叔氢原子，在同样的反应条件下，氯自由基的一元氯代反应的产物 $(CH_3)CHCH_2Cl$ 和 $(CH_3)_3CCl$ 的产率分别为 64% 和 36%。从而得到，叔氢和伯氢的活性之比为 5：1。

$$\frac{\text{仲氢的活性}}{\text{伯氢的活性}} = \frac{\text{仲氢的产率/个数}}{\text{伯氢的产率/个数}} = \frac{55/2}{45/6} = \frac{3.7}{1}$$

$$\frac{叔氢的活性}{伯氢的活性}=\frac{叔氢的产率/个数}{伯氢的产率/个数}=\frac{36/1}{64/9}=\frac{5}{1}$$

由以上结果可见，在 25℃，光照条件下，叔氢∶仲氢∶伯氢三者活性比为＝5∶3.7∶1。也就是说，在卤代反应中，叔氢原子最容易被取代，伯氢原子最难被取代。即卤化反应存在着相对反应活性及选择性。

氢原子被卤化的难易顺序为叔氢＞仲氢＞伯氢。

⑤ 有关自由基的稳定性　两个反应产物的比例与反应物中该种氢的比例不一致，原因是中间体的稳定性不同，两个反应的中间体均为自由基，自由基越稳定则越易生成，又由于自由基反应的定速步骤为自由基的生成，因此自由基越稳定，生成相应的产物的反应越快。

另外，共价键均裂成自由基所需的能量称为共价键的离解能。共价键的离解能越大则越牢固，断裂需要的能量就越大，离解能越小则共价键越容易断裂，碳氢键均裂时需要的能量相对就越小。不同的烷烃，碳氢离解能是不一样的。例如：

离解能/(kJ/mol)

$$CH_3—H \longrightarrow ·CH_3 + H·$$
甲基自由基　　　　　　385

$$CH_3CH_2—H \longrightarrow CH_3CH_2· + H·$$
乙基自由基(1°)　　　　397

$$CH_3CH_2CH_2—H \longrightarrow CH_3CH_2CH_2· + H·$$
丙基自由基(1°)　　　　397

$$CH_3\underset{\underset{H}{|}}{C}HCH_3 \longrightarrow CH_3—\overset{·}{C}HCH_3 + H·$$
异丙基自由基(2°)　　　410

$$H_3C—\underset{\underset{CH_3}{|}}{\overset{\overset{CH_3}{|}}{C}}—H \longrightarrow H_3C—\underset{\underset{CH_3}{|}}{\overset{\overset{CH_3}{|}}{\overset{·}{C}}} + H·$$
叔丁基自由基(3°)　　　435

按照离解能的大小，烷烃发生均裂产生烷基自由基需要的离解能的大小顺序为叔碳氢键＞仲碳氢键＞伯碳氢键＞甲基碳氢键。离解能越大，烷烃发生断裂需要的离解能越多，越稳定，也即断裂后产生的烷基自由基越稳定。烷基自由基的稳定性排列顺序为叔烷基自由基＞仲烷基自由基＞伯烷基自由基＞甲基自由基。这与卤化反应中氢原子的活性顺序是一致的，即叔氢＞仲氢＞伯氢。

离解能的排列顺序：

$$R—\underset{\underset{R}{|}}{\overset{\overset{R}{|}}{C}}—H > R—\underset{\underset{R}{|}}{\overset{\overset{R}{|}}{C}}—H > R—\underset{\underset{H}{|}}{\overset{\overset{H}{|}}{C}}—H > H—\underset{\underset{H}{|}}{\overset{\overset{H}{|}}{C}}—H$$

　　　　　　叔碳碳氢键　　　仲碳碳氢键　　　伯碳碳氢键　　　甲基碳氢键

离解能/(kJ/mol)　　　435　　　　　　410　　　　　　397　　　　　　385

自由基的稳定顺序：

$$R—\underset{\underset{R}{|}}{\overset{\overset{R}{|}}{\overset{·}{C}}} > H—\underset{\underset{R}{|}}{\overset{\overset{R}{|}}{\overset{·}{C}}} > R—\underset{\underset{H}{|}}{\overset{\overset{H}{|}}{\overset{·}{C}}} > H—\underset{\underset{H}{|}}{\overset{\overset{H}{|}}{\overset{·}{C}}}$$

　　　　　　叔碳自由基　　　仲碳自由基　　　伯碳自由基　　　甲基自由基

（2）裂化反应

石油作为一种重要的烷烃，尤其是直链烷烃资源的来源，如何从石油中获取能够满足社会需求的烷烃燃料成为至关重要的事。裂解即是石油精炼工业中从石油中获得汽油和其他液体燃料的重要的操作过程之一。

在高强热（500～700℃）的密闭条件下，将石油原油等在隔绝空气的条件下加强热，分子中的 C—C 键或 C—H 键就会发生断裂，生成较小的分子，产生自由基，这种反应叫做热裂化。石油资源中饱含丙烷，以丙烷为例，裂解后产生一个 $CH_3 \cdot$ 和一个 $\cdot CHCH_3$，如果 $CH_3 \cdot$ 两两结合，又可以生成较小的烷烃——乙烷。如果产生的一个 $CH_3 \cdot$ 和 H 原子结合，则产生一个 CH_4 和一个 $CH_2 = CH_2$（烯烃），例如

$$CH_3 - \underset{\overset{|}{H}}{CH} - \underset{\overset{|}{H}}{CH_2} \xrightarrow{\text{加热分解}} \cdot CH_3 + \cdot CHCH_3$$

$$\cdot CH_3 + \cdot CH_3 \longrightarrow CH_3CH_3$$

$$\cdot CH_3 + \cdot CH \underset{}{\frown} CH_2 \longrightarrow CH_4 + CH_2 = CH_2$$

通过 Pt、Al_2O_3、氢气等的催化剂作用，石油原油等可以在 250～500℃ 和压力下进行裂解，称为催化裂化，催化裂化可以在较低的温度下进行，而且在常压下就可以进行。在石油的催化裂化过程中，常常用催化剂把高沸点的原油转变为低沸点的汽油，从而提高了汽油的产量也增加了汽油的质量，因此在工业上得到广泛应用。

烷烃分子中所含的碳原子数目越多，则裂化产物越复杂。例如，甲烷和正丁烷的裂化反应。

$$CH_4 \xrightarrow{1200℃} HC \equiv CH + 3H_2$$

$$CH_3CH_2CH_2CH_3 \xrightarrow{400℃以上} \begin{cases} CH_3CH_2CH = CH_2 + H_2 \\ CH_3CH = CH_2 + CH_4 \\ CH_2 = CH_2 + CH_3CH_3 \\ CH_2 = CH - CH = CH_2 + 2H_2 \end{cases}$$

（3）燃烧反应

烷烃常温下很稳定，C—H 键和 C—C 键相对稳定，难以断裂，但在高温高热或特定的氧化剂条件下，可以发生氧化反应，所有的烷烃都能在氧气存在下燃烧，生成 CO_2 和 H_2O，并放出大量的热，所以烷烃主要用作燃料。用下列通式表示

$$R + O_2 \longrightarrow CO_2 + H_2O + 热$$

① 完全燃烧　烷烃燃烧时，生成二氧化碳和水，并放出大量的热，例如天然气的主要成分是甲烷，甲烷在空气中燃烧时，产生热量，成为人们日常生活中不可或缺的天然燃料。

$$CH_4 + 2O_2 \xrightarrow{\text{火焰}} CO_2 + 2H_2O + 热$$

② 不完全燃烧　烷烃不完全燃烧时会产生有毒的 CO 和黑烟，是汽车尾气的污染成分之一。例如甲烷不完全燃烧后，可产生一氧化碳、炭黑和水。由天然气制成的炭黑称"气黑"，由油类制成的炭黑称"灯黑"，炭黑是黑色的颜料，可作为橡胶的填料，具有补强作用。

$$2CH_4 + 3O_2 \longrightarrow 2CO + 4H_2O$$

$$CH_4 + O_2 \longrightarrow C + 2H_2O$$

③ 部分氧化　如果控制适当的反应条件后，在 V_2O_5、MnO_2 等金属氧化物或金属盐的

催化作用下，烷烃可以部分氧化，生成烃的含氧衍生物。例如甲烷在 V_2O_5 和一定温度下，部分氧化生成甲醛；丙烷在 MnO_2 催化作用下，部分氧化生成甲酸、乙酸和丙酮；含 $20\sim40$ 个碳原子的高级烷烃的混合物在特定条件下氧化得到一系列的羧酸。

$$CH_4 + O_2 \xrightarrow[400\sim500\text{℃}]{V_2O_5} HCHO + H_2O$$

$$CH_3CH_2CH_3 + O_2 \xrightarrow[110\text{℃}]{MnO_2} HCOOH + CH_3COOH + CH_3COCH_3$$

$$RCH_3 + O_2 \xrightarrow[110\text{℃}]{MnO_2} RCOOH(R=C_{20}\sim C_{40})$$

其中甲酸、甲醛都是重要的有机化工原料。甲酸广泛用于农药、皮革、染料、医药和橡胶等工业。甲醛主要用于生产三醛树脂（包括脲醛树脂、酚醛 树脂和三聚氰胺甲醛树脂），占甲醛消费总量的 50％ 以上。

总之，烷烃的卤化反应、裂解反应以及氧化燃烧都是通过共价键的均裂方式引发的自由基链式反应进行的而非异裂方式。这是由于烷烃分子中的 C—C 键和 C—H 键为非极性或极性很小的 σ 键，很难异裂成两个正、负"离子"，异裂共价键所需能量大于均裂所需的 2 倍。

2.1.6　烷烃的来源和用途

烷烃的主要来源是天然气和石油。天然气的主要成分是甲烷，还含有少量的乙烷、丙烷、丁烷、戊烷等。而含烷烃种类最多的是石油，石油中含有 $C_1\sim C_{50}$ 的链形烷烃及一些环状烷烃，而以环戊烷、环己烷及其衍生物为主，个别产地的石油中还含有芳香烃，表 2-6 给出了石油经过分馏后的各馏分的组成。各地产的石油成分不相同，但可根据需要，把它们分馏成不同的馏分加以应用。石油虽含有丰富的各种烷烃，但是复杂混合物，除了 $C_1\sim C_6$ 烷烃外，由于其中各组分的分子量差别小，沸点相近，要完全分离成极纯的烷烃较为困难。采用气相色谱法，虽可有效地予以分离，但这只适用于研究，而不能用于大量生产。因此在使用上，只把石油分离成几种馏分来应用，石油分析中有时需要纯的烷烃作基准物，可以通过合成的方法制备。

烷烃不仅是燃料的重要来源，而且也是现代化学工业的原料。其中甲烷是生产工业用氨和甲醇的原料。乙烷、丙烷和丁烷在工业上主要用作生产乙烯、丙烯或氯乙烯等原料。异丁烷主要用作烃化剂来生产高辛烷值的汽油，催化脱氢生成异丁烯，氧化生成丙烯酸等。另外，烷烃还可以作为某些细菌的食物，细菌食用烷烃后，分泌出许多很有用的化合物，也就是说烷烃经过细菌的"加工"后，可成为更有用的化合物。

表 2-6　石油经过分馏后的各馏分的组成

名称	主要组成	分馏温度/℃	用途
石油气	$C_1\sim C_4$	＞30	燃料、化工原料
石油醚	$C_5\sim C_6$	40～60	溶剂、化工原料
汽油	$C_5\sim C_{10}$	60～175	溶剂、燃料
煤油	$C_{11}\sim C_{16}$	150～270	燃料、工业洗油
柴油	$C_{15}\sim C_{18}$	180～350	燃料
润滑油	$C_{16}\sim C_{20}$	300～360	机械润滑、防锈
凡士林	$C_{18}\sim C_{22}$	350～380	医药、防锈
石蜡	$C_{20}\sim C_{30}$	＞400	化工原料
沥青	＞C_{30}	＞450	铺路及建筑材料

2.2 环烷烃

2.2.1 环烷烃的分类及命名

(1) 环烷烃的分类

在自然界中存在很多有机化合物，其中大多数都具有环状结构。这类化合物由于成环的原因，表现出特殊的张力。把由单键碳原子相互连接形成的环状碳氢化合物称为环烷烃，环烷烃和烷烃统称为饱和烃。

环烷烃按照分子中所含环的数目不同，可分为单环烷烃和多环烷烃，在多环烃中，两个环以共用一个碳原子的方式相互连接，称为螺环烃；两个环共用两个或两个以上碳原子时，称为桥环烃。单环烷烃因为碳链骨架相连成环，仅有一个闭合的碳环，故比烷烃少两个氢原子，其通式与烯烃相同为 C_nH_{2n}。

(2) 环烷烃的命名

① 单环烷烃的命名　单环烷烃的命名与烷烃相似，根据成环碳原子数称为"某烷"，并在某烷前面冠以"环"字，叫环某烷。例如

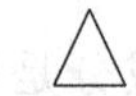

环丙烷　　　环丁烷 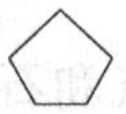　　　环戊烷

环上带有支链时，一般以环为母体，支链为取代基进行命名，例如

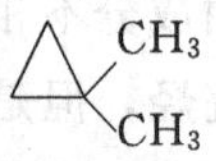

二甲基环丙烷 　　　1-甲基-4-异丙基环己烷

若环上有不饱和键时，编号从不饱和碳原子开始，并通过不饱和键编号，例如

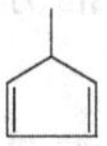

5-甲基-1,3-环戊二烯

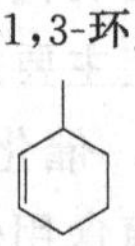

3-甲基环己烯

环上取代基比较复杂时，环烃部分也可以作为取代基来命名。例如

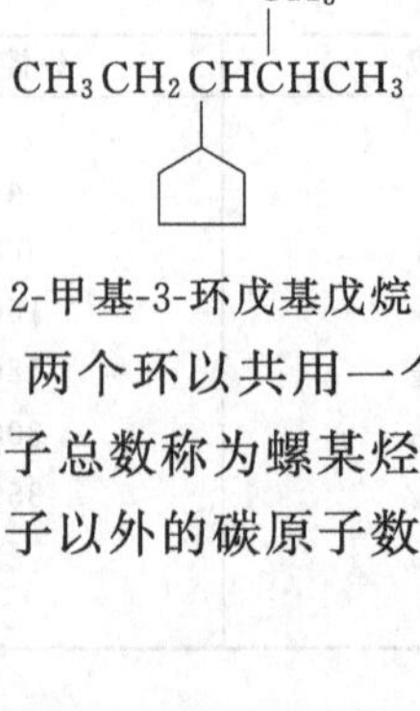

$$CH_3CH_2CHCHCH_3$$

2-甲基-3-环戊基戊烷

② 螺环烃的命名　在多环烃中，两个环以共用一个碳原子的方式相互连接，称为螺环烃。其命名原则为：根据螺环中碳原子总数称为螺某烃。在螺字后面用一方括号，在方括号内用阿拉伯数字标明每个环上除螺原子以外的碳原子数，小环数字排在前面，大环数字排在后面，数字之间用圆点隔开。例如

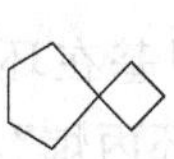

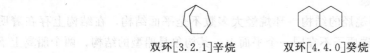

螺[4.4]壬烷 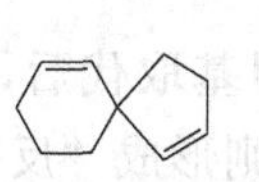　　　螺[4.5]-1,6-癸二烯

③ 桥环烃的命名　在多环烃中，两个环共用两个或两个以上碳原子时，称为桥环烃。命名时以二环（双环）为词头，后面用方括号，按照桥碳原子由多到少的顺序标明各桥碳原子数，写在方括号内（桥头碳原子除外），各数字之间用原点隔开，再根据桥环中碳原子总数称为某烷。例如

双环[3.2.1]辛烷　　　双环[4.4.0]癸烷

桥环烃编号是从一个桥头碳原子开始，沿最长的桥路编到另一个桥头碳原子，再沿次长桥编回桥头碳原子，最后编短桥并使取代基的位次较小。例如

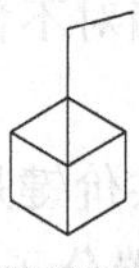

1-乙基-7,7-二甲基双环[2.2.1]庚烷

2.2.2　环烷烃的异构现象

（1）环烷烃的同分异构体

环烷烃中由于环的大小及取代基位置的不同，产生各种构造异构体。最简单的环烷烃有三个碳原子，是丙烯的同分异构体，没有环式异构体。四个碳原子的环烷烃有两种异构体，五个碳原子的环烷烃有六种异构体。

C_4H_8 的同分异构体：

C_5H_{10} 的同分异构体：

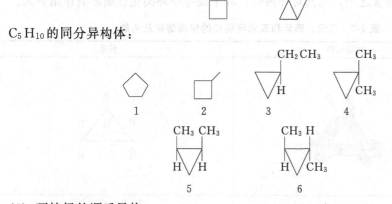

（2）环烷烃的顺反异构

碳原子成环后，环上的碳碳单键无法像直链烷烃化合物那样进行自由旋转。如果环上任意有两个碳原子连接有除氢原子外的其他不同的原子或基团时，它们在空间就会形成不同的排列而称为立体异构体。环烷烃由于空间位置不同，不同异构体之间不能通过 σ 键的自由旋转而相互转化。这种分子构造相同但空间排列方式不同的立体异构现象，称为构型异构。顺反异构即是构型异构的一种。

对顺反异构化合物进行命名时，要在其构造式的名称前面加上它的构型标记。如果两个取代基在环的同侧，则为顺式异构体，在不同侧则为反式异构体。如三元环化合物环丙烷的

两个碳原子的氢原子分别被甲基取代后，如果两个甲基在环的同侧，则形成"顺-1,2-二甲基环丙烷"；如果在环的异侧则形成"反-1,2-二甲基环丙烷"，这是两种不同的立体异构体。

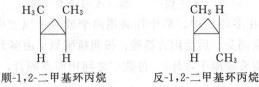

顺-1,2-二甲基环丙烷　　　　　　反-1,2-二甲基环丙烷

（3）环烷烃的结构和构象

① 三元、四元和五元环烷烃的结构　环烷烃大多数不是平面结构，在结构上存在着明显的差别。比如环丁烷四个碳原子不在同一个平面上，其构象是船型的结构，两个船翼上下摆动。

环烷烃的稳定性随着环上碳原子的多少而有差别。环上碳原子≥5的环状化合物相对稳定，而三个碳原子和四个碳原子的环烷烃相对不稳定，为什么会存在这样的差异呢？这主要是由它们的结构决定的。

近代结构理论研究指出，原子间形成共价键是成键原子轨道相互交盖的结果，交盖程度越大，形成的键越牢固，也越稳定。当碳碳分子键角接近109.5°左右时，两个成键碳原子的 sp^3 杂化轨道才能达到最大程度的交盖，生成的碳碳 σ 键最稳定。研究结果表明，尽管环烷烃中的饱和碳原子之间的共价键成键和烷烃一样都是以 sp^3 杂化轨道成键，但在环丙烷中，成环碳原子的 sp^3 杂化轨道彼此之间并非沿着键轴方向达到最大程度的重叠，而是以弯曲的方向重叠形成碳碳 σ 键，环内键角均为60°，与四面体角的109.5°存在偏差，所以形成的弯曲键因为交盖程度较少而不稳定，容易断裂而发生开环反应，环丙烷是最不稳定的环烷烃（如表 2-7 所示）。由于环烷烃的键角和 sp^3 杂化的碳原子成键的键角（109°28′）存在偏差，导致分子中出现张力，这种张力称为角张力。环丙烷分子中即存在角张力。这种张力是影响环烷烃稳定性的因素之一，尤其对环丙烷、环丁烷等小环类化合物影响作用更大。

表 2-7　三元、四元和五元环烷烃的空间结构及构象

化合物	空间结构	构象
环丙烷	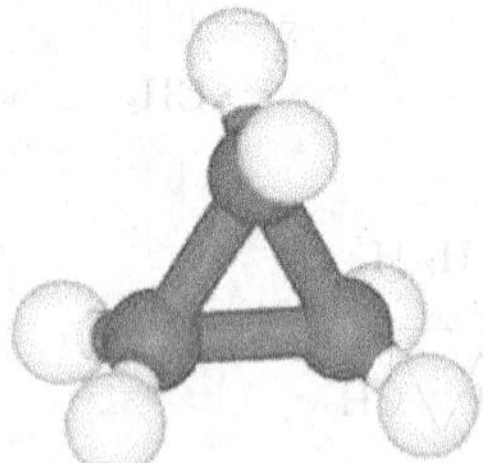	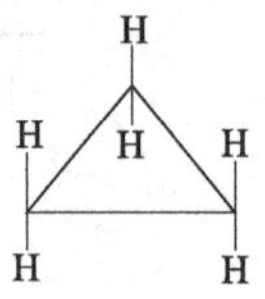
环丁烷	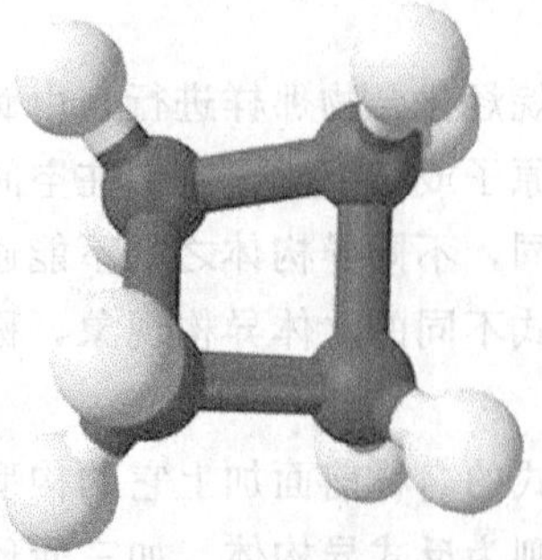	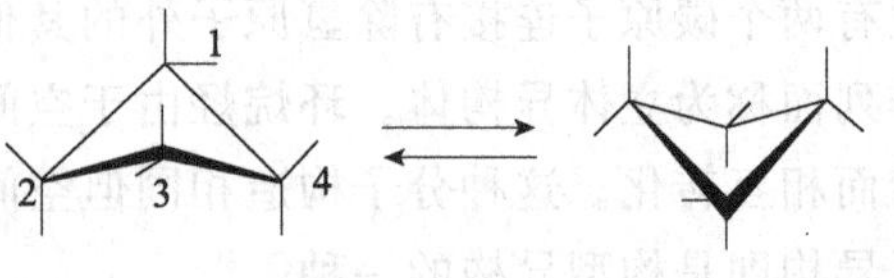

续表

化合物	空间结构	构象
环戊烷	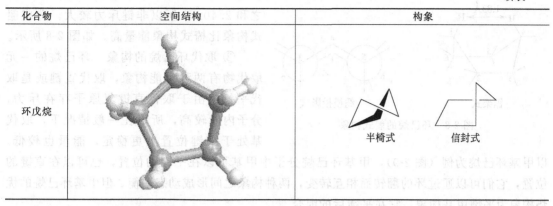	半椅式　　　　　信封式

环丁烷的结构与环丙烷类似。环丁烷分子中原子轨道也不是直线重叠，而是弯曲重叠，所形成的碳碳键也是弯曲的，环丁烷的环内碳碳键角为 111.5°，其弯曲程度比环丙烷的要小。环丁烷也存在角张力，但相比较环丙烷小一些，所以环丁烷比环丙烷稳定。

环戊烷组成环的碳原子也不在同一个平面上。其主要以信封式和半椅式两种构象存在。五个碳原子不断地上下振动，构象间发生转变。但环戊烷的角张力比环丁烷更小，所以更稳定。

② 环己烷的构象　环己烷的分子中，环内的 C—C—C 键角均为接近 109.5°，这与正常的 sp^3 杂化轨道形成的碳碳键角一致，因此环己烷是一个无张力的稳定的环。通过 σ 键的自由旋转和键角的扭转，环己烷可以椅式和船式两种构象存在。O. Hassel 和 D. Barton 因为对环己烷构象的确定做出主要贡献而共同获得 1969 年的诺贝尔化学奖。

在常温下环己烷的两种构象处于相互转变的动态平衡中，但最稳定的构象是以椅式构象存在，在椅式构象中，所有键角都接近正四面体键角，所有相邻两个碳原子上所连接的氢原子都处于交叉式构象。

在环己烷的椅式构象中，12 个 C—H 键分为两种情况，一种是 6 个 C—H 键与环己烷分子的对称轴平行，称为直键（axial）。另一种是 6 个碳氢键与对称轴成 109° 的夹角，称为平键（equatorial）。环己烷的 6 个直键中，3 个向上 3 个向下交替排列，6 个平键中，3 个向上斜伸，3 个向下斜伸交替排列。通过环内的 C—C 键的旋转，可使原来环上的直键全部变为平键，而原来的平键则全部变为直键，但键在环上方或环下方的空间取向不变。这种从一种椅式构象转变为另外一种椅式构象的过程称为翻环作用，其在常温下达到动态平衡。如图 2-7。

(a) 环己烷椅式构象的直键和平键

(b) 直键和平键的互变

图 2-7　环己烷桥式构象

环己烷的船式构象中，四个碳原子在同一平面内，其他两个碳原子在这一平面的上方。有两个与正丁烷相似的全重叠，有四个与正丁烷相似的邻位交叉。因为在船式构象中存在着全重叠式构象，氢原子之间斥力比较大。另外船式构象中船头两个氢原子相距

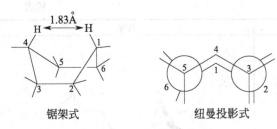

锯架式   纽曼投影式

图 2-8 环己烷的船式构象

较近，约 1.83Å，小于它们的范德华半径之和 2.40Å，所以非键斥力较大，造成船式构象比椅式构象能量高。如图 2-8 所示。

③ 取代环己烷的构象 环己烷的一元取代物有两种可能构象，取代直键或是取代平键，由于取代直键氢原子存在斥力，分子内能较高，所以在一般情况下，取代基处于平键位置上更稳定，能量也较低。

以甲基环己烷为例（图 2-9），甲基环己烷分子中甲基可以在平键的位置，也可以在直键的位置，它们可以通过环的翻转而相互转变，两种构象之间形成动态平衡。但甲基环己烷的优势构象为平键甲基构象，它在平衡后的混合物中占 95%，在直键上的取代构象占 5%。再例如，在室温下乙基环己烷平键占约 95.4%，直键占约 4.6%；叔丁基环己烷的叔丁基以平键与环相连的构象接近 100%。

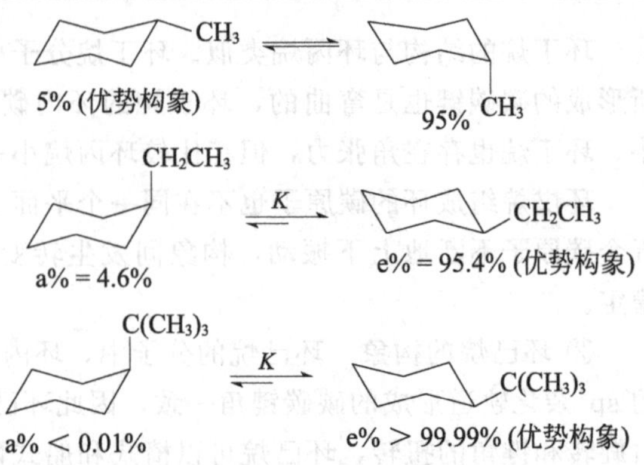

因此，要想得到一种取代基主要处于平键或直键的位置，常导入类似叔丁基的取代基使其成为优势构象，以比较其反应速率。

对于二元取代环己烷，即当环己烷分子中两个碳原子上的氢原子被其他原子或基团取代时，则存在顺反异构体。例如顺-1,2-二取代环己烷的构象中，均有一个甲基在直键上，另一个甲基在平键上，两种构象的能量相等，稳定性相同。

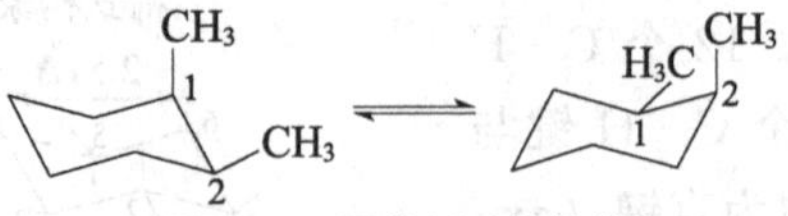

图 2-9 取代环己烷的优势构象

顺-1,2-二甲基环己烷的构象

反-1,2-二甲基环己烷的两种构象中，一种是两个甲基都处于直键，另外一种两个甲基则都处于平键，显然平键构象因为能量较低比直键构象的稳定性要好，为稳定构象。实验测定，反式异构体比顺式异构体稳定。

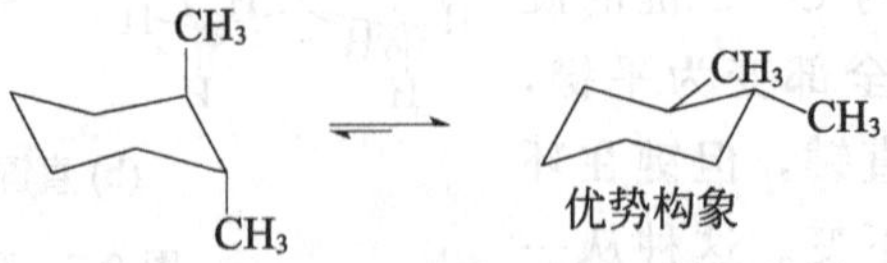

优势构象

反-1,2-二甲基环己烷的构象

大量的实验事实总结得出，如果环上有不同的取代基时，大的取代基优先处于平键。如在 1-甲基-4-异丁基环己烷的两种构象中，由于异丁基占据的空间较大，其在反式构象中倾向于占据平键的位置，在两种构象中处于优势构象。1-甲基-4-氯环己烷空间位阻较大的甲基占据平键的位置，使得顺-1-甲基-4-氯环己烷为优势构象。

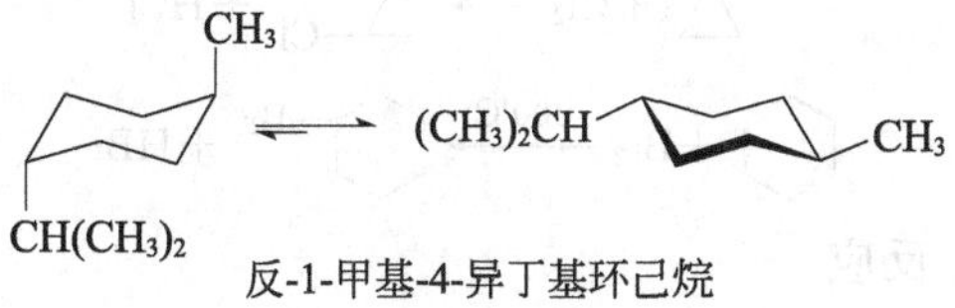

反-1-甲基-4-异丁基环己烷

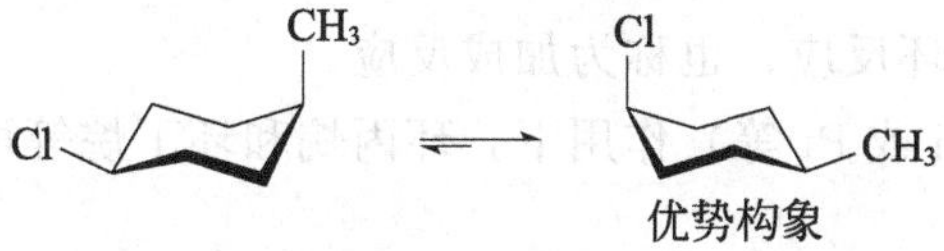

优势构象

顺-1-甲基-4-氯环己烷

对于多取代环己烷，一般是取代基处于平键最多的构象为最稳定的构象。例如顺-1,2,4-三甲基环己烷中，当两个甲基处于平键的位置时，处于稳定构象。

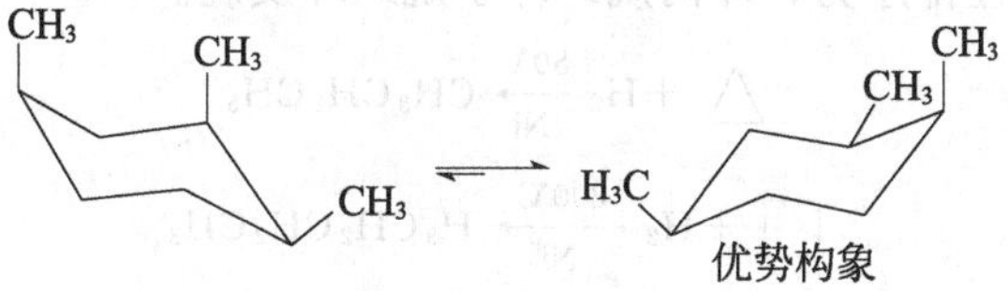

优势构象

顺-1,2,4-三甲基环己烷

2.2.3　环烷烃的物理性质

环烷烃的分子结构比直链烷烃排列紧密，所以，熔点、沸点、密度均比含有同数碳原子的直链烷烃高。常温下，环丙烷和环丁烷为气体，环戊烷和环己烷为液体，高级环烷烃为固体。此外，环烷烃也不溶于水，相对密度小于 1，这与直链烷烃一样。常见环烷烃的物理常数见表 2-8。

表 2-8　常见环烷烃的物理常数

化合物分子式	化合物名称	熔点/℃	沸点/℃	密度(20℃)/(g/mL)
C_3H_6	环丙烷	−127	−32	0.617(25℃)
C_4H_8	环丁烷	−50	12.0	0.720
C_5H_{10}	环戊烷	−93.9	49.3	0.7457
C_6H_{12}	甲基环戊烷	−142.4	72.0	0.779
C_6H_{12}	环己烷	6.6	80.8	0.7785
C_7H_{14}	甲基环己烷	−126.5	100.8	0.769
C_7H_{14}	环庚烷	−12.0	118.0	0.8098
C_8H_{16}	环辛烷	14.3	148.5	0.8349
$C_{12}H_{24}$	环十二烷	64	160(升华温度)	0.861
$C_{15}H_{30}$	环十五烷	66	110(升华温度)	0.860

2.2.4　环烷烃的化学性质

环烷烃的化学性质与烷烃相似，环丙烷和环丁烷等小环不稳定容易被破坏，化学性质较为特殊，容易进行开环加成反应；环戊烷和环己烷等化学性质相对较为稳定，主要进行氧化和取代反应。总的来说，环烷烃的化学性质和相应的烷烃相似。

（1）卤代反应

在高温或紫外线作用下，环烷烃上的氢原子可以被卤素取代而生成相应的卤代环烷烃。例如

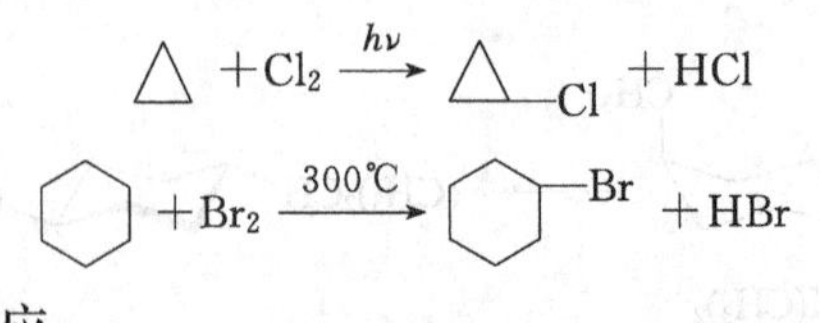

$$\triangle + Cl_2 \xrightarrow{h\nu} \triangle\!\!-Cl + HCl$$

$$\bigcirc + Br_2 \xrightarrow{300℃} \bigcirc\!\!-Br + HBr$$

（2）开环（或加成）反应

环丙烷和环丁烷等小环化合物，在催化剂的作用下容易发生环上碳碳键的断裂而与其他化合物结合的反应，称为开环反应，也称为加成反应。

① 加氢　在催化剂（Ni 或 Pt 等）作用下，环丙烷和环丁烷等可以开环与一分子氢加成生成相应的烷烃。

例如，环丙烷在较低温度下就很容易加氢，而环丁烷则需要在较高的温度下才能加氢。如果环上碳原子数目越大，则发生开环反应需要的能量越高，反应条件也更强烈，例如环戊烷需要在 300℃下用 Ni 或 Pt 等贵金属催化，才能发生开环加氢反应。所以环烷烃加氢反应的活性不同，通常其活性排序为，环丙烷＞环丁烷＞环戊烷。

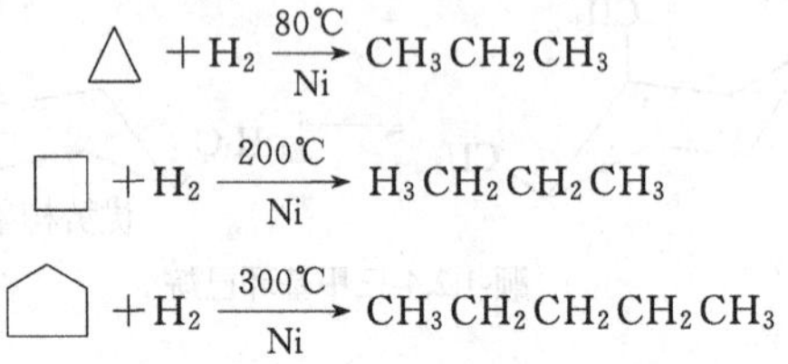

$$\triangle + H_2 \xrightarrow[Ni]{80℃} CH_3CH_2CH_3$$

$$\square + H_2 \xrightarrow[Ni]{200℃} H_3CH_2CH_2CH_3$$

$$\pentagon + H_2 \xrightarrow[Ni]{300℃} CH_3CH_2CH_2CH_2CH_3$$

② 加卤素　在常温下环丙烷可以开环与卤素发生加成反应，生成相应的卤代烃，而环丁烷与卤素的加成反应则需要在加热的条件下才能发生。

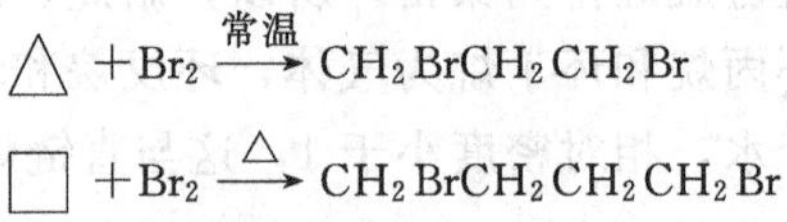

$$\triangle + Br_2 \xrightarrow{常温} CH_2BrCH_2CH_2Br$$

$$\square + Br_2 \xrightarrow{\triangle} CH_2BrCH_2CH_2CH_2Br$$

③ 加卤化氢　环丙烷及其衍生物在常温下就很容易与卤化氢发生加成反应而开环，生成相应的卤代烃。加成方向符合马氏规则，即氢原子加在含氢较多的碳原子上，卤素原子加在含氢较少的碳原子上的产物为主要产物。环丁烷及环戊烷在常温下不与卤化氢发生加成反应。

$$\triangle + HBr \longrightarrow CH_3CH_2CH_2Br$$

$$\triangle\!\!-CH_3 + HBr \xrightarrow{常温} \underset{\quad\;\; Br}{CH_3\overset{|}{C}HCH_2CH_3}$$

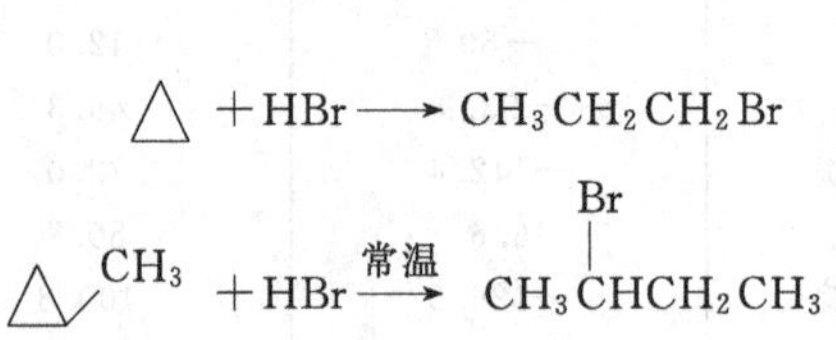

（3）氧化反应

环丙烷对氧化剂稳定，不被高锰酸钾、臭氧等氧化剂氧化，且不论是低级或高级环烷烃的氧化反应都与烷烃相似，在通常条件下不易发生氧化反应，即在室温下它们都不与高锰酸钾溶液褪色。这可作为环烷烃与烯烃、炔烃的鉴别反应。

但含有三元环的多环化合物氧化时，三元环可以保持不变。例如

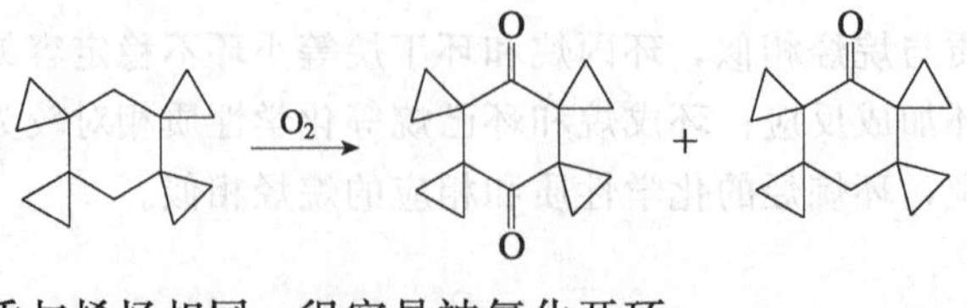

环烯烃的化学性质与烯烃相同，很容易被氧化开环。

$$\text{（环己烷）} \xrightarrow[\text{H}^+]{\text{KMnO}_4} \text{HOOCCH}_2\text{CH}_2\text{CH}_2\text{CH}_2\text{COOH}$$

2.2.5　环烷烃的来源及制备

环丙烷、环丁烷在自然界中的含量不多，一般通过合成来制取。环戊烷、环己烷可从石油中提炼而得，其中环己烷的工业用途较为广泛。环己烷主要用于制造环己醇和环己酮（约占 90%），环己酮为己内酰胺和己二酸生产的中间产品，而己内酰胺和己二酸则是生产聚酰胺的单体。此外，少量环己酮可用作工业、涂料溶剂，它是树脂、脂肪、石蜡油类、丁基橡胶等的极好溶剂。环己烷也用于医药行业，用于医药中间体的合成。

（1）小环烷烃的制备

用 Zn 或 Na 与 1,3-二卤代物反应，合成小环环烷烃，但大环产率很低。

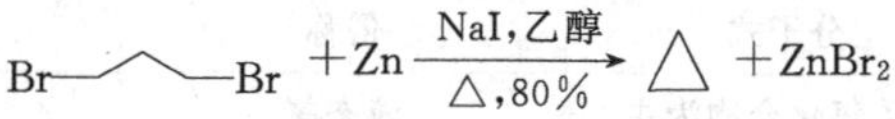

$$\text{Br}\diagup\diagdown\text{Br} + \text{Zn} \xrightarrow[\triangle,80\%]{\text{NaI},\text{乙醇}} \triangle + \text{ZnBr}_2$$

（2）环己烷的制备

实验室通过 Diels-Alder（狄尔斯-阿德尔）反应制备环己烷。

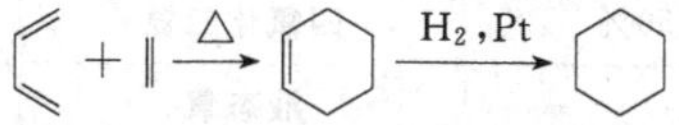

如工业上大量制备的环己烷及环己醇可由苯及其衍生物还原后得到。

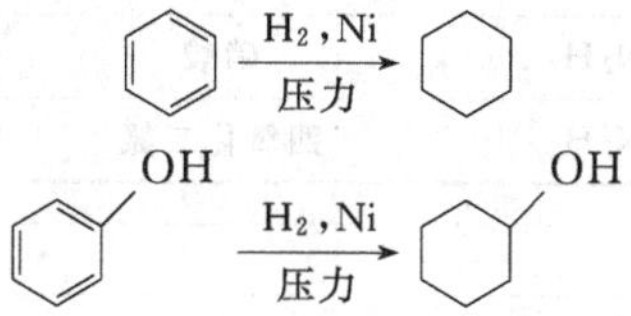

火箭的动力——推进剂

现在卫星发射的情景已不是陌生的场面了。运载火箭点火以后，在巨大的火焰丛中火箭冉冉升起、缓缓离地，庞大的躯体只经过短短的几十秒钟，已离地几千米，再经过十几分钟后运载火箭就能进入几百千米的地球卫星轨道。喜欢思考的人一定会想到：是什么燃料能产生这么大的推力呢？

火箭的动力来源于火箭推进剂。先来看下火箭推进剂的特点，即同时需要两种不同类型的化学物质来支持燃烧反应，产生热排气，这两种化学物质分别是燃料和氧化剂。燃料为火箭提供燃烧的物质以产生热排气，氧化剂为燃烧的过程供氧。所有的燃烧反应都要求有可燃物质和氧来支持，而大气层内就有充足的氧气可以支持燃烧，这就是为什么汽车和飞机的发动机都不需要携带氧化剂，而火箭既要在大气层中工作，又要在太空飞行，因此必须自带氧来支持燃烧室的燃烧反应。

此外，火箭能迅速升空需要有化学反应的极为迅速的燃料，这样就能在瞬间产生巨大的能量。所以火箭推进剂要求单位容积和单位质量所产生的热量大，能在尽可能低的压强下正常燃烧，燃烧性能良好，燃烧生成物的平均分子量低，对高空的耐寒性高。最方便的燃料是乙醇（酒精）和煤油这类可燃性液体和液态氧的混合物。目前常用的火箭推进剂主要有固体和液体两种。

固体推进剂可分为双基推进剂（主要由硝化棉和硝酸酯类增塑剂如硝化甘油等组成）和复合推进剂（主要由可燃剂-黏结剂如聚氨基甲酸酯、聚硫橡胶、聚丁二烯等和氧化剂如硝酸铵、高氯酸铵等组成）。液体推进剂由可燃剂（如液氢、肼类、胺类、硼烷、石油产品等）和氧化剂（如液氧、液氟、过氧化氢、发烟硝酸、四氧化二氮、四硝基甲烷等）组成。

燃料和氧化剂混合物的燃烧效率是用"比冲量"来度量的，即 1s 内燃烧 1kg 燃料和氧化剂混合物能产生多少千克的冲量。火箭的有效载荷取决于比冲量，常用的混合物燃料的比冲量大致测定如表 2-9。

表 2-9　燃烧剂和氧化剂比冲量

燃烧剂		氧化剂		推动力
俗称	分子式	俗称	分子式	比冲量
煤油	以碳氢化合物为主	液态氧	O_2	240
乙醇	C_2H_5OH	液态氧	O_2	254
过氧化氢	HO_2	聚乙烯	$-(C_2H_4)_n$	260
混肼 50	$N_2H_4 50\%$	四氧化二氮	N_2O_4	291～303
液态氢	H_2	液态氧	O_2	350～425
液态氟	F_2	液态臭氧	O_3	370
偏二甲肼	$(CH_3)_2N_2H_2$	硝酸	HNO_3	291
偏二甲肼	$(CH_3)_2N_2H_2$	四氧化二氮	N_2O_4	225～258

拓展知识二

一种新型烈性炸药——八硝基立方烷

八硝基立方烷的分子式为 $C_8(NO_2)_8$，由立方烷的氢原子全部被硝基取代而生成。其碳碳键的键角只有 $90°$，小于 sp^3 杂化碳原子的 $109°28'$，有很大的张力，因而八硝基立方烷是一种高能化合物，氧平衡为 0，可以完全分解释放大量能量。其分解反应为

$$C_8(NO_2)_8 \longrightarrow 8CO_2 + 4N_2$$

八硝基立方烷分解产物是无毒无害且很稳定的二氧化碳和氮气，完全是气体所以没有烟雾，体积膨胀将引起激烈爆炸，因此八硝基立方烷的爆炸性非常强，是性能最强的几种炸药之一，是当之无愧的环保炸药。

八硝基立方烷的合成路线十分复杂，实验室改进后的合成路线如下所示，产率仅为 55%。

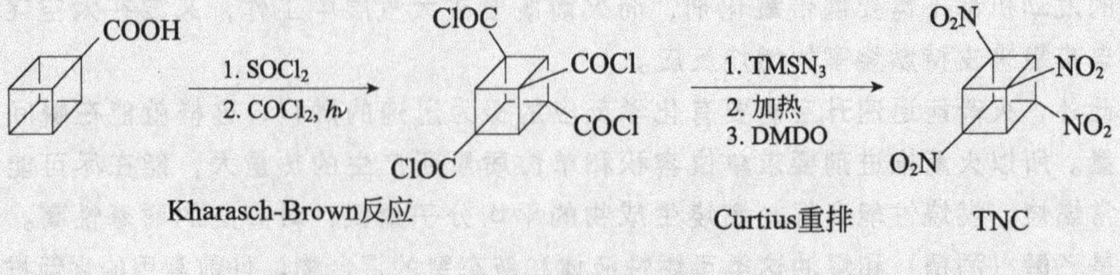

Kharasch-Brown反应　　　　　　Curtius重排　　　　TNC

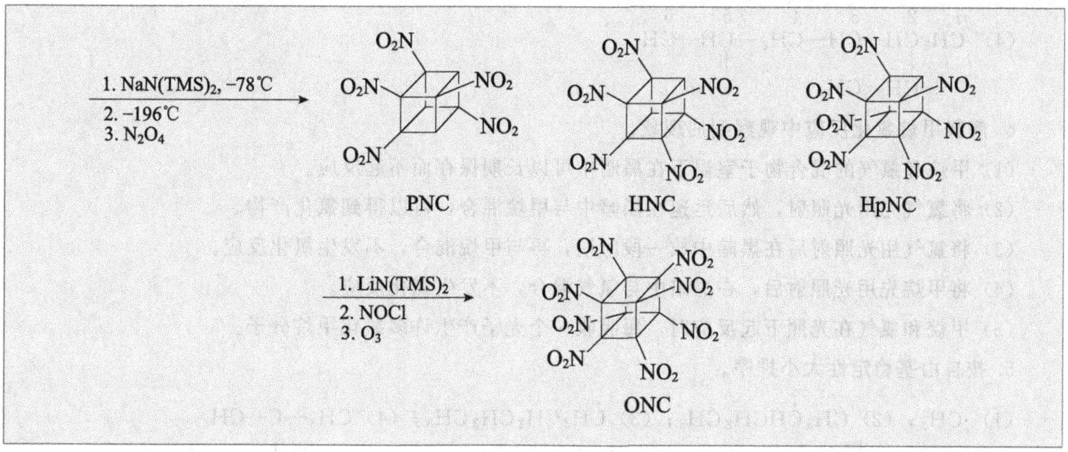

$$\xrightarrow[\text{2. }-196℃]{\begin{array}{l}\text{1. NaN(TMS)}_2\text{, }-78℃\\\text{3. N}_2\text{O}_4\end{array}}$$

PNC HNC HpNC

$$\xrightarrow[\text{2. NOCl}]{\begin{array}{l}\text{1. LiN(TMS)}_2\\\text{3. O}_3\end{array}}$$

ONC

习 题

1. 命名下列化合物。

(1) $(CH_3)_3CCH_2CH_2C(CH_3)_3$

(2) 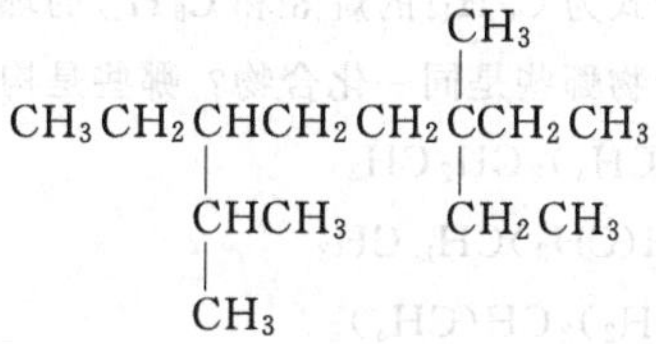 $CH_3CH_2CHCH_2CH_2CH_2CH_2CH_3$ 带 CH_3 支链结构

(3) $(CH_3)_3CCH_2CHCH_3$，含 CH_3

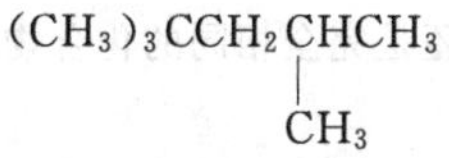

(4) 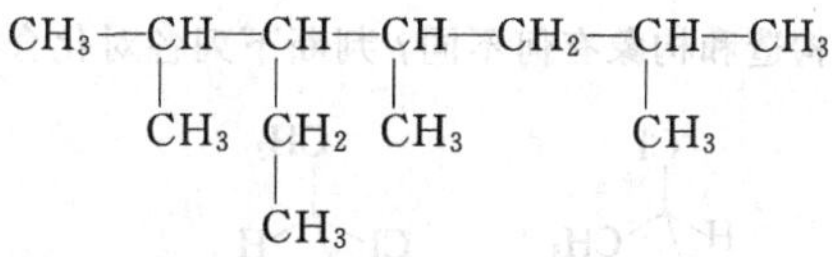 $CH_3-CH-CH-CH-CH_2-CH-CH_3$，带 CH_3、CH_3、CH_3、CH_3、CH_3 支链

(5) $CH_3CHCH_2CH_3$，含 C_2H_5

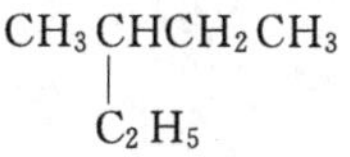

(6) 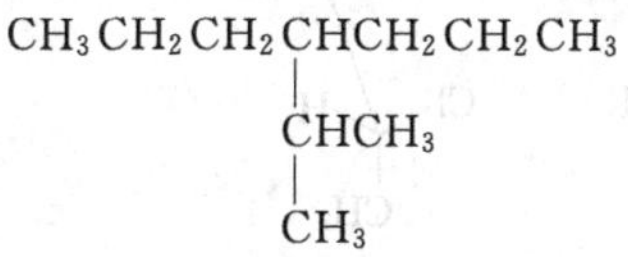 $CH_3CH_2CH_2CHCH_2CH_2CH_3$，含 $CHCH_3$、CH_3

(7) 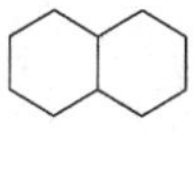 十氢萘结构

(8) 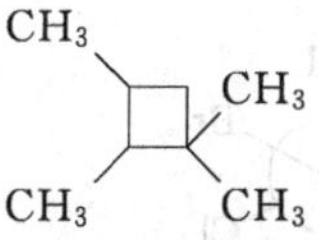 环丁烷带四个 CH_3 取代基

(9) 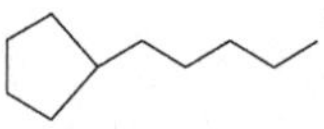 环戊烷带侧链

(10) 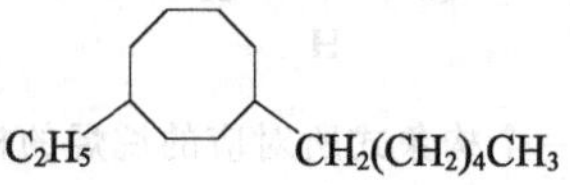 环辛烷带 C_2H_5 和 $CH_2(CH_2)_4CH_3$

2. 用不同符号标出下列化合物中伯、仲、叔、季碳原子。

(1) 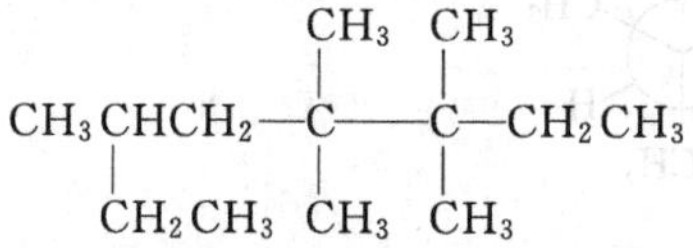 $CH_3CHCH_2-C-C-CH_2CH_3$; 含 CH_3、CH_3、CH_2CH_3、CH_3、CH_3 支链

(2) $CH_3CH(CH_3)CH_2C(CH_3)_2CH(CH_3)CH_2CH_3$

3. 写出下列化合物的结构式。

(1) 2-甲基-3-乙基己烷

(2) 2,6-二甲基-3,6-二乙基辛烷

(3) 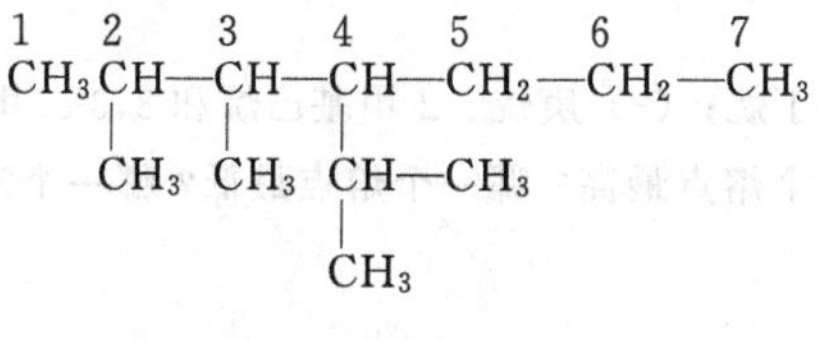 $\overset{1}{C}H_3\overset{2}{C}H-\overset{3}{C}H-\overset{4}{C}H-\overset{5}{C}H_2-\overset{6}{C}H_2-\overset{7}{C}H_3$，带 CH_3、CH_3、$CH-CH_3$、CH_3 支链

(4)
$$\overset{1}{C}H_3\overset{2}{C}H-\overset{3}{C}H-\overset{4}{C}H_2-\overset{5}{C}H-\overset{6}{C}H_3$$
$$\quad\quad\ CH_3\ CH_3\quad\quad\ CH_3$$

4. 解释甲烷氯化反应中观察到的现象。

(1) 甲烷和氯气的混合物于室温下在黑暗中可以长期保存而不起反应。

(2) 将氯气先用光照射，然后迅速在黑暗中与甲烷混合，可以得到氯化产物。

(3) 将氯气用光照射后在黑暗中放一段时期，再与甲烷混合，不发生氯化反应。

(4) 将甲烷先用光照射后，在黑暗中与氯气混合，不发生氯化反应。

(5) 甲烷和氯气在光照下起反应时，每吸收一个光子产生许多氯化甲烷分子。

5. 按自由基稳定性大小排序。

(1) $\cdot CH_3$；(2) $CH_3\overset{\cdot}{C}HCH_2CH_3$；(3) $\overset{\cdot}{C}H_2CH_2CH_2CH_3$；(4) $CH_3\overset{\overset{\displaystyle\cdot}{|}}{\underset{\underset{\displaystyle CH_3}{|}}{C}}CH_3$

6. 写出下列化合物最稳定的构象的透视式。

(1) 反-1,4-二甲基环己烷；(2) 顺-1-甲基-4-叔丁基环己烷

7. 写出分子式为 C_6H_{14} 的烷烃和 C_6H_{12} 的环烷烃的所有构造异构体，用结构简式或键线式表示。

8. 下列化合物哪些是同一化合物？哪些是构造异构体？

(1) $CH_3C(CH_3)_2CH_2CH_3$　　　　　　　(2) $CH_3CH_2C(CH_3)_2CH_2CH_3$

(3) $CH_3CH(CH_3)CH_2CH_3$　　　　　　　(4) $(CH_3)_2CHCH_2CH_2CH_3$

(5) $CH_3(CH_2)_2CH(CH_3)_2$　　　　　　　(6) $(CH_3CH_2)_2CHCH_3$

9. 构造和构象有何不同？判断下列各对化合物是构造异构、构象异构还是完全相同的化合物。

(1)

(2)

10. 写出下列每一个构象式所对应的烷烃的构造式。

(1)　　　　　　　　　　　　　　　　　　(2)

11. 写出下列化合物最稳定的构象的透视式。

(1) 异丙基环己烷　　　　　　　　　　　(2) 顺-1-甲基-2-异丙基环己烷

12. 写出 2,3-二甲基丁烷沿 C2－C3δ 键旋转时，能量最低和能量最高的构象式。

13. 比较下列各组化合物的沸点高低，并说明理由。

(1) 正丁烷和异丁烷；(2) 正辛烷和 2,2,3,3-四甲基丁烷；(3) 庚烷、2-甲基己烷和 3,3-二甲基戊烷

14. 在己烷（C_6H_{14}）的五个异构体中，试推测哪一个熔点最高？哪一个熔点最低？哪一个沸点最高？哪一个沸点最低？

15. 比较下列各组化合物的相对密度高低，并说明理由。

（1）正戊烷和环戊烷；（2）正辛烷和环辛烷

16. 环己烷与氯气在光照下反应，生成氯代环己烷。试写出其反应机理。

17. 写出各反应式。

（1） 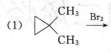 $\xrightarrow{Br_2}$

（2） ▷—CH$_3$ $\xrightarrow{H_2SO_4}$

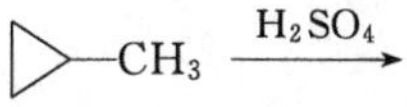

第 3 章

不饱和烃（烯烃、炔烃和二烯烃）

烯烃、炔烃和二烯烃均属于不饱和烃，其分子中分别含有碳碳双键（C＝C）、碳碳三键（C≡C）和两个碳碳双键（C＝C）。烯烃、炔烃和二烯烃由于具有不饱和键所以化学性质比烷烃活泼很多。

3.1 烯烃和炔烃

碳碳双键是由两对共用电子对构成，碳碳三键是由三对共用电子对构成，分别用"C＝C"和"C≡C"表示。烯烃是分子中含有碳碳双键的不饱和烃。含有一个碳碳双键的化合物称为单烯烃，碳碳双键为烯烃的官能团，烯烃的结构通式为 C_nH_{2n}。同理，炔烃是分子中含有碳碳三键的不饱和烃，炔烃的结构通式为 C_nH_{2n-2}。

3.1.1 烯烃和炔烃的结构

（1）烯烃的结构

乙烯分子中的两个碳原子和四个氢原子处在同一个平面上，乙烯分子为平面分子。每个碳原子都只和其他三个原子相连接，在形成乙烯分子时，采用 sp^2 杂化，即以 1 个 $2s$ 轨道与 2 个 $2p$ 轨道进行杂化，组成 3 个能量完全相等、性质相同的 sp^2 杂化轨道。此外，在形成乙烯分子时，每个碳原子各以 2 个 sp^2 杂化轨道形成 2 个碳氢 σ 键，再以 1 个 sp^2 杂化轨道形成碳碳 σ 键（见图 3-1）。5 个 σ 键都在同一个平面上，2 个碳原子中未参加杂化的 $2p$ 轨道，与 5 个 σ 键所在的平面互相平行。这两个平行的 p 轨道，侧面以"肩并肩"方式相互交盖重叠，形成有别于 σ 键的另外一个键，即 π 键。如图 3-1 所示。π 键没有对称轴，不能自由旋转且 π 键不能独立存在，只能与 σ 键共存，乙烯分子中的碳碳双键是由一个碳碳 σ 键和一个碳碳 π 键组成的，因此以双键相连的两个原子之间不能再以碳碳之间连线为轴自由旋转，如果吸收一定的能量，克服 p 轨道的结合力，才能围绕碳碳之间连线旋转，这样的结果就会使 π 键破坏。

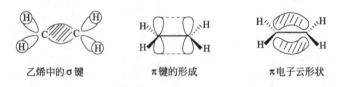

乙烯中的σ键　　π键的形成　　π电子云形状

图 3-1　乙烯分子中 π 键及 π 电子云分布方式

乙烯分子中双键的键能为 610kJ/mol，键长为 1.330Å，而乙烷分子中碳碳单键的键能为 345kJ/mol，键长为 1.54Å。比较可知，双键比碳碳单键键能的两倍要小一些，并不是单键的简单加和。乙烯分子的结构如图 3-2 所示。

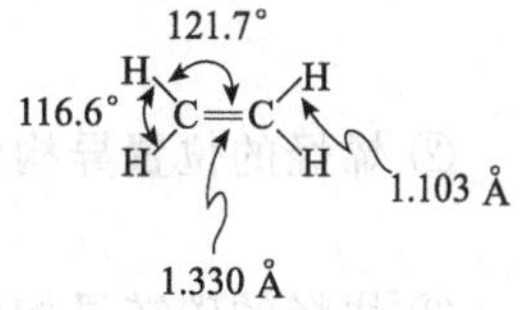

值得注意的是，碳碳 σ 键电子云定域在两个原子核之间，受到原子核的束缚力较强，不易与外界试剂接近，不活泼。但碳碳 π 键电子云没有对称轴，以电子云的形式均匀地分布于分子平面的上方和下方，受到原子核的束缚力较小，因此，具有较大的流动性，容易极化，易于受到亲电基团的攻击，具有较大的反应活性。与此同时，π 键具有一定的给电子能力，可以作为亲核基团给出电子，这也就决定了碳碳双键的亲核性，使得烯烃具有较大的反应活性，在外界试剂电场的诱导下，电子云变形，导致 π 键被破坏而发生化学反应。

图 3-2　乙烯分子的结构

其他烯烃分子中，碳碳双键的状态基本上与乙烯分子中的双键相同，也是由一个碳碳 σ 键和一个碳碳 π 键组成。

（2）炔烃的结构

在乙炔分子中，两个碳原子和两个氢原子都排布在同一条直线上，是一个线形分子。乙炔中两个碳原子采用 sp 杂化方式，即一个 2s 轨道与一个 2p 轨道杂化，组成两个能量等同的 sp 杂化轨道，sp 杂化轨道的形状与 sp^2、sp^3 杂化轨道相似，两个 sp 杂化轨道的对称轴在一条直线上。两个以 sp 杂化的碳原子，各以一个杂化轨道相互结合形成碳碳 σ 键，另一个杂化轨道各与一个氢原子结合，形成碳氢 σ 键，三个 σ 键的键轴在一条直线上，即乙炔分子为直线型分子。如图 3-3 所示。

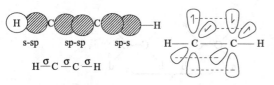

图 3-3　乙炔分子中的 σ 键和 π 键分布方式

每个碳原子还有两个未参加杂化的 p 轨道，它们的轴互相垂直。当两个碳原子的两个 p 轨道分别平行时，两两侧面重叠，形成两个相互垂直的 π 键。由此可见，碳碳三键是由一个碳碳 σ 键和两个碳碳 π 键组成的。

乙炔的碳碳三键的键能是 837kJ/mol，而乙烯的碳碳双键的键能是 610kJ/mol，乙烷的碳碳单键的键能是 345kJ/mol。相比之下三键的键能最大，但仍然比碳碳单键键能的三倍数值要低很多，这和碳碳双键一样，不是简单的单键的加和。三键的键长为 1.2Å，和双键和单键相比是最短的，这除了由于两个 π 键形成的原因之外，由 sp 杂化轨

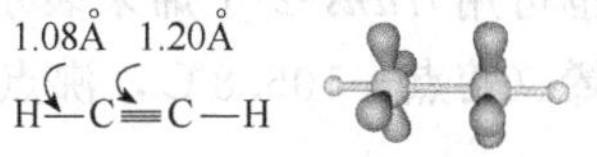

图 3-4　乙炔分子的结构

道参与碳碳 σ 键的组成，也是使得键长缩短的一个重要原因。乙炔中碳氢的距离是 1.08Å，比乙烯中的 1.103Å 要短，这是由于它们杂化轨道有较大的 s 成分，sp 轨道比 sp^2 轨道要小，因此 sp 杂化的碳原子所形成的键比 sp^2 杂化的碳原子要短。乙炔分子的结构如图 3-4 所示。

炔烃和烯烃分子一样具有不饱和键 π 键，故和烯烃有相似的化学性质，但由于炔烃分子中碳原子的杂化状态与烯烃碳原子不一样，反应活性也存在差异。另外，由于炔烃具有两个不饱和 π 键，因此具有一些烯烃没有的特殊的化学性质。

3.1.2　烯烃和炔烃的同分异构现象

（1）构造异构

烯烃和炔烃有碳碳双键和碳碳三键的不饱和官能团，所以含有 4 个碳原子及以上的直链烯烃和炔烃都存在碳链异构体和官能团位置不同的异构体。例如 C_4H_8 烯烃的同分异构体中，碳链异构有两种化合物，双键的位置不同也得到两种化合物。

① 烯烃的碳链异构体

$$CH_2\!=\!CHCH_2CH_3 \qquad\qquad CH_2\!=\!\underset{\underset{CH_3}{\mid}}{C}\!-\!CH_3$$

② 烯烃的位置异构体

$$CH_2\!=\!CHCH_2CH_3 \qquad\qquad CH_3CH\!=\!CHCH_3$$

③ 炔烃的碳链异构体

$$CH_3CH_2CH_2C\!\equiv\!H \qquad\qquad CH_3\!-\!\underset{\underset{CH_3}{\mid}}{CH}\!-\!C\!\equiv\!CH$$

④ 炔烃的位置异构体

$$CH_3CH_2CH_2CH_2C\!\equiv\!H \qquad\qquad CH_3CH_2C\!\equiv\!CCH_3$$

（2）顺反异构

由于烯烃中的碳碳双键不能绕键轴自由旋转，双键碳上所连接的四个原子或原子团是处在同一平面的，所以当双键的两个碳原子各连接两个不同的原子或原子团时，就能产生顺反异构体。这种由于组成双键的两个碳原子上连接的基团在空间的位置不同而形成的构型不同的现象称为顺反异构现象，顺反异构是一种立体异构。炔烃的异构只有碳链异构和位置异构。在碳链分支的地方不可能有三键，所以炔烃没有顺反异构体，因此炔烃的异构比烯烃相对简单。

构成烯烃双键的任何一个碳原子上所连的两个基团不同是产生顺反异构体的必要条件，通式如下所示：

有顺反异构的类型　　　　　　无顺反异构的类型

以 2-丁烯为例，当两个相同的氢原子或甲基在双键的同侧的为顺式异构体，命名为顺-2-丁烯，也用 *cis*-2-丁烯来表示；当两个相同的氢原子或甲基在双键的两侧时为反式异构体，也可用 *trans*-2-丁烯来表示。顺-2-丁烯的熔沸点（熔点 −139℃，沸点 3.7℃）都比反-2-丁烯（熔点 −105.8℃，沸点 0.88℃）的要高。

$$\underset{\text{顺丁烯，沸点 }3.7℃}{\overset{\displaystyle H\quad\quad H}{\underset{\displaystyle H_3C\quad\ CH_3}{C\!=\!C}}}\qquad\qquad \underset{\text{反丁烯，沸点 }0.88℃}{\overset{\displaystyle H\quad\quad CH_3}{\underset{\displaystyle H_3C\quad\ H}{C\!=\!C}}}$$

3.1.3　烯烃和炔烃的命名

（1）IUPAC 系统命名法

烯烃和炔烃的系统命名法原则如下。

① 选择含有碳-碳双键或碳-碳三键的最长碳链为主链，其他为取代基，根据主链中的碳原子数目命名为"某烯"或"某炔"。

$$\overset{1\quad 2}{H_2C\!=\!C}\!-\!CH_2\!-\!CH_3$$
$$\underset{3\quad\ 4\quad\ 5}{CH_2\!-\!CH_2\!-\!CH_3}$$

2-乙基-1-戊烯

$$\overset{3\quad\quad 2\quad 1}{H_3C\!-\!CH\!-\!C\!=\!CH_2}$$
$$\underset{6\quad 5\quad\ 4}{H_3C\!-\!CH_2\!-\!CH_2}\ \underset{}{CH_2\!-\!CH_3}$$

3-甲基-2-乙基-1-己烯

$$\overset{1}{CH_3}\overset{2}{CH}-\overset{3}{C}\equiv\overset{4}{C}-\overset{5}{CH_2}\overset{6}{CH_3}$$
$$\underset{|}{CH_3}$$

2-甲基-3-己炔

② 从靠近碳-碳双键或碳-碳三键的一端开始，给主链上的碳原子编号，使得碳-碳双键或碳-碳三键的位次较小。

$$\overset{6}{H_3C}-\overset{5}{CH}-\overset{4}{CH_2}-\overset{3}{C}=\overset{2}{CH}-\overset{1}{CH_3}$$
$$\underset{CH_3}{|}\qquad\underset{CH_3}{|}$$

3,5-二甲基-2-己烯

$$\overset{1}{H_3C}-\overset{2}{CH}-\overset{3}{CH}=\overset{4}{C}-\overset{5}{CH_2}-\overset{6}{CH_3}$$
$$\underset{CH_3}{|}\qquad\underset{CH_3}{|}$$

2,4-二甲基-3-己烯

③ 以碳-碳双键或碳-碳三键中编号较小的数字表示双键的位号，用阿拉伯数字 1，2，3 等表示，并将数字与"某烯"或"某炔"名称之间用半字线"-"隔开，写在"某烯"或"某炔"的名称前面。1-烯（或炔）烃中的"1"一般都省略不写。

$$\overset{4}{CH_3}\overset{3}{CH_2}\overset{2}{CH}=\overset{1}{CH_2}$$

1-丁烯

$$\overset{4}{CH_3}\overset{3}{CH}=\overset{2}{CH}\overset{1}{CH_2}$$

2-丁烯

$$\overset{5}{CH_3}\overset{4}{CH}-\overset{3}{CH}\overset{2}{CH}=\overset{1}{CH_2}$$
$$\underset{CH_3}{|}\quad\underset{CH_2CH_3}{|}$$

4-甲基-3-乙基-1-戊烯

④ 取代基的位次、数目、名称也写在"某烯"或"某炔"的名称前面。若主链上连有多个相同的取代基时，先用阿拉伯数字"1，2，3"等表示各个取代基的位次，每个位次之间用逗号隔开，然后用大写汉字数字"一、二、三"等表示相同取代基的个数，最后一个阿拉伯数字与大写汉字之间用半字线"-"隔开。若主链上连有不同的几个取代基时，则先写位次和名称小的取代基，再写位次和名称大的取代基，并加在主链名称之前。

例如，下列化合物的正确编号为

$$CH_3CH-CH_2-CH=CH$$
$$\underset{CH_3}{|}\qquad\underset{CH_3CH_3}{|}$$

2-甲基-3-己烯

$$CH_3CH-CH=CH$$
$$\underset{CH_3}{|}\qquad\underset{CHCH_3}{|}$$
$$\underset{CH_2CH_3}{|}$$

2,5-二甲基-3-庚烯

$$(CH_3)_2CHC\equiv CH$$

3-甲基-1-丁炔

$$CH_3-CH_2-C\equiv C-CH-CH_3$$
$$\underset{CH_2}{|}$$
$$\underset{CH_3}{|}$$

5-甲基-3-庚炔

⑤ 当化合物同时含有双键和三键时，若双键和三键距离碳链末端的位置不同，应该从靠近碳链末端的一侧编号；若双键和三键距离碳链末端的位置相同，则按先烯烃后炔烃的顺序编号。名称书写时，双键总是写在前面，三键总是写在后面，即优先给双键以最低编号。

$$H_3C-CH=CH-C\equiv CH$$

3-戊烯-1-炔

$$HC\equiv C-CH_2-CH=CH_2$$

1-戊烯-4-炔

$$H_2C=CH-CH=CH-C≡CH$$
1,3-己二烯-5-炔

$$CH≡C-CH=C-CH=CH_2$$
$$|$$
$$CH_2CH_3$$
3-乙基-1,3-己二烯-5-炔

⑥ 和烷基一样，把烯烃或炔烃失去一个氢原子后剩下的部分称作烯基或炔基。例如

$$CH_2=CH-$$
乙烯基

$$CH_3CH=CH-$$
丙烯基

$$CH_3$$
$$|$$
$$CH_2=C-$$
异丙烯基

$$CH_2=CH-CH_2-$$
烯丙基

$$CH≡C-$$
乙炔基

$$CH_3C≡C-$$
丙炔基

$$CH≡C-CH_2-$$
炔丙基

（2）烯烃顺反异构体的命名

两个双键碳原子上两个相同的原子或原子团处于双键的同一侧的称为顺式，不同侧的称为反式，命名可在系统名称前加一"顺"或"反"字，并用半字线"-"与化合物的系统名称相连在一起。例如

$$CH_3\quad\quad CH_2-CH_3$$
$$\\C=C\\$$
$$H\quad\quad\quad H$$
顺-2-戊烯

$$CH_3CH_2\quad\quad H$$
$$\\C=C\\$$
$$H\quad\quad\quad CH_2CH_3$$
反-3-己烯

但顺反命名法有局限性，当在两个双键碳上所连接的两个基团彼此无相同基团时，则无法用顺反命名法来命名。

例如

$$Br\quad\quad H$$
$$\\C=C\\$$
$$CH_3\quad\quad Cl$$

$$H\quad\quad CH_2CH_3$$
$$\\C=C\\$$
$$CH_3\quad CH_2CH_2CH_3$$

$$CH_3\quad\quad CH_2CH_2CH_3$$
$$\\C=C\\$$
$$CH_3CH_2\quad\quad CH_3$$
$$|$$
$$CH_3$$

为解决顺反命名法的局限性，IUPAC 规定，用 Z-E 命名法来标记顺反异构体的构型。顺反命名法和 Z-E 命名法都是针对具有立体异构的化合物来命名的。

（3）烯烃的 Z-E 命名法

根据 IUPAC 命名法，Z 是德文 Zusammen 的首字母，是指同一侧的意思。E 是德文 Entgegen 的首字母，指相反的意思。当双键两个碳原子上的"较优"原子或原子团处于双键的同侧时，称为 Z 式；如果双键两个碳原子上的"较优"原子或原子团处于双键两侧时，则称为 E 式。

对于如何确定原子或原子团谁为"较优"基团，要先介绍"次序规则"。

① 次序规则　为了表示化合物分子的某些立体化学关系，需要按照某些方法来确定有关原子或原子团的大小等排列顺序，这种方法称为次序规则。其主要内容如下。

a. 比较与双键碳原子直接连接的两侧原子的原子序数，按原子序数大小排列。大的为"较优"基团，如果是同位素，则质量较高者定为"较优"基团。取代基团中常见的各个原子，按照原子序数递减的次序排列，如果取代的是原子团，也只比较与双键碳原子直接相连的原子的原子序数即可。

例如　　I>Br>Cl>S>P>F>O>N>C>D>H

　　　　—Br>—OH>—NH_2>—CH_3>H

b. 如果与双键碳原子直接连接的基团的第一个原子的原子序数相同时，则要依次比较

与该原子相连的第二、第三顺序原子的原子序数，来决定基团的大小顺序。如果仍然相同，则依次外推，直至比较出较优的基团为止。

例如：$CH_3CH_2—>CH_3—$（因第一顺序原子均为 C，故必须比较与碳相连基团的大小）

$CH_3—$ 中与碳相连的是 C(H、H、H)

$CH_3CH_2—$ 中与碳相连的是 C(C、H、H) 所以 $CH_3CH_2—$优先。

同理：$(CH_3)_3C—>CH_3CH(CH_3)CH_2—>(CH_3)_2CHCH_2—>CH_3CH_2CH_2CH_2—$

c. 当取代基为不饱和基团时，则把双键、三键原子看成是它与多个某原子相连。

例如：

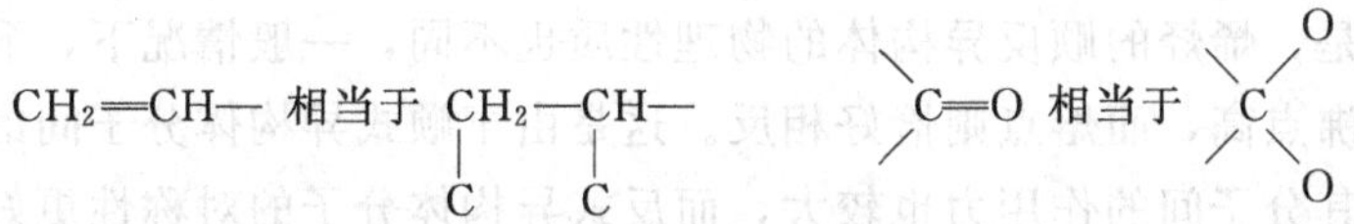

$CH_2{=}CH—$ 相当于 $CH_2{-}CH—$（各连C） $C{=}O$ 相当于 C 连两个O

② Z-E 命名法　Z-E 命名法跟顺反命名法一样，将 Z 或 E［或（Z）或（E）］放在系统命名法命名的烯烃名称前面，同时用半字线"-"与烯烃名称相连，这就是该烯烃的 Z-E 命名法。

例如：

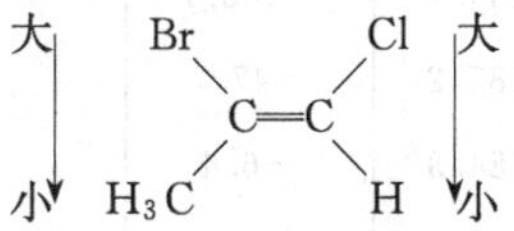

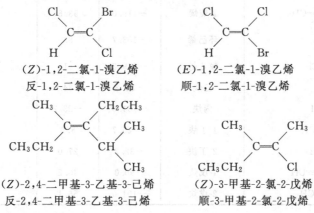

Z-1-氯-2-溴丙烯 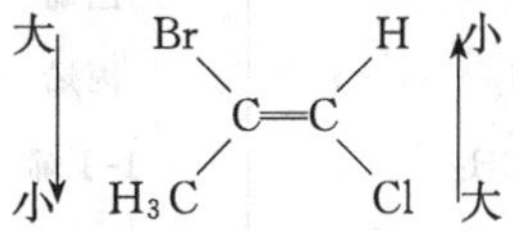　　　　　　　E-1-氯-2-溴丙烯

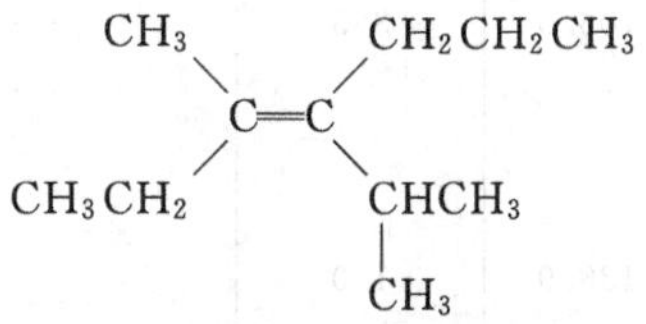

(Z)-3-甲基-4-异丙基庚烷

$CH_3CH_2—>CH_3—$
$(CH_3)_2CH—>CH_3CH_2CH_2—$

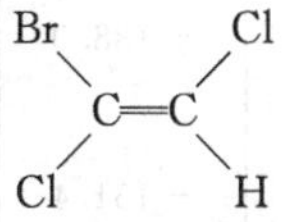

(Z)-1,2-二氯-1-溴乙烯
Br>Cl
Cl>H

在此必须注意，顺反命名法中的"顺""反"和 Z-E 命名法中的"Z""E"不是相互对应的关系，两种命名方法的概念不同，顺式可以是 Z，也可以是 E，反之也成立。例如下列两个化合物既可以用顺反命名法来命名，也可以用 Z-E 命名法来命名，只需在烯烃的系统命名法前加"顺"或"反"和"Z"或"E"即可。例如

(Z)-1,2-二氯-1-溴乙烯　　　　　(E)-1,2-二氯-1-溴乙烯
反-1,2-二氯-1-溴乙烯　　　　　　顺-1,2-二氯-1-溴乙烯

(Z)-2,4-二甲基-3-乙基-3-己烯　　(Z)-3-甲基-2-氯-2-戊烯
反-2,4-二甲基-3-乙基-3-己烯　　　顺-3-甲基-2-氯-2-戊烯

3.1.4 烯烃和炔烃的物理性质

在常温下，烯烃和炔烃的物理性质与烷烃相似，它们的熔点、沸点和相对密度都随分子量的增加而升高。表 3-1 给出了一些常见烯烃和炔烃的物理常数。

一般在常温常压下，四个碳原子以下的烯烃和炔烃为气体，5～15 个碳原子的烯烃和炔烃为液体，更多碳原子的高级烯烃和炔烃为固体。它们的相对密度都小于 1，但比相应的烷烃大；它们都不溶于水而易溶于有机溶剂如四氯化碳（CCl_4）、乙醚（$C_4H_{10}O$）和戊烷（C_5H_{12}）。

值得注意的是，烯烃的顺反异构体的物理性质也不同，一般情况下，顺式异构体的沸点比反式异构体的沸点高，而熔点则恰好相反。这是由于顺式异构体分子间的偶极矩作用力比反式异构体大，其分子间的作用力也较大，而反式异构体分子的对称性更好、更紧密。

表 3-1　一些常见烯烃和炔烃的物理常数

结构式	名称	熔点/℃	沸点/℃	相对密度(20℃)/(g/cm³)
$CH_2{=}CH_2$	乙烯	−169.1	−103.7	—
$CH_3CH{=}CH_2$	丙烯	−185.2	−47.7	—
$CH_3CH_2CH{=}CH_2$	1-丁烯	−184.3	−6.4	—
顺-2-丁烯（结构式）	顺-2-丁烯	−106.5	3.5	0.6042
反-2-丁烯（结构式）	反-2-丁烯	−138.9	1.0	0.6213
$CH_3CH_2CH_2CH{=}CH_2$	1-戊烯	−138.0	30.1	0.6405
顺-2-戊烯（结构式）	顺-2-戊烯	−151.4	37	0.6556
反-2-戊烯（结构式）	反-2-戊烯	−136.0	36	0.6482
$CH_3(CH_2)_3CH{=}CH_2$	1-己烯	−139.8	63.5	0.6731
$CH_3(CH_2)_4CH{=}CH_2$	1-庚烯	−119.0	93.6	0.6970
环己烯（结构式）	环己烯	−103.7	83	0.810
$CH_2{=}CHCl$	氯乙烯	−159.8	−14	—
$CH{\equiv}CH$	乙炔	−80.8	−84.0	0.6181
$CH_3C{\equiv}CH$	丙炔	−101.5	−23.2	0.7062
$CH_3CH_2C{\equiv}CH$	1-丁炔	−125.7	8.0	0.6784
$CH_3C{\equiv}CCH_3$	2-丁炔	−32.3	27.0	0.6910
$CH_3CH_2CH_2C{\equiv}CH$	1-戊炔	−90.0	40.2	0.6901
$CH_3CH_2C{\equiv}CCH_3$	2-戊炔	−101.0	56.1	0.7107

结构式	名称	熔点/℃	沸点/℃	相对密度(20℃)/(g/cm³)
$CH_3CH(CH_3)C\equiv CH$	3-甲基-1-丁炔	−89.7	29.3	0.666
$CH_3(CH_2)_3C\equiv CH$	1-己炔	−132.0	71.3	0.7155
$CH_3(CH_2)_4C\equiv CH$	1-庚炔	−81	99.7	0.7328

3.1.5　烯烃和炔烃的化学性质

$\diagup C = C \diagdown$ 和—$C \equiv C$—分别是烯烃和炔烃的官能团，由于 —$C = C$— 和—$C \equiv C$—都含有 π 电子，而 π 电子受核的束缚力较小，流动性较大，很活泼，可以与其他试剂作用，发生加成、氧化、聚合等反应。但由于碳原子的杂化轨道方式不同，π 电子数目不同，化学性质又有所不同。

（1）加成反应

加成反应是 π 键化合物的特征反应，是指不饱和化合物中的 π 键断裂后，在两个双键碳原子上各连上一个新的原子或原子团的反应。烯烃和炔烃都能发生加成反应。反应通式可表示为

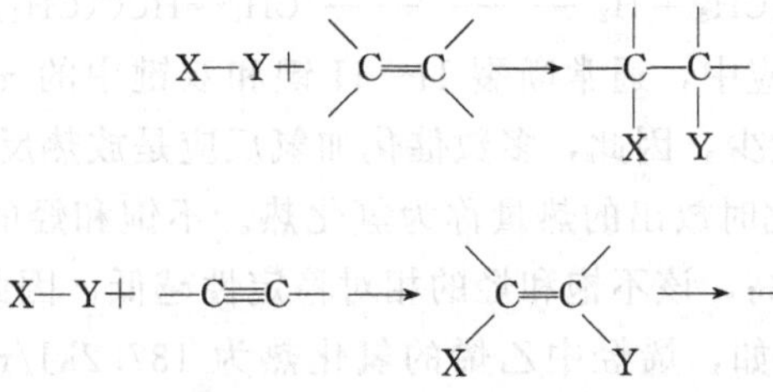

$$X-Y + \diagup C = C \diagdown \longrightarrow -\overset{|}{\underset{X}{C}}-\overset{|}{\underset{Y}{C}}-$$

$$X-Y + -C \equiv C- \longrightarrow \diagup C = C \diagdown \longrightarrow -\overset{X}{\underset{X}{C}}-\overset{Y}{\underset{Y}{C}}-$$

① 催化加氢反应　在常温常压下，烯烃和炔烃很难与氢气发生反应，但在 Pt、Pd、Ni 等金属催化剂存在下，烯烃和炔烃可以与氢原子加成而生成相应的烷烃。炔烃的催化加氢反应分两步进行，首先炔烃与一分子的氢气通过催化加氢反应生成烯烃，再继续通过催化加氢反应得到相应的烷烃。例如

$$CH_2 = CH_2 + H_2 \xrightarrow[\ Pt\ ]{Ni} CH_3CH_3$$

$$CH \equiv CH + H_2 \xrightarrow[\ Pt\ ]{Ni} CH_2 = CH_2 \xrightarrow[\ Pt\ ]{Ni} CH_3CH_3$$

这种加氢反应是在金属催化剂的表面发生的，催化剂的作用是降低反应的活化能，加速反应的进行。一般认为，催化剂能通过表面的化学吸附，使得氢分子发生键的断裂而生成活泼的氢原子，氢原子吸附在金属催化剂的表面，以烯烃为例，烯烃中 $\diagup C = C \diagdown$ 的 π 键较弱，在金属催化剂的作用下易于断裂氢原子结合而最终生成相应的烷烃，最后脱离催化剂表面（见图 3-5）。

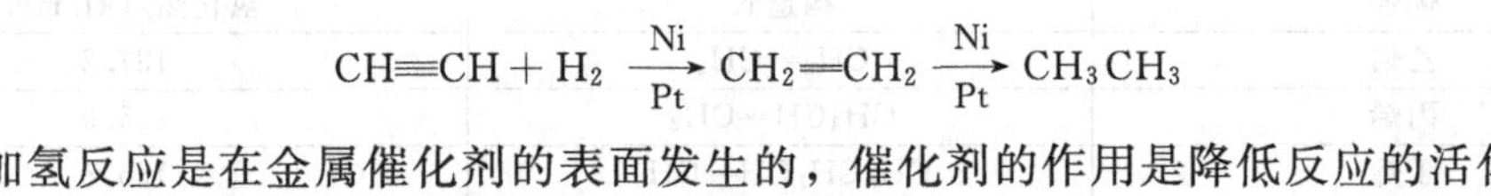

图 3-5　烯烃在催化剂作用下加氢反应的机理

炔烃的催化加氢反应中，在氢气过量的情况下，只能得到相应的烷烃，即炔烃催化加氢生成烯烃的第一步反应速率很快，比烯烃更容易与氢加成。要想使得反应停留在烯烃阶段，则须使用活性较小的催化剂。如在 Lindlar 试剂催化下，即把 Pd 金属沉淀在碳酸钙上并用醋酸铅毒化过的一种催化剂，从而得到相应的顺式烯烃，工业上常用此法来制备烯烃。如果在液氨溶液中用 Na 或 Li 等还原时，则主要获得反式烯烃。例如

$$CH_3CH_2C\equiv CCH_2CH_3 + H_2 \xrightarrow{Lindlar} \begin{array}{c} H_3CH_2C \quad\quad CH_2CH_3 \\ C=C \\ H \quad\quad\quad H \end{array}$$

$$CH_3CH_2C\equiv C(CH_2)_3CH_3 + H_2 \xrightarrow[-33℃]{Na/液\ NH_3} \begin{array}{c} H_3CH_2C \quad\quad H \\ C=C \\ H \quad\quad (CH_2)_3CH_3 \end{array}$$

烯烃和炔烃催化加氢的机理是，当烯烃和炔烃的混合物进行催化加氢时，由于炔烃在金属催化剂表面具有较强的吸附能力，而将烯烃排斥在催化剂表面之外，因此更容易进行催化加氢反应。同样，若分子内同时含有三键和双键时，催化加氢一般首先发生在三键上，是因为炔烃比烯烃更容易发生催化加氢反应。因此，如果控制反应条件和氢气的用量，可以使炔烃停留在烯烃的阶段，得到二烯烃。

$$CH\equiv CC(CH_3)=CHCH_2CH_3 + H_2 \xrightarrow{Lindlar\ 催化剂} CH_2=HCC(CH_3)=CHCH_2CH_3$$

在不饱和烃的催化加氢反应中，通常断裂 H—H 键和双键中的 π 键所消耗的能量比形成两个 C—Hσ 键所放出的能量少，因此，多数催化加氢反应是放热反应。

一般把 1mol 不饱和烃氢化时放出的热量称为氢化热。不饱和烃的氢化热越高，说明原来不饱和烃分子的热力学能越高，该不饱和烃的相对稳定性越低，因此，可利用氢化热来判断不饱和烃的稳定性大小。例如，烯烃中乙烯的氢化热为 137.2kJ/mol，丙烯的氢化热为 125.9kJ/mol，丙烯的氢化热比乙烯的低，说明丙烯比乙烯稳定。再比如，顺-2-丁烯和反-2-丁烯的氢化产物都是丁烷，但反-2-丁烯的氢化热比顺-2-丁烯的氢化热低 4.2kJ/mol，则说明丁烷的反式空间构型比顺式的更稳定。利用氢化热可以获得不饱和烃相对稳定性的信息。一些常见烯烃的氢化热如表 3-2 所示。

表 3-2   一些常见烯烃的氢化热

烯烃	构造式	氢化热/(kJ/mol)
乙烯	$CH_2=CH_2$	137.2
丙烯	$CH_3CH=CH_2$	125.9
丁烯	$CH_3CH_2CH=CH_2$	126.8
戊烯	$CH_3CH_2CH_2CH=CH_2$	125
异丁烯	$(CH_3)_2C=CH_2$	118.8
顺-2-丁烯	顺-$CH_3CH=CHCH_3$	119.7
反-2-丁烯	反-$CH_3CH=CHCH_3$	115.5
顺-2-戊烯	顺-$CH_3CH_2CH=CHCH_3$	119.7
反-2-戊烯	反-$CH_3CH_2CH=CHCH_3$	115.5

烯烃的催化加氢反应在工业生产上很重要。例如，汽油来自于石油，但石油加工之后得到的是粗汽油，粗汽油中一般含有少量的烯烃，放置一段时间后会变成高沸点的杂质，所以需要除去，如何除去呢？将少量烯烃经过催化加氢反应变成相应的烷烃，从而提高了油品的质量，这种经过加氢处理后的汽油称为加氢汽油；另外，在油脂工业中，常见含有不饱和键

的液态油脂经过催化加氢处理，从而改变油脂的性质，使之转化为固态脂肪，提高了其利用价值。

② 亲电加成反应　由于烯烃和炔烃分子中含有较弱的碳-碳双键和碳-碳三键，这些不饱和键上的 π 电子流动性较大而容易被激发，容易给出电子而与需要电子的试剂发生加成反应。这种需要电子的试剂（或缺电子）的试剂称为亲电试剂（Electrophile，用 E 来表示）。烯烃和炔烃与亲电试剂发生的加成反应叫亲电加成反应。同样，能够给出电子的试剂称为亲核试剂（Nucleophile，用 Nu 来表示）。炔烃受亲核试剂进攻而发生的加成反应属于亲核加成反应。

$$\text{亲电试剂}\ \overset{\delta+}{(E)}\!\!-\!\!\overset{\delta-}{(Nu)}\ \text{亲核试剂}$$

a. 与卤素的加成　烯烃和炔烃容易与卤素（X_2）进行亲电加成反应，生成二卤代烷。例如，将烯烃和炔烃分别通入 Br_2 或溴的 CCl_4 溶液中就可以生成邻二溴化物，其中炔烃因含有两个 π 键，也可以与两分子溴反应生成四溴化物。如下所示：

$$C\!=\!C + Br_2 \xrightarrow{CCl_4} \overset{Br}{\underset{\ }{C}}\!-\!\overset{Br}{\underset{\ }{C}}$$

$$RC\!\equiv\!CH \xrightarrow[\text{（或 }Br_2\text{）}]{Cl_2} RCCl\!=\!CHCl \xrightarrow[\text{（或 }Br_2\text{）}]{Cl_2} RCCl_2CHCl_2$$
$$(RCBr\!=\!CHBr) \qquad\qquad (RCBr_2CHBr_2)$$

溴为红棕色，发生反应后生成的邻二溴化物和四溴化物为无色，上述反应颜色消失，故通常用于分析和检验烯烃、炔烃。

卤素的活性顺序是氟＞氯＞溴＞碘，发生卤素加成反应的卤素主要是氯和溴。碘与烯烃的反应是平衡反应且偏向烯烃的一边进行，所以速率很慢；氟反应太激烈容易引起其他反应，难以控制而实际应用价值较小。因此，只有溴、氯的加成具有实际意义。

由于 —C≡C— 碳原子为 sp 杂化，电子云更靠近原子核，原子核对核外电子的束缚力更大，不易给出电子，故受到亲电试剂进攻较难，导致炔烃的亲电加成比烯烃慢。如果分子中同时存在双键和三键时，亲电加成反应将优先发生在双键上。例如

$$CH\!\equiv\!CCH_2CH\!=\!CH_2 + Br_2 \xrightarrow[-20\,℃]{CCl_4} CH\!\equiv\!CCH_2CHBr\!-\!CH_2Br$$

b. 与卤化氢（HX）的加成、机理及马氏规则　在极性溶剂中（如氯仿、乙酸等）烯烃或炔烃容易与 HX 发生加成反应，生成相应的卤代烷烃。例如

$$C\!=\!C + H\!:\!X \longrightarrow \overset{\ }{\underset{H}{C}}\!-\!\overset{\ }{\underset{X}{C}}$$
$$(HX\!=\!HCl,HBr,HI)$$

$$RC\!\equiv\!CH \xrightarrow{HX} R\!-\!\underset{X}{C}\!=\!CH_2 \xrightarrow{HX} R\!-\!\overset{X}{\underset{X}{C}}\!-\!CH_3$$

HX 亲电加成反应的机理为，烯烃双键或炔烃三键中的 π 电子云不稳定，可以极化，容易被亲电试剂进攻，所以首先 HX 中的 H 作为质子可以亲电进攻 π 键而加成到双键上，使得原来的双键碳原子形成碳正离子；其次，X 负离子马上与碳正离子结合生成相应的卤代烷烃。其中质子作为亲电试剂进攻 π 键生成碳正离子是亲电加成反应过程，而卤负离子则能够

给出电子，是作为亲核试剂与碳正离子的结合，是亲核加成反应。

第一步：质子进攻双键，生成碳正离子（carbocation）

$$R_2C{=}CR_2 + H{-}X \xrightarrow{慢} R_2\overset{+}{C}{-}CR_2 + X^- \longrightarrow 亲电加成$$
$$\underset{H}{|}$$

第二步：卤负离子与碳正离子结合

$$R_2\overset{+}{C}{-}CR_2 + :X^- \xrightarrow{快} R_2C{-}CR_2 \longrightarrow 亲核加成$$

决定反应速率的一步是碳正离子的生成。

烯烃和炔烃与 HX 发生反应，烯烃双键或炔烃三键上的电子云密度越高，氢卤酸的酸性越强，反应越容易进行。卤化氢发生加成反应的活泼性顺序为：HI＞HBr＞HCl。卤化氢主要是指氯、溴和碘。

卤化氢与不对称烯烃发生加成反应时，由于双键两端所连接的基团不同，从结构上看，可生成两种产物，如丙烯和 HCl 加成生成 1-氯丙烷和 2-氯丙烷，但实际上，2-氯丙烷为主要产物。再比如 1-丁烯与 HBr 加成后 2-溴-丁烷为主要反应产物。

$$H_3C{-}CH{=}CH_2 + HCl \to \begin{cases} H_3C{-}\underset{H}{CH}{-}\underset{Cl}{CH_2} \\ H_3C{-}\underset{Cl}{CH}{-}\underset{H}{CH_2} \quad 主要产物 \end{cases}$$

$$CH_3CH_2CH{=}CH_2 + HBr \xrightarrow{乙酸} CH_3CH_2\underset{Br}{CH}{-}\underset{H}{CH_2} \quad 80\%$$

大量的实验结果表明，不对称烯烃或炔烃与卤化氢进行加成反应时，氢原子倾向于加到含氢较多的双键碳原子上，卤原子则倾向于加到含氢较少的或不含氢原子的双键碳原子上。这是一条经验规律，称为 Markovnikov 规则，简称马氏规则。利用马氏规则可以预测很多不对称烯烃与卤化氢加成的主要产物。例如

$$CH_3{-}CH{=}CH_2 + HBr \longrightarrow CH_3{-}\underset{Br}{CH}{-}CH_3 + CH_3CH_2CH_2Br$$
$$\qquad\qquad\qquad\qquad\qquad 主要产物 \qquad\qquad 次要产物$$

烯烃和炔烃加卤化氢时为什么遵循马氏规则？这是由反应中间体正碳离子的稳定性所决定的。当 H⁺ 加到 C1 上时，形成（Ⅰ），而 H⁺ 若加到 C2 上，则形成（Ⅱ）。（Ⅰ）的稳定性大于（Ⅱ），这是由于形成的碳正离子中间体（Ⅰ）比（Ⅱ）稳定，即生成（Ⅰ）所需的活化能相对较低，反应速率较大。

$$CH_3{-}CH{=}CH_2 + H^+ \begin{cases} CH_3{-}\overset{+}{C}H{-}CH_3 \xrightarrow{Br^-} CH_3{-}\underset{Br}{CH}{-}CH_3（主要产物） \\ \quad（Ⅰ） \\ CH_3CH_2\overset{+}{C}H_2 \xrightarrow{Br^-} CH_3CH_2CH_2Br（次要产物） \\ \quad（Ⅱ） \end{cases}$$

按碳正离子所连的烃基数目的不同，可以把碳正离子分为伯碳正离子、仲碳正离子、叔碳正离子和甲基碳正离子。碳正离子的稳定性顺序是：叔碳正离子＞仲碳正离子＞伯碳正离子＞甲基碳正离子。

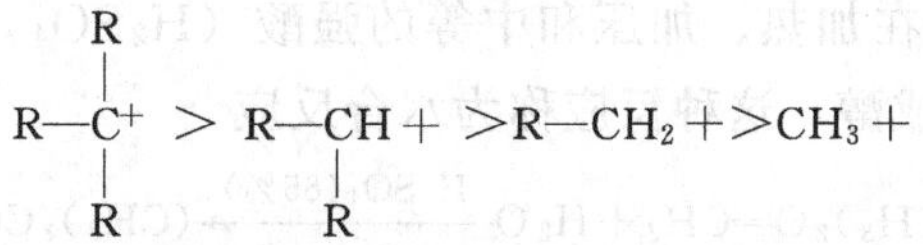

$$R-\overset{\underset{\displaystyle R}{|}}{\underset{}{C}}{}^+ > R-\overset{\underset{\displaystyle R}{|}}{CH}{}^+ > R-CH_2{}^+ > CH_3{}^+$$

例如，3-甲基-1-丁烯与氯化氢的酸溶液发生加成反应时，预期产物为 2-甲基 3-氯丁烷，但实际得到的主要产物却为 2-甲基-2-氯丁烷，这是因为碳正离子的中间体发生重排形成更加稳定的碳正离子，而主要产物 2-甲基-2-氯丁烷即为重排产物。因此，具有某种结构的烯烃发生加成反应时，通常会有重排产物生成且往往为主要产物。这也进一步说明不对称烯烃或炔烃与卤化氢进行加成反应时，确实经过了碳正离子中间体这个过程。

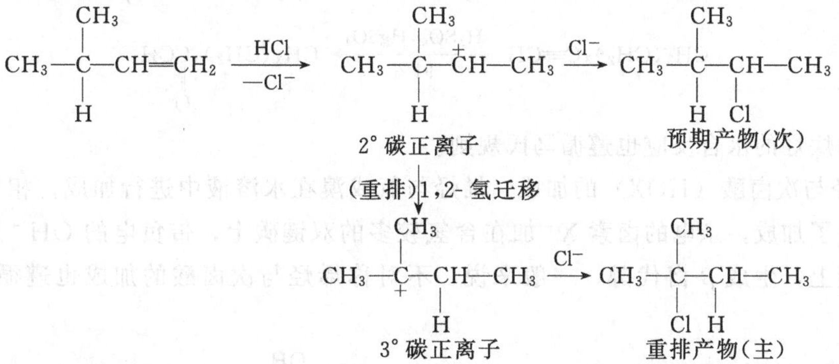

炔烃可以与两分子的 HX 加成生成二卤代烷烃，反应是分两步进行的，炔烃的亲电加成反应也遵循马氏规则。

$$CH\equiv CH + HCl \xrightarrow[\text{或 HgSO}_4]{Cu_2Cl_2} \underset{\text{氯乙烯}}{H_2C=CHCl} \xrightarrow[\text{HgCl}_2]{HCl} \underset{1,1\text{-二氯乙烷}}{H_3C-CHCl_2}$$

炔烃与卤化氢 HX 的亲电加成反应较烯烃难进行。控制反应物的比例可使反应停留在一分子卤化加成的阶段，制备得到卤代烯烃。另外，炔烃与卤化氢的加成，在汞盐或铜盐存在下，通常得到反式加成产物。

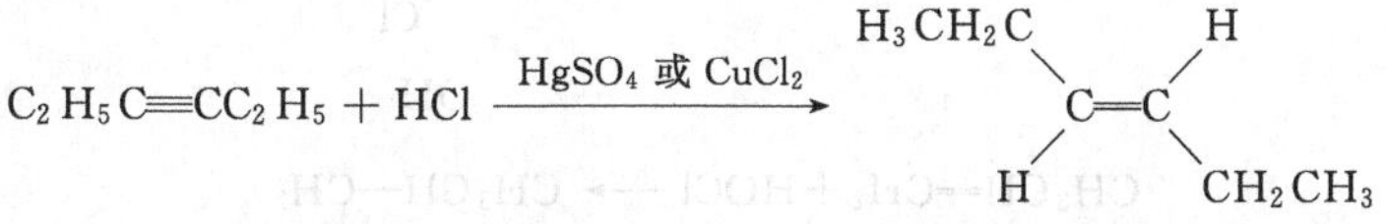

c. 烯烃与 H_2SO_4 的加成　烯烃与浓硫酸在 0℃条件下生成硫酸氢乙酯，然后加热水解可以得到相应的醇。例如乙烯在浓硫酸作用下生成硫酸氢乙酯，然后加热水解后可以得到相应的乙醇。烷基硫酸氢酯水解是工业上制备醇的方法之一。烯烃与浓硫酸的加成常用来除去烷烃中少量的烯烃。

$$\underset{\text{乙烯}}{CH_2=CH_2} + H_2SO_4(98\%) \longrightarrow \underset{\text{硫酸氢乙酯}}{CH_3CH_2OSO_2OH} \xrightarrow[\triangle]{H_2O} \underset{\text{乙醇}}{CH_3CH_2OH} + H_2SO_4$$

不对称烯烃与硫酸的加成，也遵循马氏规则。例如

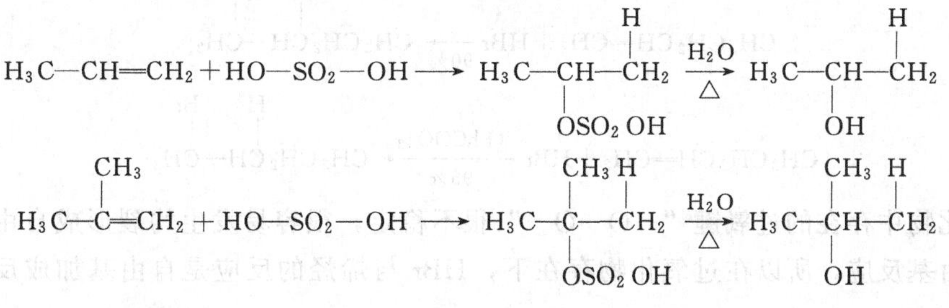

d. 与水的加成　烯烃在加热、加压和中等的强酸（H_2SO_4，H_3PO_4，HNO_3）的作用下，在水溶液中反应，生成醇，这种反应称为水合反应。

$$(CH_3)_2C{=}CH_2 + H_2O \xrightarrow{H_2SO_4(65\%)} (CH_3)_3COH$$
$$\text{2-甲基丙烯} \qquad\qquad\qquad \text{叔丁醇}$$

炔烃在硫酸汞（$HgSO_4$）的硫酸溶液（H_2SO_4）催化下，生成烯醇，烯醇化合物不稳定，异构化生成醛或酮。

$$CH_3CH_2CH_2C{\equiv}CCH_2CH_2CH_3 \xrightarrow[89\%]{H_2SO_4,HgSO_4} CH_3CH_2CH_2CH_2\underset{\underset{O}{\|}}{C}CH_2CH_2CH_3$$

$$CH_3(CH_2)_3C{\equiv}CH \xrightarrow[91\%]{H_2SO_4,HgSO_4} CH_3(CH_2)_3\underset{\underset{O}{\|}}{C}CH_3$$

烯烃和炔烃的水合反应也遵循马氏规则。

e. 烯烃与次卤酸（HOX）的加成　烯烃与氯或溴在水溶液中进行加成，相当于烯烃与次卤酸发生了加成，亲电的卤素 X^+ 加在含氢较多的双键碳上，带负电的 OH^- 加在含氢较少的双键碳上，生成 β-卤代醇。一般来说，不对称烯烃与次卤酸的加成也遵循马氏规则。通式如下

$$CH_3CH{=}CH_2 + HOX \longrightarrow CH_3\underset{\underset{X}{|}}{C}H{-}\overset{\overset{OH}{|}}{C}H_2$$

例如，乙烯与丙烯分别与氯的水溶液发生加成反应，生成氯乙醇和 1-氯-2 丙醇，而这两种产物分别是制备环氧乙烷和环氧丙烷的重要化工原料。

$$H_2C{=}CH_2 + HOCl \longrightarrow \overset{\overset{OH}{|}}{C}H_2{-}\underset{\underset{Cl}{|}}{C}H_2$$

$$CH_3CH{=}CH_2 + HOCl \longrightarrow CH_3\overset{\overset{OH}{|}}{C}H{-}\underset{\underset{Cl}{|}}{C}H_2$$

③ 自由基加成反应　在通常条件下，HBr 与不对称烯烃的加成一般遵循马氏规则，但在过氧化物（R—O—O—R，如过氧化乙酰，过氧化苯甲酰等）存在的情况下，HBr 与不对称烯烃发生自由基加成反应，则主要生成"反"马氏规则的溴代烃。这种现象称为过氧化物效应，只有 HBr 与烯烃加成才有过氧化物效应，HF 和 HCl 的键较牢固，不能形成自由基；HI 也由于活性较低而难以发生自由基加成反应，无过氧化物效应。例如

$$CH_3CH_2CH{=}CH_2 + HBr \xrightarrow{90\%} CH_3CH_2\overset{\overset{Br}{|}}{C}H{-}\overset{\overset{H}{|}}{C}H_2$$

$$CH_3CH_2CH{=}CH_2 + HBr \xrightarrow{(PhCOO)_2} CH_3CH_2\overset{\overset{H}{|}}{C}H{-}\overset{\overset{Br}{|}}{C}H_2$$

过氧化物中存在的过氧键"—O—O—"很不稳定，很容易发生均裂形成自由基，从而引发了自由基反应，所以在过氧化物存在下，HBr 与烯烃的反应是自由基加成反应，按自

由基历程进行，其反应机制为：

链引发　$R—O—O—R \xrightarrow[\text{或光}]{\triangle} 2R—O·$

$R—O· + H—Br \longrightarrow R—OH + Br·$

链增长　$Br· + CH_3—CH\!=\!CH_2 \longrightarrow CH_3—\overset{·}{C}H—CH_2—Br$

$CH_3—\overset{·}{C}H—CH_2—Br + H—Br \longrightarrow CH_3—\overset{\displaystyle H}{\underset{}{C}}H—CH_2—Br + Br·$

链终止　$Br· + Br· \longrightarrow Br—Br$

$2CH_3—\overset{·}{C}H—CH_2—Br \longrightarrow Br—CH_2—\overset{\displaystyle H}{\underset{\displaystyle CH_3}{C}}—\overset{\displaystyle H}{\underset{\displaystyle CH_3}{C}}—CH_2—Br$

$CH_3—\overset{·}{C}H—CH_2—Br + Br· \longrightarrow CH_3—\overset{\displaystyle Br}{\underset{}{C}}H—CH_2—Br$

炔烃与 HBr 加成也存在过氧化物效应。在过氧化物存在下，反应得到反马氏规则的产物。例如

$$C_2H_5C\!\equiv\!CH + HBr \xrightarrow{\text{过氧化物}} C_2H_5CH\!=\!CHBr \xrightarrow[\text{HBr}]{\text{过氧化物}} C_2H_5CH\!-\!CH_3Br$$

（2）氧化反应

烯烃和炔烃容易被氧化，在不同反应条件下，氧化剂与烯烃和炔烃作用的氧化反应主要发生在双键和三键上，从而得到各种氧化产物。

① 与 $KMnO_4$ 的反应　烯烃与稀的碱性 $KMnO_4$ 水溶液在低温下反应，则 π 键被打开生成顺式 α-二醇，又称邻（连）二醇。紫红色的 $KMnO_4$ 水溶液褪色而产生棕色的 MnO_2 沉淀。可用来检验分子中的不饱和键。

$$\underset{R'}{\overset{R}{C}}\!=\!\underset{H}{\overset{R''}{C}} \xrightarrow{KMnO_4(\text{稀,冷}), ^-OH} R'-\underset{OH}{\overset{R}{C}}-\underset{OH}{\overset{R''}{C}}-H + MnO_2$$

如果在酸性或中性的 $KMnO_4$ 水溶液中，则烯烃的 C=C 双键断裂，生成酮或羧酸。

$$CH_3CH_2\underset{CH_3}{\overset{}{C}}HCH\!=\!CH_2 + KMnO_4 \xrightarrow[45\%]{H_2O} CH_3CH_2\underset{CH_3}{\overset{}{C}}H\overset{O}{\overset{\|}{C}}-OH + CO_2$$

炔烃也可以被 $KMnO_4$ 氧化，氧化产物为两分子羧酸。例如

$$CH_3CH_2C\!\equiv\!CCH_2CH_3 \xrightarrow[\text{加热},H_3O]{KMnO_4,OH^-} CH_3CH_2\overset{O}{\overset{\|}{C}}-OH + HO\overset{O}{\overset{\|}{C}}CH_2CH_3$$

烯烃或炔烃的结构不同，氧化产物也不同，通过生成的酮或羧酸的部分结构可以推测原烯烃的结构。

② 臭氧氧化反应　将含有 O_3 的空气通入烯烃的溶液（如 CCl_4 溶液）中，烯烃被氧化

成臭氧化物，称为臭氧化反应。臭氧化物不稳定，产物中有醛又有 H_2O_2，所以醛可能被氧化生成酮。若加入 Zn 粉可防止醛被 H_2O_2 氧化。可用通式表示如下：

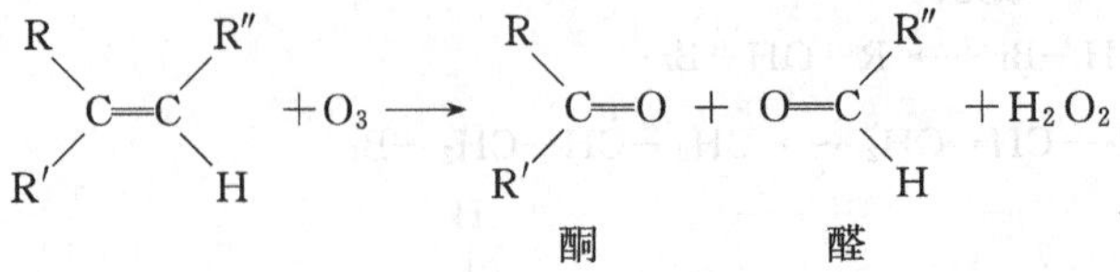

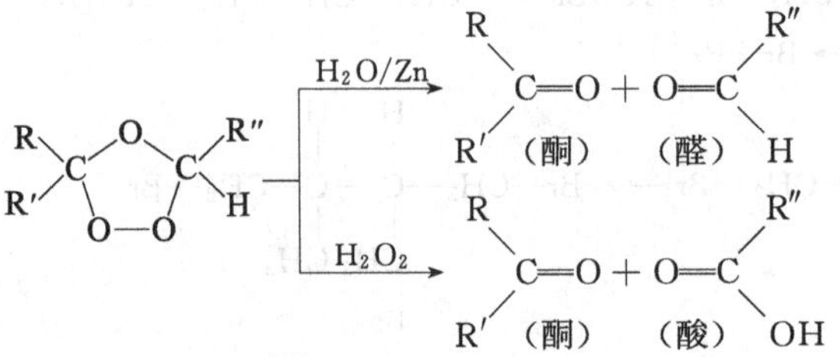

酮　　醛

炔烃经臭氧化水解反应，得到两分子的羧酸。例如

$$CH_3CH_2CH_2C{\equiv}CCH_3 \xrightarrow[(2)H_2O]{(1)O_3} CH_3CH_2CH_2COOH + HOOCCH_3$$

丁酸　　　　乙酸

烯烃和炔烃的臭氧化反应可用于推测原烯烃和炔烃的结构。例如

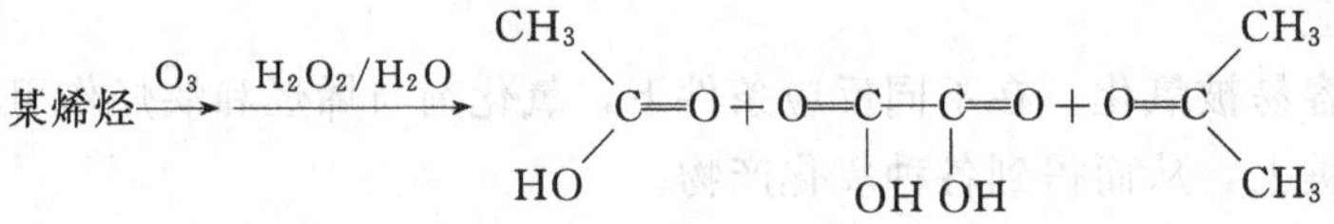

某烯烃 $\xrightarrow[]{O_3} \xrightarrow[]{H_2O_2/H_2O}$

那么，原来的烯烃为：

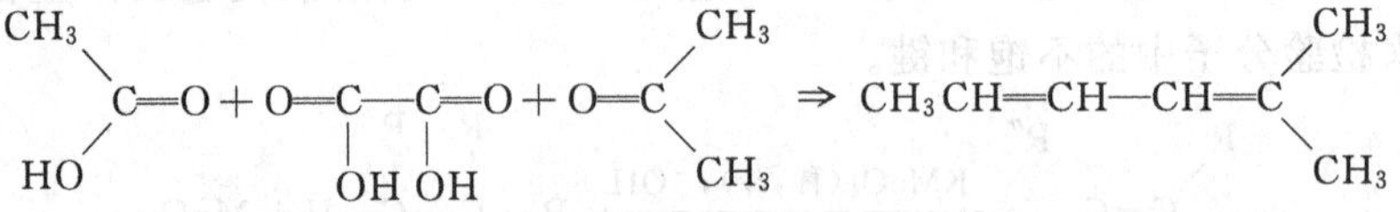

③ 催化氧化　在催化剂作用下，用氧气或空气作为氧化剂进行烯烃的氧化反应，称为催化氧化。例如，乙烯在 Ag 催化剂存在下，在一定的温度和压力下，被空气中的氧气直接氧化为环氧乙烷。此类反应在工业上已获得广泛的应用。

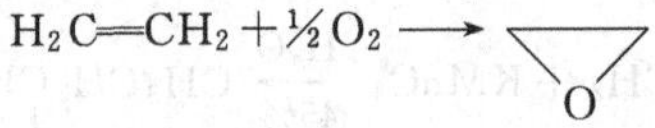

④ 过氧酸氧化　烯烃与过氧酸反应生成环氧化物，称为环氧化反应。常用的过氧酸有过氧乙酸（CH_3COOH）、过氧苯甲酸（$PhCO_3H$）等。环氧化合物具有很高的反应活性，是合成聚醚和高级醇等很多化合物的原料，是有机合成的中间体。K. B. Shapless 因烯烃的不对称环氧化获得 2001 诺贝尔化学奖。

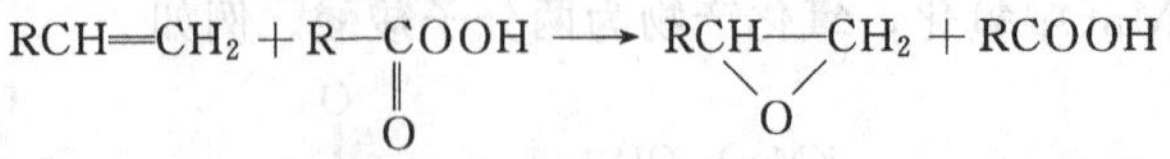

（3）硼氢化反应

烯烃和炔烃能与硼氢化物进行加成反应生成硼烷的反应称为硼氢化反应。最常用的硼氢化物是甲硼烷（BH_3）和乙硼烷（B_2H_6）。例如，在低温下，乙硼烷与乙烯可发生加成反应，当乙烯过量时，能与三分子的乙烯加成最后生成三乙基硼。

$$H_2C=\!\!=\!\!CH_2 \xrightarrow{1/2(BH_3)_2} CH_3CH_2BH_2 \xrightarrow{H_2C=\!\!=\!\!CH_2} (CH_3CH_2)_2BH \xrightarrow{H_2C=\!\!=\!\!CH_2} (CH_3CH_2)_3B$$

反应中具有空轨道的硼原子作为亲电试剂加在含氢较多的双键碳上，硼烷中的氢原子作为亲核试剂加到含氢较少的双键碳原子上。不对称烯烃与硼烷进行硼氢化加成反应时，电负性较小的缺电子原子硼原子作为亲电试剂优先加到带有部分负电荷的双键碳原子上。例如

$$CH_3CH=\!\!=\!\!CH_2 \xrightarrow[\text{二甘醇二甲醚}]{BH_3} \underset{94\%}{CH_3CH_2CH_2\underset{\displaystyle |}{\overset{\displaystyle }{B}}CH_2CH_2CH_3} \atop CH_2CH_2CH_3$$

不对称烯烃与硼烷进行加成反应的加成方向是反马氏规则的，硼原子和氢原子从碳-碳双键的同侧加到两个双键碳原子上，称为顺式加成，生成的三烷基硼通常分离不出来，如果继续用过氧化氢的氢氧化钠溶液处理，三烷基硼被氧化和水解得到醇。

$$\underset{\displaystyle |}{\overset{\displaystyle }{CH_3CH_2CH_2BCH_2CH_2CH_3}} \atop CH_2CH_2CH_3 \xrightarrow[OH^-,H_2O]{H_2O_2} \begin{array}{c} CH_3CH_2CH_2OH \\ +B(OH)_3 \end{array}$$

以上两步反应合起来称为硼氢化-氧化反应。

与烯烃相似，炔烃也能发生硼氢化反应而生成反马氏规则的烯醇，最后得到重排后稳定的醛或酮。同理，乙烯和末端炔烃经过硼氢化反应得到的最终产物都是醛，其他炔烃则生成两种酮的混合物。

$$CH_3(CH_2)_4C\!\equiv\!\!CH + \tfrac{1}{2}(BH_3)_2 \xrightarrow[OH^-,H_2O]{H_2O_2} CH_3(CH_2)_4CH=\!\!=\!\!CHOH \xrightarrow{\text{重排}} CH_3(CH_2)_4CH_2\overset{\displaystyle O}{\overset{\displaystyle \|}{C}}H$$

$$C_2H_5C\!\equiv\!\!CC_2H_5 \xrightarrow[OH^-]{H_2O_2} C_2H_5\underset{\displaystyle OH}{\overset{\displaystyle |}{C}}=\!\!=\!\!C_2H_5 \xrightarrow{\text{重排}} C_2H_5CH_2\underset{\displaystyle O}{\overset{\displaystyle \|}{C}}C_2H_5$$

（4）聚合反应

在引发剂或催化剂的作用下，烯烃或炔烃分子中不饱和键中的 π 键打开，通过小分子化合物的加成自身结合在一起，生成分子量相对很大的化合物的反应，称为聚合反应，亦称加成聚合反应。聚合反应中的小分子有机原料叫单体，生成的分子量很大的物质叫聚合物，大部分烯烃和炔烃可以在一定的反应条件下发生聚合反应得到相应的聚合物。例如，在 Ziegler-Natta 催化剂 ［如 $TiCl_4$-$Al(C_2H_5)_3$，德国科学家 Karl Ziegler 和意大利科学家 Giulio Natta，因 Ziegler-Natta 催化剂的发现而于 1963 年获诺贝尔化学奖］的作用下，乙烯、丙烯、苯乙烯、氯乙烯等单体自身聚合可形成聚乙烯（PE）、聚丙烯（PP）、聚苯乙烯（PS）、聚氯乙烯（PVC），这种聚合称为均聚；若不同单体间聚合如乙烯和丙烯，则称这些聚合物为共聚。这些聚合物广泛用于加工、印刷、包装、管材、汽车、橡胶、薄膜等各种材料中。例如

$$nCH_2=\!\!=\!\!CH_2 \xrightarrow[O_2]{200℃,200MPa} {-\!\!\![CH_2-CH_2]\!\!-}_{\overline{n}}$$
乙烯　　　　　　　　　　　　聚乙烯

$$nCH_3CH=\!\!=\!\!CH_2 \longrightarrow \left[\begin{array}{c} CH_3 \\ | \\ CHCH_2 \end{array}\right]_n$$
丙烯　　　聚丙烯(用于各种塑料制品)

$$nCH_2=\!\!=\!\!CH \xrightarrow{\text{催化剂}} {-\!\!\![CH_2-CH]\!\!-}_n$$

$$nClCH{=}CH_2 \longrightarrow \left[\begin{array}{c} Cl \\ | \\ CHCH_2 \end{array} \right]_n$$

氯乙烯　　聚氯乙烯(用于塑料制品及人工关节)

$$nCH_2{=}CH_2 + nCH{=}CH_2 \longrightarrow \left[\begin{array}{c} CH_3 \\ | \\ CH_2CH_2{-}CH{-}CH_2 \end{array} \right]_n$$

此外，一些合成纤维和特种纤维也是通过烯烃类单体化合物的聚合加工而制成的，常用的合成纤维有涤纶、锦纶、腈纶、氯纶、维纶、氨纶、聚烯烃弹力丝等。通式如下所示。

$$nCH_2{=}\underset{A}{CH} \xrightarrow{\text{催化剂}} {-}[CH_2{-}\underset{A}{CH}]_n{-}$$

A＝OH(维纶)　　　　　CH₃(丙纶)

C₆H₅(丁苯橡胶)　　　CN(腈纶)

Cl(氯纶)

H(高压聚乙烯:食品袋薄膜,奶瓶等软制品)

(低压聚乙烯:工程塑料部件,水桶等)

同样，在 Ziegler-Natta 催化剂 [TiCl₄-Al(C₂H₅)₃] 的作用下，乙炔也可以直接聚合形成聚乙炔。聚乙炔经溴或碘掺杂之后导电性会提高到金属水平，科学家 A. J. Heeger，A. G. MacDiarmid 和 H. Shirakawa 因发现和发展导电聚合物而获得 2000 年诺贝尔化学奖。如今聚乙炔已用于制备太阳能电池、半导体材料和电活性聚合物等。例如

$$nCH{=}CH \longrightarrow {-}[CH{=}CH]_n{-}$$

(5) 烯烃 α-氢原子的反应

在烯烃中，受碳-碳双键的影响，与其直接相连的烷基碳原子上的氢原子表现出了一定的活泼性。像这种与官能团直接相连的碳原子称为 α 碳原子，α 碳原子上的氢原子称为 α 氢原子。其中 α 碳原子是 sp³ 杂化，而双键碳原子是 sp² 杂化，由于碳原子的 sp² 杂化相比较 sp³ 杂化有较大的电负性，所以吸引电子导致 α 碳原子上的 α 氢原子具有一定的活泼性，容易发生卤代反应和氧化反应。例如

$$\underset{\text{sp}^2\text{杂化}}{} \quad \underset{\text{sp}^3\text{杂化}}{} \quad \alpha\text{-H}$$

$$CH_2{=}CH{-}\overset{H}{\underset{H}{C}}{-}H$$

① α-氢卤代反应　烯烃与卤素在较低温度下，主要发生亲电加成反应，但在高温、光照或过氧化物存在下，则容易发生 α-氢卤代反应。例如烯烃在低温下，四氯化碳溶液中发生亲电加成反应生成 1,2-二氯丙烷；在高温下则气化发生 α-氢被氯原子取代的反应生成 3-氯-1-丙烯，也叫 α-氯丙烯或烯丙基氯。

$$CH_3{-}CH{=}CH_2 \xrightarrow{Cl_2} \begin{cases} \xrightarrow[\text{低温}]{CCl_4 \text{溶液}} \underset{\text{1,2-二氯丙烷}}{CH_3\underset{Cl}{CH}{-}\underset{Cl}{CH_2}} \\ \xrightarrow[500\sim600℃]{\text{气相}} \underset{\text{3-氯-1-丙烯}}{ClCH_2CH{=}CH_2} \end{cases}$$

$$CH_2=CH-CH_3 \xrightarrow[]{h\nu} \text{（3-溴环己烯）}+Br_2$$

（图：环己烯 + Br₂ ——hν——> 3-溴环己烯）

3-溴环己烯

如在溴化剂 NBS（N-溴代丁二酰亚胺）的存在下，烯烃中 α-氢原子与卤素的取代反应则可以在相对较低的温度下进行，但通常须在过氧化物的存在下才发生此类反应。

例如，1-辛烯在 NBS 试剂下发生 α-氢卤代反应，生成 28% 的 3-溴-1-辛烯和 72% 的重排产物 1-溴-2-辛烯；环己烯在 NBS 试剂和过氧化苯甲酰的存在下，生成 α-氢原子被取代的 3-溴-环己烯和丁二酰亚胺。

$$CH_3(CH_2)_4CH_2CH=CH_2 \xrightarrow{NBS} CH_3(CH_2)_4\underset{\underset{28\%}{Br}}{CH}CH=CH_2 + CH_3(CH_2)_4CH=\underset{\underset{72\%}{Br}}{CH}CH_2$$

$$\text{（环己烯）} + \text{（NBS）} \xrightarrow[82\%\sim87\%]{\text{过氧化苯甲酰,CCl}_4,\triangle} \text{（3-溴环己烯）} + \text{（丁二酰亚胺）}$$

N-溴代丁二酰亚胺（NBS）　　　　　　　　　丁二酰亚胺

② 氧化反应　在特定的条件下，烯烃的 α-氢原子容易被氧化。例如丙烯在空气中经催化氧化生成丙烯醛。

$$CH_2=CHCH_3+O_2 \xrightarrow[300\sim400℃,0.2\sim0.3MPa]{\text{钼酸铋等}} CH_2=CHCHO+H_2O$$

$$CH_2=\underset{\underset{CH_3}{|}}{C}-CH_3 \xrightarrow[300\sim400℃]{O_2,Mo-W-Te} CH_2=\underset{\underset{CH_3}{|}}{C}CHO \xrightarrow[270\sim350℃]{O_2,\text{钼系杂多酸}} CH_2=\underset{\underset{CH_3}{|}}{C}-COOH$$

α-甲基丙烯醛　　　　　　　　　　α-甲基丙烯酸

其中得到的产物 α-甲基丙烯酸与甲醇反应可生成 α-甲基丙烯酸甲酯，简称 MMA，是一种重要的化工原料，它是生产透明塑料"聚甲基丙烯酸甲酯"的单体，聚甲基丙烯酸甲酯简称 PMMA，俗称有机玻璃。

若丙烯的氧化反应在氨的存在下，则生成丙烯腈。例如

$$CH_2=CH-CH_3+\frac{3}{2}O_2+NH_3 \xrightarrow[450℃,0.15MPa]{\text{磷钼铋系催化剂}} CH_2=CH-CN+3H_2O$$

丙烯腈与丁二烯共聚可制得丁腈橡胶等，是合成纤维、合成塑料、塑料的重要原料。

（6）炔烃碳上活泼氢的反应

炔烃中与碳碳三键碳上直接相连的氢原子比较活泼而显酸性。这是由于三键碳原子是 sp 杂化，电负性比较大而容易形成碳负离子，与其相连的氢原子相对较易离去而显弱酸性。乙炔的酸性比乙烯、乙烷强，但比水的酸性弱。如表 3-3 所示。

表 3-3　乙炔及某些化合物的酸性

化合物	H_2O	$CH\equiv CH$	NH_3	$CH_2=CH_2$	CH_3CH_3
pK_a	15.7	25	35	44	50

由于炔烃三键碳上氢原子的弱酸性，乙炔和端位炔烃可以与碱金属中的 Na、K 等或氨基钠等强碱作用，生成金属炔化物。例如，乙炔和金属 Na 在液氨溶液中氢原子被取代生成了乙炔钠，还有一个炔烃可继续反应，最终生成乙炔二钠；如果是端位炔，则只生成炔化钠。例如

$$CH \equiv CH + Na \xrightarrow{\text{液 } NH_3} \underset{\text{乙炔钠}}{CH \equiv CNa} \xrightarrow[\text{液 } NH_3]{Na} \underset{\text{乙炔二钠}}{NaC \equiv CNa}$$

$$RC \equiv CH + NaNH_2 \xrightarrow{\text{液 } NH_3} \underset{\text{炔化钠}}{RC \equiv CNa} + NH_3$$

利用炔钠的生成，可使碳链增长。例如

$$CH_3C \equiv CNa + C_2H_5Br \longrightarrow CH_3C \equiv CC_2H_5 + NaBr$$

$$CNa \equiv CNa + 2CH_3I \longrightarrow CH_3C \equiv CCH_3 + 2NaI$$

此外，乙炔和端位炔分子中的活泼氢原子还可以被重金属 Ag^+ 或 Cu^+ 取代，生成相应的炔化银或炔化亚铜沉淀。例如乙炔分别加入到硝酸银氨溶液或氯化亚铜氨溶液中，则生成灰白色的乙炔银或砖红色的乙炔铜沉淀。这两种反应实验现象明显，可以用来鉴定区别乙炔或端位炔类的炔烃。

$$CH \equiv CH + 2Ag(NH_3)_2NO_3 + 2H_2O \longrightarrow \underset{\text{乙炔银（灰白色沉淀）}}{AgC \equiv CAg \downarrow} + 2NH_4NO_3 + 2NH_3 \cdot H_2O$$

$$CH \equiv CH + 2Cu(NH_3)_2Cl + 2H_2O \longrightarrow \underset{\text{乙炔铜（砖红色沉淀）}}{CuC \equiv CCu \downarrow} + 2NH_4Cl + 2NH_3 \cdot H_2O$$

3.1.6 烯烃和炔烃的来源和制法

（1）烯烃的工业制法

乙烯、丙烯和丁烯等低级烯烃都是重要的化工原料。低级烯烃可由石油化工厂裂解石油得到的石油裂解气中得到，如乙烯、丙烯、丁烯、1,3-丁二烯和二烯烃。炼油厂炼制石油时得到的炼厂气中可得到乙烯、丙烯、丁烯等烯烃，经过一系列的步骤，可以从它们中分离出乙烯、丙烯等。这是工业上大规模地生产乙烯、丙烯等的方法。例如

$$C_6H_{14} \xrightarrow{700 \sim 900 \text{℃}} CH_4 + C_2H_4 + C_3H_6 + \text{其他组分}$$

（2）烯烃的实验室制法

① 由醇脱水　醇在无机酸催化剂存在下加热时，失去一分子水而得到相应的烯烃。常用的酸是硫酸和磷酸。例如乙醇在浓硫酸存在下，加热脱水后生成乙烯。

$$CH_3-CH_2-\underset{\underset{OH}{|}}{\overset{\overset{CH_3}{|}}{C}}-CH_3 \xrightarrow[90\text{℃}]{46\% H_2SO_4} CH_3-CH=\overset{\overset{CH_3}{|}}{\underset{\underset{CH_3}{|}}{C}}$$

② 卤代烷脱卤化氢　卤代烷与浓的强碱醇溶液（如浓的氢氧化钾乙醇溶液）共热，则脱去一分子卤化氢生成烯烃。仲、叔卤代烷形成烯烃时，其双键位置主要趋向于在含氢较少的相邻碳原子上。

$$CH_3-CH_2-\underset{\underset{Br}{|}}{\overset{\overset{CH_3}{|}}{C}}-CH_3 \xrightarrow{KOH\text{-}醇} \underset{71\%}{CH_3CH=C(CH_3)_2} + \underset{29\%}{CH_3-CH_2-\overset{\overset{CH_3}{|}}{C}=CH_2}$$

以取代较多的烯烃为主要产物，这就是 Saytzeff 规律。这是制备烯烃也是生成碳碳双键的一种方法。为了制备烯烃，最好用叔卤代烷或仲卤代烷，因为伯卤代烷生成烯烃的产率一般较低。

（3）炔烃的工业制法

乙炔是有机化学工业的一个基础原料，用于生产乙醛、乙酸、乙酐、聚乙烯醇以及氯丁橡胶等。此外，乙炔在氧中燃烧时生成的氧乙炔焰能达到 3000℃ 以上的高温，工业上常用来焊接或切断金属材料。

① 以电石为原料　在高温电炉中加热生石灰和焦炭到 2500～3000℃，生石灰即与焦炭反应生成碳化钙。碳化钙俗名电石。电石与水反应即得乙炔，所以，乙炔俗名电石气。例如

$$CaO + 3C \xrightarrow[\text{电炉}]{2500\sim3000℃} CaC_2 + CO$$

$$CaC_2 + 2H_2O \longrightarrow CH\equiv CH + Ca(OH)_2$$

② 以天然气为原料　天然气（主要成分为 CH_4）在约 1500℃ 进行短时间裂解可生成乙炔。此法的优点是原料便宜，特别是在丰产天然气的地方，采用此法很经济，但用此法得到的乙炔纯度较低。

$$2CH_4 \xrightarrow[0.001\sim0.01s]{\text{约}1500℃} CH\equiv CH + 3H_2$$

③ 由邻二卤代烷或偕二卤代烷脱卤化氢制备。

$$\underset{\underset{Br}{|}}{CH_3}-\underset{\underset{Br}{|}}{CH}-CH_2 \xrightarrow[\triangle]{KOH,\text{乙醇}} CH_3-C\equiv CH + 2HBr$$

$$CH_3-CH_2-CHCl_2 \xrightarrow[\triangle]{KOH,\text{乙醇}} CH_3-C\equiv CH + 2HCl$$

④ 利用炔钠和伯卤代烷制备

$$HC\equiv CH + NaNH_2 \xrightarrow[-33℃]{\text{液氨}} HC\equiv C^-Na^+ \xrightarrow{n\text{-}C_4H_9Br} CH_3(CH_2)_3C\equiv CH$$

1-己炔（89%）

$$HC\equiv CH \xrightarrow{NaNH_2 \atop CH_3CH_2Br} CH\equiv CCH_2CH_3 \xrightarrow{NaNH_2 \atop CH_3Br} CH_3C\equiv CC_2H_5$$

1-丁炔　　　　　　　　　2-戊炔（81%）

3.1.7 重要的烯烃和炔烃

（1）乙烯

乙烯为稍有甜味的无色气体。燃烧时火焰明亮但有烟；当空气中含乙烯 3.15%～32% 时，则形成爆炸性的混合物，遇火星发生爆炸。在医药上，乙烯与氧的混合物可作麻醉剂。工业上，乙烯可以用来制备乙醇，也可氧化制备环氧乙烷，环氧乙烷是有机合成上的一种重要物质。还可由乙烯制备苯乙烯，苯乙烯是制造塑料和合成橡胶的原料。乙烯聚合后生成的聚乙烯，具有良好的化学稳定性。

（2）丙烯

丙烯为无色气体，燃烧时产生明亮的火焰。在工业上大量地用丙烯来制备异丙醇和丙酮。另外，可用空气直接氧化丙烯生成丙烯醛。

（3）乙炔

纯乙炔是无色无臭的气体，沸点 -84℃，微溶于水而易溶于有机溶剂，由电石制得的乙炔，因含有磷化氢和硫化氢等杂质而有难闻的气味。乙炔易燃易爆，空气中含乙炔 3%～65% 时，组成爆炸性混合物，遇火则爆炸。乙炔在实验室的制备是采用电石加水的方法，但

此反应因过于剧烈，故用饱和的食盐水来代替。

3.2 二烯烃

3.2.1 二烯烃的分类、命名及结构

（1）二烯烃的分类

分子中含有两个碳碳双键的化合物称为二烯烃，根据双键的相对位置不同可以分为以下三类。

① 累积双键二烯烃　是指两个双键集中在一个碳原子上（两个双键与同一个碳原子相连接），即分子中含有 C=C=C 结构的二烯烃。丙二烯中两端各连接两个氢原子的碳原子的杂化方式为 sp^2 杂化，中间没有连接氢原子的碳原子为 sp 杂化，中间碳原子分别与两端碳原子形成一个 π 键。故两个 π 电子的平面是相互垂直的。例如

丙二烯　　　$CH_2=C=CH_2$

1,2-丁二烯　$CH_2=C=CH-CH_3$

② 隔离二烯烃　是指分子中两个双键被两个或两个以上的单键隔开，即分子骨架为 $C=C-(C)_n-C=C$ 的二烯烃。隔离二烯烃中由于两个 C=C 双键距离较远，C=C 双键之间互相影响很小，可以看成是两个直链单烯烃，其化学性质与直链单烯烃相似。例如

1,4-戊二烯　$CH_2=CH-CH_2-CH=CH_2$ 或 ⌇⌇

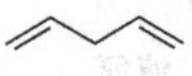

1,5-己二烯　$CH_2=CH-CH_2-CH_2-CH=CH_2$ 或 ⌇⌇

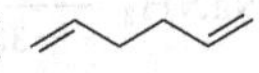

通式为　$C=C-(C)_n-C=C$　　$n\geqslant 1$

③ 共轭二烯烃　是指分子中双键和单键相互交替的二烯，即两个双键被一个单键隔开，即分子骨架为 C=C—C=C 体系的二烯烃。共轭二烯烃除了具有单烯烃的性质外，还具有一些独特的物理和化学性质。例如

1,3-丁二烯　$CH_2=CH-CH=CH_2$ 或 ⌇⌇

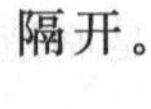

2-甲基-1,3-丁二烯　$CH_2=CH-CH(CH_3)=CH_2$ 或 ⌇⌇

（2）二烯烃的命名

二烯烃的 IUPAC 命名与烯烃相似，选择含有两个双键的最长的碳链为主链，从距离双键最近的一端经主链上的碳原子编号，词尾为"某二烯"，两个双键的位置用阿拉伯数字"1，2，3"等标明在前，中间用半字线"-"隔开。若有取代基时，则将取代基的位次和名称加在前面。例如

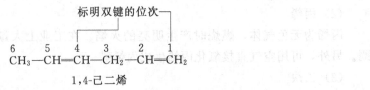

再例如

$CH_2=CH-CH=CH_2$　　　　　　1,3-丁二烯

$CH_2=C(CH_3)CH=CH_2$　　　　　2-甲基-1,3-丁二烯

CH₃CH₂CH═CHCH₂CH═CH(CH₂)₄CH₃   3,6-十二碳二烯

具有顺反异构体的二烯烃命名与单烯烃相似，用"顺、反"或"Z、E"来表示。命名时要逐个表明两个双键的构型。例如

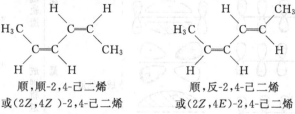

顺,顺-2,4-己二烯   顺,反-2,4-己二烯
或(2Z,4Z)-2,4-己二烯   或(2Z,4E)-2,4-己二烯

（3）累积双键二烯烃（丙二烯）的结构

丙二烯是最简单的累积双键二烯烃，分子中的三个碳原子在一条直线上。中间碳原子只与两个端头碳原子相连，是 sp 杂化，两个端头的碳原子分别与一个碳原子和两个氢原子相连，sp² 杂化（图 3-6）。中间碳原子的两个 sp 杂化轨道分别与两个端头的 sp² 杂化轨道交盖形成 C-Hσ 键，π 键的键长为 1.31Å，比双键（1.34Å）略短；剩下的两个相互垂直的 p 轨道，分别与两个端头碳原子的 p 轨道侧面相互重叠交盖形成两个相互垂直的 π 键，所以丙二烯分子中的三个碳原子尽管在同一条直线上但是线性非平面分子。在一些金属有机配合物中也出现类似的结构（图 3-7），但这类分子结构不常见。

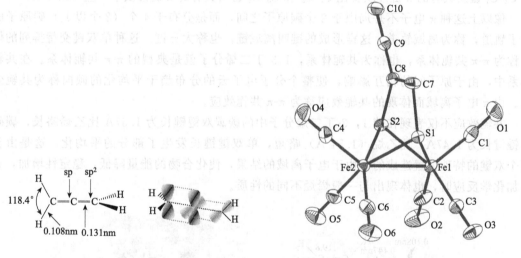

图 3-6 丙二烯的结构示意图   图 3-7 丙二烯型金属有机配合物的晶体结构

（4）共轭二烯烃（1,3-丁二烯）的结构及共轭效应

以最简单的共轭二烯烃 1,3-丁二烯为例。根据分子轨道理论，1,3-丁二烯分子中的 4 个未杂化的 p 轨道线性组合成 4 个分子轨道，如图 3-8 所示，4 个 π 电子 2 个占有 ψ_1，2 个占有 ψ_2，它们分布在围绕 4 个碳原子的 2 个分子轨道中，这种围绕 3 个或 3 个以上原子的分子轨道称为离域分子轨道，由它们形成的化学键称为离域键。由于 ψ_1 和 ψ_2 对 C_1-C_2，C_3-C_4 都起成键作用，因此它们具有很强的 π 键性质。ψ_1 对 C_2-C_3 起成键作用，对 C_2-C_3 也起反键作用，从电子云的分布来看，成键作用大于反键作用，所以 C_2-C_3 之间也有一些 π 键的性质，但比 C_1-C_2，C_3-C_4 弱。

1,3-丁二烯分子中，4 个碳原子都是以 sp² 杂化，它们彼此各以 1 个 sp² 杂化轨道结合

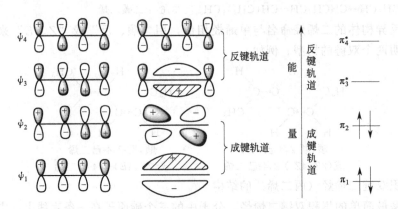

图 3-8　1,3-丁二烯的离域 π 轨道

形成碳碳 σ 键，其余的 sp² 杂化轨道分别与氢原子的 s 轨道重叠形成 6 个碳氢 σ 键。分子中所有 σ 键和全部碳原子、氢原子都在一个平面上。此外，每个碳原子还有 1 个未参加杂化的与分子平面垂直的 p 轨道，在形成碳碳 σ 键的同时，对称轴相互平行的 4 个 p 轨道可以侧面重叠形成 2 个 π 键，即 C_1 与 C_2 和 C_3 与 C_4 之间各形成一个 π 键。而此时 C_2 与 C_3 两个碳原子的 p 轨道平行，也可侧面重叠，把两个 π 键连接起来，形成一个包含 4 个碳原子的大 π 键。但 C_2-C_3 键所具有的 π 键性质要比 C_1-C_2 和 C_3-C_4 键所具有的 π 键性质小一些（图 3-9）。

　　像以上这种 π 电子不是局限于 2 个碳原子之间，而是分布于 4 个（2 个以上）碳原子的分子轨道，称为离域轨道，这样形成的键叫离域键，也称大 π 键。这种单双键交替排列的体系称为 π-π 共轭体系，也称为共轭体系，1,3-丁二烯分子就是典型的 π-π 共轭体系。在共轭体系中，由于原子间的相互影响，使整个分子电子云的分布趋于平均化的倾向称为共轭效应。由 π 电子离域而体现的共轭效应称为 π-π 共轭效应。

　　共轭效应不仅表现在使 1，3-丁二烯分子中的碳碳双键键长为 1.37Å 比乙烯略长，碳碳单键键长为 1.47Å，比乙烷（1.54 Å）略短，单双键键长发生了部分的平均化，这是由于两个双键的特殊位置造成的。由于电子离域的结果，使化合物的能量降低，稳定性增加，在参加化学反应时，也体现出与一般烯烃不同的性质。

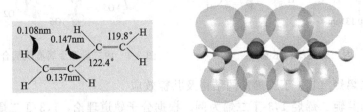

图 3-9　1,3-丁二烯的分子结构及大 π 键示意图

　　共轭效应不限于 π-π 共轭体系，由 p 轨道和 π 键相交盖形成的共轭体系也是共轭体系，称为 p-π 共轭体系。其结构特征是单键的一侧是 π 键，另一侧有平行的 p 轨道。例如，烯丙基碳正离子、烯丙基自由基和氯乙烯。

　　在烯丙基碳正离子中，碳正离子中 p 轨道不含电子，为空轨道，该空轨道与 π 键发生共轭。在烯丙基自由基中，碳自由基中 p 轨道含有一对孤对电子，与 π 键发生共轭。在氯乙烯中碳原子和氯原子同平面，氯原子上含有一对 p 电子与双键发生共轭。

烯丙基碳正离子　　　　烯丙基自由基　　　　氯乙烯

共轭体系具有以下特点：

① π-π 共轭体系的结构特征是单双键交替，且参与共轭的双键不限于两个，亦可以是多个（用弯箭头表示由共轭效应引起的电子流动方向）。

$$CH_2\!=\!CH\!-\!CH\!=\!CH_2 \quad (\pi\text{-}\pi \text{ 共轭})$$
$$\delta^+ \quad \delta^- \quad \delta^+ \quad \delta^-$$

$$CH_2\!=\!CH\!-\!CH\!=\!CH\!-\!CH\!=\!CH_2$$
$$\delta^+ \quad \delta^- \quad \delta^+ \quad \delta^- \quad \delta^+ \quad \delta^-$$

1,3,5,7-辛四烯

形成 π-π 共轭体系的重键不限于双键，三键亦可；此外，组成共轭体系的原子亦不限于碳原子，氧、氮原子均可。例如：

$$CH_2\!=\!CH\!-\!C\!\equiv\!CH \qquad H_2C\!=\!CH\!-\!CH\!=\!O \qquad CH_2\!=\!CH\!-\!C\!\equiv\!N$$
乙烯基乙炔　　　　　　　丙烯醛　　　　　　　　丙烯腈

共轭效应的形成条件为共轭体系中各原子必须在同一平面上，每个原子必须有一个垂直于该平面的 p 轨道。

② 键长趋于平均化　例如，非共轭体系中 C—C 键长为 1.54Å，C=C 键长为 1.34Å；而在丁二烯中则 C—C 键长为 1.48Å，C=C 键长为 1.37Å。

③ 共轭体系势能较低，分子趋于稳定。从下列氢化热数据可以看出非共轭的 1,4-戊二烯氢化时释放 254.4kJ/mol 的能量，而具有共轭体系的 1,3-戊二烯氢化时只释放 226.4kJ/mol 的能量，两者差值为 28kJ/mol，该差值称为离域能或共轭能。共轭体系越大，共轭能越大，结构也越稳定。

$$CH_2\!=\!CH\!-\!CH_2\!-\!CH\!=\!CH_2 + H_2 \longrightarrow CH_3CH_2CH_2CH_3 + 254.4kJ/mol$$
$$CH_2\!=\!CH\!-\!CH\!=\!CH\!-\!CH_2 + H_2 \longrightarrow CH_3CH_2CH_2CH_3 + 226.4kJ/mol$$

（5）超共轭效应

电子的离域不仅存在于 π-π 和 p-π 共轭体系中，分子中的 C—Hσ 键也能与处于共轭位置的 π 键、p 轨道发生侧面的部分重叠，产生类似的电子离域现象。例如，CH_3—CH=CH_2 中，CH_3 的 C—Hσ 键与—CH=CH_2 中的 π 键；$(CH_3)_3C^+$ 中，CH_3 的 C—Hσ 键与碳正离子的 p 轨道都能发生共轭，分别称为 σ-π 共轭和 σ-p 共轭，统称为超共轭效应（图 3-10，图 3-11）。超共轭效应比 π-π 和 p-π 共轭效应弱很多。

图 3-10　丙烯分子中的超共轭　　　　　　　图 3-11　碳正离子的超共轭

例如，碳正离子中带正电的碳具有三个 sp^2 杂化轨道，此外还有一个空的 p 轨道。与碳正原子相连的烷基的 C—Hσ 键可以与此空 p 轨道有一定程度的重叠，这就使 σ 电子离域并扩展到空 p 轨道上。这种超共轭效应的结果使碳正离子的正电荷有所分散，增加了碳正离子的稳定性。与碳正离子相连的碳氢键越多，能起超共轭效应的 C—Hσ 键就越多，越有利于碳正离子上正电荷的分散，使碳正离子更趋于稳定。比较伯、仲、叔碳正离子，叔碳正离子的 C—Hσ 键最多，仲碳正离子次之，伯碳正离子更次，而 CH_3^+ 则不存在碳氢 σ 键，因而也不存在超共轭效应。

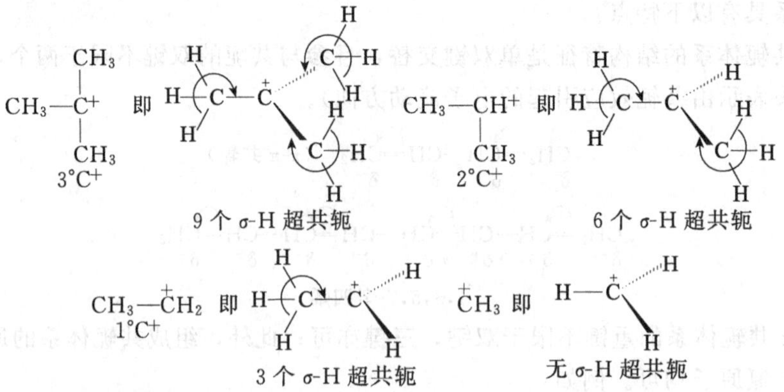

所以碳正离子的稳定性次序为：3°＞2°＞1°＞CH_3^+。

对于自由基来说，同样有 3°＞2°＞1°＞·CH_3，只是中心碳上的空 p 轨道换成有一个电子的 p 轨道。

3.2.2 共轭二烯烃的化学性质

(1) 1,2-加成反应和 1,4-加成反应及理论解释

共轭二烯烃与烯烃相似，除了具有单烯烃碳-碳双键的性质外，由于两个双键之间的相互共轭，还表现出一些特殊的化学性质。

例如，1,3-丁二烯能与卤素、卤化氢和氢气发生加成反应。但由于其结构的特殊性，加成产物通常有两种。例如，1,3-丁二烯分别与溴和溴化氢的加成反应：

$$\underset{4}{CH_2}{=}\underset{3}{CH}{-}\underset{2}{CH}{=}\underset{1}{CH_2} + Br_2 \begin{cases} \xrightarrow{1,2\ 加成} CH_2{=}CHCHBrCH_2Br \quad \text{3,4-二溴-1-丁烯} \\ \xrightarrow{1,4\ 加成} CH_2BrCH{=}CHCH_2Br \quad \text{1,4-二溴-2-丁烯} \end{cases}$$

$$\underset{4}{CH_2}{=}\underset{3}{CH}{-}\underset{2}{CH}{=}\underset{1}{CH_2} + HBr \begin{cases} \xrightarrow{1,2\ 加成} CH_3CHBrCH{=}CH_2 \quad \text{3-溴-1-丁烯} \\ \xrightarrow{1,4\ 加成} CH_3CH{=}CHCH_2Br \quad \text{1-溴-2-丁烯} \end{cases}$$

这说明 1,3-丁二烯与 HBr 和 Br_2 亲电加成时，具有相似的现象，即存在两种可能的加成方式。一种加成方式是发生在一个双键上的加成，称为 1,2-加成；另一种加成方式是试剂的两部分分别加成到共轭体系的两端，即加到 C_1 和 C_4 两个碳原子上，分子中原来的两个双键消失，而在 C_2 与 C_3 之间，形成一个新的双键，称为 1,4-加成。

1,2-加成和 1,4-加成产物是同时存在的，最终产物的比例取决于诸多因素，如反应的温度高低，溶剂的性质及产物的稳定性等。例如在 −15℃ 下，正己烷中 1,2-加成产物 3,4-二

溴-1-丁烯为主要产物占 62%，而 1,4-加成产物则只占 38%。而在氯仿中，1,4-加成产物 1,4-二溴-2-丁烯却为主要产物，这表明随着溶剂极性的增加，有利于 1,4-加成产物的产生。在非极性溶剂中，溴难以发生解离而以溴分子与 1,3-丁二烯分子中的一个双键发生加成，所以主要生成 1,2-加成产物。

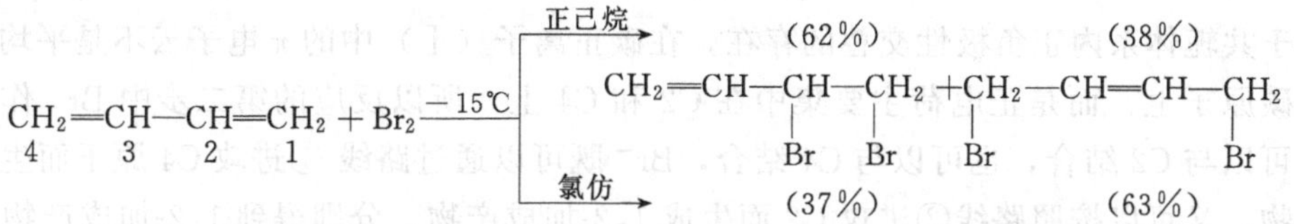

$$CH_2{=}CH{-}CH{=}CH_2 + Br_2 \xrightarrow{-15℃} \begin{array}{c} \xrightarrow{\text{正己烷}} \quad (62\%) \qquad (38\%) \\ CH_2{=}CH{-}\underset{Br}{CH}{-}\underset{Br}{CH_2} + \underset{Br}{CH_2}{-}CH{=}CH{-}\underset{Br}{CH_2} \\ \xrightarrow{\text{氯仿}} \quad (37\%) \qquad (63\%) \end{array}$$

此外，以 1,3-丁二烯与溴化氢反应为例，如果只考虑温度的影响，则一般在较低温度下（−80℃），1,2-加成产物（3-溴-1-丁烯）为主要产物占 80%，而随着温度升高到较高温度，则 1,2-加成产物逐渐减少，1,4-加成产物（1-溴-2-丁烯）却逐渐增加作为主要产物。

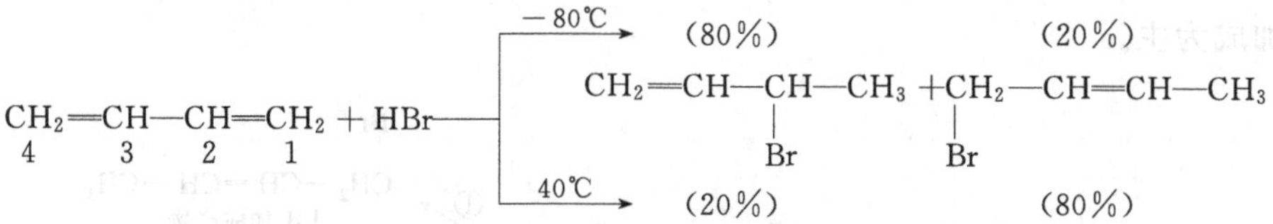

$$CH_2{=}CH{-}CH{=}CH_2 + HBr \begin{array}{c} \xrightarrow{-80℃} \quad (80\%) \qquad (20\%) \\ CH_2{=}CH{-}\underset{Br}{CH}{-}CH_3 + \underset{Br}{CH_2}{-}CH{=}CH{-}CH_3 \\ \xrightarrow{40℃} \quad (20\%) \qquad (80\%) \end{array}$$

例如，1,3-丁二烯与氯气反应，随着温度的显著升高，1,4-加成产物 1,4-二氯-2-丁烯也逐渐成为主要加成产物。即低温有利于 1,2-加成，高温有利于 1,4-加成。

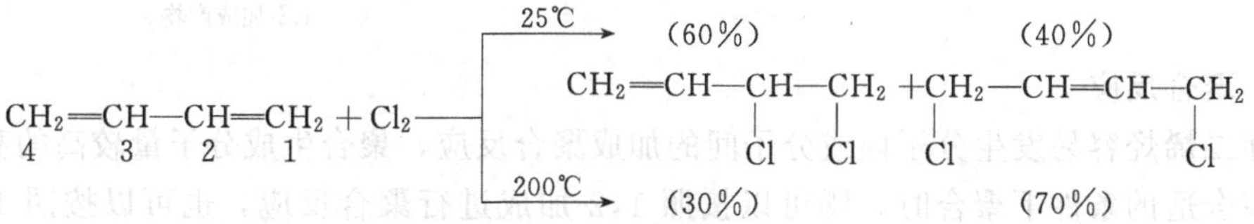

$$CH_2{=}CH{-}CH{=}CH_2 + Cl_2 \begin{array}{c} \xrightarrow{25℃} \quad (60\%) \qquad (40\%) \\ CH_2{=}CH{-}\underset{Cl}{CH}{-}\underset{Cl}{CH_2} + \underset{Cl}{CH_2}{-}CH{=}CH{-}\underset{Cl}{CH_2} \\ \xrightarrow{200℃} \quad (30\%) \qquad (70\%) \end{array}$$

（2）1,2-加成反应和 1,4-加成反应的理论解释

由以上可见 1,2-加成和 1,4-加成是共轭体系的共有特点。怎么解释 1,2-加成和 1,4-加成反应呢？这主要是与 p-π 共轭效应有关。

以 1,3-丁二烯与 HBr 反应为例，当 1,3-丁二烯与 HBr 发生加成反应时，是分两步进行的，第一步是亲电试剂 H^+ 的进攻，加成可能发生在 C1 或 C2 上，生成两种碳正离子（Ⅰ）或（Ⅱ）：

H^+ 加到 C1 上，原本属于 C2 的一个 p 电子转移到新形成的碳氢键上，留下一个空的 p 轨道，形成中间体（Ⅰ），在（Ⅰ）中，带正电荷的碳原子为 sp^2 杂化，它的空 p 轨道可以和相邻 π 键的 p 轨道发生重叠，形成包含三个碳原子的缺电子大 π 键，形成 p-π 共轭体系，因为这三个碳原子只有两个 π 电子，导致 π 电子离域，使正电荷得到分散，体系能量降低。当 H^+ 加到 C2 上时，形成碳正离子（Ⅱ），这个 C^+ 在 C1 上，C1 的空轨道和 π 键之间相隔两个单键，因此不存在共轭体系，带正电荷的碳原子的空 p 轨道不能和 π 键的 p 轨道发生重叠，所以正电荷得不到分散，体系能量较高。因此，碳正离子（Ⅰ）比碳正离子（Ⅱ）稳定，加成反应的第一步主要是通过形成碳正离子（Ⅰ）进行的。

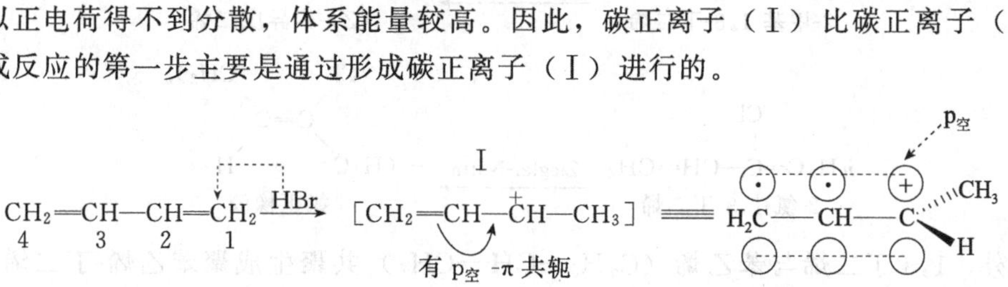

$$CH_2{=}CH{-}CH{=}CH_2 \xrightarrow{HBr} \underset{\text{有 p空-π 共轭}}{[CH_2{=}CH{-}\overset{+}{CH}{-}CH_3]}$$

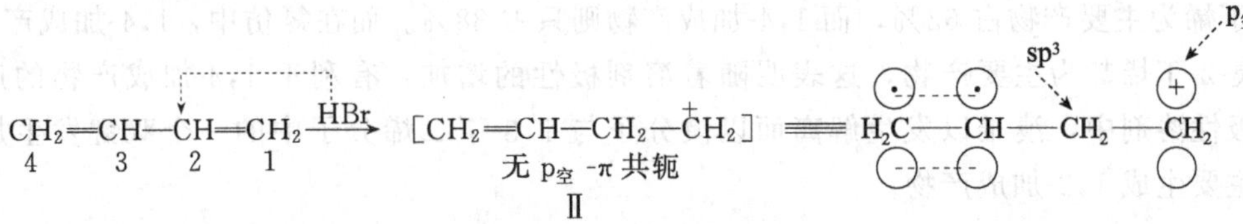

$$CH_2\!=\!CH\!-\!CH\!=\!CH_2 \xrightarrow{HBr} [CH_2\!=\!CH\!-\!CH_2\!-\!\overset{+}{C}H_2]$$
$$\underset{4\ \ \ 3\ \ \ 2\ \ \ 1}{} \qquad\qquad \underset{无\ p_空\text{-}\pi\ 共轭}{}$$
$$II$$

由于共轭体系内正负极性交替的存在，在碳正离子（Ⅰ）中的 π 电子云不是平均分布在这三个碳原子上，而是正电荷主要集中在 C2 和 C4 上，所以反应的第二步中 Br^- 作为亲电基团既可以与 C2 结合，也可以与 C4 结合，Br^- 既可以通过路线 ① 进攻 C4 原子而生成 1,4-加成产物，又可以按照路线②进攻 C2 而生成 1,2-加成产物。分别得到 1,2-加成产物和 1,4-加成产物。

其中 1,4-加成产物的 π 键与五个 σ 键超共轭，而 1,2-加成产物的 π 键只与一个 σ 键超共轭，且前者比后者的超共轭体系大，它的能量低，更易形成，所以，1,3-丁二烯的加成反应以 1,4-加成为主。

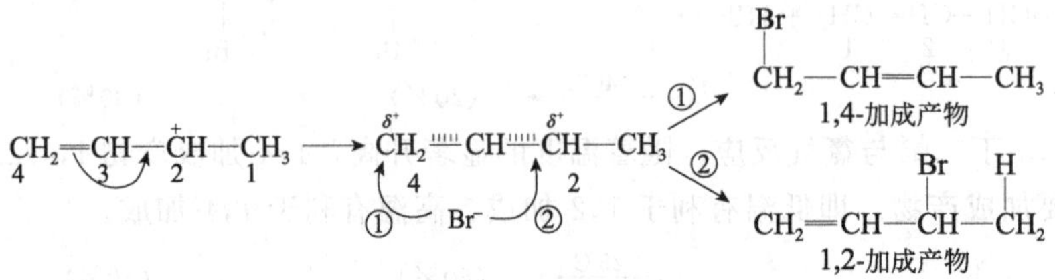

（3）聚合反应

共轭二烯烃容易发生分子内或分子间的加成聚合反应，聚合生成分子量较高的高分子化合物。在合适的条件下聚合时，既可以按照 1,2-加成进行聚合反应，也可以按照 1,4-加成进行 1,4-加成聚合。在 1,4-加成聚合时，可以得到顺式和反式两种加成聚合产物。

例如 1,3-丁二烯在常温下是无色气体，在 Ziegler-Natta 催化剂下聚合生成聚丁二烯，聚丁二烯主要用作合成橡胶。

$$nCH_2\!=\!CH\!-\!CH\!=\!CH_2 \xrightarrow{Ziegler\text{-}Natta} -\!\!\!\begin{bmatrix}CH_2\!-\!CH\!=\!CH\!-\!CH_2\end{bmatrix}_{n}$$

再例如，2-甲基-1,3-丁二烯（异戊二烯）在 Ziegler-Natta 催化剂下聚合生成顺式（Z型）聚异戊二烯，聚异戊二烯主要用于制造轮胎。同样，2-氯-1,3-丁二烯在 Ziegler-Natta 催化剂下进行聚合得到聚氯丁二烯，又称氯丁橡胶。氯丁橡胶具有良好的综合物理机械性能、良好的耐油性能，它既是通用合成橡胶，又是特种合成橡胶，在工业上，用作电线包皮材料、海底电缆的绝缘层、耐油胶管、垫圈、耐热运输带等。

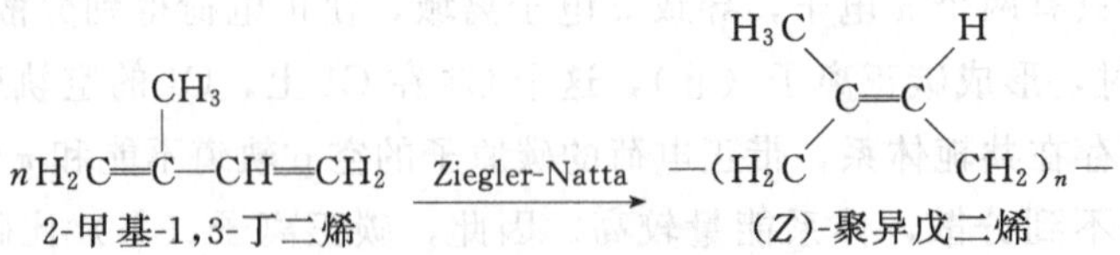

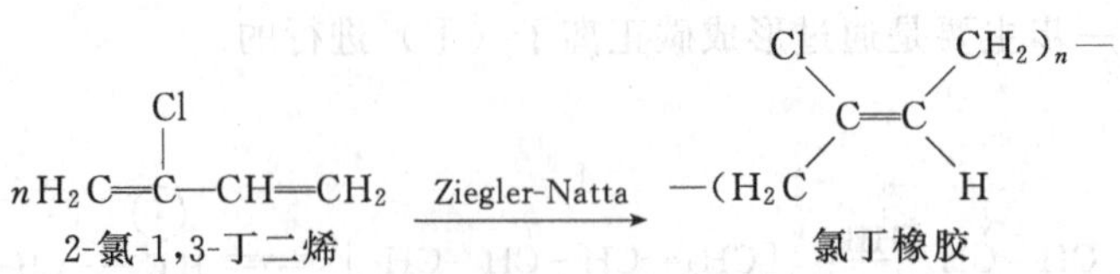

此外，1,3-丁二烯与苯乙烯（$C_6H_5\!-\!CH\!=\!CH_2$）共聚生成聚苯乙烯-丁二烯共聚物，

又称为丁苯橡胶（SBR），是世界上产量和消费量最大的第一大通用合成橡胶（约占合成橡胶总量的 50％）。丁苯橡胶的物理、加工性能等接近天然橡胶（主要成分为聚异戊二烯），具有优良的耐磨性、耐低温性、耐热性、耐沟纹龟裂性，对湿路面抓着力好，约 80％用于轮胎，还适用于制造运输皮带、刮水板、胶管、胶鞋、雨衣、风衣、气垫船等。

$$nCH_2{=}CH{-}CH{=}CH_2 + nCH_2{=}CH{-}Ph \longrightarrow {-}[CH_2CH{=}CHCH_2CH_2CH]_n^-$$
$$\qquad\qquad\qquad\qquad\qquad\qquad\qquad\qquad\qquad\qquad | \\ \qquad\qquad\qquad\qquad\qquad\qquad\qquad\qquad\qquad\qquad Ph$$

1,3-丁二烯 　　 苯乙烯 　　　　 丁苯橡胶

　　现在合成橡胶的品种越来越多，产量也远远超过天然橡胶，若按用途可分为两类：用来制备一般橡胶制品的为通用合成橡胶，丁苯橡胶、顺丁橡胶、乙丙橡胶、异戊橡胶属于这一类；另一类是特种合成橡胶，主要用于某种特殊条件，如耐油的各种密封环、输油管，在宇航中使用的耐高温和耐超低温的制件等，丁腈橡胶就是一种耐油的特种橡胶。

$$nCH_2{=}CH{-}CH{=}CH_2 + nCH_2{=}CH{-}CN \longrightarrow {-}[CH_2CH{=}CHCH_2CH_2CH]_n^-$$
$$\qquad\qquad\qquad\qquad\qquad\qquad\qquad\qquad\qquad\qquad | \\ \qquad\qquad\qquad\qquad\qquad\qquad\qquad\qquad\qquad\qquad CN$$

1,3-丁二烯 　　 丙烯腈 　　　　 丁腈橡胶

（4）Diels-Alder 反应（双烯合成反应）

　　Diels-Alder 反应是指共轭二烯烃及其衍生物与含有碳-碳双键或碳-碳三键的化合物进行 1,4-加成生成六元环状化合物的反应。由于 Diels-Alder 是以二烯烃为原料进行的，也称为双烯合成反应。Diels-Alder 反应在有机化学合成中有非常重要且广泛的应用。德国化学家 D. Diels 和 K. Alder 因为发现这个反应而被授予 1950 年的诺贝尔化学奖。例如

　　在 Diels-Alder 反应中，共轭二烯烃的 4 个 π 电子和烯烃或炔烃中的碳-碳双键或碳-碳三键中的 π 电子相互作用，π 键断裂，并在两端生成两个 σ 键，从而形成闭合的六元环。

1,3-丁二烯 　 顺丁烯二酸酐

　　Diels-Alder 反应一般需要在加热条件下，提供共轭双烯的部分，称为双烯烃；提供不饱和键的部分，称为亲双烯烃。最后产生的产物仍保持了原来二烯和亲双烯烃的构型，是立体专一的。例如，1,3-丁二烯和顺丁烯二羧酸反应得到顺-4-环己烯-1,2-二羧酸，而与反丁烯二羧酸得反-4-环己烯-1,2-二羧酸。

　　再例如，顺-2,4-己二烯和四氰基乙烯反应后生成的产物—CH_3 依然处于顺式；而反-2,4-己二烯和四氰基乙烯的反应产物得到的产物—CH_3 则依然是反式。

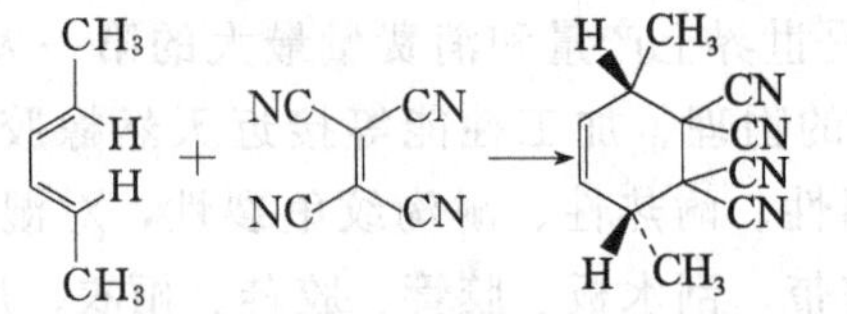

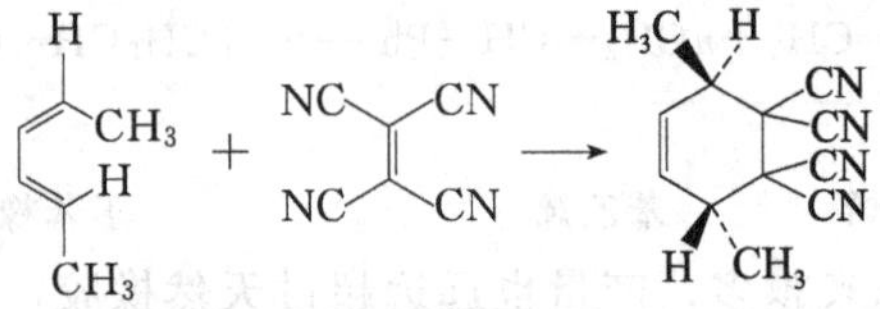

（图示化学反应式）

Diels-Alder 反应是一步完成的。反应时，反应物分子彼此靠近，互相作用，形成环状过渡态，然后转化为产物分子。即新键的生成和旧键的断裂是相互协调地在同一步骤中完成的，没有活性中间体生成，这种类型的反应称为协同反应。

3.2.3　共轭二烯烃的用途

共轭二烯烃中的 1,3-丁二烯和 2-甲基-1,3-丁二烯（又称异戊二烯）作为合成橡胶的主要原料，合成橡胶的消耗量约占橡胶消耗量的三分之二，在工业上有非常重要的用途。例如：①丁苯橡胶是由丁二烯和苯乙烯共聚制得的，是产量最大的通用合成橡胶；②顺丁橡胶是丁二烯经溶液聚合制得的；③异戊橡胶是聚异戊二烯橡胶的简称，是由异戊二烯单体制备，采用溶液聚合法生产；④氯丁橡胶是以氯丁二烯为主要原料，通过均聚或少量其他单体共聚而成的；⑤丁腈橡胶是由丁二烯和丙烯腈经乳液聚合法制得的；⑥丁基橡胶是由异丁烯和少量异戊二烯共聚而成的等。

拓展知识

导电有机聚合物

导电有机聚合物又称导电高分子，是指通过掺杂等手段，能使得电导率在半导体和导体范围内的聚合物。通常指本征导电聚合物，这一类聚合物主链上含有交替的单键和双键，从而形成了大的共轭 π 体系。π 电子的流动产生了导电的可能性。

聚乙炔是最先报道具有高电导率的、结构最简单的共轭高聚物。由于聚乙炔具有特殊的光学、电学和磁学性质以及可逆的电化学性质，它在二次电池和光电化学电池方面显示诱人的应用前景，但最致命的弱点是它在空气中不稳定。

聚噻吩和聚吡咯具有将聚乙炔的氢用硫或 NH 取代的结构，尽管它们的电导率没有聚乙炔高，但其稳定性好，能够用于制备电子器件。

被称为"苯胺黑"的聚苯胺粉末早在 1910 年已经合成出来，然而直到从酸性的水溶液介质中通过苯胺单体的氧化聚合而制备的聚苯胺才具有较高的电导率。聚苯胺具有结构多样化、在空气中稳定、物理化学性能优异、制备工艺简单等特点，在二次纽扣电池和电致变色等方面有着诱人的应用前景。

自 20 世纪 70 年代第一种导电聚合物——聚乙炔发现以来，一系列新型的导电高聚物相继问世。常见的导电聚合物有：聚乙炔、聚噻吩、聚吡咯、聚苯胺、聚亚苯基、聚亚苯基乙烯和聚双炔等。2000 年的诺贝尔化学奖授予了三位导电聚合物研究领域的先驱，他们分别是日本科学家 Hideki Shirakawa，美国科学家 Alan Heeger 和 Alan MacDiarmid。这是对导电聚合物研究的充分肯定。

表 3-4 给出了常见的导电聚合物。

表 3- 4　常见导电聚合物

化合物名称	英文简写	英文全称	结构
聚乙炔	Pac	polyacetylene	
聚吡咯	Ppy	polypyrrole	
聚噻吩	Pth	polythiophene	
聚苯胺	PANI	polyaniline	
聚（对亚苯基）	PPP	poly(p-phenylene)	
聚（苯亚乙烯基）	PPV	poly(p-phenyl vinyl)	
聚（苯硫醚）	PPS	polyphenylene sulfide	
聚（对苯乙炔）	PPE	polyphenyl acetylene	
聚芴	PF	polyfluorene	
聚吲哚	PIN	polyindole	

习　题

1. 命名下列化合物。

(1)

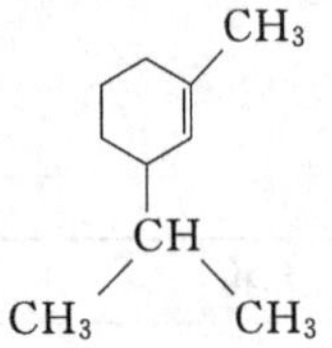

(2) CH_3CH—C≡CCH_2CH_3
　　　　|
　　　　Cl

(3)

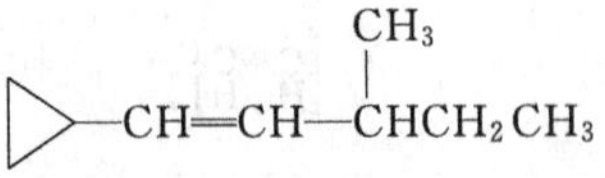

(4)

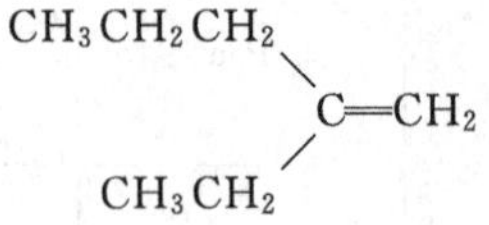

(5)

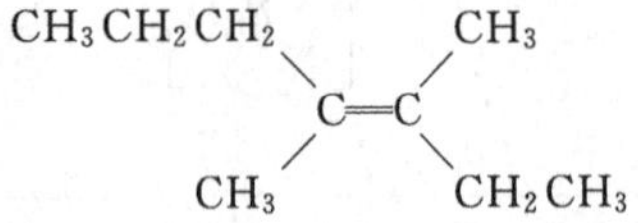

(6)

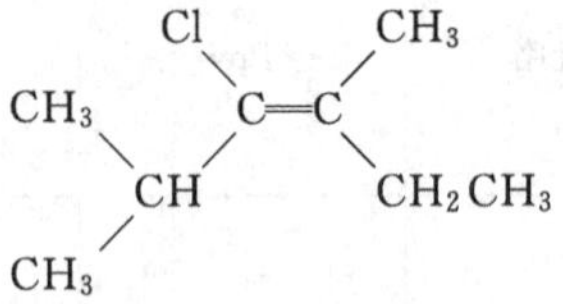

(7)

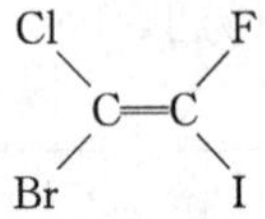

(8) HC≡CCH_2Br

2. 解释下列事实。

(1)

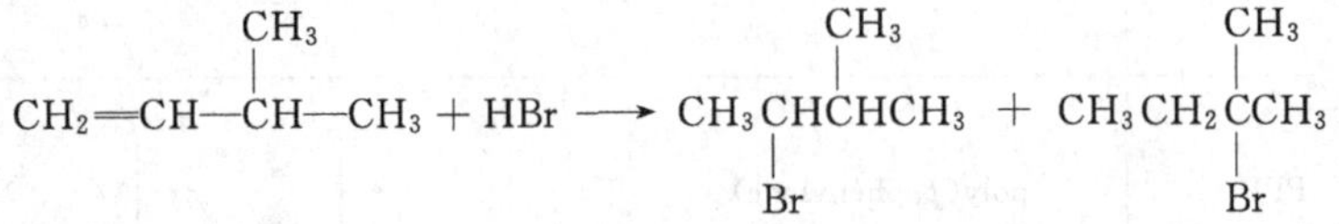

(2)

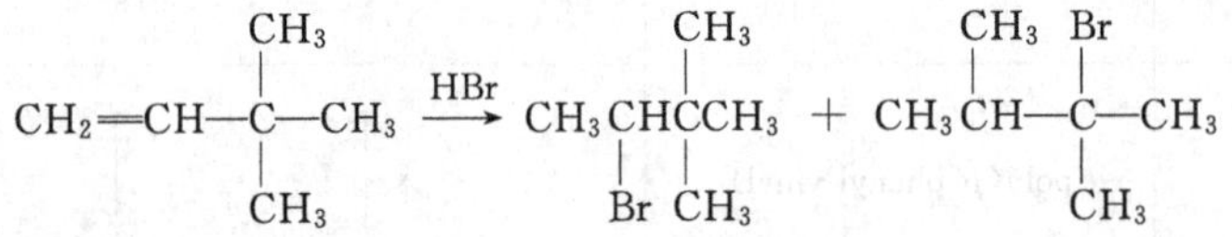

3. 丙烯高温时与氯反应主要发生 α-H 取代，生成 3-氯-1-丙烯，而不是加成反应，为什么？

4. 三键比双键更不饱和，为什么三键进行亲电加成反应的速率反倒不如双键？

5. 如何实现下列转变？

(1) $CH_3CH_2CH_2CH$=CH_2 —→ $CH_3CH_2CH_2C$≡CH

(2) $CH_3CHBrCH_3$ —→ $CH_3CH_2CH_2Br$

(3) $CH_3CH_2C(CH_3)$=CH_2 —→ $CH_3CH_2C(CH_3)_2OCH_3$

(4) 丙烷—→1-丁烯

(5) 环己烯—→丙基环己烷

(6) 1-己炔—→1,4-壬二烯

6. 2-甲基-2-戊烯分别在下列条件下发生反应，试写出各反应的主要产物。

(1) H_2/Pd-C；(2) HOBr(Br_2+H_2O)；(3) O_3，锌粉-醋酸溶液；

(4) Cl_2(低温)；(5) B_2H_6/NaOH-H_2O_2；(6) 稀冷 $KMnO_4$；(7) HBr/过氧化物

7. 试以反应历程解释下列反应结果。

$$(CH_3)_3CCH\text{=}CH_2 \xrightarrow[\triangle]{H^+} (CH_3)_3CCH(OH)CH_3 + (CH_3)_2C(OH)CH(CH_3)_2$$

8. 试以反应式表示以丙烯为原料，并选用必要的无机试剂制备下列化合物。

(1) 2-溴丙烷　　(2) 1-溴丙烷　　(3) 异丙醇　　(4) 聚丙烯腈

9. 某化合物（A），分子式为 $C_{10}H_{18}$，经催化加氢得到化合物（B），（B）的分子式为 $C_{10}H_{22}$。

$$CH_3-\overset{O}{\overset{\|}{C}}-CH_3 \qquad CH_3-\overset{O}{\overset{\|}{C}}-CH_2-CH_2-\overset{O}{\overset{\|}{C}}-OH \qquad CH_3-\overset{O}{\overset{\|}{C}}-OH$$

化合物（A）和过量高锰酸钾溶液作用，得到如上三个化合物。写出化合物（A）的结构式。

10. 某化合物分子式为 C_8H_{16}。它可以使溴水褪色，也可溶于浓硫酸。经臭氧化反应并在锌粉存在下水解，只得到一种产物丁酮（$CH_3COCH_2CH_3$）。写出该烯烃可能的结构式。

11. 回答以下问题：（1）1,3-丁二烯和 HBr 的 1,2-加成和 1,4-加成，哪个速率快？为什么？

（2）为什么 1,4-加成产物比 1,2-加成产物稳定？

12. 比较下列（A）（B）（C）（D）碳正离子的稳定性。

（A）$CH_2\!\!=\!\!CH\overset{+}{C}HCH\!\!=\!\!CH_2$　　　　　　　　　　（B）$CH_3\overset{+}{C}HCH\!\!=\!\!CH_2$

（C）$CH_3\overset{+}{C}HCH_3$　　　　　　　　　　　　　　　（D）$\overset{+}{C}H_3$

13. 写出 1-戊炔与下列试剂作用的反应式。

（1）热 $KMnO_4$ 溶液　　　（2）H_2/Pt　　　　（3）过量 Br_2/CCl_4，低温

（4）$AgNO_3$ 氨溶液　　　（5）Cu_2Cl_2 氨溶液　　（6）H_2SO_4，H_2O，Hg^{2+}

14. 完成下列反应式。

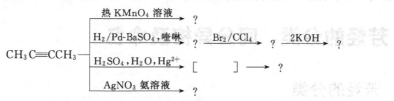

15. 以反应式表示以丙炔为原料，并选用必要的无机试剂，合成下列化合物。

（1）丙酮　　（2）1-溴丙烷　　（3）丙醇　　（4）正己烷

16. 用化学方法区别下列各组化合物。

（1）丙烷、丙烯和丙炔　　　（2）$CH_3CH_2CH_2C\!\!\equiv\!\!CH$ 和 $CH_3CH_2-C\!\!\equiv\!\!C-CH_3$

17. 推测下列反应的机理。

（1）$(CH_3)_2C\!\!=\!\!CH_2+Cl_2 \longrightarrow CH_2\!\!=\!\!C(CH_3)-CH_2Cl+HCl$

（2）$C_5H_{11}CH\!\!=\!\!CH_2+(CH_3)_3COH \xrightarrow{CH_3OH,HCl} C_5H_{11}CH(OCH_3)CH_2Cl$

［提示：$(CH_3)_3COCl$ 的作用与 HOCl 相似］

18. 2,4-庚二烯（$CH_2CH\!\!=\!\!CH-CH\!\!=\!\!CHCH_2CH_3$）是否有顺反异构现象？如有，写出它们的所有顺反异构体，并以顺/反和 Z/E 两种命名法命名。

第4章

芳烃

　　芳烃是芳香烃的简称，通常指分子中含有苯环的碳氢化合物。这些化合物最初是从天然树脂、香精油中提取出来的具有特殊的芳香气味的物质，由于这些物质的分子中都含有苯环，于是，把苯及其衍生物统称为芳香化合物。

　　芳香化合物一般具有平面或接近于平面的环状结构，链长趋于平均化，其化学性质稳定，一般难以氧化、加成，但容易发生取代反应。随着有机化学的不断发展，发现了一些不含苯环结构的环烃也具有与苯相似的结构和物理化学性质，这些不含苯环结构但具有芳烃性质的环烃称为非苯芳烃。一般芳烃主要是指含有苯环结构的芳烃。

4.1 芳烃的分类、同分异构及命名

4.1.1 芳烃的分类

　　芳烃可按照是否含有苯环分为苯系芳烃和非苯系芳烃两大类。根据苯环的数目和连接方式的不同，苯系芳烃又可以分为以下三类。

　　① 单环芳烃　是指分子中只含有一个苯环的芳烃。例如苯、甲苯、二溴苯、苯乙烯等。

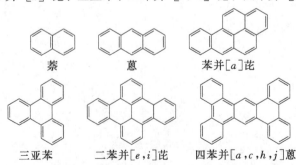

　　② 多环芳烃　是指分子中含有两个或两个以上独立苯环的芳烃。例如联苯、二苯基甲烷等。

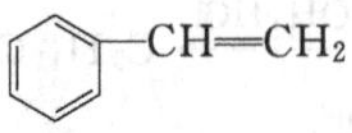

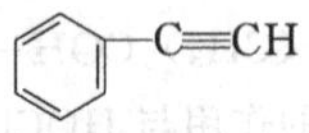

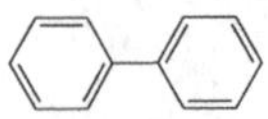

　　③ 稠环芳烃　是指分子中含有两个或两个以上苯环，苯环之间通过共用相邻两个碳原子的芳烃。例如萘、蒽、苯并 [a] 芘、三亚苯、二苯并 [e, i] 芘、四苯并 [a, c, h, j] 蒽等。

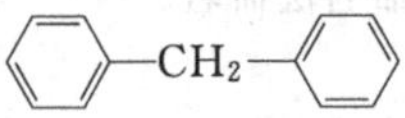

苯　　　甲苯　　　苯乙烯　　　苯乙炔　　　二溴苯

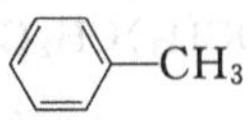

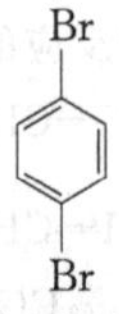

联苯　　　　二苯基甲烷

萘　　　　　蒽　　　　苯并[a]芘

三亚苯　　　二苯并[e,i]芘　　　四苯并[a,c,h,j]蒽

4.1.2 芳烃的同分异构及命名

(1) 芳基

芳香烃分子中去掉一个氢原子而形成的基团称为芳香基或芳基，常用"Ar—"来表示。例如

苯	苯基	苯甲基	2-甲苯基	3-甲苯基	4-甲苯基
	(phenyl)	(苄基)	邻甲苯基	间甲苯基	对甲苯基
	(Ph)	(benzyl, Bn)	*o*-tolyl	*m*-tolyl	*p*-tolyl

芳香化合物最典型的代表为苯，苯及其同系物的通式为 C_nH_{2n-6}。苯的六个碳原子和六个氢原子分别是等同的。苯去掉一个氢原子剩下的基团称为苯基，简写为"Ph—"。此外，甲苯分子中苯环去掉一个氢原子，得到的为甲苯基，CH_3—⟨⟩—。如在甲苯的甲基上去掉一个氢原子剩下的基团为苄基 ⟨⟩—CH_2— ，简写为 Bz—。

(2) 一取代苯

当苯环上的氢原子被一个烷基取代后产生的结构，通常称为"某烷基苯"，"基"字一般省略，称为"烷基苯"。烷基苯的命名以苯作为母体，烷基作为取代基，根据烷基的名称叫做"某苯"。例如

甲苯	乙苯	异丙苯

苯和一取代苯各有一种结构。但当取代基（也称为侧链）含有三个以上碳原子时，与开链烷烃一样，存在构造异构。例如丙基苯和异丙苯互为构造异构体。

当苯环上连有复杂烷基或烯烃、炔烃等不饱和烃基时，一般以苯环为取代基，烯烃或炔烃的烃基（也称为侧链）为母体来进行命名。例如

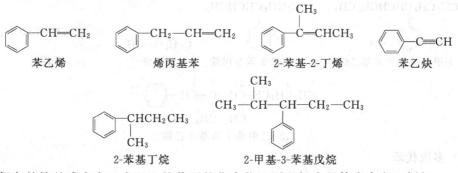

苯乙烯	烯丙基苯	2-苯基-2-丁烯	苯乙炔

2-苯基丁烷	2-甲基-3-苯基戊烷

较复杂的烷基或含有一个以上的苯环的化合物，则以烃为母体来命名。例如

二苯基甲烷	1,2-二苯基乙烷	1,2-二苯基乙烯

（3）二烃基取代苯

二烃基取代苯有三种异构体，通常用邻、间和对表示，或用相对应的首字母 o（ortho）、m（meta）和 p（para）来表示，放在苯字前面。也可以用取代基所在的位置编号表示，用阿拉伯数字"1，2，3"表示取代基所在的位置，并用半字线"-"隔开，写在苯的前面。例如

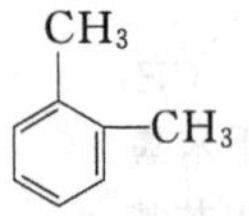

1,2-二甲苯　　1,3-二甲苯　　1,4-二甲苯 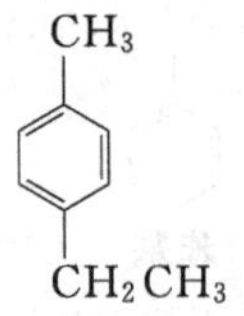　　1-甲基-4-乙基苯

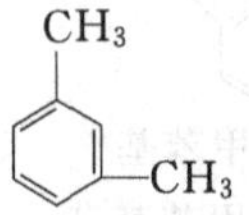

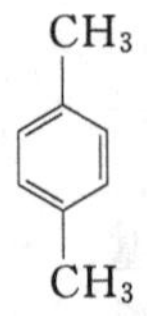

（邻二甲苯）　（间二甲苯）　（对二甲苯）

三取代或多取代苯的化合物，则以苯为母体，用阿拉伯数字编号"1，2，3"等表示取代基的位置，遵守烷烃命名规则，使环上取代基编号从简单到复杂，并以总和最小为原则来命名。其中具有三个相同烃基的取代苯也有三种异构体。例如

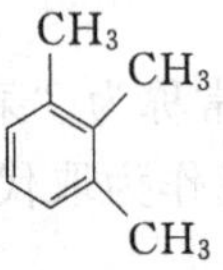

连三甲苯　　　　偏三甲苯　　　　均三甲苯

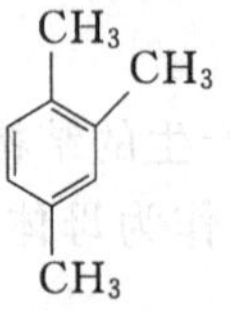

（1,2,3-三甲苯）　（1,2,4-三甲苯）　（1,3,5-三甲苯）

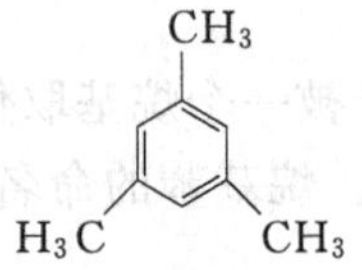

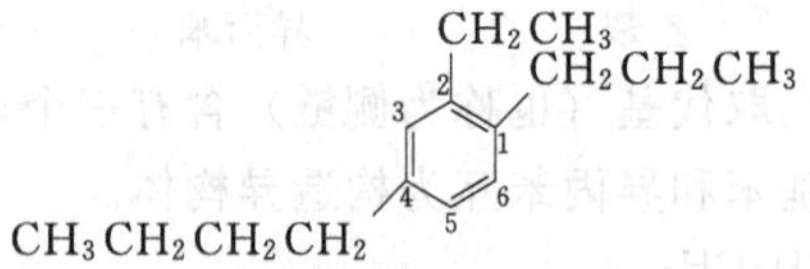

2-乙基-1-丙基-4-丁基苯 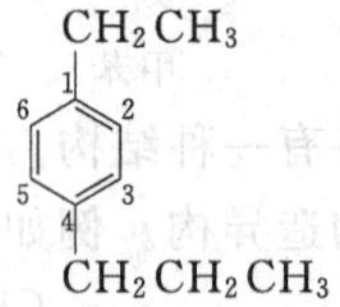　　　　1-乙基-4-丙基苯

对于结构复杂或取代基上有官能团的化合物，可以把取代基作为母体，把苯环作为取代基来命名。例如

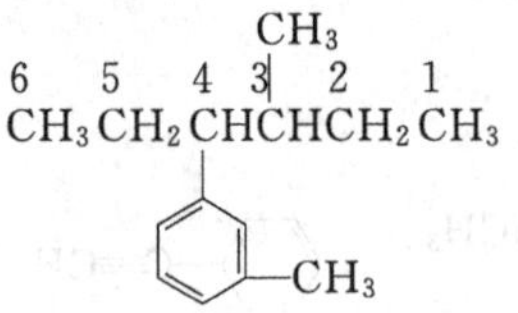

3-甲基-4-间甲苯基己烷 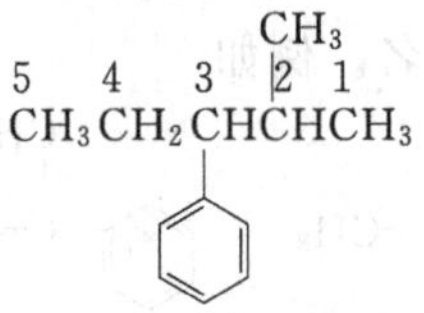　　2-甲基-3-苯基戊烷　　苯乙炔　　1-苯丙烯

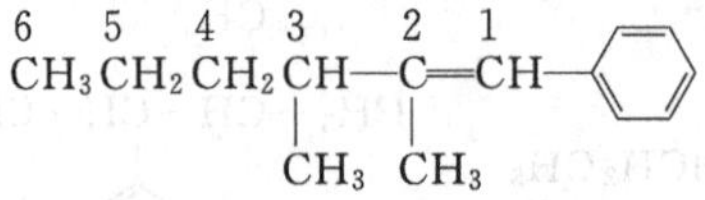

2,3-二甲基-1-苯基-1-己烯

（4）多取代苯

当各种不同种类基团的取代基取代苯时，它们的命名规则与上述的规则类似。取代基的位置用阿拉伯数字表示，或用邻、间、对（或 o-，m-，p-）等表示。将取代基的名称放在"苯"字前面。例如

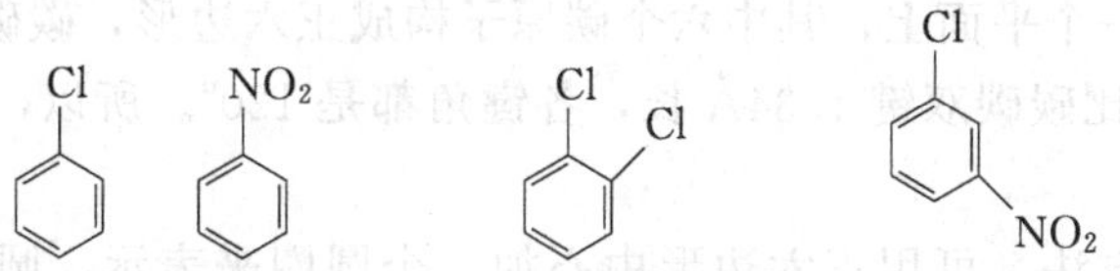

氯苯　　硝基苯　　1,2-二氯苯,邻二氯苯　　3-硝基氯苯

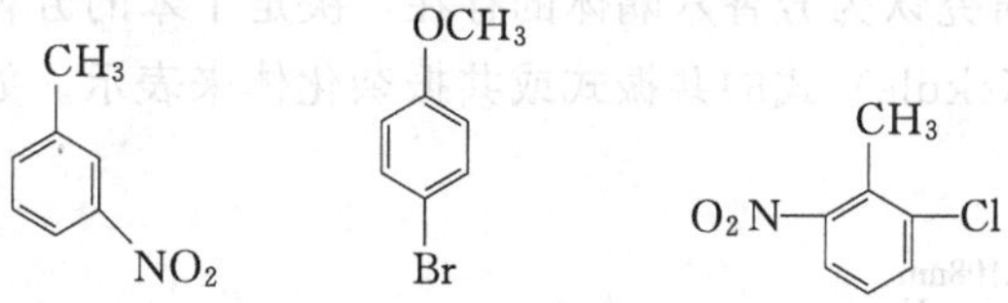

3-硝基甲苯　　1-甲氧基-4-溴苯　　2-硝基-6-氯甲苯

如取代基为官能团—OH，—NH$_2$，—COOH，—SO$_3$H 等，则把官能团作为母体，苯作为取代基命名。例如

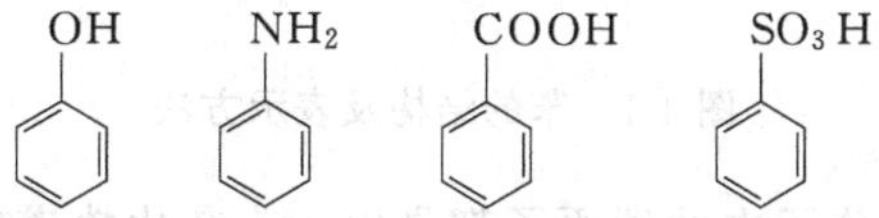

苯酚　　苯胺　　苯甲酸　　苯磺酸

如苯环上有多种官能团取代时，则应首先选好母体官能团，使得母体编号最小，其他基团作为取代基。即选择母体优先顺序为：—COOH、—SO$_3$H、—COOR（酯）、—COX（酰卤）、—CONH$_2$（酰胺）、—CN（腈）、—CHO（醛）、—C(O)—（酮）、—OH（羟基）、—NH$_2$（氨基）、—R(烃基)、—OR(醚)、—X(卤素)、—NO$_2$（硝基） 等。在这个顺序中，排在前面的为母体，排在后边为取代基。例如

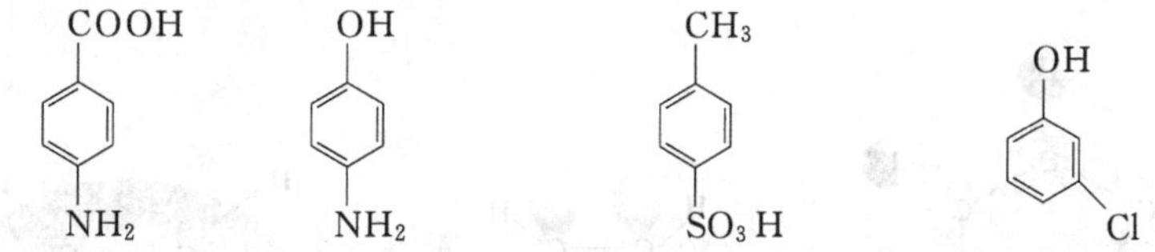

对氨基苯甲酸　　对氨基苯酚　　对甲基苯磺酸(简写 T$_5$OH)　　间氯苯酚

4.2 苯的结构

苯的分子式为 C$_6$H$_6$，1825 年由法拉第 （Michael Faraday） 首次发现并测得了其分子式。苯分子是一个不饱和程度很高的化合物，但却跟烯烃和炔烃不同。例如，不能使溴的四氯化碳溶液褪色，也不易被高锰酸钾氧化等。后来通过一系列的研究发现，苯加氢可以生成环己烷，说明苯具有环状结构；苯分子的一元取代物只有一种产物，也可发生二元取代或三元取代，这说明苯分子中的六个氢原子是等同的等。1865 年，德国科学家凯库勒 （Kekule） 提出了苯的环状结构式，即苯的凯库勒 （Kekule） 式。

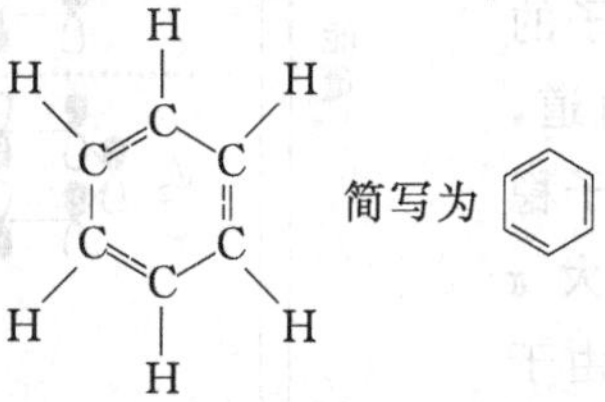

简写为

按照凯库勒式，苯分子中有交替的碳碳单键和碳碳双键，而单键和双键的键长是不相等的，那么苯分子应是一个不规则六边形的结构，但近代物理方法证明，苯分子中的六个碳原

子和六个氢原子在同一个平面上，其中六个碳原子构成正六边形，碳碳键长均为 1.14Å，比碳碳单键 1.54Å 短，比碳碳双键 1.34Å 长，各键角都是 120°。所以，凯库勒式不能代表苯分子的真实结构。

苯的结构的表示方法，可用正六边形中心加一个圆圈来表示，圆圈表示离域的 π 电子云，称为芳香六隅体，研究认为芳香六隅体的存在，决定了苯的芳香特性。此外，苯的结构也可以用两个凯库勒（Kekule）式的共振式或共振杂化体来表示。如图 4-1 所示。

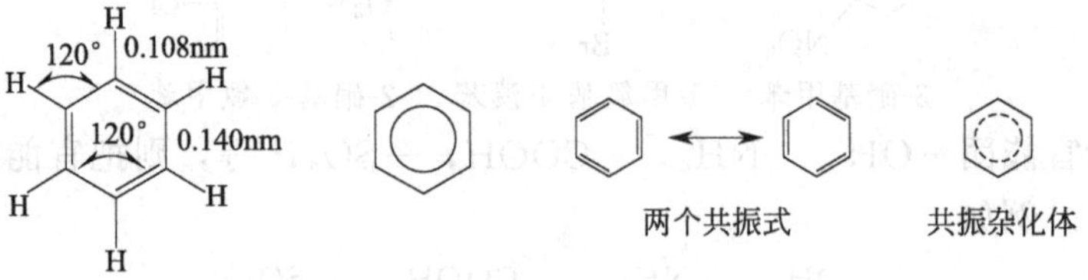

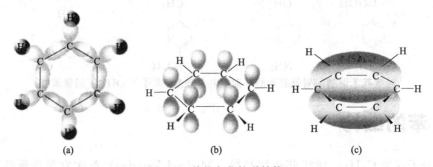

图 4-1　苯的结构及表示方法

杂化轨道理论认为，苯分子中的碳原子都是以 sp^2 杂化轨道成键的，每个碳原子都是以 sp^2 杂化轨道与相邻碳原子相互交盖形成六个碳碳 σ 键，每个碳原子又都以 sp^2 杂化轨道与氢原子的 s 轨道相互交盖形成碳氢 σ 键（图 4-2）。每个碳原子的三个 sp^2 杂化轨道的对称轴都分布在同一平面上，而且两个对称轴之间的夹角为 120°，这样就形成了正六边形的碳环，所有原子均在同一平面上。未参与杂化的 p 轨道都垂直于碳环平面，彼此侧面重叠，形成一个封闭的共轭体系，由于共轭效应使 π 电子高度离域，电子云完全平均化，故无单双键之分。

（此处有图：图 4-2 三部分 (a)(b)(c)）

图 4-2　苯的杂化轨道结构

分子轨道理论认为，分子中六个 p 轨道线形组合成六个 π 分子轨道，其中三个成键轨道，三个反键轨道，如图 4-3 所示。在基态时，苯分子的六个 π 电子成对填入三个成键轨道，其能量比原子轨道低，所以苯分子稳定，体系能量较低。苯分子的大 π 键是三个成键轨道叠加的结果，由于 π 电子都是离域的，所以碳碳键长完全相同。

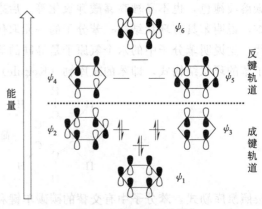

图 4-3　苯的分子轨道

4.3 单环芳烃的物理性质

　　苯及其同系物一般为无色透明有芳香气味的液体，相对密度小于 1，不溶于水而溶于有机溶剂，液态芳烃是一种良好溶剂。此外，烷基苯的沸点也随着分子量的增大而升高。苯和甲苯都具有一定的毒性。表 4-1 列出了常见的单环芳烃的物理常数。

表 4-1　常见单环芳烃的物理常数

分子式	英文名称	化合物名称	熔点/℃	沸点/℃	相对密度(d_4^{20})
 benzene	benzene	苯	5.5	80	0.879
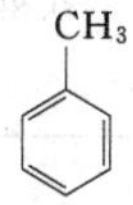 CH_3	toluene	甲苯	95	111	0.866
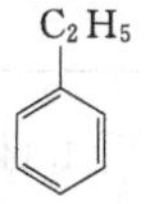 C_2H_5	ethylbenzene	乙苯	-95	136	0.867
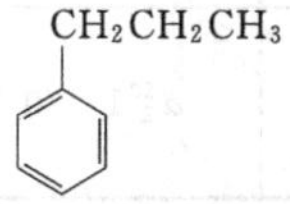 $CH_2CH_2CH_3$	propylbenzene	丙苯	-99	159	0.862
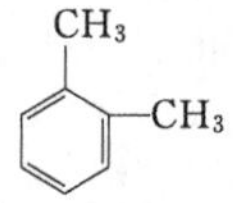 CH_3 CH_3	o-xylene	邻二甲苯	25	144	0.880
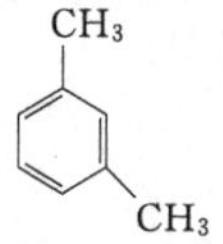 CH_3 CH_3	m-xylene	间二甲苯	-48	139	0.864
 CH_3—CH_3	p-xylene	对二甲苯	13	138	0.861
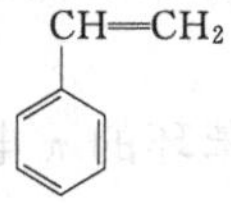 $CH=CH_2$	styrene	苯乙烯	-31	145	0.906
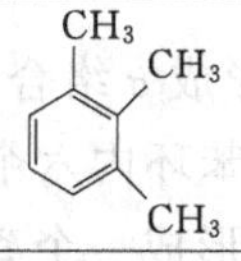 CH_3 CH_3 CH_3	1,2,3-trimethylbenzene	连三甲基苯	-25.5	176.1	0.894
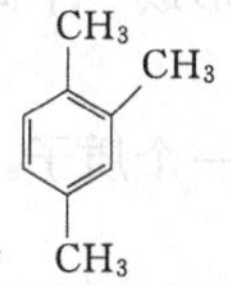 CH_3 CH_3 CH_3	1,2,4-trimethylbenzene	偏三甲基苯	-43.9	169.2	0.876
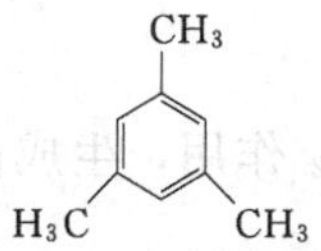 CH_3 H_3C CH_3	1,3,5-trimethylbenzene	均三甲苯	-44.72	164.716	0.865

分子式	英文名称	化合物名称	熔点/℃	沸点/℃	相对密度(d_4^{20})
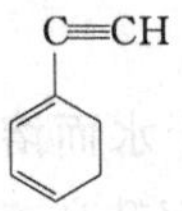 C≡CH〔苯乙炔结构式〕	phenylacetylene	苯乙炔	−45	142	0.930
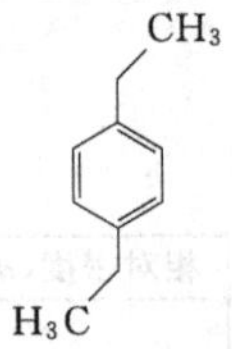 〔对二乙基苯结构式〕	1,4-diethylbenzene or *p*-diethylbenzene	1,4-二乙基苯（对二乙基苯）	−42.850	183.753	0.86
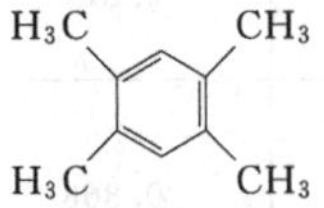 〔1,2,4,5-四甲苯结构式〕	1,2,4,5-tetramethylbenzene （*sym*-tetramethylbenzene）	1,2,4,5-四甲苯（或均四甲苯）	79.240	196.80	0.89
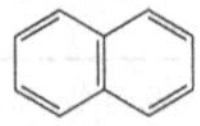 〔萘结构式〕	naphthalene	萘	80	218	1.162
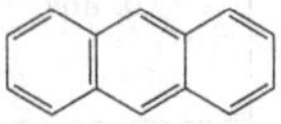 〔蒽结构式〕	anthracene	蒽	2.7	354	1.147
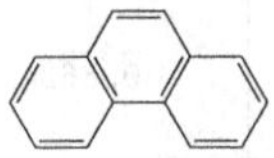 〔菲结构式〕	phenanthrene	菲	101	340	d_2^{50}1.179

4.4　单环芳烃的化学性质

4.4.1　苯环上的反应

（1）亲电取代反应

苯环的六个碳原子所在的平面上下存在着离域的大 π 键，其 π 电子云可以被缺电子或带正电的亲电试剂攻击。苯的取代反应如卤化、硝化、磺化等。亲电取代反应机理按照历程可以分为三步。

第一步：当苯与亲电试剂作用时，亲电试剂（E$^+$）进攻苯环，并很快和苯环的 π 电子形成 π 络合物。

第二步：π 络合物中亲电试剂 E$^+$ 进一步与苯环的一个碳原子直接连接，形成 σ 络合物。与亲电试剂相连的碳原子由原来的 sp^2 杂化变成 sp^3 杂化，少了一个 π 电子，苯环内六个碳原子形成的闭合共轭体系破坏了，环上其余的四个 π 电子在其他五个碳原子上形成一个离域 π 键。

第三步：这种离域 π 键形成的 σ 络合物，能量较高，不稳定，能迅速失去一个质子，重新恢复为稳定的苯环结构，最后形成取代产物。

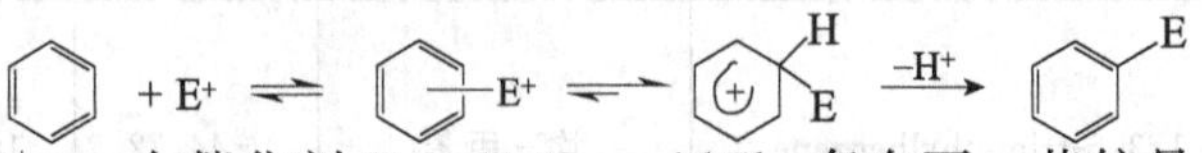

① 卤化反应（X$^+$）　在催化剂 Fe、FeX$_3$、AlCl$_3$ 存在下，苯较易和 X$_2$ 作用，生成卤代苯，此反应称为卤化反应。通式为

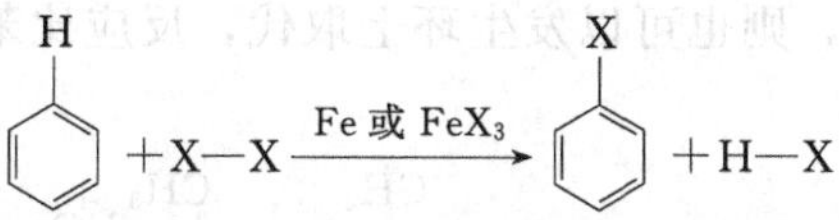

$$\underset{}{\text{H}} + X-X \xrightarrow{\text{Fe 或 FeX}_3} \underset{}{\text{X}} + H-X$$

例如，在催化剂 $FeCl_3$ 或 $FeBr_3$ 存在下，苯分别与 Cl_2 或 Br_2 作用，生成了一取代氯苯或溴苯。不同卤素与苯发生卤化反应的活性次序是：$F > Cl > Br > I$。其中氟代反应很猛烈，碘代反应速率慢且存在可逆反应，并以逆反应为主，因此卤化反应主要指氯化和溴化反应。

在较强烈的反应条件下，一取代氯苯或溴苯可以继续发生卤化反应，生成二取代苯，并以邻位二取代异构体为主。例如，一取代氯苯继续发生卤化反应，主要得到邻位二取代产物 o-二氯苯，其次得到对位二取代产物 p-二氯苯。

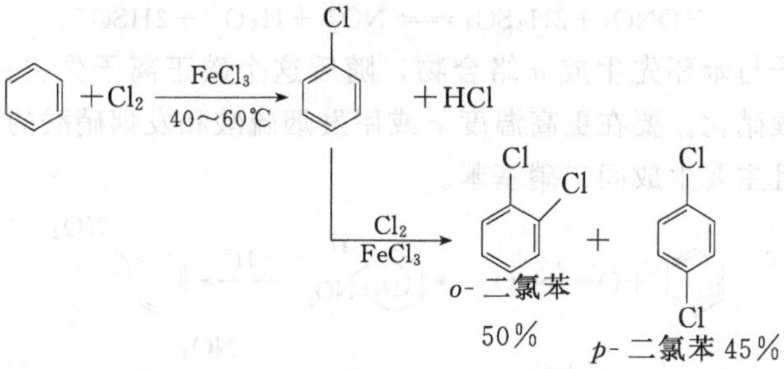

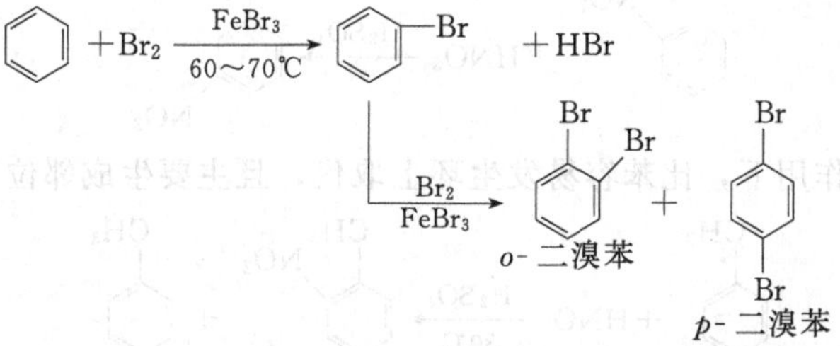

而甲苯在 $FeCl_3$ 的存在下，主要产物是邻位和对位异构体，且第二个卤素原子进入第一个卤素的邻位和对位，对位为主要产物。

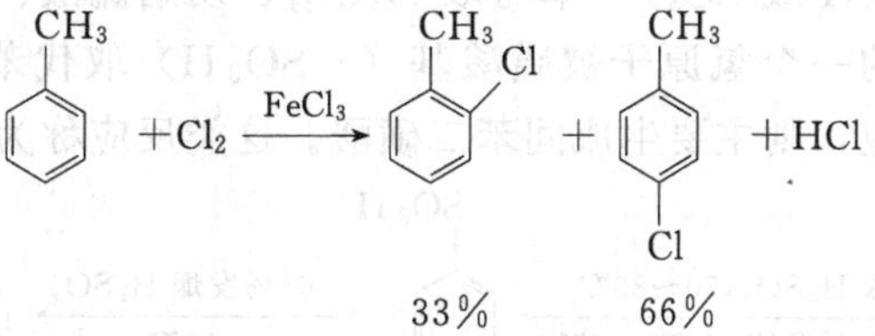

② 硝化反应（NO_2^+）　苯与混酸（浓 HNO_3 和浓 H_2SO_4 的混合物）于 $50 \sim 60℃$ 反应作用，苯环上的氢原子被硝基（$-NO_2$）取代，生成硝基苯。这种在苯上引入硝基的反应称为硝化反应。

$$\underset{}{} + HNO_3 \xrightarrow[50\sim60℃]{H_2SO_4} \underset{}{\text{NO}_2} + H_2O$$

在 $100 \sim 110℃$ 温度下，硝基苯继续与混酸作用生成间二硝基苯。

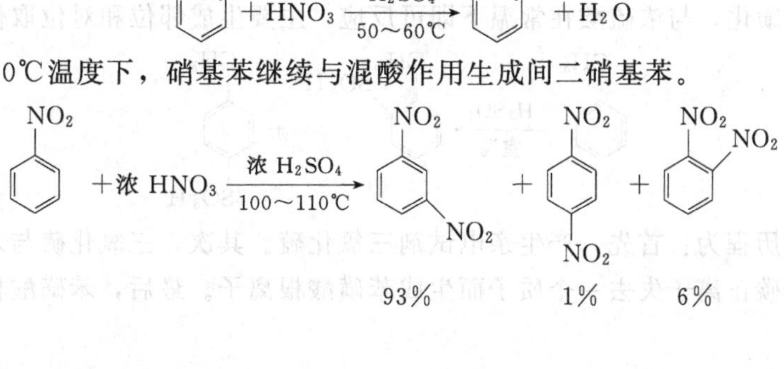

若苯环上已经有取代基，则也可以发生环上取代，反应比苯容易。主要生成对位、邻位二硝基苯。

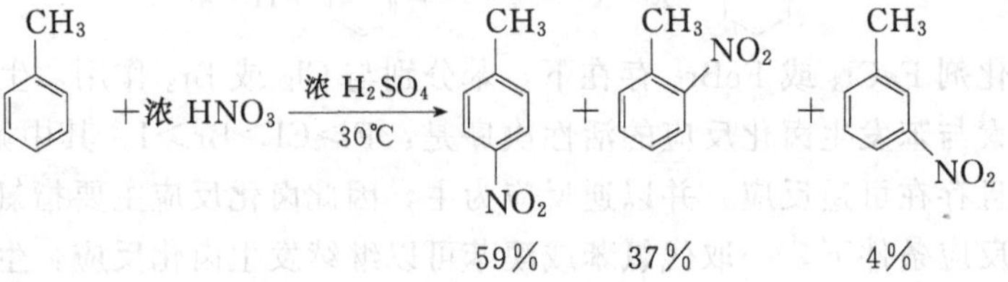

$$59\% \qquad 37\% \qquad 4\%$$

硝化反应历程如下：

首先，混酸产生硝酰正离子亲电试剂 NO_2^+。

$$HONO_2 + 2H_2SO_4 \rightleftharpoons NO_2^+ + H_3O^+ + 2HSO_4^-$$

其次，硝酰离子与苯环先生成 σ 络合物，随后这个碳正离子失去一个质子而生成硝基苯。硝基苯不易继续硝化。要在更高温度下或用发烟硫酸和发烟硝酸的混合物作硝化剂才能引入第二个硝基，且主要生成间二硝基苯。

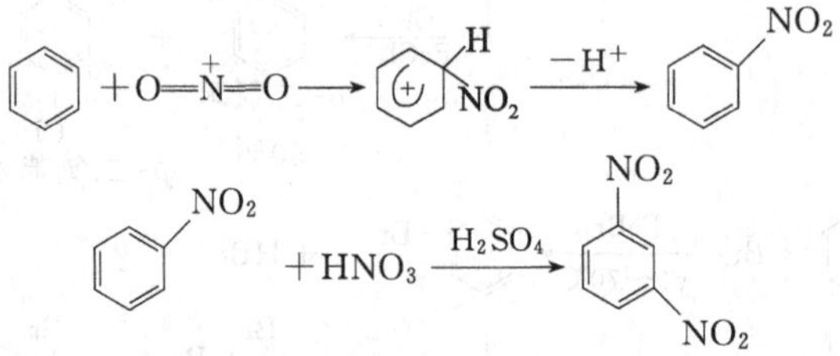

烷基苯在混酸的作用下，比苯容易发生环上取代，且主要生成邻位和对位的取代产物。

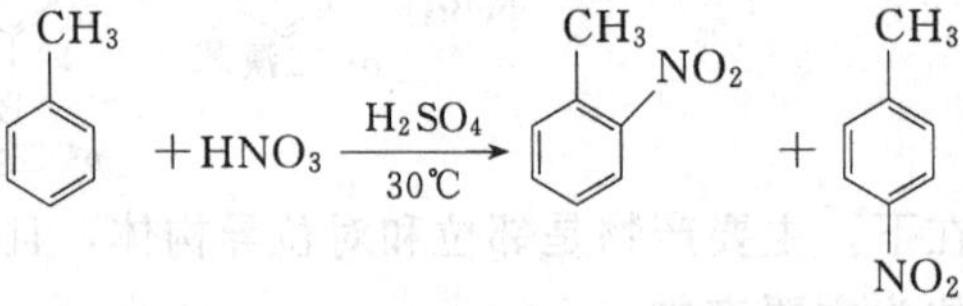

③ 磺化反应（$^+SO_3H$ 或 SO_3）　苯与浓 H_2SO_4、发烟硫酸、SO_3 和氯磺酸（$ClSO_3H$）等磺化剂作用，苯环上的一个氢原子被磺酸基（$—SO_3H$）取代苯磺酸，生成的反应很慢，若在更高温度下继续反应，则主要生成间苯二磺酸。这类反应称为磺化反应。

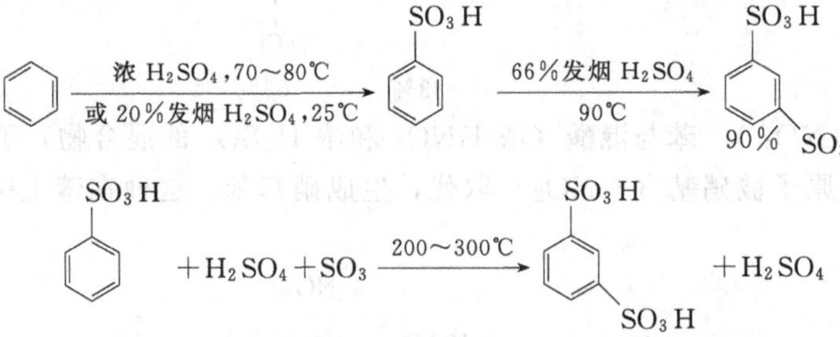

甲苯比苯易磺化，与浓硫酸在常温下即可反应，主要生成邻位和对位取代产物。

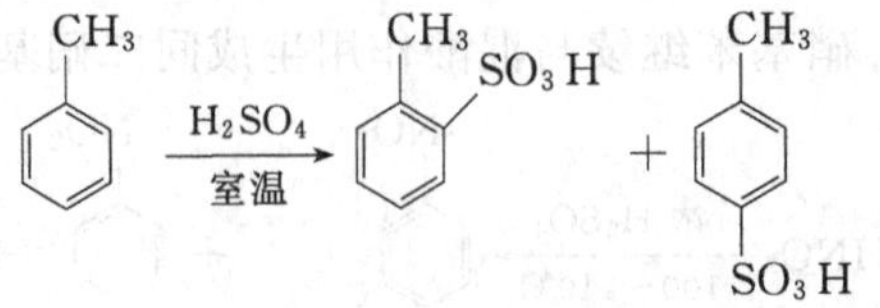

磺化反应的历程为：首先，产生亲电试剂三氧化硫。其次，三氧化硫与苯环先生成 σ 络合物，随后这个碳正离子失去一个质子而生成苯磺酸根离子。最后，苯磺酸根离子结合一个

质子生成苯磺酸。

$$2H_2SO_4 \rightleftharpoons SO_3 + H_3O^+ + HSO_4^-$$

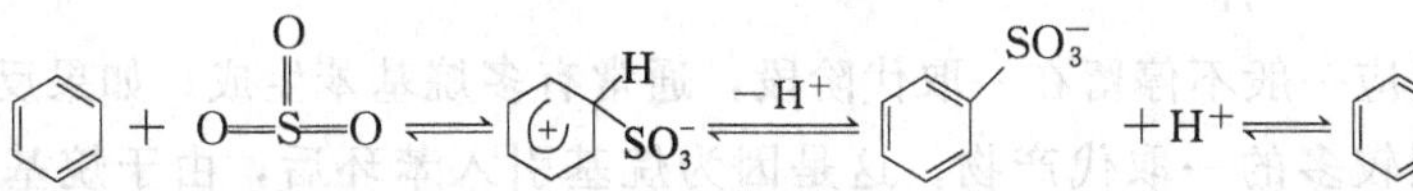

磺化反应与卤化和硝化反应不同，磺化反应是可逆过程，而且温度对反应产物的影响很大。

若将苯磺酸和稀硫酸或盐酸在压力下加热，或在磺化所得混合物中通入过热水蒸气，可使苯磺酸发生水解又变成苯。磺化反应之所以可逆，是因为从反应过程中生成的 σ 络合物脱去 H^+ 和脱去 SO_3 两步的活化能相差不大，故它们的反应速率较接近。

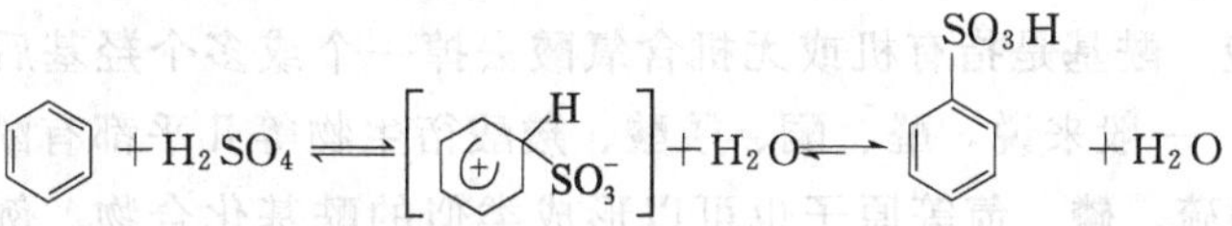

对于甲苯来说，不同的磺化温度得到的产物不同。例如在 0℃ 时主要生成邻位和对位产物，而在 100℃ 时则主要生成对位产物。

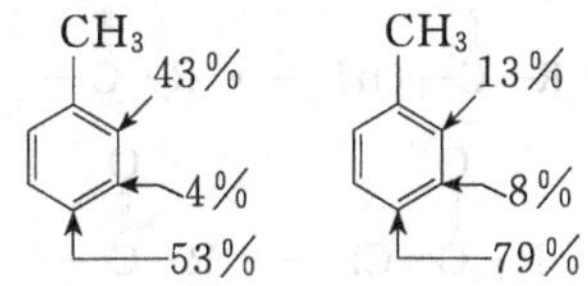

磺化温度	0℃ 100℃

④ Friedel-Crafts 反应（R_3C^+）　在无水 $AlCl_3$、$FeCl_3$、$ZnCl_2$、BF_3、H_2SO_4、HF 等的催化作用下，芳烃中芳环上的氢原子被烷基或酰基取代后生成芳烃的烷基衍生物的反应，分别称为烷基化反应和酰基化反应，统称为 Friedel-Crafts 反应。

a. 烷基化反应　以卤代烃为烷基化试剂，苯与卤代烃在 $AlCl_3$ 的催化作用下反应可得到烷基苯。其通式如下所示。

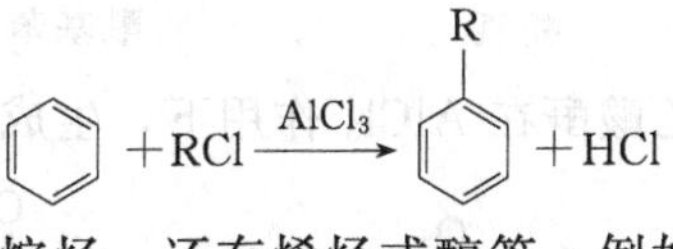

常用的烷基化试剂除了卤代烷烃，还有烯烃或醇等。例如，苯与乙烯、丙烯在 $AlCl_3$ 的催化作用下反应可得到烷基苯。

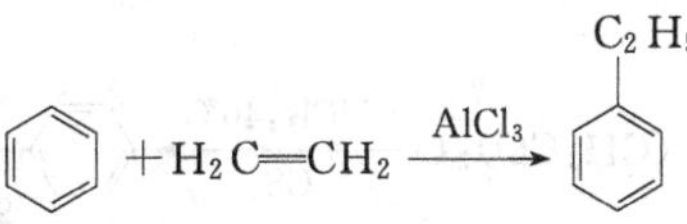

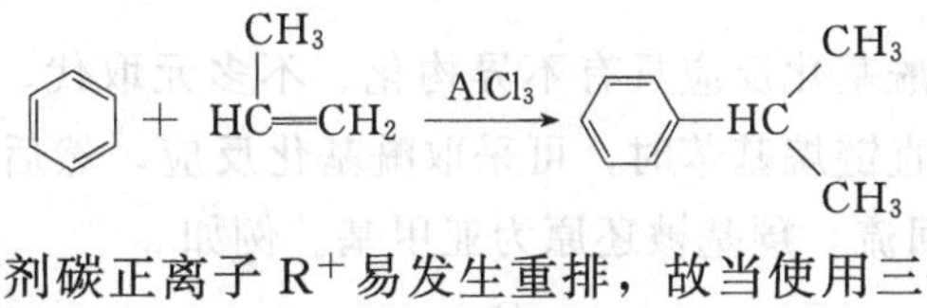

烷基化反应的亲电试剂碳正离子 R^+ 易发生重排，故当使用三个或三个以上碳原子的烷基化试剂时，得到 R^+ 重排而生成的异构化产物。例如

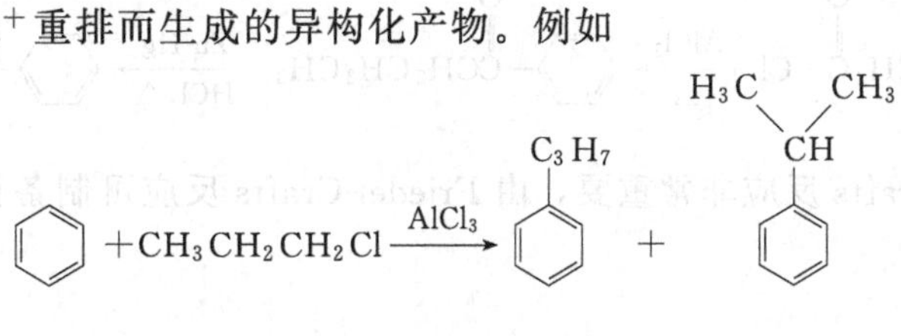

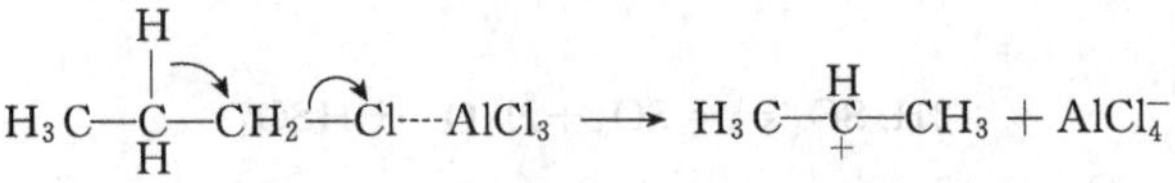

此外，烷基化反应一般不停留在一取代阶段，通常有多烷基苯生成。如果反应过程中苯大大过量，则可得到较多的一取代产物。这是因为烷基引入苯环后，由于烷基给电子的结果，苯环上的电子云密度升高，比苯更容易进行烷基化反应。

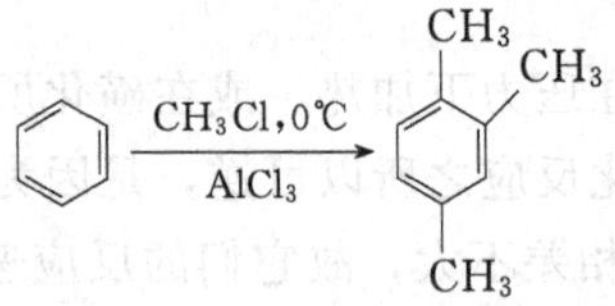

b. 酰基化反应　酰基是指有机或无机含氧酸去掉一个或多个羟基后剩下的原子团，通式为 R—M(O)—。一般来说，醛、酮、羧酸、羧酸衍生物等几乎都有酰基。通常酰基中的 M 原子都为碳，但硫、磷、氮等原子也可以形成类似的酰基化合物。例如，有机羧酸去掉一个羟基后剩下的基团，即为酰基；酰氯去掉卤基后剩余的基团也为酰基。

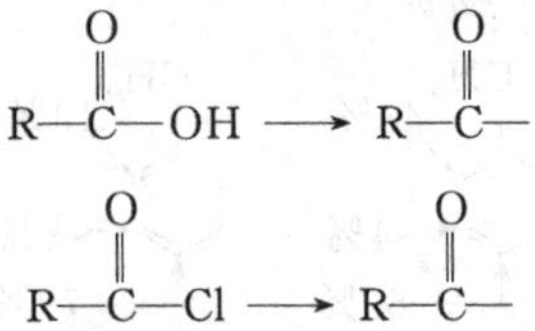

常用的酰基化试剂为酰卤、酸酐（酸）等。在无水 AlCl$_3$、FeCl$_3$、ZnCl$_2$、BF$_3$、H$_2$SO$_4$、HF 等的催化作用下，芳烃中芳环上的氢原子被酰基取代后生成酰基苯的酰基化反应，其通式如下

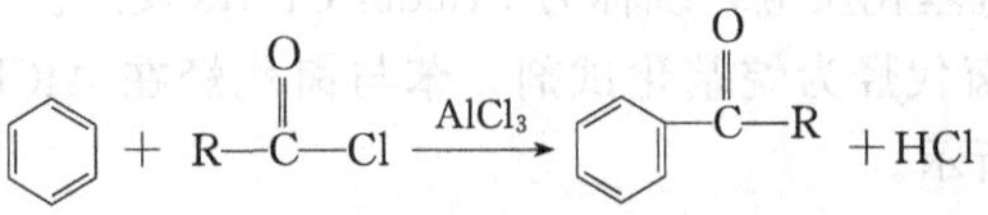

例如，苯分别与乙酰氯和乙酸酐在 AlCl$_3$ 作用下，生成相应的酰基苯化合物。

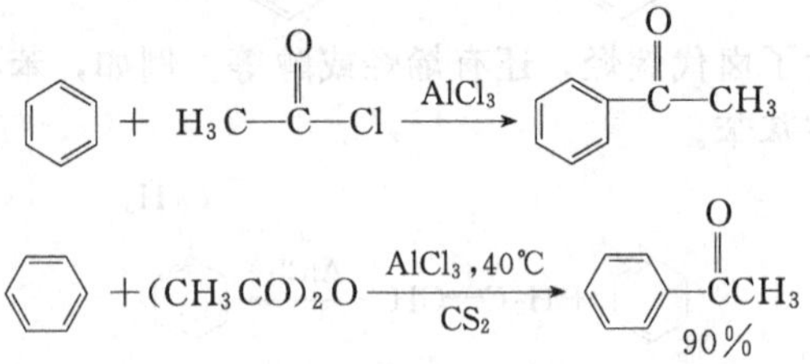

跟烷基化反应相比，酰基化反应具有不异构化、不多元取代、产物单一的优点。一般，制备含有三个或三个以上直链烷基苯时，可采取酰基化反应，然后再将酰基苯化合物在 Zn-Hg 和浓盐酸溶液中，经回流，羰基被还原为亚甲基。例如

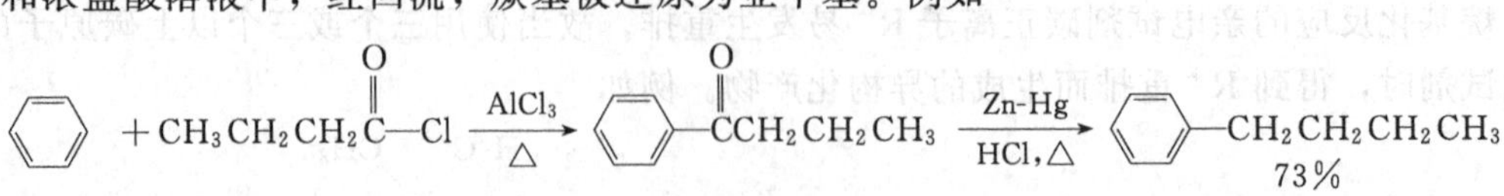

总之，Friedel-Crafts 反应非常重要，由 Friedel-Crafts 反应可制备得到一系列的芳香酮和苯的同系物。例如

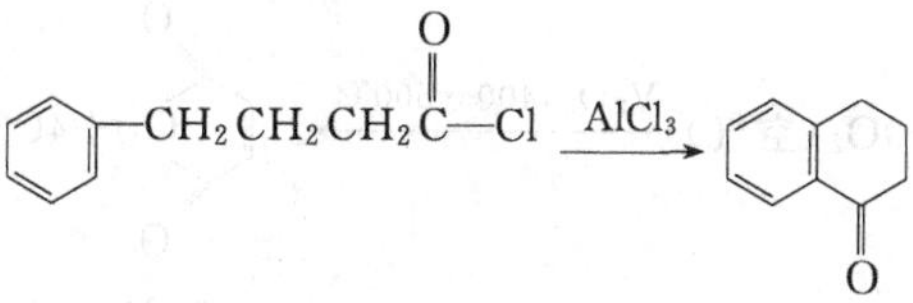

⑤ 氯甲基化（ClCH$_2^+$） 在无水 ZnCl$_2$ 存在下，芳烃与甲醛及氯化氢作用，环上的氢原子被氯甲基（—ClCH$_2$）取代，称为氯甲基化反应。在实验中，可用三聚甲醛或多聚甲醛代替甲醛。

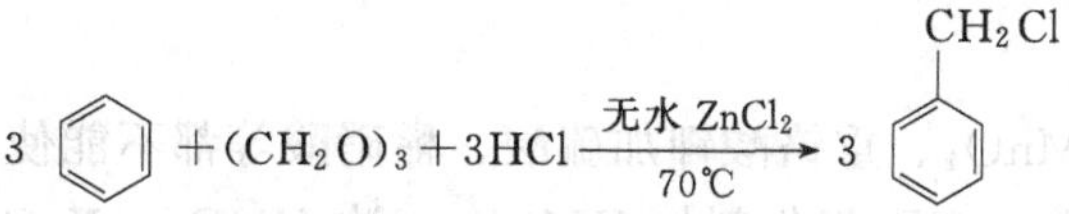

氯甲基化反应在有机合成上很重要，因为氯甲基（—ClCH$_2$）很容易转化为羟甲基（—CH$_2$OH）、氰甲基（—CH$_2$CN）、羧甲基（—CH$_2$COOH）、氨甲基（—CH$_2$NH$_2$）、醛基（—CHO）等。

例如，氯化苄在氢氧化钠的水溶液中可转化为苯甲醇；在氰化钠中可以转化为苯乙腈，苯乙腈继续在水的作用下，水解转化为苯乙酸。

例：

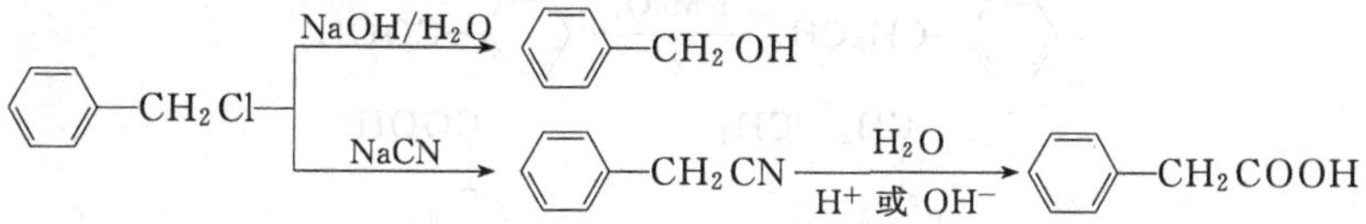

（2）加成反应

苯环非常稳定，只有在高温、高压及存在催化剂的条件下才能发生加成，生成环己烷及其衍生物。

① 加氢 苯在 Ni、Pt 等催化剂存在下，在较高的温度或加压下与氢气加成生成环己烷。通过此反应所得的产物纯度较高，是工业上生产环己烷的方法之一。

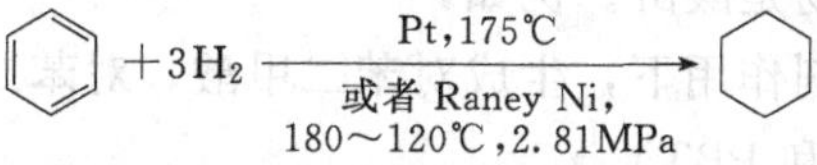

② 加氯 在紫外线照射下，苯与氯发生加成反应生成六氯环己烷。

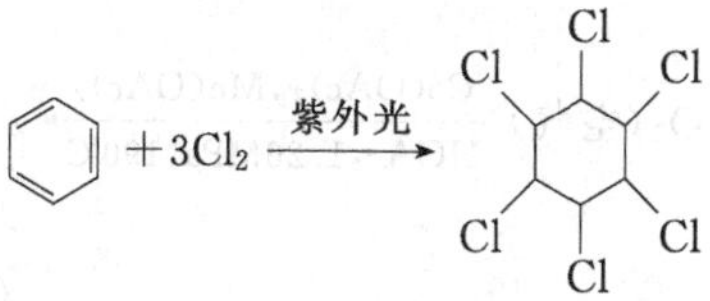

六氯环己烷又称六氯化苯简称六六六。白色晶体，有 8 种同分异构体。六六六对昆虫有触杀、熏杀和胃毒作用，其中 γ 异构体（又称林丹）杀虫效力最高，α 异构体次之，σ 异构体又次之，β 异构体效率极低。六氯化苯对酸稳定，在碱性溶液中或锌、铁、锡等存在下易分解，长期受潮或日晒会失效。它曾是一种广泛使用的农药和杀虫剂。由于六六六的潜在危害性，世界上众多国家已相继采取措施，停止生产和使用，我国也禁止其生产和使用。

（3）氧化反应

在通常条件下，苯环与氧化剂（如稀硝酸、高锰酸钾溶液、过氧化氢或铬酸等）不起作用，但在高温和催化剂作用下，可被空气氧化生产顺丁烯二酸酐，如下所示。这是工业上制备顺丁烯二酸酐的方法之一。顺丁烯二酸酐是重要的化工原料，主要用于合成不饱和聚酯树脂。

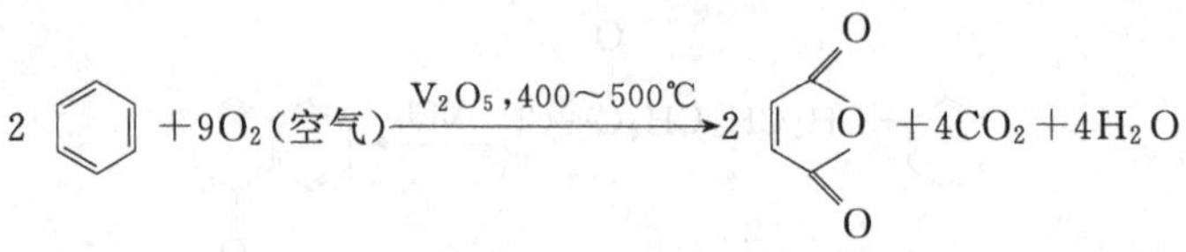

$$2\,\square + 9O_2(空气) \xrightarrow{V_2O_5,400\sim500℃} 2\,\square + 4CO_2 + 4H_2O$$

70%

顺丁烯二酸酐(顺酐)

4.4.2　烷基苯侧链上的反应

（1）氧化反应

常见的氧化剂如 $KMnO_4$、重铬酸钾加硫酸、稀硝酸等都不能使苯环氧化，但含有 $\alpha\text{-H}$ 的烷基苯比苯容易被氧化，在强氧化剂如 $KMnO_4$、浓 HNO_3、K_2CrO_4 和 H_2SO_4 氧化下，无论侧链长短如何，最后都氧化生成苯甲酸。

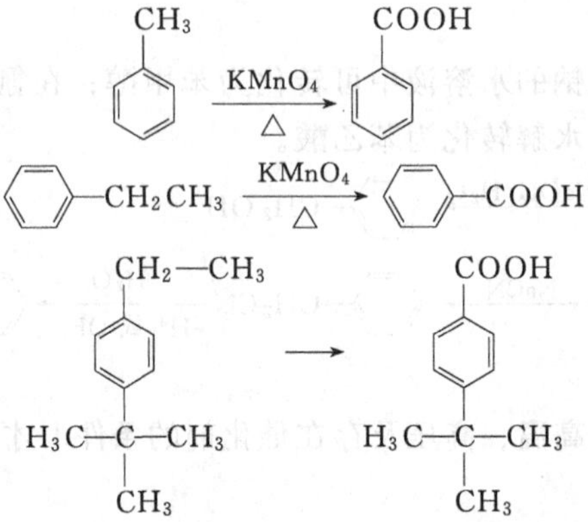

当苯环上有两个或多个烷基时，在强烈条件下，均可被氧化成羧基。若苯环上两个烷基处于邻位，则氧化的最终产物是酸酐。例如，

对甲基苯在高压和氧化剂作用下，生成对苯二甲酸，对苯二甲酸是重要的工业原料，主要用作制造聚酯纤维（PET 和 PBT）。

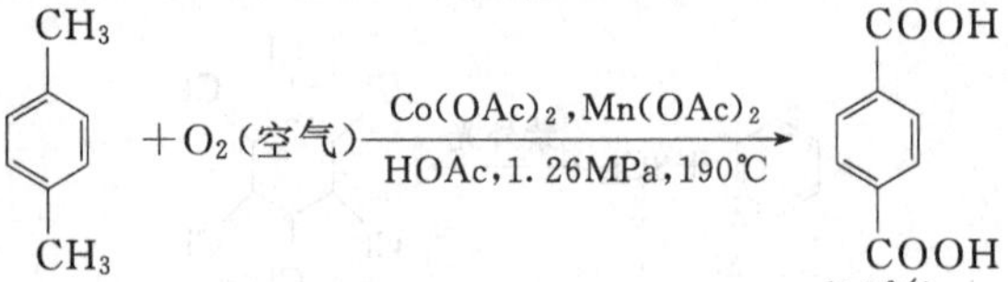

1,2,4,5-四甲基苯在高温和催化剂作用下，最终生成均苯四甲酸二酐，均苯四甲酸二酐是用于制备聚酰亚胺（PI）树脂的重要原料。

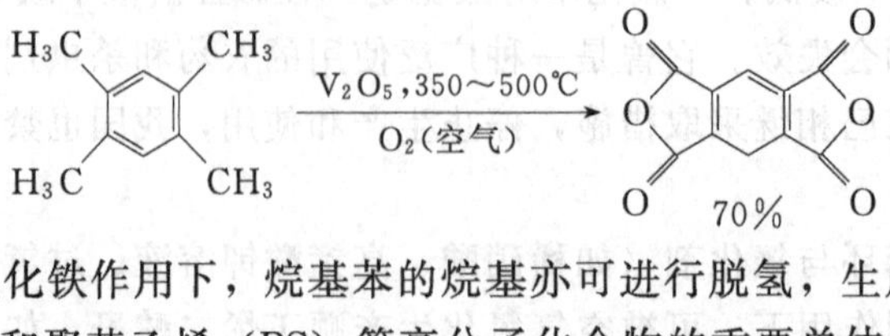

乙基苯在高温和氧化铁作用下，烷基苯的烷基亦可进行脱氢，生成苯乙烯，而苯乙烯是合成丁苯橡胶（SBR）和聚苯乙烯（PS）等高分子化合物的重要单体。

（2）卤化反应

由于芳烃侧链上的 α-氢原子比较活泼，在较高温度或光照下，烷基苯可与卤素作用，但并不发生环上取代，而是与甲烷的氯化相似，芳烃的侧链发生氯化反应。

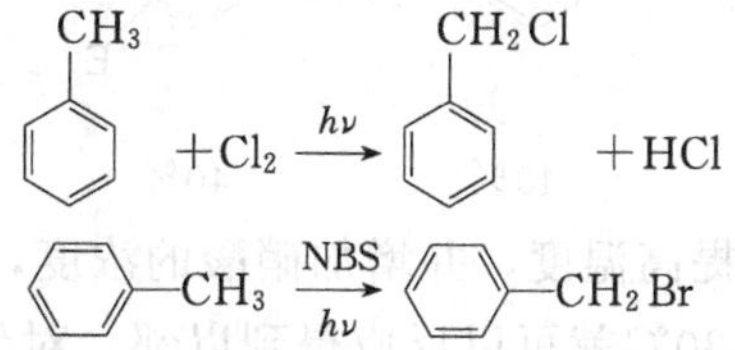

如果卤素过量，则发生多元取代反应。

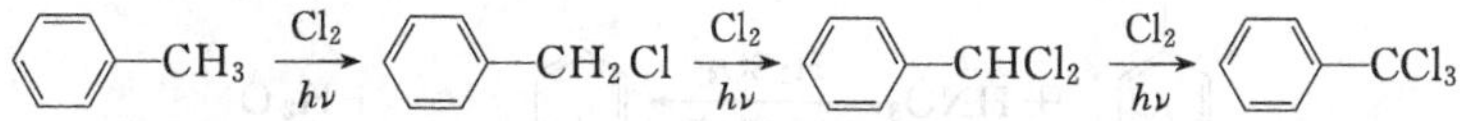

当烷基苯上的烷基侧链较长时，侧链的卤化反应仍主要发生在 α-氢原子上。与卤化反应相似，溴选择性高，比氯的反应活性低。例如

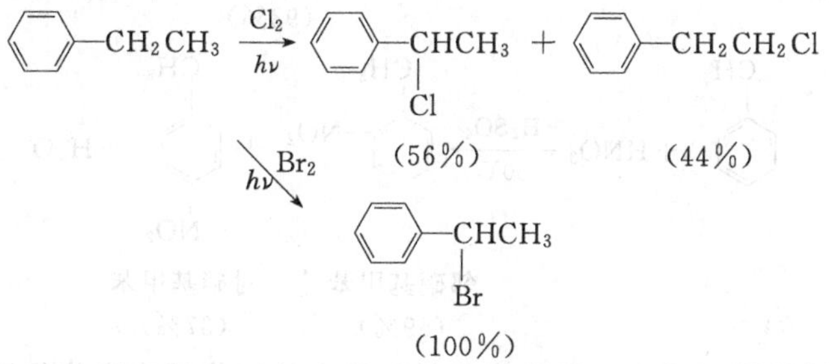

（56%）   （44%）

（100%）

（3）聚合反应

当苯环上的侧链含有碳碳不饱和键时，与不饱和烃类似，也可发生聚合反应。例如苯乙烯在过氧化物的作用下，可发生分子间的聚合生成具有高分子量的聚苯乙烯。

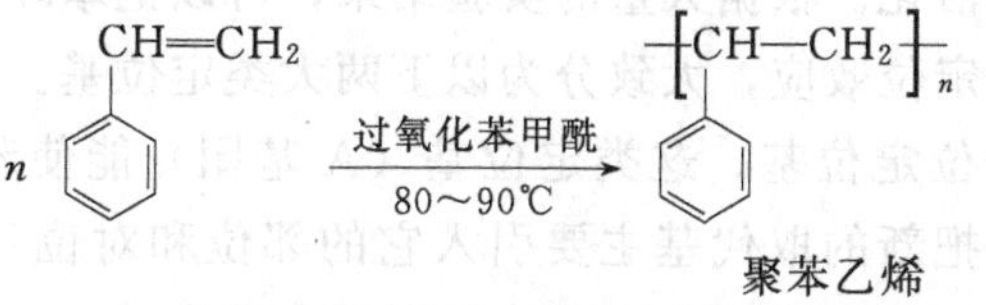

聚苯乙烯

聚苯乙烯是一种无色透明的热塑性塑料，可用作光学仪器、绝缘材料、包装泡沫塑料及建筑隔热、保温材料等。

4.5 苯环上亲电取代反应的定位规则

4.5.1 两类定位基

当苯环上引入第一个取代基时，由于苯环上 6 个氢原子所处的地位相同，所以取代哪个氢原子都不产生异构体。苯环上进入一个取代基之后，再导入第二个取代基时，从理论上讲它可能有三种位置。

若按统计学处理，邻位产物为 40%，间位产物为 40%，对位产物为 20%。事实上反应不按此比例进行。大量的实验事实告诉我们：新的取代基引入时，有两种情况，一是主要进入原取代基的邻位或对位，次要进入间位；二是主要进入原取代基的间位，次要进入邻对位。新的取代基导入的位置，受苯环上原有取代基影响，苯环上原有取代基称为定位基。也

就是说定位基分为两类：第一类定位基（邻对位定位基）和第二类定位基（间位定位基）。

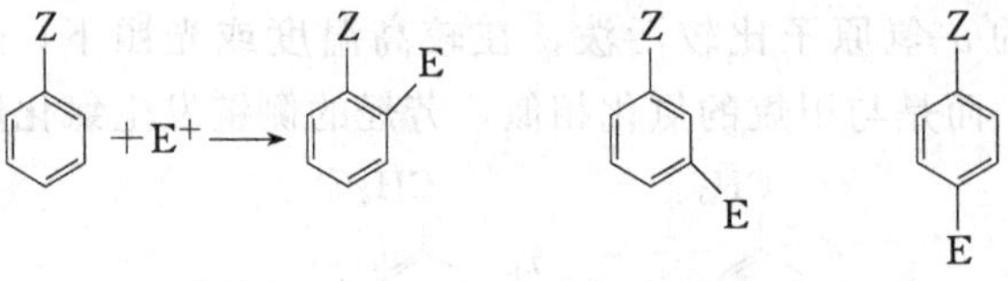

$$40\% \qquad 40\% \qquad 20\%$$

例如，硝基苯硝化时，须提高温度，并增加硝酸的浓度，主要产物为间二硝基苯；而甲苯用混酸硝化时，温度控制在 30℃ 就可以反应得到以邻、对位为主的硝基甲苯产物。

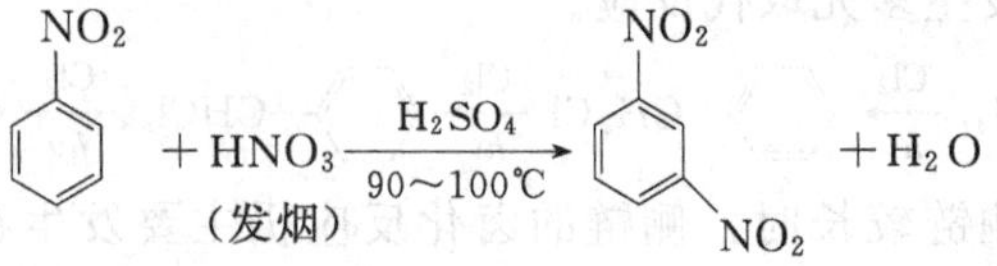

间二硝基苯
（93%）

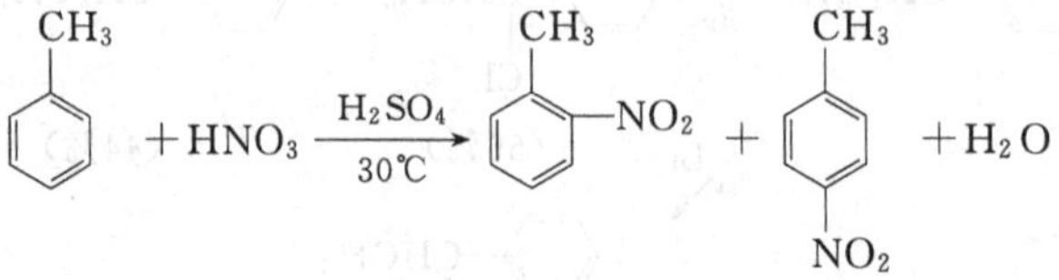

邻硝基甲苯　　对硝基甲苯
（59%）　　　（37%）

从上面的实验结果可以看出，原取代基对新导入的取代基有定位作用，硝基是间位定位基，而甲基是邻对位定位基。另外，苯环上原有的取代基对苯环发生亲电取代反应的活性也有很大的影响。例如甲苯硝化速率是苯的 25 倍，而硝基苯硝化速率是苯的 6×10^{-3} 倍。由此可以确定甲苯使得苯环活化。根据大量的实验结果，可以把苯环上原有的取代基称为定位基。按进行亲电取代时的定位效应，大致分为以下两大类定位基。

第一类定位基，邻对位定位基。这类定位基（A 基团）能使苯环的亲电取代反应变得比苯容易，将苯环活化，把新的取代基主要引入它的邻位和对位（邻对位之和大于 60%）。常见的定位基（A 基团）按照定位能力次序从强到弱大致为：

—O⁻、—N(CH₃)₂、—NH₂、—OH、—OR、—NHCOR、—OCOR、—Ar、—CH=CH₂、—R、—F、—Cl、—Br、—I 等。

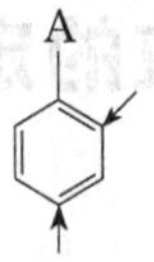

第二类定位基，间位定位基，这类定位基（B 基团）能使苯环的亲电取代反应变得比苯困难，将苯环钝化，把第二个取代基引入它的间位（异构体大于 40%）。常见的定位基（B 基团）按照定位能力次序从强到弱大致为：

—N⁺(CH₃)₃、—N⁺H₃、—NO₂、—CF₃、—CN、—SO₃H、—COR、—COOR、—CONH₂、—CONR₂ 等

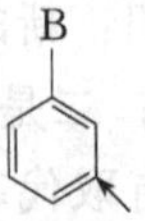

4.5.2 二取代苯亲电取代的定位规则

当苯环上有两个取代基时，第三个取代基进入苯环的位置，将主要由原来的两个取代基决定。

① 若两个取代基属于同一类的定位基时，第三个取代基主要进入定位效应强的定位基指向的位置。例如：

a. 对甲基苯甲醚中的两个取代基，$-OCH_3$ 和 $-CH_3$ 都是第一类定位基，定位效应 $-OCH_3 > -CH_3$，所以第三个取代基主要进入 $-OCH_3$ 的邻位；

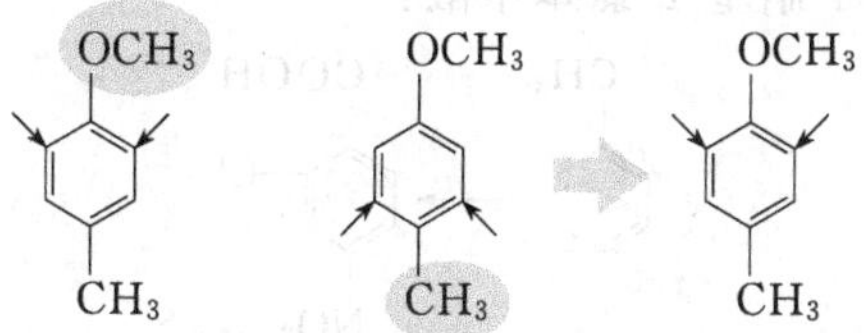

b. 对硝基苯甲酸中的两个取代基，$-COOH$ 和 $-NO_2$ 都是第二类定位基，定位效应 $-NO_2 > -COOH$，所以第三个取代基主要进入 $-NO_2$ 的间位。

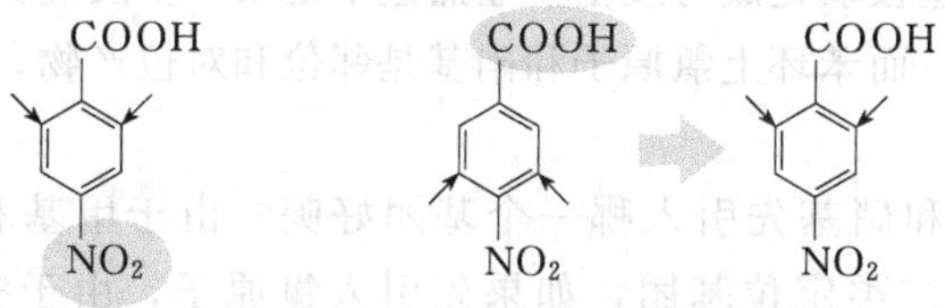

② 若两个取代基是不同类的定位基时，第三个取代基进入苯环的位置，一般由第一类定位基起主要作用。例如：

a. 间溴苯乙酮中的两个取代基，$-Br$ 是第一类定位基，$-\overset{\text{O}}{\overset{\|}{C}}CH_3$ 是第二类定位基，所以第三个取代基主要进入 $-Br$ 的邻位和对位。

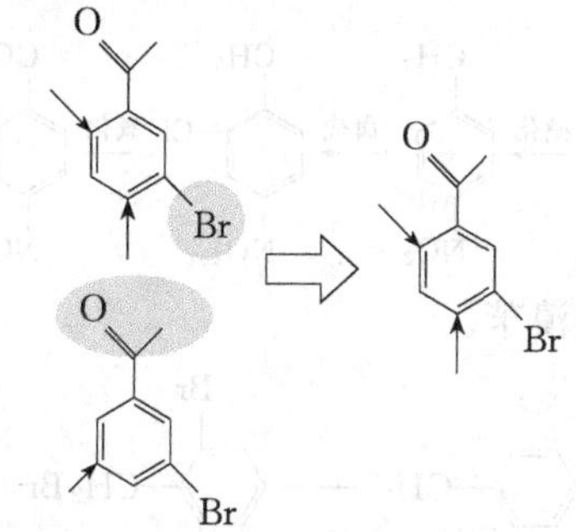

b. 对硝基甲苯中的两个取代基，$-CH_3$ 是第一类定位基，$-NO_2$ 是第二类定位基，所以第三个取代基主要进入 $-CH_3$ 的邻位。

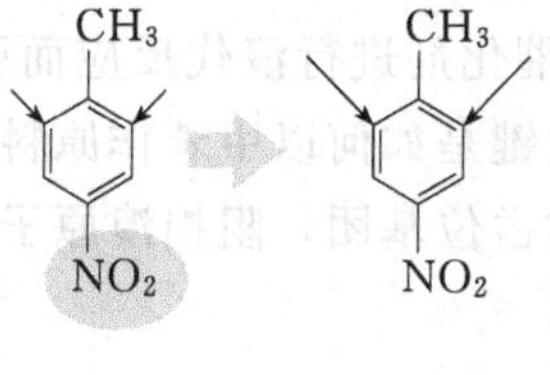

4.5.3 定位规则的应用

苯作为重要的化工原料，其衍生物在工业生产、医药卫生、军事通信等方面都有重要的作用，但在有机化学反应中极容易发生副反应，且苯环上有多个取代位置，因此要合成较多的目标产物就有一定的难度。但是可以根据苯环上亲电取代的定位规律通过中间产物来合成目标产物。所以苯环上亲电取代的定位规则尤为重要。在进行与苯环有关的有机合成前，需要对目标产物进行结构分析，确定合成的路径，以便通过苯环取代的定位规则来选择最优路径。

例如以甲苯为原料制备 4-硝基-2-氯苯甲酸：

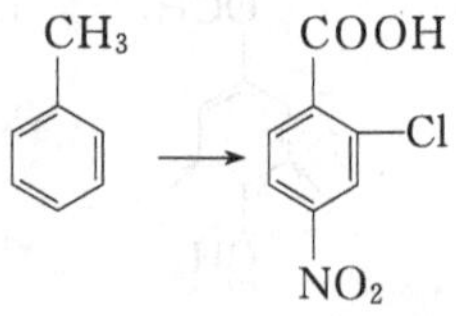

先来看产物，苯环上引入了—NO_2、—Cl 和—COOH，首先甲苯上的甲基没了，取而代之的是羧基，所以羧基应该是由甲苯中的甲基在强氧化剂如高锰酸钾和硝酸等的氧化下得到的，即烷基苯上的烷基被氧化成为羧基，显然这不是第一步反应，因为羧基是第二类定位基团，产物以间位为主，而苯环上氯原子和硝基是邻位和对位产物，所以甲基的氧化是最后一步。

对于第一步氯原子和硝基先引入哪一个基团好呢？由于甲基和氯原子是同属于第一类定位基团，硝基是第二类定位基团，如果先引入氯原子，由于空间效应得到的对位产物较多，且硝基进入苯环的位置主要由较强的定位基决定，甲基是较强的定位基，但甲基和氯原子定位作用的强弱相差较小，容易得到混合物；而先引入硝基的话，甲基和硝基对于引入第三个取代基的定位作用是一致的，通过卤代反应都将氯原子定位在目的产物的位置，正如所愿。

最后将产物侧链的甲基氧化得到羧基。即由甲苯制备 4-硝基-2-氯苯甲酸的次序是硝化、卤代、侧链氧化。

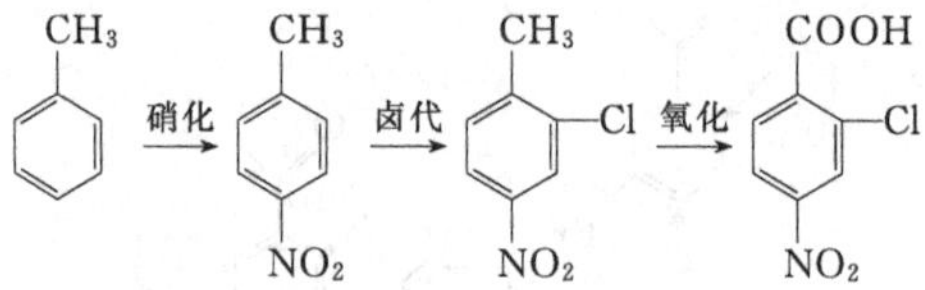

再例如，甲苯合成 2,6-二溴溴苄。

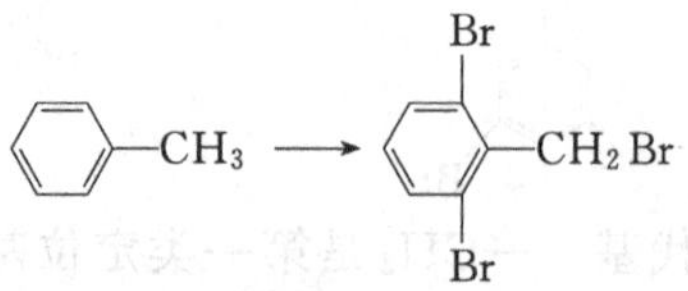

从结构式看，目标化合物这三个基团互相位于邻位，引入的第一个取代基必须是邻对位取代基，苯环上的溴可以用 Fe 做催化剂进行溴代反应而引入，溴苄中的溴原子用甲苯作原料在光照条件下引入。但问题的关键是如何以甲苯作原料让溴原子进入甲基的邻位而不是对位？方法就是利用磺酸基作为临时占位基团，阻挡溴原子进入甲基的对位，反应后再把磺酸基除去。

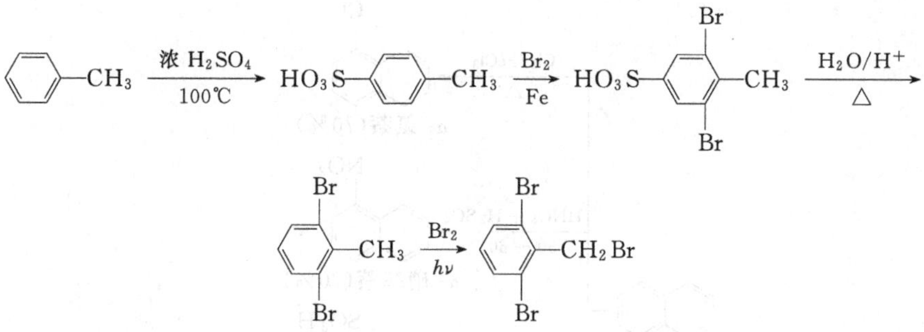

4.6 多环芳烃

4.6.1 萘

（1）萘

萘是两个苯环通过共用两个相邻碳原子而形成的芳烃。其为白色的片状晶体，不溶于水而溶于有机溶剂，容易升华，有特殊的难闻气味。萘有防虫作用，市场上出售的卫生球就是萘的粗制品。

萘及其衍生物命名时，按下述顺序将萘环上碳原子编号，稠合边共用碳原子不编号。

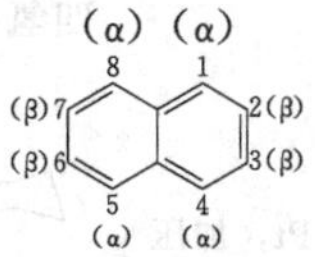

萘的结构式与编号

在萘分子中 1、4、5、8 位是相同位置，称为 α 位，2、3、6、7 位是相同位置，称为 β 位。命名时可以用阿拉伯数字，也可用希腊字母标明取代基的位次。因此萘的一元取代物有两种，即 α-取代物和 β-取代物。

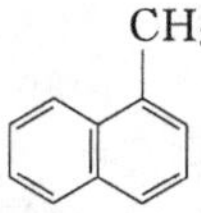

1-甲基萘（或 α-甲基萘） 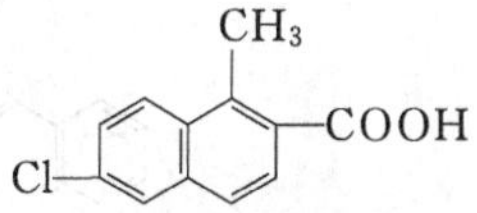   1-甲基-5-氯萘甲酸

萘分子具有平面的和几乎正六边形的苯环，两个相互垂直的镜面将分子一分为二。C—C 键长为 1.39Å，仅与苯环略有偏差（1.40Å），它们与单键（1.54Å）和双键（1.33Å）的键长明显不同。萘分子中键长平均化程度没有苯高，因此稳定性也比苯差，而反应活性比苯高，不论是取代反应或是加成、氧化反应均比苯容易。

（2）萘的化学性质

① 亲电取代反应　萘的化学性质与苯相似，也能发生卤代、硝化和磺化反应等亲电取代反应。由于萘环上 α-位电子云密度比 β-位高，所以取代反应主要发生在 α-位。a. 在三氯化铁的催化下，萘能顺利地与氯发生反应；b. 萘的硝化比苯容易，α-位比苯快 750 倍，β-位也比苯快 50 倍。因此萘的硝化在室温下也能顺利进行；c. 萘的磺化反应随反应温度不同，产物也不一样，低温产物主要为 α-萘磺酸，高温条件下主要产物为 β-萘磺酸。

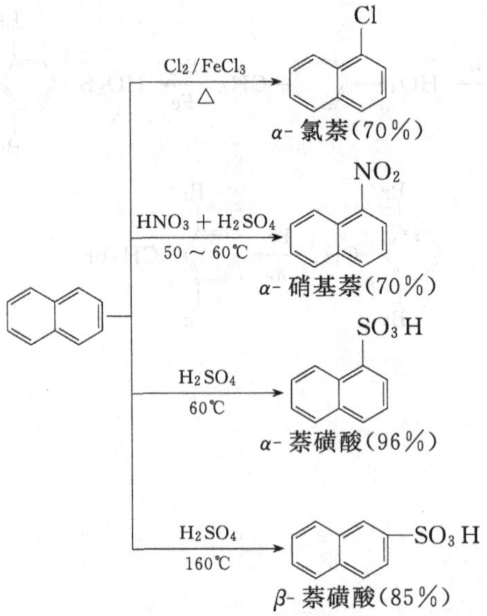

$\xrightarrow[\triangle]{Cl_2/FeCl_3}$ α-氯萘（70%）

$\xrightarrow[50\sim60℃]{HNO_3 + H_2SO_4}$ α-硝基萘（70%）

$\xrightarrow[60℃]{H_2SO_4}$ α-萘磺酸（96%）

$\xrightarrow[160℃]{H_2SO_4}$ β-萘磺酸（85%）

② 加成反应 萘在不同条件下可加氢得到四氢化萘或十氢化萘，这两种产物都为高沸点液体，都可用作溶剂。

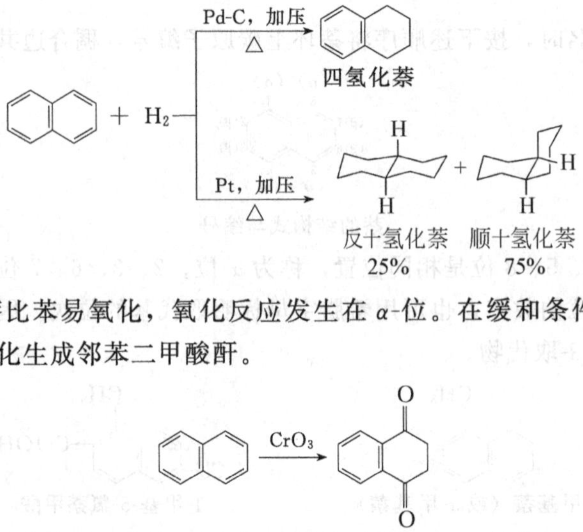

萘 + H_2

$\xrightarrow[\triangle]{Pd-C, 加压}$ 四氢化萘

$\xrightarrow[\triangle]{Pt, 加压}$ 反十氢化萘 25% + 顺十氢化萘 75%

③ 氧化反应 萘比苯易氧化，氧化反应发生在 α-位。在缓和条件下，萘氧化生成醌；在强烈条件下，萘氧化生成邻苯二甲酸酐。

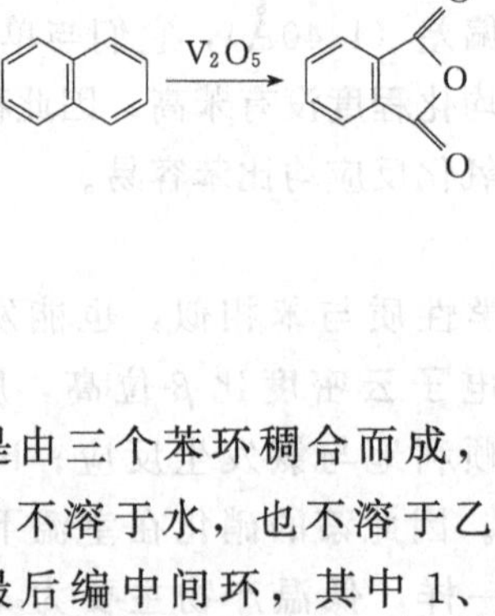

$\xrightarrow{CrO_3}$

$\xrightarrow{V_2O_5}$

4.6.2 其他多环芳烃

(1) 蒽和菲

蒽的分子式为 $C_{14}H_{10}$，它是由三个苯环稠合而成，且三个环在一条直线上。蒽是白色片状带有蓝色荧光的晶体，不溶于水，也不溶于乙醇和乙醚，但在苯中溶解度较大。蒽环的编号从两边开始，最后编中间环，其中 1、4、5、8 四个位相同，称为 α-位，2、3、6、7 四个位相同，称为 β-位，9、10 两个位相同，称为 γ-位，γ-位相比 α-

位和 β-位更活泼。

菲的分子式也是 $C_{14}H_{10}$，与蒽互为同分异构体，它也是由三个苯环稠合而成，但三个苯环不在一条直线上，其结构式为：

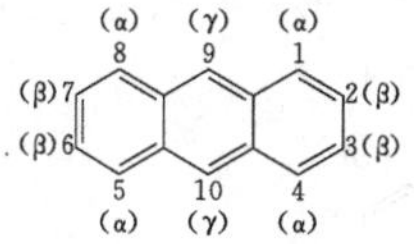

蒽 　　　　　　　　　　菲

近年来的研究认为，有许多芳烃能够将动物的正常细胞转化为癌症细胞，这些芳烃具有致癌作用，称为致癌烃。致癌烃多为蒽和菲的衍生物，当蒽的 9 位或 10 位上有烃基时，其致癌性增强。煤焦油中含有某些致癌烃。煤、石油、木材和烟草等燃烧不完全时也能够产生一些致癌烃。烟熏食物或明火烤肉中检出致癌芳香烃的含量较高。例如

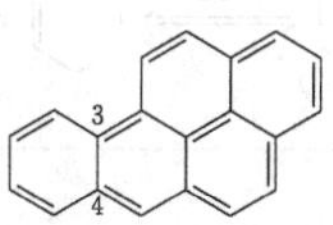

3,4-苯并芘 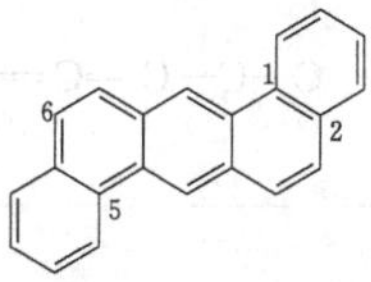　　　　　1,2,5,6-二苯并蒽 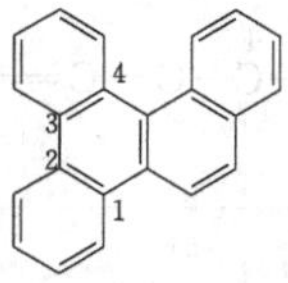　　　　　1,2,3,4-二苯并菲

（2）Hückel 规则

1931 年，德国化学家 W. Hückel 从分子轨道理论角度提出了推断芳香化合物的规则，由于环状离域而产生的特殊的稳定性和反应性，并不为苯和多环芳香类化合物所特有。所以这个规则指出，若成环的化合物具有平面的离域体系，而且含有 $4n+2$ 个 π 电子时，也可以是具有芳香性的（$n=0,1,2,3\cdots$）。这个规则称为 Hückel 规则，又称 $4n+2$ 规则。相反，$4n\pi$ 环状体系可能由于共轭而变得不稳定，它们是没有芳香性的。

以苯为例，它既有平面的离域体系，π 电子数又为 6，符合 Hückel 规则，所以可按照这个规则来解释它的芳香性，同理，萘、蒽、菲等也满足 Hückel 规则，都具有芳香性。

4.7　重要的芳烃的用途和来源

（1）苯、甲苯、乙苯、二甲苯、苯乙烯等

煤焦油是炼焦工业煤热解生成的粗煤气中的产物之一，煤焦油是煤化学工业的主要原料，其成分达上万种，在常温常压下其产品呈黑色或黑褐色黏稠液状。主要含有苯、甲苯、二甲苯、萘、蒽等多种芳烃有机物，可采用分馏的方法把煤焦油分割成不同沸点范围的馏分。

石油的低沸点馏分（$C_7 \sim C_8$）在高温和压力下通过钯催化，使得其中的饱和烃发生反应变成苯、甲苯等芳烃化合物。甲苯可用来合成苯。

工业上由苯用乙烯乙基化得到乙苯。

对二甲苯也是在铂的催化下得到，对二甲苯是生产涤纶的原料。

苯乙烯由乙苯催化脱氢或用乙苯和丙烯氧化得到。苯乙烯用于聚苯乙烯、丁苯橡胶等重要化工原料的合成。

（2）石油的芳构化

① 环烷烃催化脱氢

$$\text{(环己烷-CH}_3\text{)} \xrightarrow{-3H_2} \text{(甲苯-CH}_3\text{)}$$

$$\text{(甲基环戊烷-CH}_3\text{)} \longrightarrow \text{(环己烷)} \xrightarrow{-3H_2} \text{(苯)}$$

② 烷烃脱氢环化和再脱氢

$$C\text{-}C\text{-}C\text{-}C\text{-}C\text{-}C\text{-}C\text{-}C \xleftarrow{-2H_2} C\text{-}C\text{-}C\text{-}C\text{=}C\text{-}C\text{=}C \xrightarrow{+H^+}$$

$$\underset{+}{C}\text{-}C\text{-}C\text{-}C\text{-}\overset{+}{C}\text{-}C\text{=}C \longleftarrow \overset{+}{C}\text{=}C\text{-}C\text{-}\overset{+}{C}\text{-}C\text{-}C\text{-}C \longleftrightarrow \text{(环己烷-CH}_3\text{, +)} \xrightarrow{-H^+} \text{(环己烯-CH}_3\text{)} \xrightarrow{-2H_2} \text{(苯-C)}$$

拓展知识

多环芳烃与癌症

多环芳烃是由两个或两个以上的苯环稠合在一起构成的芳香族化合物及其衍生物的统称。多环芳烃在自然环境中分布极其广泛，通常来自于石油精炼过程中所残留的焦油。此外，煤、石油、煤焦油、烟草和其他一些有机物的热解或不完全燃烧，会生成一系列多环芳烃化合物，其中一些有致癌作用，如苯并［α］芘、苯并［α］蒽等。已有相关报道若长期接触这类物质可能诱发皮肤癌、阴囊癌和肺癌等。

苯并［α］芘　　　　　5,10-二甲基-1,2-苯并蒽

在汽车排放的废气中，石油、煤等不完全燃烧而排出的烟气中，垃圾焚烧以及柏油马路散发出的蒸气中往往都含有致癌多环芳烃类物质。此外，添加了焦油的橡胶制品、聚氯乙烯（PVC）、丙烯腈-丁二烯-苯乙烯共聚物（ABS）等塑料制品中也易监测出致癌多环芳烃。因此了解和监测这些致癌的多环芳烃，对于治理废气、减少环境污染、保护人类生存的环境和身体健康有着重要的意义。

习　题

1. 命名下列各化合物。

（1）　$\text{(H}_3\text{C, CH}_3 / \text{C=C} / \text{苯环, H)}$　　　　　　　（2）　$\text{(苯环-NO}_2\text{, -CHO)}$

(3) 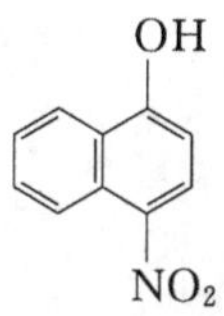 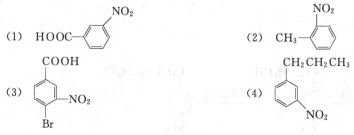（structure: 1-羟基-4-硝基萘）

2. 下列化合物中哪些不能发生傅-克烷基化反应？

(1) 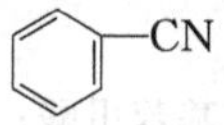 （苯-CN）；(2) （苯-CH₃）；(3) （苯-CCl₃）；(4) （苯-CHO）；

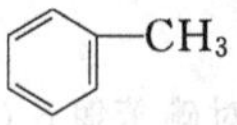

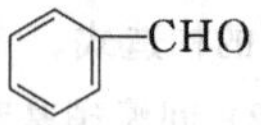

(5) 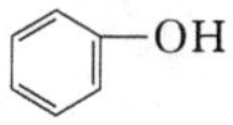 （苯-OH）；(6) （苯-C(=O)CH₃）

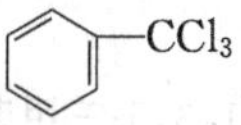

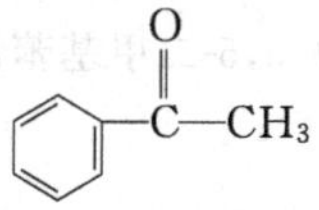

3. 用箭头表示下列化合物发生一元硝化反应时硝基进入苯环的主要位置：

(1) 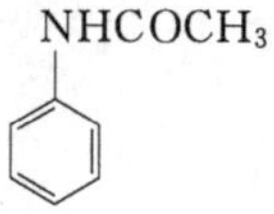 （苯-NHCOCH₃）

(2) 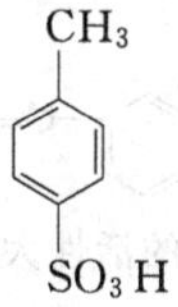 （甲苯对位-SO₃H，CH₃在上）

(3) 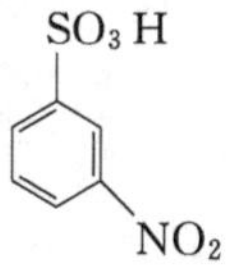 （SO₃H 上，NO₂在间位）

(4) 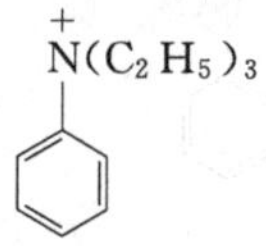 （苯-$\overset{+}{N}(C_2H_5)_3$）

4. 完成下列各反应式。

(1) 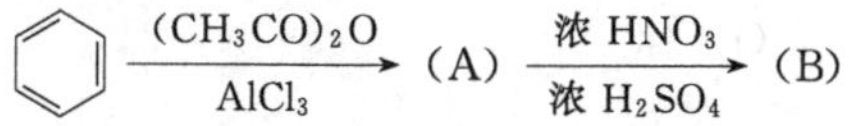 苯 $\xrightarrow[\text{AlCl}_3]{(CH_3CO)_2O}$ (A) $\xrightarrow[\text{浓 } H_2SO_4]{\text{浓 } HNO_3}$ (B)

(2) 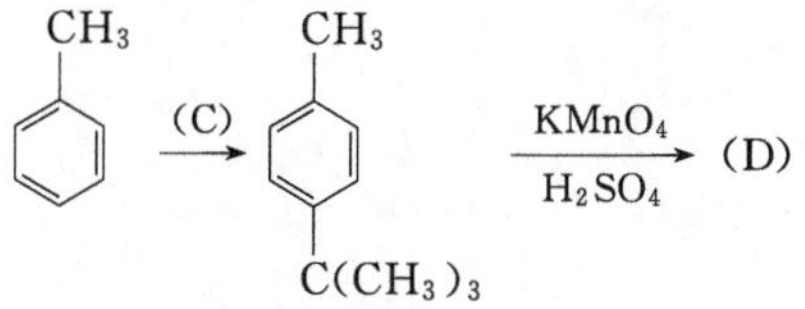 甲苯 $\xrightarrow{(C)}$ （对位CH₃和C(CH₃)₃取代苯） $\xrightarrow[\text{H}_2SO_4]{\text{KMnO}_4}$ (D)

(3) 苯 $\xrightarrow{(E)}$ （苯-CH₂Cl）$\xrightarrow[\text{AlCl}_3]{\text{苯}}$ (F)

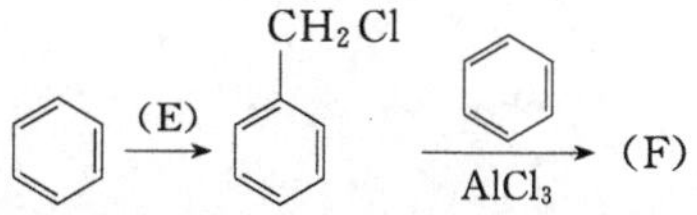

5. 试将下列各组化合物按环上硝化反应的活性顺序排列。

(1) 苯，溴苯，硝基苯，甲苯

(2) 对苯二甲酸，甲苯，对甲苯甲酸，对二甲苯

6. 以苯、甲苯及必要的原料合成下列化合物。

(1) HOOC-（间位NO₂取代苯）

(2) CH₃-（邻位NO₂取代苯）

(3) （COOH上，NO₂间位，Br对位取代苯）

(4) CH₂CH₂CH₃-（间位NO₂取代苯）

7. 指出下列化合物中哪些具有芳香性。

(1)  （苯）；(2) （环辛四烯类）；(3) （环戊二烯阳离子·）；(4) （环戊二烯阳离子+）；(5) （薁类稠环）；(6) （环庚三烯）；(7) （环戊二烯阴离子−）；

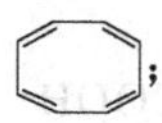

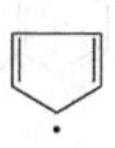

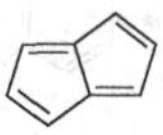

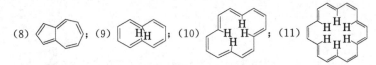

(8) ； (9) ； (10) ； (11)

8. 解释什么叫定位基，并说明有哪两类定位基？

9. 甲苯和对二甲苯相比哪个对自由基卤代反应更活泼？试说明理由。

10. 写出下列化合物的构造式。

(1) 对二硝基苯；(2) 间溴硝基苯；(3) 1,3,5-三甲苯；(4) 对碘苄氯；(5) 邻羟基苯甲酸；(6) 邻溴苯酚；(7) 3,5-二氨基苯磺酸；(8) 2,4,6-三硝基甲苯；(9) 3,5-二甲基苯乙烯；(10) 3-丙基邻二甲苯；(11) 2,3-二甲基-1-苯基己烯

11. 用化学方法区别各组下列化合物。

(1) 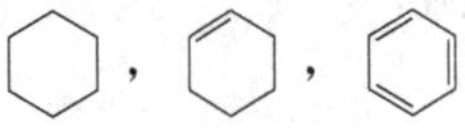 ， ，

(2) 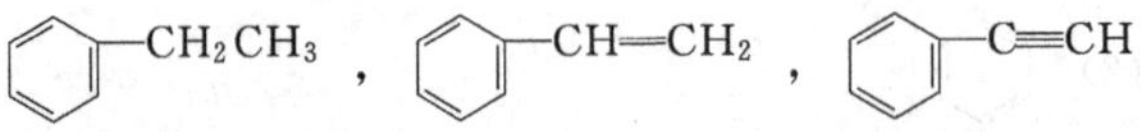 —CH_2CH_3 ， —$CH=CH_2$ ， —$C≡CH$

12. 把下列各组化合物按发生环上亲电取代反应的活性大小排列成序。

(1) 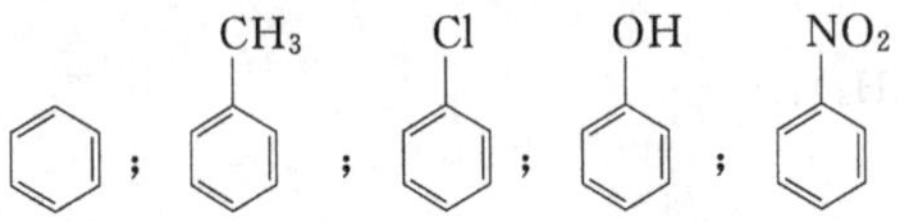 ； CH_3 ； Cl ； OH ； NO_2

(2) ； NH_2 ； $\overset{O}{\overset{\|}{C}}CH_3$ ； —$NHCCH_3$（O）

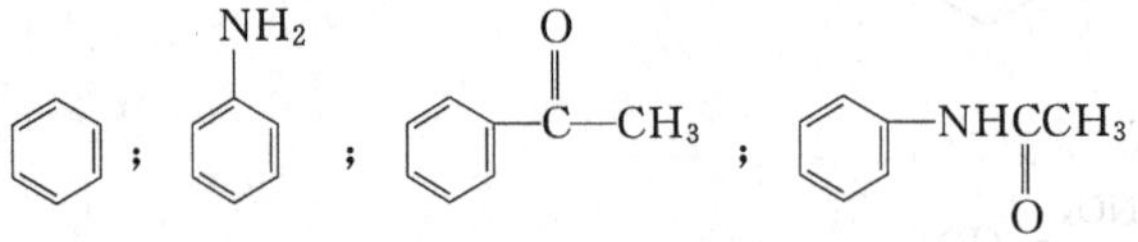

13. 完成下列各反应式。

(1) 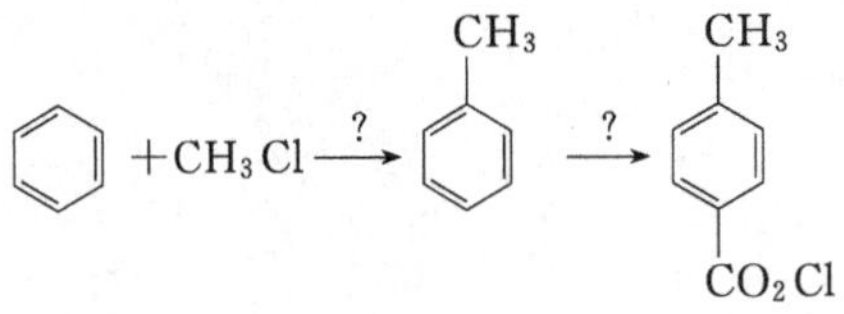 $+CH_3Cl \xrightarrow{?}$ CH_3 $\xrightarrow{?}$ CH_3 ... CO_2Cl

(2) CH_3 $\xrightarrow{?}$ CH_2Cl $\xrightarrow[AlCl_3]{}$?

(3) $+? \xrightarrow{AlCl_3}$ $CH(CH_3)_2$ $\xrightarrow{KMnO_4+H_2SO_4}$?

(4) C_2H_5 $+3H_2 \xrightarrow{Pd}$?

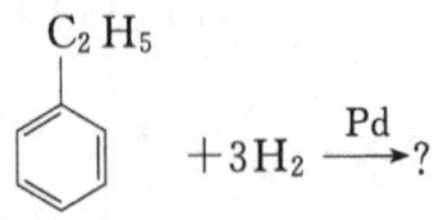

14. 指出下列反应式中的错误。

(1) 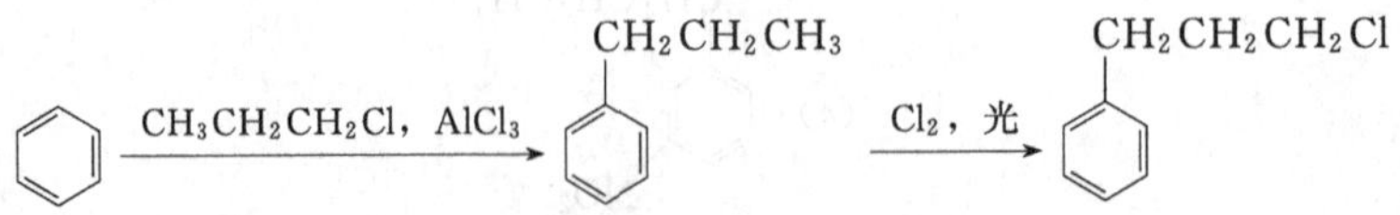 $\xrightarrow{CH_3CH_2CH_2Cl, AlCl_3}$ $CH_2CH_2CH_3$ $\xrightarrow{Cl_2, 光}$ $CH_2CH_2CH_2Cl$

(2) NO_2 $\xrightarrow{CH_2=CH_2, H_2SO_4}$ NO_2 / CH_2CH_3 $\xrightarrow{KMnO_4}$ NO_2 / CH_2COOH

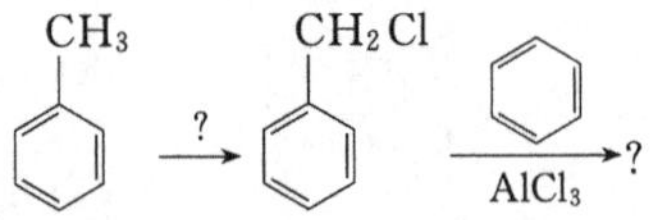

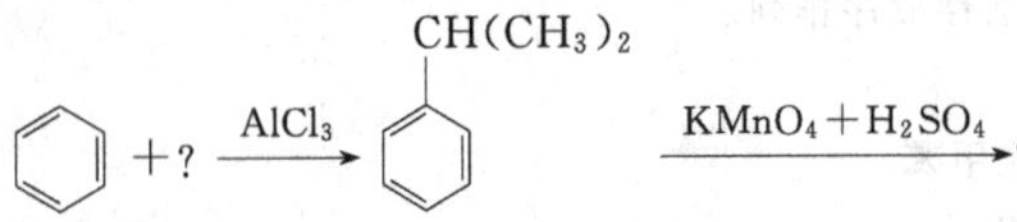

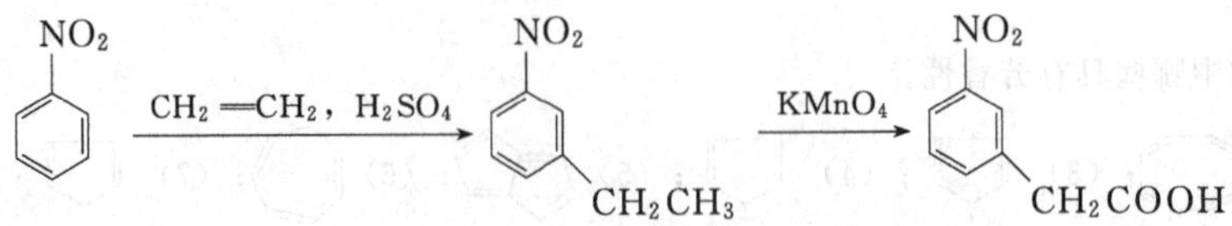

15. 根据氧化得到的产物，试推测原料芳烃的结构。

(1) C_8H_{10} $\xrightarrow[H_2SO_4]{K_2Cr_2O_7}$

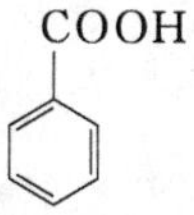

COOH（苯环）

(2) C_9H_{12} $\xrightarrow{[O]}$

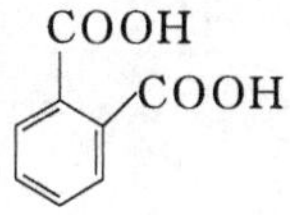

COOH COOH（苯环）

(3) $C_{10}H_{14}$ $\longrightarrow$

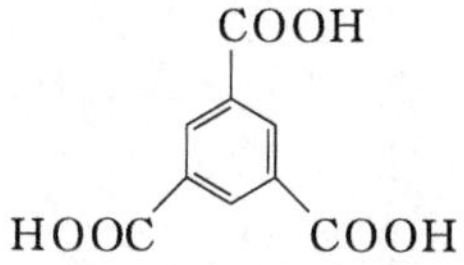

COOH HOOC COOH（苯环）

(4) C_9H_{12} $\longrightarrow$

COOH（苯环）

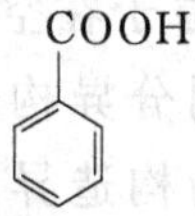

16. 把下列各组化合物按酸性强弱排列成序。
(1) 苯，环己烷，环戊二烯　(2) 甲苯，二苯甲烷，三苯甲烷

第**5**章

对映异构

5.1 异构体的分类

化合物的分子式相同，但其组成原子间的排列顺序不同或原子在空间的排列方式不同，称为同分异构。这些具有相同分子式的不同化合物称为同分异构体。其中凡是分子式相同，但分子内原子间相互连接顺序不同的化合物，称为构造异构体；凡是构造式相同的分子，只是因为原子的空间排列不同而产生的异构体，称为立体异构体。立体异构包括构象异构和构型异构。其中构象异构是指分子由于绕σ键旋转而造成的原子在空间的各种不同排列方式，即处于某一特定构象时的分子是一种构象异构体。其中构造相同，但构型不同的分子，称为构型异构体，构型异构又可以分为对映异构和顺反异构（又称非对映异构）。

异构现象是有机化学中存在着的极为普遍的现象。其异构现象可归纳如下：

本章主要介绍对映异构，对映异构是立体异构中极为重要的一种异构现象。对映异构是指分子式、构造式相同，但因原子在空间的排列不同而使两种异构体互呈镜像对映关系的异构现象，就像人的左手和右手一样，相似而不能重叠。这种异构体称为对映异构体。如图5-1。

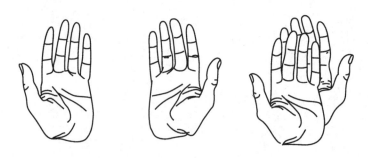

图 5-1　人的左手和右手

对映异构现象在自然界中，包括天然和合成的有机化合物中普遍存在，人工合成的医药和农药也往往与对映异构现象密切相关。

例如，丁二烯水合得到两种 2-丁醇

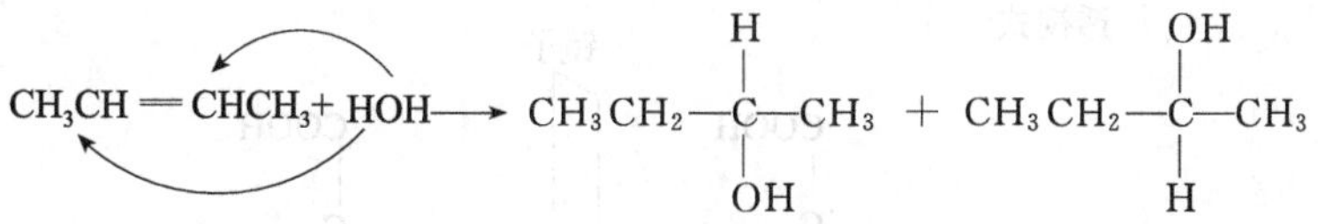

$$CH_3CH = CHCH_3 + HOH \longrightarrow CH_3CH_2 - \overset{\overset{\displaystyle H}{|}}{\underset{\underset{\displaystyle OH}{|}}{C}} - CH_3 + CH_3CH_2 - \overset{\overset{\displaystyle OH}{|}}{\underset{\underset{\displaystyle H}{|}}{C}} - CH_3$$

沸点	99.5℃	99.5℃
密度	0.8063g/cm³	0.8063g/cm³
旋光性	右旋	左旋

在空间的排列上，可以看出它们是不相同的。

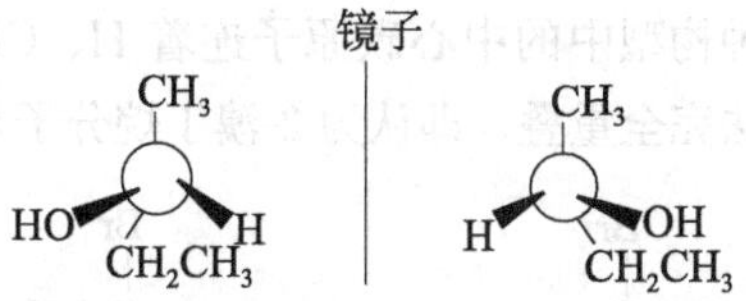

镜子

右旋-2-丁醇　　　　　左旋-2-丁醇

可见，这两个异构体是互相对映的，互为物体与镜像关系，故称为对映异构体。对映异构体中，一个使偏振光向右旋转，另一个使偏振光向左旋转，所以对映异构体又称为旋光异构。目前，对映异构现象的研究已经成为有机立体化学研究的一个重要方面，因为天然有机化合物大多有旋光现象，它可以阐明天然有机化合物的结构，指导有机化学合成和有机反应的机理研究；物质的旋光性与药物的疗效有明显的关系，例如左旋维生素 C 具有抗坏血病的作用，而右旋则没有等。

5.2 分子的手性和对称性

5.2.1 手性

乳酸（2-羟基丙酸）是一种羧酸类化合物，对人体来说，是疲劳的物质产物之一，目前在食品、医疗及其他工业领域有多种用途。乳酸有两种不同构型（空间排列），其在血液和肌肉中以右旋体存在，而在酸奶、部分水果和植物中则是以两种对映体混合物的形式存在。这两种构型都是四面体中心的碳原子连着 H、CH₃、OH、COOH。乍一看它们像是一样的构型，但是把它们放在一起仔细观察，就会发现，无论把它们怎么放置，都不能使得它们完全重叠。乳酸分子和它的镜像不能重叠，它们代表着两种立体结构不同的乳酸分子，就好像人类的左手和右手一样，互为实物和镜像，但彼此不能完全重叠，物质的这种特性称为手性。在立体化学中，把具有手性的分子称为手性分子，乳酸分子就是手性分子，凡是手性分子就有对映异构。很多手性分子都能使得平面偏振光的振动平面旋转，因此，都具有旋光性。W. Keowles、R. Noyorih 和 K. B. Sharpless 因手性化合物的催化合成获得 2001 年诺贝尔化学奖。

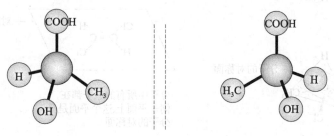

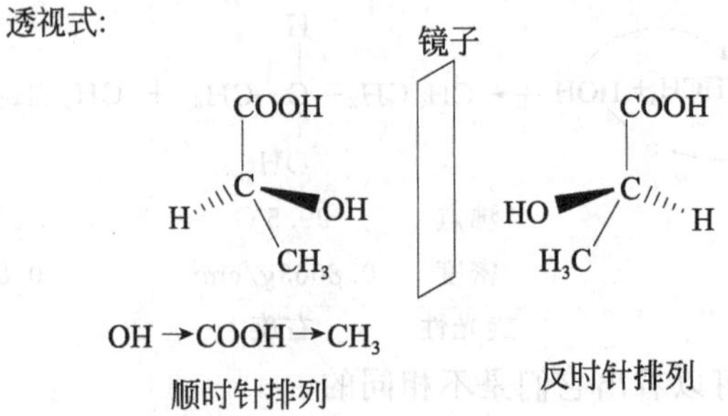

透视式:

OH → COOH → CH₃
顺时针排列

反时针排列

再例如，2-溴丁烷分子的两种构型中的中心碳原子连着 H、CH₃、Br、CH₂CH₃ 四个原子或基团，但是它们的实物和镜像却无法完全重叠，即认为 2-溴丁烷分子是具有手性的，是手性分子。

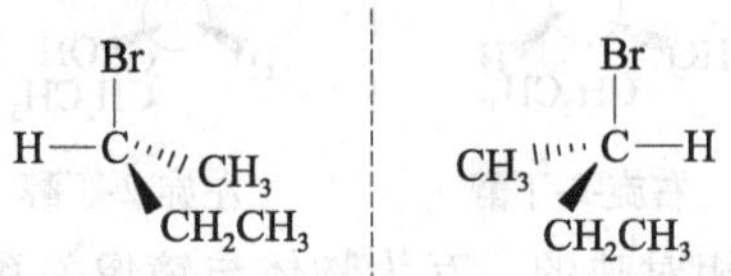

像乳酸分子和 2-溴丁烷分子，它们的中心碳原子连有四个各不相同基团的碳原子称为手性碳原子（或手性中心），用 C* 表示。凡是含有一个手性碳原子的有机化合物分子都具有手性，是手性分子。例如下列化合物中的手性碳原子用 C* 标出。

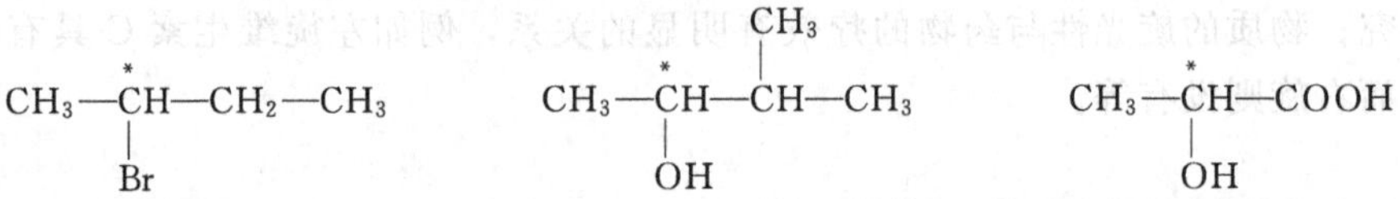

乙醇分子的实物和镜像可以完全重叠在一起，它们是非手性分子，同样，乙醇分子的中心碳原子所连的基团有相同的 H 原子，不是手性碳原子。

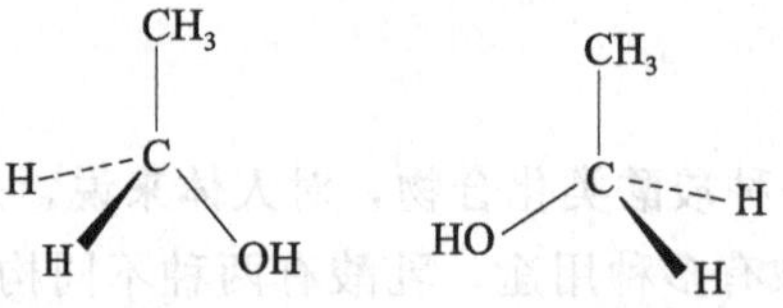

不能与镜像完全重叠是手性分子的特征。但是如何来判断一个化合物是否具有手性，是否是手性分子呢？即物质具有怎样的分子结构才与镜像不能重合，具有手性呢？要判断某一物质分子是否具有手性，除了根据该分子是否有对映体来判断外，还可以由对称因素来判断。下面介绍分子中常见的几种对称因素：对称面 (σ)、对称中心 (i)。

5.2.2 对称面

假如有一个平面可以把分子分割成两部分，而一部分正好是另一部分的镜像，这个平面就是分子的对称面 (σ)。例如，在 1,2-二氯乙烷的分子中，一个碳原子连接两个相同的氯原子，分子有一个对称面。

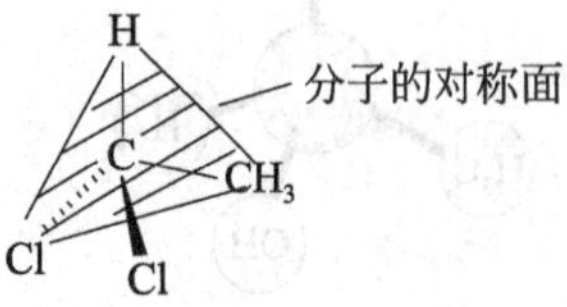

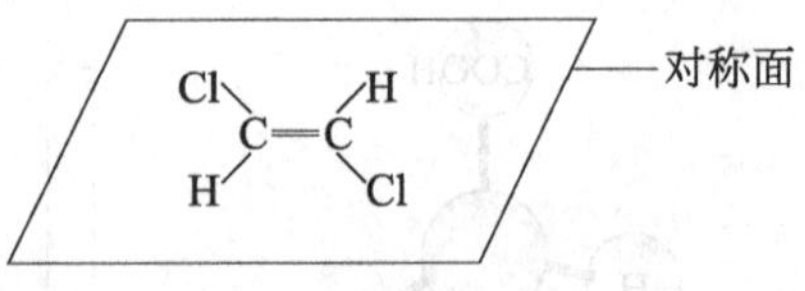

分子中所有的原子都在同一平面上,这个平面是分子的对称面

再例如，水分子中，一个氧原子连接两个相同的氢原子，分子有两个对称面；氯仿分子中，一个碳原子连接三个相同的氢原子和一个氯原子，有三个对称面；一个 1-羟基乙酸分子中，一个碳原子连接两个相同的氢原子、一个羟基和一个羧基，有一个对称面等。

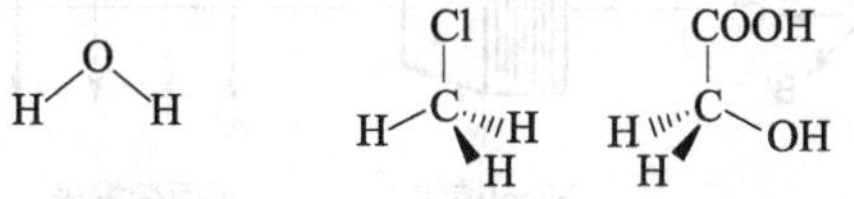

二个 σ　　　三个 σ　　　一个 σ

分子中有对称面，它和它的镜像就能够重合，分子就没有手性，是非手性分子（achiral molecule），因而它没有对映异构体和旋光性。

5.2.3　对称中心

若分子中有一点 P，通过 P 点画任何直线，两端有相同的原子，则点 P 称为分子的对称中心（用 i 表示）。例如反-1,3-二甲基-反-2,4-环丁烷二羧酸和 1,4-二甲基环丁烷分子都有对称中心。

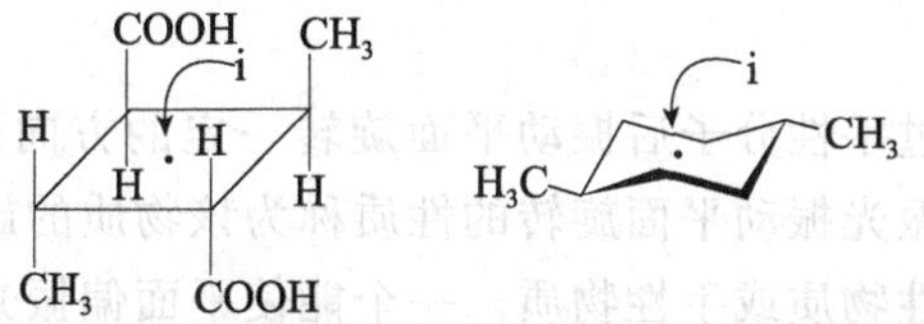

具有对称中心的化合物和它的镜像是能重合的，因此它不具有手性。含有对称面和/或对称中心的分子都是对称分子，是非手性分子，分子与其镜像能重合，无对映异构，无旋光性；换句话说，就是在绝大多数情况下，分子中没有对称面和对称中心，分子就会有手性；再换句话说，就是一个分子不能与它的镜像重合的条件一般是这个分子没有对称面，也没有对称中心。

5.3　物质的旋光性

5.3.1　偏振光与旋光性

光波是一种电磁波，电场或磁场振动的方向与光前进的方向垂直，普通光的光波围绕着光前进方向的轴呈螺旋形向前传播，在各个不同的方向上振动，但如果在光前进的方向上放一个尼科尔（Nicol）棱镜或人造偏振片，只允许与棱镜晶轴互相平行的平面上振动的光线透过棱镜，而在其他平面上振动的光线则被挡住。这种只在一个平面上振动的光称为平面偏振光，简称偏振光或偏光（图 5-2，图 5-3）。

(a) 光的前进方向与振动方向　　　(b) 普通光的振动平面

图 5-2　光的传播示意图

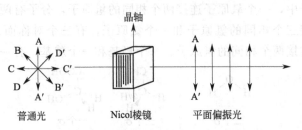

图 5-3   平面偏振光的形成示意图

当光经过一个分子时，绕着核和不同键上的电子就会和光的电场发生相互作用，如果一束平面偏振光通过一种像乳酸分子一样的手性物质，经过电场与分子的相互作用，这种手性物质会使偏振光向左或向右旋转一定的角度，偏振光的振动平面不再与棱镜的晶轴平行。如要使旋转一定的角度后的偏振光能透过棱镜光栅，只有旋转棱镜，使得其晶轴与旋转后的偏振光的振动平面再度平行，才能看到明亮的光。如果一束平面偏振光通过一种像乙醇分子一样非手性的物质，则偏振光仍保持原来的振动平面，从观察面直接能看到明亮的光而不需要旋转棱镜。如图 5-4 所示。

把能使平面偏振光经过手性分子后振动平面旋转一定的方向形成的角度，称为旋光度，用 α 表示。把能使平面偏振光振动平面旋转的性质称为该物质的旋光性。具有旋光性的物质称为旋光物质，或光学活性物质或手性物质。一个能使平面偏振光振动平面向右旋（迎着光线观察，偏振面顺时针旋转）的物质，称为右旋体，能使平面偏振光振动平面向左旋（迎着光线观察，偏振面逆时针旋转）的物质，称为左旋体。能使平面偏振光振动平面旋转的物质称为物质的旋光性，具有旋光性的物质称为旋光性物质（也称为光活性物质）。右旋与左旋分别用"＋""－"表示。

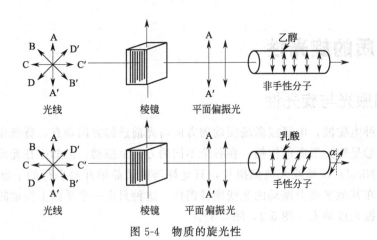

图 5-4   物质的旋光性

5.3.2   旋光仪与比旋光度

（1）旋光仪

测定化合物的旋光度用旋光仪，旋光仪主要部分是由两个尼科尔棱镜（起偏镜和检偏镜）、一个盛液管和一个刻度盘组装而成。

若盛液管中为乳酸等旋光性物质，当偏振光透过该物质时会使偏振光向左或右旋转一定的角度，如要使旋转一定的角度后的偏振光能透过检偏镜光栅，则必须将检偏镜旋转一定的角度，目镜处视野才明亮，测其旋转的角度即为该物质的旋光度 α。如图 5-5 所示。

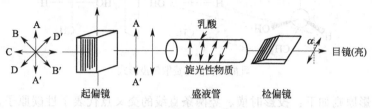

起偏镜 盛液管 检偏镜

图 5-5 旋光仪示意图

（2）比旋光度

旋光性物质的旋光度的大小决定于该物质的分子结构，并与测定时溶液的浓度、盛液的长度、测定温度、所用光源波长等因素有关。为了比较各种不同旋光性物质的旋光度的大小，一般用比旋光度来表示。比旋光度与从旋光仪中读到的旋光度关系如下。

$$[\alpha]_\lambda^t = \frac{\alpha}{lc}$$

式中，$[\alpha]$ 为比旋光度；t 为测定时的温度；λ 为光源的波长，最常用的光源是钠光（D），$\lambda = 589.3\text{nm}$，所测得的旋光度记为 $[\alpha]_D^t$；α 为旋光仪测得的旋光度数；c 为被测溶液的浓度，g/mL；l 为盛液管的长度，dm。

当物质溶液的浓度为 1g/mL，盛液管的长度为 1dm 时，所测物质的旋光度即为比旋光度。若所测物质为纯液体，计算比旋光度时，只要把公式中的 c 换成液体的密度 d 即可。

所用溶剂不同也会影响物质的旋光度。因此在不用水为溶剂时，需注明溶剂的名称，例如，右旋的酒石酸在 5% 的乙醇中其比旋光度为 $[\alpha]_D^{20} = +3.79$（乙醇，5%）。

上面公式既可用来计算物质的比旋光度，也可用以测定物质的浓度或鉴定物质的纯度。

5.4 构型的表示及标记方法

乳酸分子的对映体的构型可用立体结构式（楔形式和透视式）和费歇尔（Fischer）投影式来表示。

5.4.1 构型的表示方法

（1）立体结构式

对映体的构型可以用楔形式或透视式来表示，虽然这两种形式可以清楚地表示出分子中原子或原子团之间的关系，形象生动，一目了然，但书写比较不方便。

乳酸　　　　楔形式　　　　透视式

（2）Fischer 投影式

为了便于书写和进行比较，对映体的构型常用 Fischer 投影式表示：

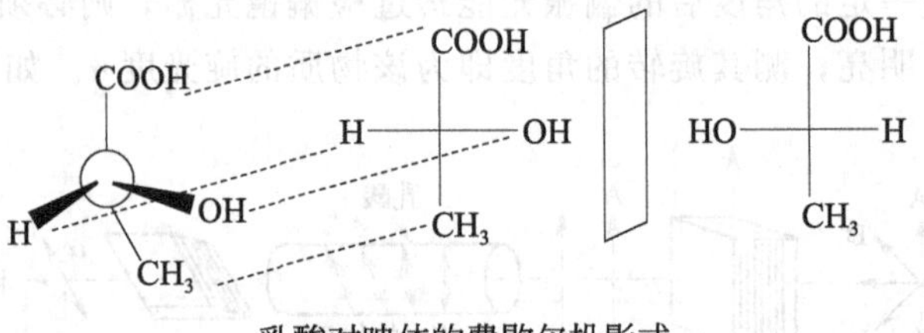

乳酸对映体的费歇尔投影式

Fischer 投影原则如下：投影时横、竖两条直线的交叉点代表手性碳原子，位于纸平面；横线表示与 C* 相连的两个键指向纸平面的前面，竖线表示指向纸平面的后面；将含有碳原子的基团写在竖线上，编号最小的碳原子写在竖线上端。使用费歇尔投影式应注意：手性分子中基团的位置关系是"横前竖后"；如果将旋转 90°或 270°与原构型相比，原来的竖键变成了横键，原来的横键变成了竖键。但如果将投影式在纸平面上旋转 180°，投影式则保持不变，仍为原构型。

如何判断不同投影式是否同一构型呢？首先，将投影式在纸平面上旋转 180°，仍为原构型；其次，任意固定一个基团不动，依次顺时针或反时针调换另三个基团的位置，不会改变原构型；最后，对调任意两个基团的位置，对调偶数次构型不变，对调奇数次则为原构型的对映体。例如以下化合物中，分别将 OH 基团与 H 原子对调一次，CHO 基团与 CH_2OH 对调一次，得到的为原构型；而如果只将 OH 基团与 H 原子对调，则得到原构型的对映体。例如

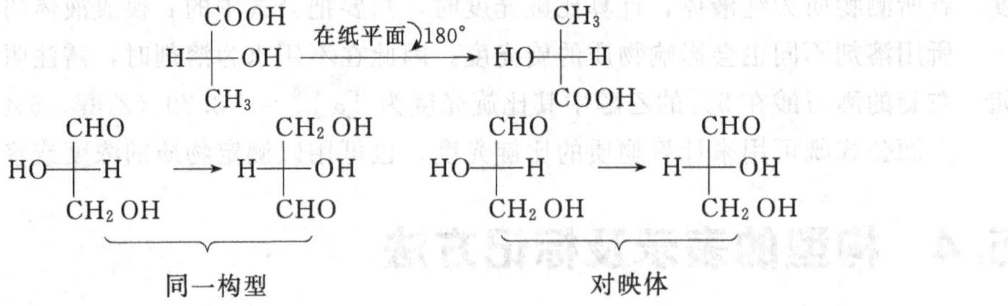

同一构型   对映体

5.4.2 构型的标记方法

(1) D/L 标记法

前面讲过，乳酸含有一个手性碳原子，具有旋光性，有一对对映体，分别是左旋体和右旋体。但如何标记这一对对映体的构型呢？

为了确定并标记对映体的构型，最早是选用甘油醛作为参比物来确定对映体的相对构型。在甘油醛的 Fischer 投影式中，将手性碳原子上的羟基在碳链右侧的定为 D 型 (D 是拉丁文 Dexter 的字头，是右的意思)，并指定 D 型甘油醛就是 (＋)-甘油醛，它的对映体则被认为是 L 型 (L 是拉丁文 Laevus 的字头，是左的意思)，并指定 L 型甘油醛就是 (－)-甘油醛。D/L 构型是被人为指定的，是相对构型。

D-(＋)-甘油醛   L-(－)-甘油醛

D/L 标记法本身不完善，它的使用有一定的局限性，一般只适用于与甘油醛结构类似的化合物，除了糖类、氨基酸类等化合物中仍沿用外，近年来已经被 R/S 标记法代替，R/S 构型称为绝对构型。

（2）R/S 标记法

R/S 标记法是由 IUPAC 建议，根据化合物的实际构型或投影式命名。

首先，R/S 标记法按次序规则将手性碳原子上的四个基团排序。

其次，把排序最小的基团放在离观察者眼睛最远的位置，观察其余三个基团由大→中→小的顺序，若是顺时针方向，则其构型为 R（R 是拉丁文 Rectus 的字头，是右的意思），若是逆时针方向，则构型为 S（S 是拉丁文 Sinister 的字头，左的意思）。

例如，（＋）-乳酸分子中的手性碳原子上所连接的四个基团或原子按照次序规则从大到小排序，依次为 $OH>COOH>CH_3>H$，排序最小的基团为 H 原子。然后把氢原子放在离观察者眼镜最远的位置，从眼睛的方向观察其余三个基团，排序依次为 $OH>COOH>CH_3$，为逆时针方向，则乳酸的构型确定为 S 型。命名为（S）-（＋）-乳酸。

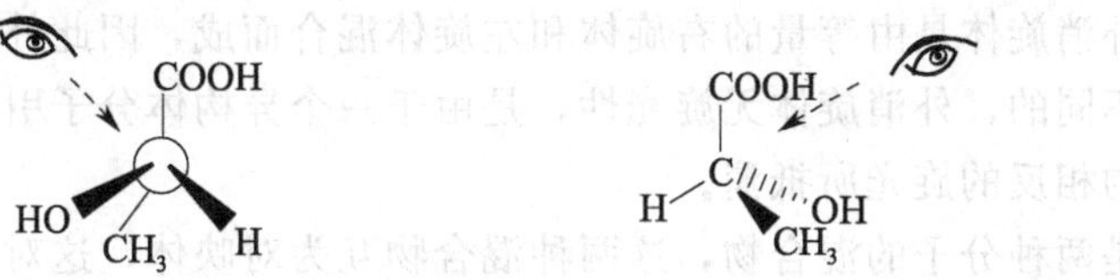

再例如（＋）-2-溴丁烷分子中的手性碳原子上的四个基团按照次序规则从大到小排序，依次为 $Br>C_2H_5>CH_3>H$，所以，将 H 原子放在离观察者最远的位置，其余基团放在离观察者最近的平面上，按照 $Br>C_2H_5>CH_3$ 由大到小的顺序排列为顺时针方向，命名为（R）-（＋）-2-溴丁烷。

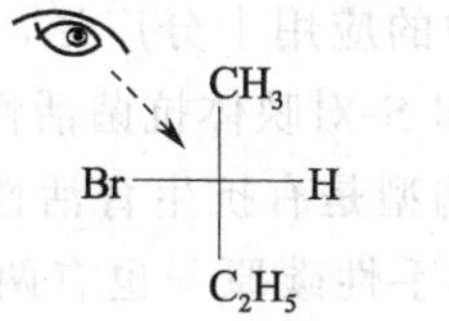

含两个以上 C^* 化合物的构型或投影式，也用同样方法对每一个 C^* 进行 R、S 标记，然后注明各标记的是哪一个手性碳原子。

例如：

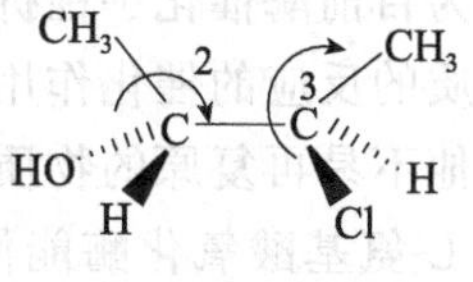

基团次序　C_2^*　$OH>CHCH_3>CH_3>H$（Cl、OH）
C_3^*　$Cl>CHCH_3>CH_3>H$（OH）

（2R,3R）-3-氯-2-丁醇

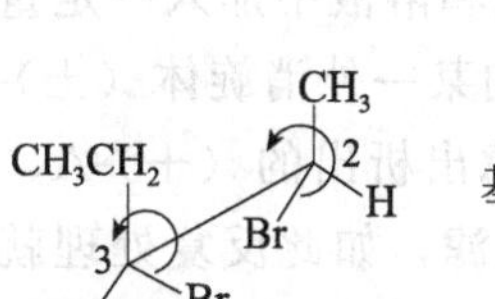

基团次序　C_2^*　$Br>CHCH_2CH_3>CH_3>H$
C_3^*　$Br>CHCH_3>CH_3>H$

（2S,3S）-2,3-二溴戊烷

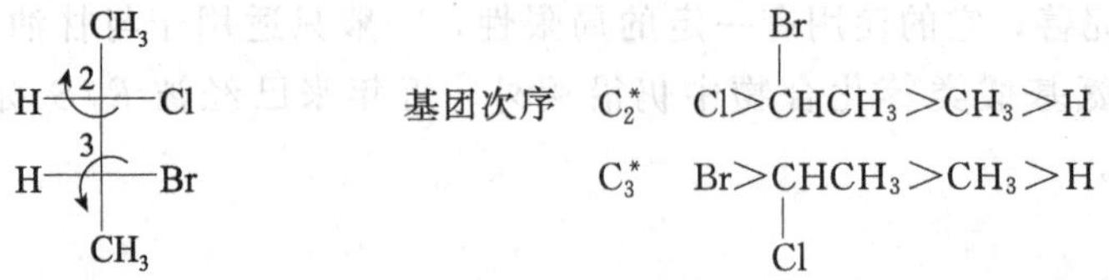

$$\begin{array}{c} CH_3 \\ H \xrightarrow{\ 2\ } Cl \\ H \xrightarrow{\ 3\ } Br \\ CH_3 \end{array}$$

基团次序 C_2^* Cl>CHCH$_3$>CH$_3$>H

$$\begin{array}{c} Br \\ | \\ CHCH_3 \\ | \\ Cl \end{array}$$

C_3^* Br>CHCH$_3$>CH$_3$>H

(2S,3R)-2-氯-3-溴丁烷

5.5 含有一个手性碳原子化合物的对映异构

在有机化合物中，手性分子大都含有与四个互不相同的基团相连的碳原子。以乳酸分子为例，乳酸分子中的 CH$_3$C*HOHCOOH 中，C2 就分别与 H，CH$_3$，OH 和 COOH 四个不同的基团相连。即认为乳酸是含有一个手性碳原子的化合物，是手性分子，它具有手性，具有旋光性，有一对对映体，分别是左旋体和右旋体，等量的左旋体和右旋体的混合物，称为外消旋体。外消旋体是由等量的右旋体和左旋体混合而成，因此外消旋体与右旋体或左旋体的旋光性是不同的，外消旋体无旋光性，是由于一个异构体分子引起的旋光为其对映分子所引起的等量的相反的旋光所抵消。

外消旋体是两种分子的混合物，这两种混合物互为对映体，这对对映体除了旋光的方向不同之外，其他多数物理性质都相同。所以用普通的物理方法不能将它们分离开来，例如因为它们沸点相同，不能用分馏的方法分离；它们溶解度在同样的溶剂中是相同的（除非溶剂是旋光性的），所以不能用结晶法；它们在同样的吸附剂上的吸附强度是一样的，所以不能用色层法分离等，因此要将外消旋体分离成对映体，这个过程就叫做外消旋体的拆分。

外消旋体的分离在药物化学中的应用十分广泛，例如，加替沙星为 8-甲氧基氟喹诺酮类外消旋体化合物，其 R-对映体和 S-对映体抗菌活性相同；而氯代丙二醇的两个对映异构体中，R-构型是有毒的，只有 S-构型是有抗生育活性的一个药物，必须要进行外消旋体的拆分；再比如异丙基肾上腺素，其手性碳原子也有两个对映异构体：D 和 L 两个构型。其是一个很好的抗哮喘的药物，但它的左旋体就要比右旋体的药效高出约 500 倍等。

一般外消旋体的拆分有以下几种方法：

① 生物化学方法   就是利用酶或微生物作为拆分试剂来拆分外消旋体的一种方法。水解酶的结构简单、来源丰富、无需辅酶且许多已商品化，故为目前酶催化手性拆分中使用最多的生物催化剂。酶或微生物都是手性物质，它们对手性物质的反应的催化作用具有立体专一性。所以它们可以选择性地使其中一种对映体被转化为其他不易再复原的物质，另一个被保留下来。例如，以 L-氨基酸氧化酶拆分（±）丙氨酸时，L-氨基酸氧化酶能使 L-(+)-丙氨酸氧化为丙酮酸，而留下 D-(−)-丙氨酸。

② 诱导晶种分离法   这种方法就是在外消旋体的过饱和溶液中加入一定量的右旋体或左旋体的晶体，则与晶种相同的异构体便优先析出，例如向某一外消旋体（±）-A 的过饱和溶液中加入（+）-A 晶种，则（+）-A 优先析出一部分，滤出析出的（+）-A，再向滤液中加入（−）-A 晶种，又可以析出一部分（−）-A 的结晶，过滤，如此反复处理就可以得到相当数量的左旋体和右旋体。工业上生产氯霉素时，就是用此种方法拆分中间体的。

③ 化学拆分法   把组成外消旋体的一对对映体与一个有旋光性的性质（称为拆分剂）反应，使之生成非对映体，再利用非对映体物理性质的差异达到分离的目的。例如，分离外

消旋 α-苯乙胺，用（＋)-酒石酸为拆分剂，与外消旋 α-苯乙胺作用，产物是非对映体的盐，可用分步结晶法把两个非对映体的盐分离。分离后分别水解，从而获得纯的（＋)-α-苯乙胺和（一)-α-苯乙胺。

5.6　含两个手性碳原子化合物的对映异构

5.6.1　含有两个不同手性碳原子的构型异构

像乳酸分子一样含有一个手性碳原子的化合物有两种构型异构体，但在有机化合物分子中，随着手性碳原子数目的增加，其立体异构现象也依次增加。例如，分子中含有两个手性碳原子，则其最多有四种构型异构体；如果含有三个手性碳原子时，则最多有八种构型异构体等。具有 n 个手性碳原子的化合物应有 2^n 个对映异构体。如下所示，这类化合物是其中有两个手性碳原子的化合物，两个手性碳原子所连的四个基团不完全相同，其存在四个对映异构体，即两对对映异构体。

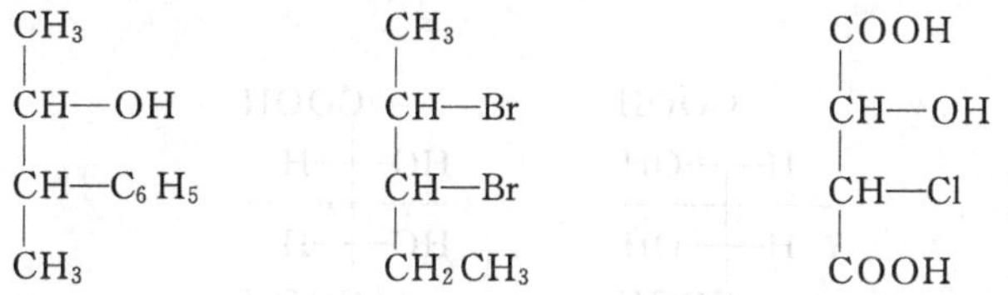

$$
\begin{array}{ccc}
CH_3 & CH_3 & COOH \\
| & | & | \\
CH{-}OH & CH{-}Br & CH{-}OH \\
| & | & | \\
CH{-}C_6H_5 & CH{-}Br & CH{-}Cl \\
| & | & | \\
CH_3 & CH_2CH_3 & COOH
\end{array}
$$

3-苯基-2-丁醇　　　2,3-二溴戊烷　　　2-羟基-3-氯丁二酸
　　　　　　　　　　　　　　　　　　　（氯代苹果酸)

以 3-苯基-2-丁醇为例。手性碳原子 C2 与—H、—CH₃、—OH、—CH(C₆H₅)CH₃ 四个基团相连接，而手性碳原子 C3 与—H、—CH₃、—C₆H₅、—CH(CH₃)OH 四个基团相连接。其两对对映异构体的 Fischer 投影式如下：

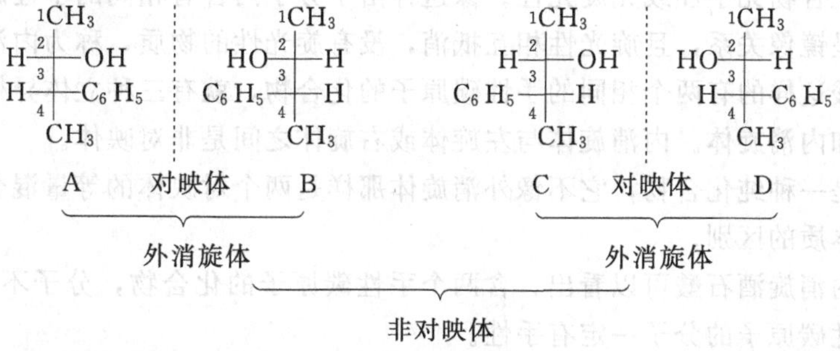

含 n 个不同手性碳原子的化合物，对映体的数目有 2^n 个，外消旋体的数目有 2^{n-1} 个。

彼此不呈物体与镜像关系的立体异构体叫做非对映体。分子中有两个以上手性中心时，就有非对映异构现象。

非对映异构体具有相似的化学性质，这是由于它们是同一类的化合物，但它们的化学性质是相似而不相同的，且反应速率有差异；非对映体具有不同的物理性质，例如不同的熔点、沸点、在同一溶剂中的溶解度、密度、折射率、比旋光度等。

5.6.2　含有两个相同手性碳原子的构型异构

酒石酸、2,3-二氯丁烷等分子中含有两个相同的手性碳原子。例如

$$HOOC-\overset{*}{C}H-\overset{*}{C}H-COOH$$
$$\underset{OH}{|}\quad\underset{OH}{|}$$

酒石酸

$$CH_3-\overset{*}{C}H-\overset{*}{C}H-CH_3$$
$$\underset{Cl}{|}\quad\underset{Cl}{|}$$

2,3-二氯丁烷

同上讨论，酒石酸也可以写出四种对映异构体

COOH	COOH	COOH	COOH
H——OH	HO——H	H——OH	HO——H
HO——H	H——OH	HO——H	H——OH
COOH	COOH	COOH	COOH
A	B	C	D
对映体		同一物质	

$[\alpha]_D^{20}$　　+12°　　　　−12°　　　　　　0°　　　　　0°

（±）-酒石酸　　　　　　　　　　（m）酒石酸
外消旋体　　　　　　　　内消旋体（分子中有对称面）

A 和 B 是一对对映体，等量的 A 和 B 混合可得到外消旋体。C、D 为同一物质，因 C 和 D 中两个手性碳原子所连接的四个基团构造相同。如果将 A 和 B 在纸平面旋转 180° 即得到 C、D。因此，含两个相同手性碳原子的化合物只有三个立体异构体，少于 2^n 个，外消旋体数目也少于 2^{n-1} 个。

COOH	COOH
H——OH	HO——H
H——OH	HO——H
COOH	COOH
C	D

假设在化合物 C 或 D 的投影式的虚线处放置一面镜子，则分子的上半部分正好是下半部分的镜像，虚线即为分子中的对称面。上面的手性碳原子为 R 构型，下面的手性碳原子为 S 构型，由于两个手性碳原子所连接的四个基团相同，则分子内两部分的旋光性相互抵消，因而，该化合物无手性或无旋光性。像这种由于分子内含有相同的手性碳原子，分子内的两半部分互呈镜像关系，且旋光性相互抵消，没有旋光性的物质，称为内消旋体。

故像酒石酸这样的有两个相同的手性碳原子的化合物，就有三种立体异构体，分别为左旋体、右旋体和内消旋体。内消旋体与左旋体或右旋体之间是非对映体。

内消旋体是一种纯化合物，它不像外消旋体那样是两个对映体的等量混合物，可拆分开来。这是它们本质的区别。

此外，从内消旋酒石酸可以看出，含两个手性碳原子的化合物，分子不一定是手性的。故不能说含手性碳原子的分子一定有手性。

5.7　手性分子的药物作用

人们所使用的药物绝大多数具有手性，被称为手性药物。在漫长的化学演化过程中，地球上出现了无数手性化合物。构成生命体的有机分子绝大多数都是手性分子。生物体内的生物大分子如蛋白质、核酸和酶等也是手性分子，它们是药物发挥作用的关键因素。手性是生命过程的基本特征，生命体系具有极强的手性识别能力，药物在体内是通过与生物大分子间的相互手性匹配和分子识别而发挥治疗作用的。手性药物的对映体在人体内的药理活性、代谢过程与手性药物相比存在着差异。手性药物与其对映体之间的药理活性差异可以分为以下四大类。

第一类是手性药物与对映体之间有相同或相近的药理活性。例如，抗心率失常药氟卡尼（flecainide），R 型和 S 型异构体的抗心率失常和对心肌钠通道作用相同，吸收、分布、代谢、排泄性质也无显著区别，综合评价两者分不出优劣，同时也与消旋体差不多，所以临床使用消旋的氟卡尼。

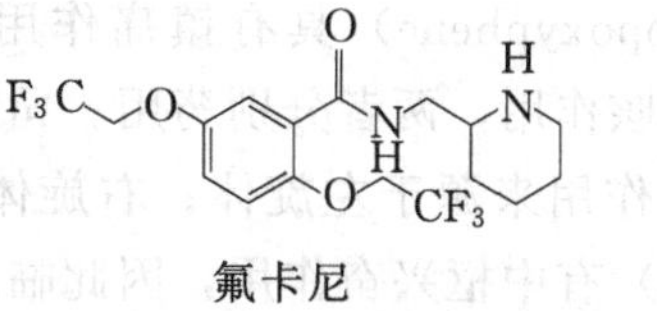

氟卡尼

第二类是手性药物具有显著的活性，而它的对映体活性很低或无此活性。例如，尼群地平，为二氢吡啶类钙拮抗剂，其 3,5-二羧酸酯基的不同，构成了分子的不对称轴，形成对映体，S 型为活性体；甲基多巴（methyldopa），只有 S-对映体具有降血压作用；肝保护剂联苯双酯由于联苯基存在阻转作用，形成两个互为对映体的阻转异构体，室温下可稳定存在。右旋体为活性体。

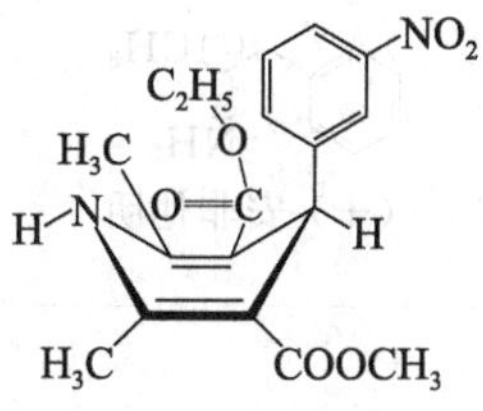

（S）-尼群地平 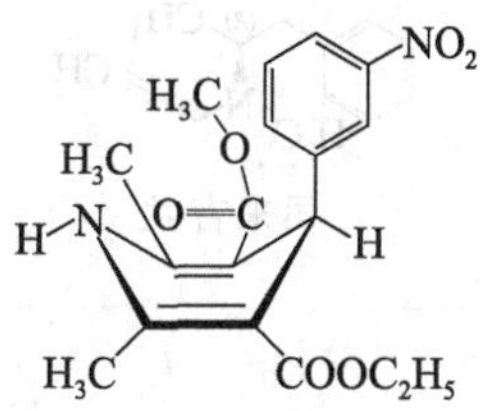　　　　　　　（R）-尼群地平

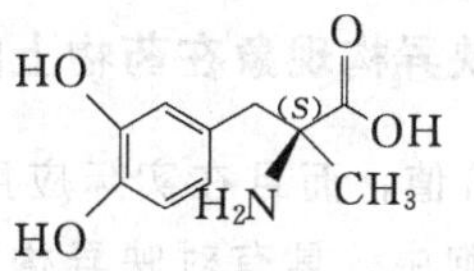

（S）-甲基多巴

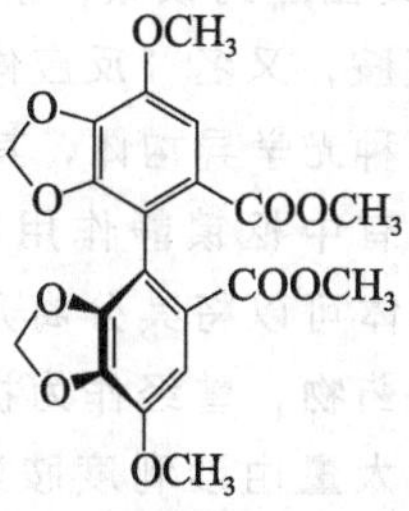

（＋）-联苯双酯 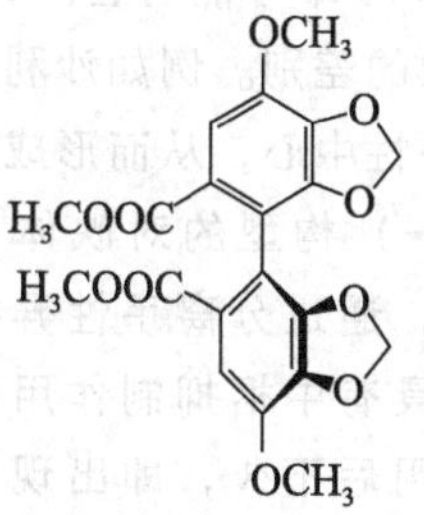　　　　　　　（－）-联苯双酯

第三类是手性药物与其对映体的药理活性相同但强度不同。例如，S-（－）-氧氟沙星抑制细菌拓扑异构酶Ⅱ的活性是 R-（＋）-型的 9.3 倍，是消旋体的 1.3 倍。对各种细菌的抑菌活性 S 型强于 R 型 8～128 倍。左氟沙星已经取代了市场上使用的消旋氧氟沙星；S-（＋）-萘普生（naproxen）的抗炎和解热镇痛活性约为 R-（－）-体的 10～20 倍，因此，临床用其 S-（＋）-对映体。

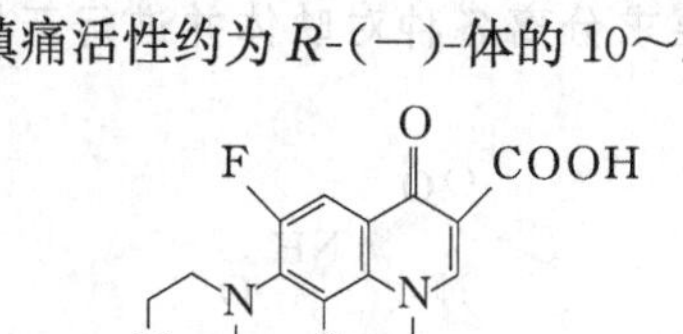

S-（－）-氧氟沙星 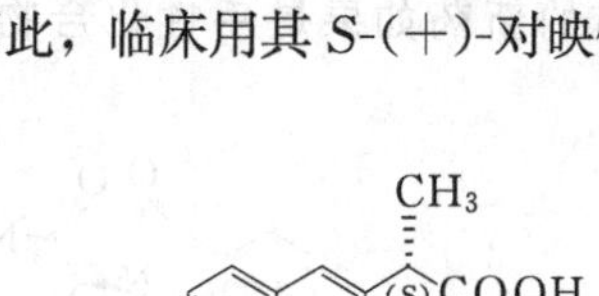　　　　　　　S-（＋）-萘普生

第四类是手性药物与它的对映体具有不同的药理活性或相反的作用。例如，巴比妥类化合物其 S-($-$)-体是镇静药，对中枢神经系统有抑制作用，而 R-($+$)-体则是惊厥剂，具有中枢神经系统兴奋作用。左旋体的作用更强，因此其外消旋体表现为镇静作用；静脉麻醉药氯胺酮（ketamine）S-($+$)-异构体具有分离麻醉作用，而 R-($+$)-异构体则可产生兴奋和精神紊乱；右丙氧芬（dextropropoxyphene）具有镇痛作用，其对映体左丙氧芬（levoprop-oxyphene）无镇痛作用但有镇咳作用，两者分别药用。司来吉兰（selegiline）是单胺氧化酶抑制剂，用于抗抑郁，其治疗作用来源于左旋体；右旋体不但无治疗作用，而且其代谢物（$+$）-安非他明（amphetamine）有中枢兴奋作用，因此临床以 R-($-$)-体使用。

S-($+$)-氯胺酮 R-($+$)-氯胺酮

司来吉兰   （$+$）-安非他明

拓展知识

对映异构现象在药物上的应用

对映异构现象不仅具有理论价值，而且在实际应用中也有重要的意义。对映异构现象是自然界的基本属性。在人体细胞中，具有对映异构现象分子的一种形态可能合适有用，但预期相对应的另一种形态却可能有害。尤其在医药领域，手性分子所具有的两种形态，在某些方面往往存在很大的差别。例如沙利度胺，又名"反应停"，分子式为 $C_{13}H_{10}N_2O_4$，其分子结构中含有一个手性中心，从而形成两种光学异构体，其中有 R-($+$) 和 S-($-$) 两种构型的结构，有 R-($+$) 型的对映体具有中枢镇静作用，S-($-$) 构型的对映体则对胎儿有强烈的致畸性，通过分离手性异构体可以将其分离开来。其最开始是研制抗菌药物过程中发现的一种具有中枢抑制作用的药物，曾经作为抗妊娠反应的药物，在全世界广泛使用，但投入使用后不久，即出现了大量由沙利度胺造成的"海豹肢症（Phoco-melia）畸形胎儿"。反应停就被禁止作为孕妇止吐药物使用，仅在严格控制下被用于治疗某些癌症、麻风病等。后来研究结果表明，反应停造成的胎儿畸形，主要不是药物的毒性，而是药物的强烈致畸作用。且研究证实，反应停的致畸作用仅限于其组分中两种互为对映体的手性分子中的一种，即 S-($-$) 构型的对映体，另一种分子是安全的。因此现在上市的新药如果是手性化合物，一般要求分离各种对映体并进行严格的药效和毒理实验。

（R）-沙利度胺   （S）-沙利度胺

习 题

1. 下列化合物各有多少种立体异构体？

(1) $\underset{\quad\quad\ \overset{\displaystyle Br}{|}\ \ \overset{\displaystyle Br}{|}\quad}{CH_3-CH-CH-CH_3}$

(2) $\underset{\quad\quad\ \overset{\displaystyle Br}{|}\ \ \overset{\displaystyle OH}{|}\quad}{CH_3-CH-CH-CH_3}$

(3) $\underset{\quad\quad\ \overset{\displaystyle OH}{|}\ \ \overset{\displaystyle Br}{|}\quad}{CH_3-CH-CH-Br}$

(4) $CH_3CH(OH)CH(OH)COOH$

2. 下列各组化合物哪些是相同的，哪些是对映体，哪些是非对映体？

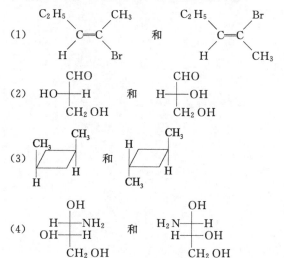

3. 某醇 $C_5H_{10}O$（A）具有旋光性。催化加氢后，生成的醇 $C_5H_{12}O$（B）没有旋光性。试写出（A）和（B）的结构式。

4. 指出下列各对化合物属于哪一类型的异构？

5. 下列化合物中有无手性碳原子？（可用 * 表示手性碳）

(1) $CH_3CHDC_2H_5$

(2)

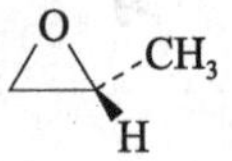

(3) Cl —— OCH_3

6. 写出下列化合物的 Fischer 投影式。

(1)（S）-1-氯-1-溴丙烷　　　　(2)（S）-氟氯溴代甲烷

(3)（2R,3R）-2,3-二氯丁烷　　　(4)（2S,3R）-1,2,3,4-四羟基丁烷

7. 分子量最低而又有旋光性的烷烃是哪些？用 Fischer 投影式表明它们的构型。

8. 比较左旋仲丁醇和右旋仲丁醇的下列各项：

(1) 沸点；(2) 熔点；(3) 相对密度；(4) 比旋光度；(5) 折射率；(6) 溶解度；(7) 构型

9. 把 3-甲基戊烷进行氯化，写出所有可能得到的一氯代物。哪几对是对映体？哪些是非对映体？哪些异构体不是手性分子？

第6章 卤代烃

烃分子中的氢原子被卤素（氟、氯、溴、碘）取代后所生成的化合物称为卤代烃，可用通式 RX 表示。卤代烃在自然界中存在很少，主要分布在海洋生物中，绝大多数卤代烃是人工合成的。一般卤代烃的性质比烃活泼，其卤原子可转变为多种其他官能团，在有机合成中起着桥梁作用。同时，卤代烃本身可作为溶剂、萃取剂等，因此在有机化学中占有重要地位。

6.1 卤代烃的分类和命名

6.1.1 卤代烃的分类

根据分子的组成和结构特点，卤代烃有不同的分类方法。

① 按烃基结构的不同，可分为饱和卤代烃、不饱和卤代烃、卤代芳烃。

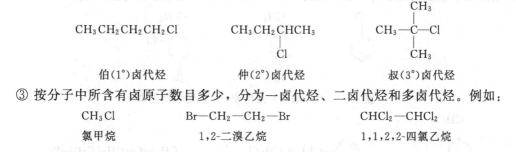

$CH_3CH_2CH_2I$ 饱和卤代烃（卤代烃）

$CH_3CH=CHCH_2I$ 不饱和卤代烃（卤代烃）

卤代芳烃

② 根据与卤原子相连的碳原子的类型，分为伯卤代烷、仲卤代烷和叔卤代烷。伯、仲、叔卤代烃又称一级、二级、三级卤代烃。例如

$CH_3CH_2CH_2CH_2Cl$ 伯(1°)卤代烃

$CH_3CH_2CH(Cl)CH_3$ 仲(2°)卤代烃

$(CH_3)_3C-Cl$ 叔(3°)卤代烃

③ 按分子中所含有卤原子数目多少，分为一卤代烃、二卤代烃和多卤代烃。例如：

CH_3Cl 氯甲烷

$Br-CH_2-CH_2-Br$ 1,2-二溴乙烷

$CHCl_2-CHCl_2$ 1,1,2,2-四氯乙烷

6.1.2 卤代烃的命名

普通命名法是按照与卤原子相连的烃基名称来命名的，称为“卤代某烃”或“某基卤”。但这种命名法只适用于简单的卤代烃。

$CH_3CH_2CH_2Cl$ 氯丙烷（正丙基氯）

$CH_2=CHCl$ 氯乙烯（乙烯基氯）

$(CH_3)_3C-Br$ 溴代叔丁烷（叔丁基溴）

氯化苄（苄基氯）

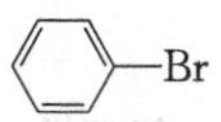

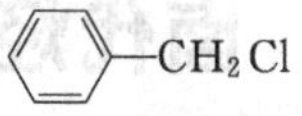

命名比较复杂的卤代烃时，可采用系统命名法。

(1) 卤代烷烃的命名

卤代烷的系统命名是以烷烃为母体，卤原子作为取代基，其命名与烷烃的命名类似：

① 选择最长且含有支链最多的碳链作为主链，根据主链碳原子数称为“某烷”。

② 支链和卤原子作为取代基。主链碳原子的编号与烷烃相同，也遵循最低系列原则。

③ 将取代基的位次和名称写在主链烷烃名称之前，即得全名。取代基排列的先后次序根据次序规则，“较优”基团后列出，例如：

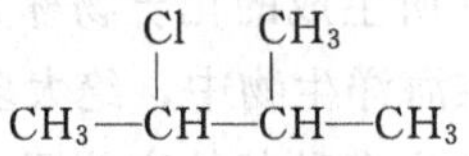
2-甲基-3-氯丁烷

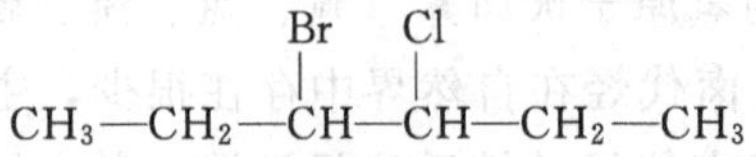
3-氯-4-溴己烷

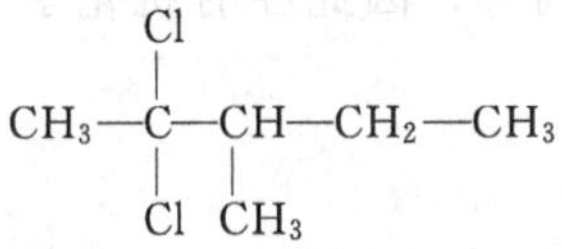
3-甲基-2,2-二氯戊烷

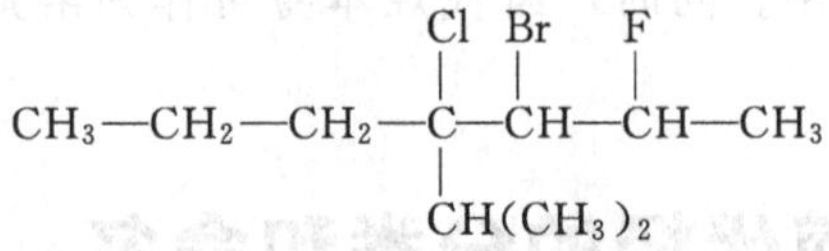
4-异丙基-2-氟-4-氯-3-溴庚烷

(2) 不饱和卤代烃的命名

卤代烯（炔）烃通常采用系统命名法，即以烯（炔）烃为母体，编号时使双（三）键位置最小。例如

$CH_2{=}CHCH_2Cl$
3-氯丙烯

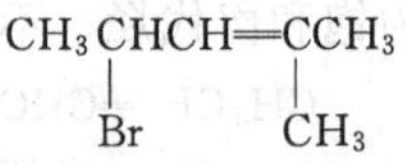
2-甲基-4-溴-2-戊烯

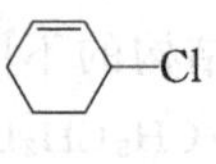
3-氯环己烯

(3) 卤代芳烃的命名

卤代芳烃的命名法有两种方法。当卤原子连在芳环上时，以芳环为母体，卤原子为取代基；当卤原子连在侧链上时，以侧链为母体，卤原子和芳环均为取代基。例如：

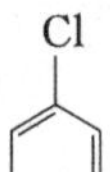
氯苯

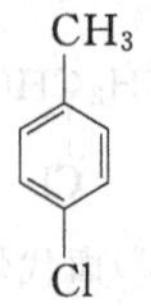
4-(或对) 氯甲苯

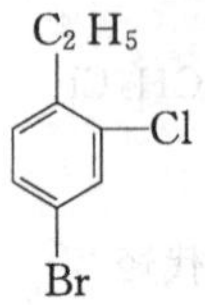
2-氯-4-溴乙苯

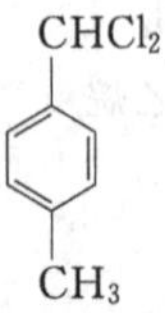
对甲苯基二氯甲烷

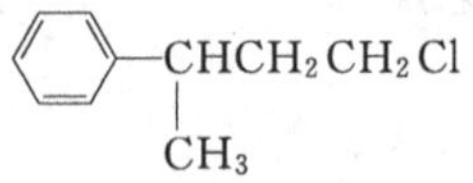
3-苯基-1-氯丁烷

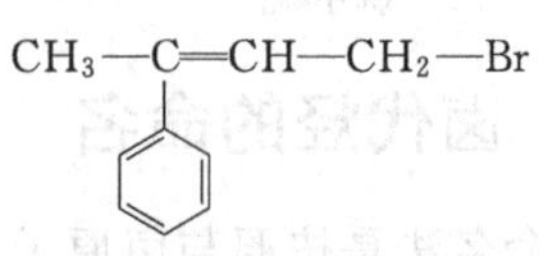
3-苯基-1-溴-2-丁烯

6.2 卤代烃的制备方法

卤代烃的主要制法有两类：一是直接向烃类分子中引入卤原子；二是将分子中其他官能团转化为卤原子。

6.2.1　由烃卤代制备

（1）烷烃或环烷烃的卤化

烷烃卤化一般都生成复杂的混合物，只有在少数情况下可用卤代方法制得较纯的一卤代物。例如：

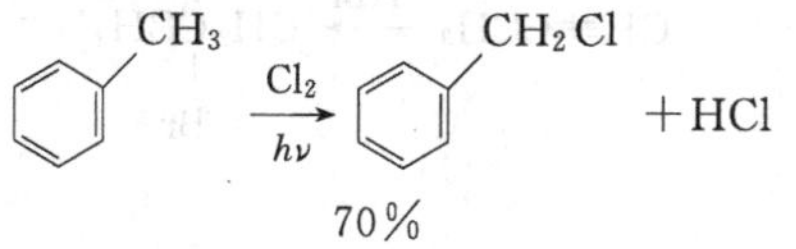

$$\underset{\text{70\%}}{\text{（甲苯）}} \xrightarrow[h\nu]{Cl_2} \text{（苄氯）} + HCl$$

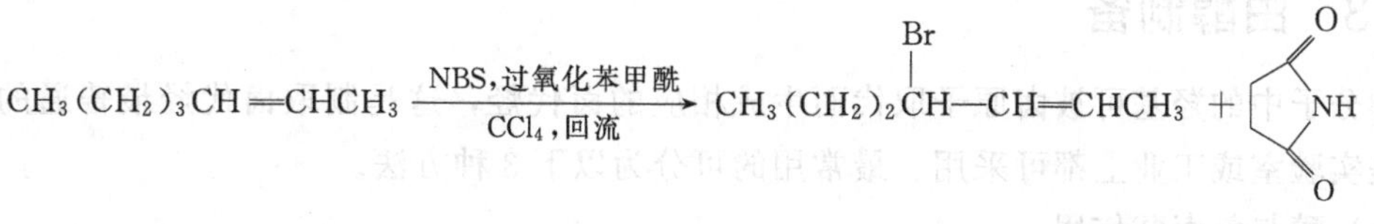

$$CH_3(CH_2)_3CH{=}CHCH_3 \xrightarrow[CCl_4，回流]{NBS，过氧化苯甲酰} \underset{\text{62\%}}{CH_3(CH_2)_2CH{-}CH{=}CHCH_3} + \text{（丁二酰亚胺）}$$

（2）α-H 的卤化

若用烯烃为原料，在高温或光照的条件下可发生 α-H 的卤代。例如：

$$CH_3CH_2CH{=}CH_2 + Cl_2 \xrightarrow{500℃} CH_3\underset{Cl}{CH}CH{=}CH_2$$

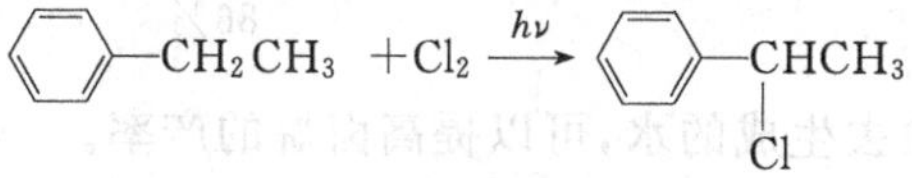

$$\text{（苯乙烷）} + Cl_2 \xrightarrow{h\nu} \text{（苯基）}\underset{Cl}{CH}CH_3$$

这是制备烯丙型、苄基型卤代物的常用方法。

（3）芳烃的卤化

在室温下，以 FeX、AlX_3 等 Lewis 酸催化下，氯或溴与苯发生卤化反应，生成氯苯或溴苯，但常伴有邻位和对位二取代物的生成。例如，在苯的溴化反应中，增加反应时间或增大反应物中卤素的比例，可形成以邻二溴苯或对二溴苯为主的产物。

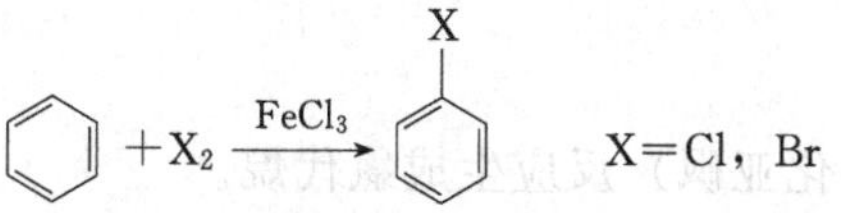

$$\text{（苯）} + X_2 \xrightarrow{FeCl_3} \text{（卤苯）} \quad X{=}Cl，Br$$

6.2.2　由不饱和烃与卤素或卤化氢加成

烯烃与卤化氢加成可制得一卤代烃，反应遵循马氏规则：

$$CH_2{=}CHCH_3 \xrightarrow{HBr} CH_3\underset{Br}{CH}CH_3$$

在日光或过氧化物的存在下，烯烃和 HBr 加成的产物正好和马氏规则相反。反马氏规则的加成，又叫做烯烃与 HBr 加成的过氧化物效应，它不是离子型的亲电加成，而是自由基加成。

$$CH_3{-}CH{=}CH_2 + HBr \begin{cases} \xrightarrow[\text{符合马氏规则}]{\text{无日光或无过氧化物}} CH_3{-}\underset{Br}{CH}{-}CH_3 \\ \xrightarrow[\text{反马氏规则}]{\text{有日光或有过氧化物}} CH_3{-}CH_2{-}CH_2{-}Br \end{cases}$$

烯烃与卤素加成可制得邻二卤代烃，炔烃与卤化氢加成可制得偕二卤代烃，反应遵循马

氏规则。例如

$$CH_2=CHCH_3 \xrightarrow{Br_2} \underset{\underset{Br}{|} \quad \underset{Br}{|}}{CH_2CHCH_3}$$

$$CH\equiv CCH_3 \xrightarrow{HBr} \underset{\underset{Br}{|}}{\overset{\overset{Br}{|}}{CH_3CCH_3}}$$

6.2.3　由醇制备

　　醇分子中的羟基可被卤原子取代而生成相应的卤代烃，这是制取卤代烃最普通的方法，无论是实验室或工业上都可采用。最常用的可分为以下 3 种方法。

　　(1) 醇与氢卤酸作用

$$CH_3CH_2CH_2OH+HBr(48\%) \xrightarrow{H_2SO_4} CH_3CH_2CH_2Br+H_2O$$

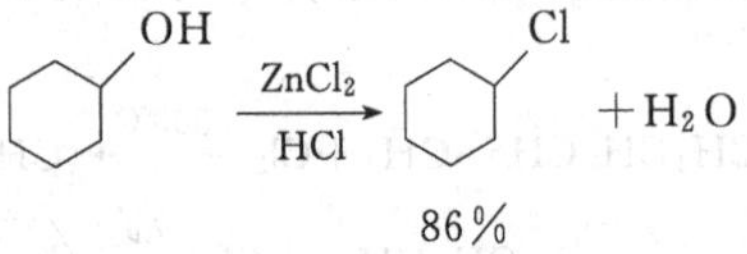

$$\underset{OH}{\bigcirc} \xrightarrow[HCl]{ZnCl_2} \underset{86\%}{\underset{Cl}{\bigcirc}} +H_2O$$

　　增加反应物的浓度并除去生成的水，可以提高卤烷的产率。

　　(2)醇与卤化磷作用

　　由于醇与三氯化磷的产物亚磷酸酯沸点较高，醇与五氯化磷的产物三氯氧磷的沸点较低，因此前者可以用于制备低沸点的卤代烃，后者可用于制备高沸点的卤代烃。

$$3C_2H_5OH+PX_3(X=Br,I)\longrightarrow 3C_2H_5X+H_3PO_3$$

$$ROH+PCl_5\longrightarrow RCl+HCl+POCl_3$$

　　(3) 醇与亚硫酰氯作用

　　醇与亚硫酰氯（又称氯化亚砜）反应生成氯代烷。

$$ROH+SOCl_2 \xrightarrow{\triangle} RCl+SO_2\uparrow+HCl\uparrow$$

　　反应同时生成 SO_2 和 HCl，二者均为气体，容易脱离反应体系，有利于氯代烷的生成，且产品容易提纯，产率较高，一般不发生重排，是由伯醇和仲醇制备相应氯化物的较好方法，但不适于制备低沸点的氯代烃。

6.2.4　由卤素的置换制备

　　碘代烃通常由氯代烃或溴代烃制备，将氯或溴代烃的丙酮溶液与 NaI（或 KI）共热，由于 NaI（KI）溶于丙酮，而反应生成的 NaCl（NaBr）在丙酮中溶解度很小，使氯或溴代烃分子中的氯或溴逐渐被碘所取代。

$$RCl+NaI \xrightarrow{丙酮} RI+NaCl$$

$$RBr+NaI \xrightarrow{丙酮} RI+NaBr$$

6.3 卤代烃的性质

6.3.1 卤代烃的物理性质

常温常压下，除氯甲烷、溴甲烷、氯乙烷是气体外，其他常见的一元卤代烷为液体，C_{15} 以上的卤代烷是固体，卤代烃的沸点随分子量增加而升高。烃基相同的卤代烃的沸点顺序为：RI＞RBr＞RCl＞RF。同分异构体中，沸点顺序为伯卤代烃＞仲卤代烃＞叔卤代烃，一般支链卤代烃沸点较高，支链越多沸点越低。

一卤代烃的相对密度大于同数碳原子的烷烃。一氟代烃、一氯代烃相对密度比水小，一溴代烃、一碘代烃及多卤代烃相对密度比水大。

所有卤代烃都不溶于水，但能溶于很多有机溶剂，有些卤代烷可以直接作为溶剂使用，如氯仿、四氯化碳、二氯甲烷等。

纯净的一卤代烃都是无色的。但碘代烷长期放置会因分解产生碘而有颜色。卤代烃大都具有特殊气味。许多卤代烃有毒性，如氯仿、四氯化碳等会引起慢性中毒、有的甚至是致癌物，使用时应注意。

卤代烃在铜丝上燃烧时能产生绿色火焰，此实验称为拜尔斯坦（Beilstein）试验，这是鉴定卤素的一种简便方法。

一些常见卤代烃的物理常数见表 6-1。

表 6-1　一些常见卤代烃的物理常数

烷基	氯化物			溴化物			碘化物		
	沸点 /℃	相对密度 (20℃)	折射率 (20℃)	沸点 /℃	相对密度 (20℃)	折射率 (20℃)	沸点 /℃	相对密度 (20℃)	折射率 (20℃)
CH_3—	−24.2	0.9159	1.3661	3.56	1.6755	1.4218	42.4	2.2790	1.5380
C_2H_5—	12.27	0.8978	1.3676	38.4	1.4604	1.4239	72.3	1.9358	1.5133
n-C_3H_7—	46.60	0.8909	1.3879	71.0	1.3537	1.4343	102.45	1.7489	1.5058
n-C_4H_9—	78.44	0.8862	1.4021	101.6	1.2758	1.4401	130.53	1.6154	1.5001
n-C_5H_{11}—	107.8	0.8818	1.4127	129.6	1.2182	1.4447	157	1.5161	1.4959
n-C_6H_{13}—	134.5	0.8785	1.4199	155.3	1.1744	1.4478	181.33	1.4397	1.4929
n-C_7H_{15}—	159	0.8735	1.4256	178.9	1.1400	1.4502	204	1.3971	1.4904

6.3.2 卤代烃的化学性质

（1）卤代烃的亲核取代反应

卤代烃分子中，卤原子成键的碳原子带部分正电荷，是一个缺电子中心，易受负离子（如 OH^-、RO^-、CN^-、NO_3^-）或具有孤对电子的中心分子（如 H_2O、NH_3）等的进攻，使 C—X 键发生异裂，卤素以负离子形式离去，称为离去基团（leaving group，简写作 L），这种类型的反应是由亲核试剂引起的，故又叫亲核取代反应（nucleophilic substitution，简写作 S_N）。卤代烷是受亲核试剂（nucleophile，简写作 Nu^-）进攻的对象，称为底物。其通式为

$$Nu^- + \overset{\delta^+}{R} \overset{\delta^-}{X} \longrightarrow R\text{—}Nu + X^{\,:-}$$

$$Nu:^- + \overset{\frown}{R} \overset{\delta^+ \frown \delta^-}{\underset{}{}} X \longrightarrow R-Nu^+ + X:^-$$

亲核试剂　底物　产物　离去基团

常见的亲核取代反应如下。

① 与氢氧化钠（钾）作用　卤代烷与强碱的水溶液共热，则卤原子被羟基（—OH）取代生成醇，称为水解反应，例如：

$$C_5H_{11}Cl + NaOH \xrightarrow[\triangle]{H_2O} C_5H_{11}OH + NaCl$$

（混合物）　　　　　（混合物）

这是工业上生产戊醇的方法之一。当一些复杂分子难引入羟基时，可通过先引入卤原子，再水解的方法来实现。

② 与醇钠作用　在加热条件下，卤代烷与醇钠在相应醇溶液中反应，卤原子被烷氧基（—OR）取代生成醚的反应叫做卤代烷的醇解反应。这是合成醚，尤其是混醚的一种常用方法，称为威廉森（Williamson）合成法。

$$RX + NaOR' \longrightarrow ROR' + NaX$$

但此方法通常只适用于伯卤代烷。因为醇钠是强碱，容易产生消除反应，使得仲卤代烷的取代产率通常较低，而叔卤代烷则主要得到烯烃。

此反应是在无水条件下进行的，而且醇钠通常是由醇与金属作用得到的。

③ 与氰化钾（钠）作用　卤代烷与氰化钠或氰化钾的醇溶液一起加热回流，卤原子被氰基（—CN）取代生成腈。此反应可认为是卤代烷的氰解反应。

$$R-X + NaCN \xrightarrow[\triangle]{醇} R-CN + NaX$$

腈类化合物的官能团是氰基，其在一定条件下可转化成羧酸或胺等，该反应使分子中增加了一个碳原子，在有机合成中可用来增长碳链。例如：

$$CH_3CH_2Br + NaCN \xrightarrow[\triangle]{乙醇} CH_3CH_2CN \begin{array}{l} \xrightarrow{H_2O/H^+} CH_3CH_2COOH \\ \xrightarrow{H_2/Pt} CH_3CH_2CH_2NH_2 \end{array}$$

④ 与氨作用　卤代烷与氨反应生成伯胺（RNH_2），但生成的伯胺可继续与卤代烷反应生成各级胺的混合物，分离、纯化比较困难，因而这一方法用于制备胺类化合物受到很大的限制。

$$R-X + \overset{..}{N}H_3 \longrightarrow R-\overset{..}{N}H_2 + HX$$

$$R-\overset{..}{N}H_2 \xrightarrow{RX} R_2\overset{..}{N}H \xrightarrow{RX} R_3\overset{..}{N} \xrightarrow{RX} R_4N^+X^-$$

⑤ 与硝酸银作用　卤代烷与硝酸银的醇解溶液反应，卤原子被硝酸根取代生成硝酸酯和卤化银沉淀。此反应常用于卤代烷的定性鉴别：

$$RX + AgNO_3 \xrightarrow{乙醇} RONO_2 + AgX\downarrow$$

⑥ 与炔化钠作用　卤代烃与炔化钠反应生成炔烃，此反应用于由简单的炔烃来制备碳链较长的炔烃。

$$RX + NaC{\equiv}CR' \longrightarrow R-C{\equiv}C-R' + NaX$$

（2）卤代烃的消除反应

卤代烃分子中消去卤化氢生成烯烃，这种从一个分子中失去一个简单分子生成不饱和烃的反应,称为消除(elimination)反应,简称 E 反应。由于卤代烷中 C—X 键有极性,X 的吸电子诱导效应($-I$)导致 β-氢原子上的电子云密度偏向碳原子,从而使 β-氢原子表现出一定的"酸性"(活泼性),在碱的作用下卤代烷可消去 β-H 和卤原子,故又称为 β-氢原子消除。

很多情况下取代反应和消除反应是同时发生的,在一定条件下消除反应会成为主要反应,用以制备某些烯烃。消除反应所需要的条件是较强的碱(如氢氧化钠、醇钾、氨基钠等)和极性较小的溶剂(如醇类)。

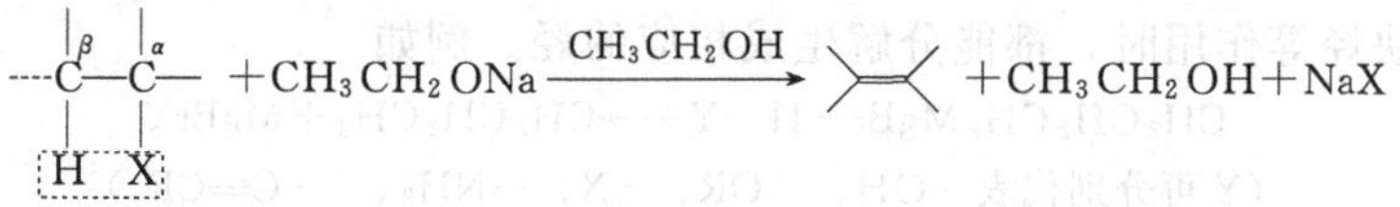

$$\underset{\overset{|}{\underset{H}{C}}\overset{}{\underset{X}{-}}\overset{\alpha}{\underset{|}{C}}}{\overset{\beta}{}} + CH_3CH_2ONa \xrightarrow{CH_3CH_2OH} \diagup\!\!\!\!\diagdown + CH_3CH_2OH + NaX$$

卤代烃的消去反应如下:

① 脱卤化氢 伯卤代烷与强碱(如氢氧化钠等)的稀水溶液共热时,主要发生卤原子被羟基取代的反应生成醇。而与强碱的浓醇溶液共热时,则主要发生脱去一分子卤化氢的消除反应,生成烯烃。例如:

$$CH_3CH_2CH_2CH_2Br \begin{cases} \xrightarrow[\text{稀水溶液}]{NaOH,\ \triangle} CH_3CH_2CH_2CH_2OH + NaBr \\ \xrightarrow[\text{浓乙醇溶液}]{NaOH,\ \triangle} CH_3CH_2CH=CH_2 + NaBr + H_2O \end{cases}$$

② 脱卤素 邻二卤代烷与锌粉在乙酸或乙醇中反应,或与碘化钠的丙酮溶液反应,则脱去卤素生成烯烃。例如:

$$\underset{\overset{|}{\underset{Br}{}}\ \overset{|}{\underset{Br}{}}}{CH_3CH-CHCH_3} \xrightarrow[\text{或 NaI, 丙酮, 80\%}]{Zn,\ 乙醇} CH_3CH=CHCH_3$$

(3)卤代烃与金属反应

卤代烃能与某些金属(如 Li、Na、K、Mg 等)反应,生成金属原子与碳原子直接连接的化合物,称为有机金属化合物。这类化合物性质非常活泼,在有机合成中应用非常广泛。

① 与金属钠作用 卤代烷与金属钠作用生成有机钠化合物:

$$RX + 2Na \longrightarrow RNa + NaX$$

烷基钠形成后容易进一步与卤代烷反应生成碳原子数多一倍的烷烃,称为武慈反应(Wurtz reaction):

$$RNa + RX \longrightarrow R—R + NaX$$

武慈反应适用于同种卤代烷(一般为溴代烷和碘代烷),可用来制备含偶数碳原子、结构对称的烷烃,具有较高的产率。此反应也可以用于制备取代芳烃,称为武慈-菲蒂希反应(Wurtz-Fitting reaction)。

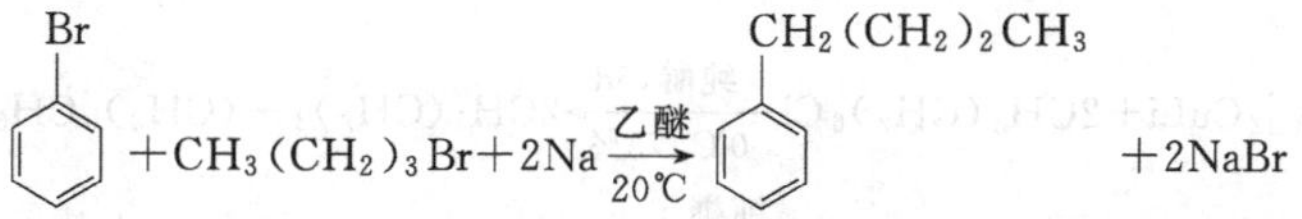

$$\underset{}{\bigcirc\!\!\!\!-Br} + CH_3(CH_2)_3Br + 2Na \xrightarrow[20℃]{乙醚} \underset{}{\bigcirc\!\!\!\!-CH_2(CH_2)_2CH_3} + 2NaBr$$

② 与金属镁反应 卤代烃与金属镁在无水乙醚中作用,生成溶于乙醚中的有机镁化合物,此化合物称为格利雅(Grignard)试剂,简称格氏试剂,无需分离即可直接用于多种合成反应。

$$R—X + Mg \xrightarrow{无水乙醚} RMgX$$
$$(\text{Grignard 试剂})$$

制备格氏试剂,卤代烃的活性顺序为:RI>RBr>RCl,实验室常用溴化物制备格氏试剂。所用溶剂除乙醚外，还有四氢呋喃、其他醚（如丁醚，苯甲醚等）、苯和甲苯等，其中以乙醚和四氢呋喃最佳。因为乙醚和四氢呋喃是 Lewis 碱（四氢呋喃比乙醚碱性强），镁化合物是 Lewis 酸，在乙醚或四氢呋喃溶液中，镁化合物通过溶剂化形成络合物。例如

$$
\begin{array}{c}
\underset{C_2H_5}{\overset{C_2H_5}{\diagdown}} \quad \overset{R}{|} \quad \underset{C_2H_5}{\overset{C_2H_5}{\diagup}} \\
O \rightarrow Mg \leftarrow O \\
\underset{C_2H_5}{\diagup} \quad \overset{}{|} \quad \underset{C_2H_5}{\diagdown} \\
X
\end{array}
$$

由于格氏试剂中 C—Mg 键是极性很强的共价键，性质非常活泼，当与含活泼氢的水、醇、酸、胺、炔烃等作用时，都能分解生成相应的烃。例如

$$CH_3CH_2CH_2MgBr + H-Y \longrightarrow CH_3CH_2CH_3 + MgBrY$$

（Y 可分别代表 —OH、—OR、—X、—NH_2、—C≡CR ）

制备和使用格氏试剂时必须在无水、隔绝空气（最好氮气保护）下进行，否则会破坏格氏试剂而使反应失败。格氏试剂在空气中能慢慢吸收氧气，生成烷氧基卤化镁，遇水分解成相应醇；也能与二氧化碳作用，水解后生成多一个碳的羧酸。例如

$$RMgX + O_2 \longrightarrow ROMgX \longrightarrow ROH$$

$$CH_3CH_2CH_2MgBr + CO_2 \xrightarrow[\text{②}H^+/H_2O]{\text{①无水乙醚}} CH_3CH_2CH_2COOH$$

格氏试剂还经常用于与醛、酮、环氧乙烷等作用制备各类醇，有关内容将在后面章节陆续介绍。

③ 与金属锂反应　在惰性溶剂（如戊烷、石油醚、乙醚等）中，金属锂与卤代烷反应生成烷基锂。生成的烷基锂是一种有机试剂，其制法和性质与格氏试剂很相似。例如

$$CH_3(CH_2)_2CH_2Br + 2Li \xrightarrow[80\%\sim90\%]{\text{乙醚}, -20\sim-10℃} CH_3(CH_2)_2CH_2Li + LiBr$$

$$(CH_3)_3CCl + 2Li \xrightarrow[5h,80\%]{\text{戊烷}, \text{回流}} (CH_3)_3CLi + LiCl$$

由于锂原子的电负性比镁原子小，C—Li 键比 C—Mg 键的极性更强，与之相连的碳原子带更多的负电荷，其性质更像碳负离子，因此有机锂试剂比格氏试剂具有更大的活性。制备有机锂化物所用的卤代烷通常是氯代烷和溴代烷，其中溴代烷较活泼。

烷基锂与卤化亚铜反应生成二烃基铜锂。

$$2RLi + CuX \xrightarrow[N_2]{\text{纯醚}} R_2CuLi + LiX$$

（R=1°、2°、3°烷基，乙烯基，烯丙基，芳基；X=I, Br, Cl）

二烷基铜锂是一种很好的烃基化试剂，称为有机铜锂试剂，它与卤代烃反应生成碳链增长的烷烃，称为科瑞-赫恩（Corey-House）合成法，已用来代替武慈反应制备烷烃。由于有机铜锂试剂具有碱性，反应中的卤代烷以伯卤代烷为佳，叔卤代烷几乎不发生上述反应。例如

$$[CH_3(CH_2)_3]_2CuLi + 2CH_3(CH_2)_6Cl \xrightarrow[0℃,75\%]{\text{纯醚}, 5d} 2CH_3(CH_2)_3-(CH_2)_6CH_3 + LiCl + CuCl$$

$$(CH_3)_2CuLi + CH_3(CH_2)_4I \xrightarrow[25℃,3.5h,98\%]{\text{纯醚}} CH_3(CH_2)_4CH_3 + CH_3Cu + LiI$$

6.4　亲核取代反应历程

根据化学动力学和立体化学等许多实验结果，卤代烷（以及其他脂肪族化合物）的亲核

取代反应，通常按两种反应机理进行：单分子亲核取代反应机理（S_N1 机理）和双分子亲核取代反应机理（S_N2 机理）。

6.4.1 单分子亲核取代反应（S_N1）机理

以叔丁基溴在 NaOH 溶液中的反应。生成取代产物叔丁醇为例：

$$(CH_3)_3CBr + HO^- \longrightarrow (CH_3)_3COH + Br^-$$

实验表明，反应速率只与叔丁基溴的浓度有关，与亲核试剂的浓度无关，因此叔丁基溴在碱性水溶液中的水解反应属于 S_N1 反应，整个反应是分两步进行的。第一步是离去基团带着一对电子逐渐离开中心碳原子，即 C—Br 键发生部分断裂，经由过渡态 1，当 C—Br 完全断裂时就生成能量较高、反应活性较大的碳正离子中间体。由于从 C—Br 键异裂成离子需要的能量较高，因此这一步反应是慢的。第二步是碳正离子中间体与亲核试剂很快结合，经由过渡态 2 生成产物叔丁醇。

$$v_{水解} = k[(CH_3)_3CBr]$$

第一步：$(CH_3)_3C{-}Br \rightleftharpoons \left[(CH_3)_3 \overset{\delta+}{C}{\cdots}\overset{\delta-}{Br} \right]^{\neq} \longrightarrow (CH_3)_3C^+ + Br^-$ 慢

第二步：$(CH_3)_3C^+ + OH^- \rightleftharpoons \left[(CH_3)_3 \overset{\delta+}{C}{\cdots}\overset{\delta-}{OH} \right]^{\neq} \longrightarrow (CH_3)_3COH$ 快

在此历程中，决定速率的控制步骤是第一步，只与叔丁基溴的浓度有关，而与亲核试剂的浓度无关。这种只有一种分子参与决定反应速率步骤的亲核取代反应称为单分子亲核取代反应，用 S_N1 表示。

在 S_N1 反应中，反应是通过碳正离子中间体进行的，碳正离子具有平面结构（sp^2 杂化），亲核试剂可以从平面两侧与其结合，从两侧结合的概率是均等的，如果反应中心碳原子为手性碳原子，则得到构型保持和构型翻转两种产物，组成外消旋体，这一过程称为外消旋化。

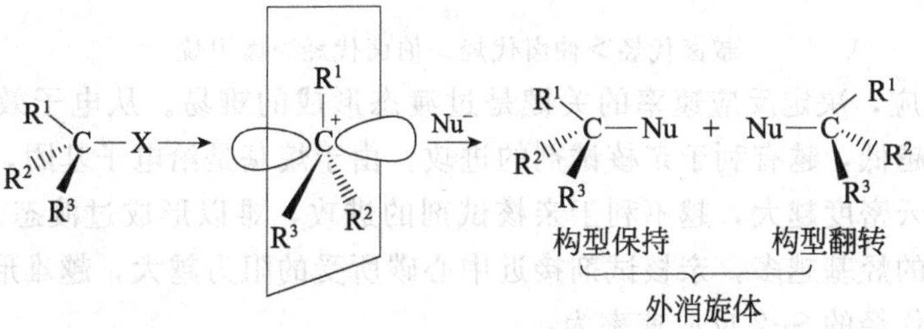

S_N1 反应还经常观察到重排产物的生成：

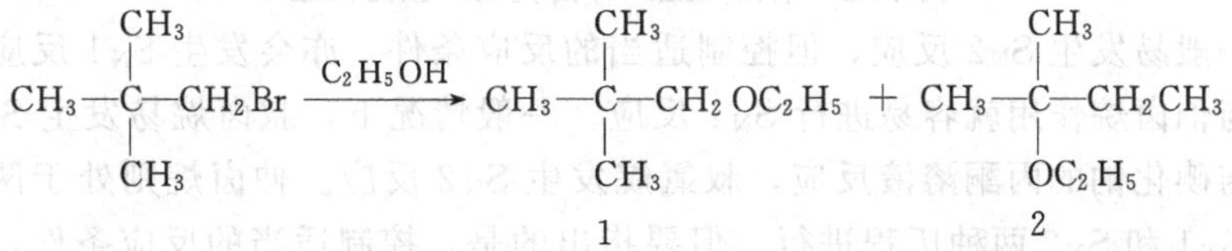

产物 2 是由反应中生成的伯碳正离子重排为更稳定的叔碳正离子所形成的。

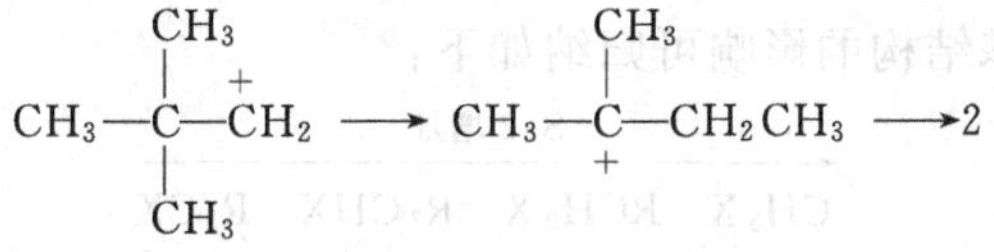

6.4.2 双分子亲核取代反应（S_N2）机理

以溴甲烷在 NaOH 水溶液中反应，生成取代产物甲醇为例：

$$CH_3Br + OH^- \longrightarrow CH_3OH + Br^-$$

研究发现，反应速率不仅与溴甲烷的浓度有关，也与碱的浓度成正比：

$$v_{水解} = k[CH_3Br][OH^-]$$

实验表明，伯卤代烃的水解反应没有中间体，主要是通过过渡态完成的。

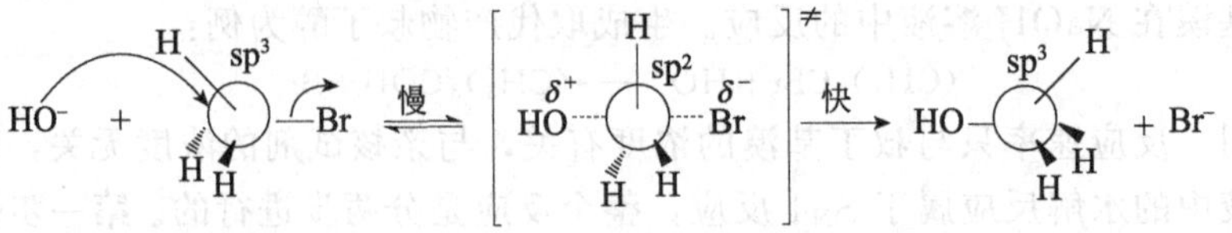

亲核试剂从离去基团的背面进攻中心碳原子，与此同时，溴原子带着一对电子逐渐离开，中心碳原子上的三个氢由于受 OH$^-$ 进攻的影响而往溴原子一边偏转，当三个氢原子与中心碳原子处于同一平面时，OH、Br 和中心碳原子处在垂直于该平面的一条直线上，体系能量达到最高，这就是过渡态。在这个过渡态下，中心碳原子已由 sp^3 杂化转变为 sp^2 杂化，这时 C—O 键部分形成，C—Br 键部分断裂。甲基上三个氢原子自完全偏转到溴原子一边，整个过程与雨伞在大风中翻转相似，产物中的碳原子又恢复到原来的 sp^3 杂化，羟基占据在溴原子原来的位置的背面位置上，得到的甲醇立体构型与溴甲烷原来的构型完全相反。这种立体构型的翻转称为瓦尔登转化或瓦尔登翻转。瓦尔登转化是 S$_N$2 反应的立体化学特征，即手性碳原子上的 S$_N$2 的标志是发生构型翻转。

6.4.3　影响亲核取代反应的因素

（1）烷基结构的影响

对于 S$_N$1 反应，由于速率控制步骤的产物为碳正离子，故碳正离子的稳定性决定了反应进行的速率，碳正离子越稳定，反应速率也越大。因此，不同卤代烃 S$_N$1 反应速率大小顺序为：

叔卤代烃＞仲卤代烃＞伯卤代烃＞卤甲烷

对于 S$_N$2 反应，决定反应速率的关键是过渡态形成的难易。从电子效应看，中心碳原子的电子云密度越低，越有利于亲核试剂的进攻。由于烷基是给电子基团，中心碳原子上的烷基越多，电子云密度越大，越不利于亲核试剂的进攻，难以形成过渡态。从空间效应看，中心碳原子上连的烃基越多，亲核试剂接近中心碳所受的阻力越大，越难形成过渡态。综合两方面因素，卤代烃的 S$_N$2 反应速率为：

卤甲烷＞伯卤代烃＞仲卤代烃＞叔卤代烃

伯卤烷一般易发生 S$_N$2 反应，但控制适当的反应条件，亦会发生 S$_N$1 反应。如硝酸银的乙醇溶液与伯卤烷作用就容易进行 S$_N$1 反应。一般情况下，叔卤烷易发生 S$_N$1 反应，但如果叔氯烷与碘化钠的丙酮溶液反应，叔氯烷发生 S$_N$2 反应。仲卤烷则处于两者之间，反应可同时按 S$_N$1 和 S$_N$2 两种历程进行。但要指出的是，控制适当的反应条件，可使反应按不同的反应历程进行。

上面两种历程中烷基结构的影响可归纳如下：

S$_N$2 增加

$\longleftarrow$

CH$_3$X　RCH$_2$X　R$_2$CHX　R$_3$CX

$\longrightarrow$

S$_N$1 增加

（2）卤素对 S$_N$ 反应的影响

在亲核取代反应中，反应底物的 C—X 键断裂，X 带有一对电子离开，无论是进行 S$_N$1

反应，还是 S_N2 反应历程，离去基团的影响都是一样的，离去基团离去能力越强，亲核反应越容易进行。

一般来说，离去基团的碱性愈弱，形成的负离子愈稳定，越容易离去。氢卤酸是强酸，其酸性顺序为：$HI>HBr>HCl$；它们的共轭碱为弱碱，其碱性顺序为：$I^-<Br^-<Cl^-$；因此，卤代烷中卤素作为离去基团的反应活性为：碘代烷＞溴代烷＞氯代烷。这个活性次序对 S_N1 反应的影响程度大于 S_N2 反应。

（3）亲核试剂的性质对 S_N 反应的影响

在 S_N1 反应中，决定反应速率的是离解，因此 S_N1 反应与亲核试剂无关。但在 S_N2 反应中，由于亲核试剂参与了过渡态的形成，亲核试剂的浓度越大，亲核试剂的亲核能力越强，反应按 S_N2 历程的趋势就越大。

试剂的亲核能力与多种因素有关，这里只简单介绍几个一般性的结论。

① 当亲核试剂的亲核原子相同时，在极性质子溶剂（如水、醇、酸等）中，试剂的碱性越强，其亲和性越强。例如：

$$C_2H_5O^->HO^->C_6H_5O^->CH_3COO^->H_2O；N_2H^->H_3N$$

需要注意的是，亲和性与碱性是两个不同的概念，亲和性是指带正电荷原子的亲和力；碱性是指对质子或路易斯酸的亲和力。它们的强弱次序有时并不完全一致。

② 当亲核试剂的亲核原子是元素周期表中的同族原子时，在极性质子溶剂中，试剂的可极化度越大，其亲核性越强。例如：

$$I^->Br^->Cl^->F^-；RS^->RO^-；R_3P>R_3N$$

可极化度是指亲核试剂的电子云在外电场的影响下变形的难易程度。易变形的可极化度大，它进攻中心碳原子时，其外层电子云就容易变形而伸向中心碳原子，从而降低了形成过渡态时所需的能量，因此试剂的可极化度越强，其亲和性越大。

③ 当亲核试剂的亲核原子是元素周期表中同周期原子时，原子的原子序数越大，其电负性越强，则给电子能力越弱，即亲核性越弱。例如：

$$H_2N^->HO^->F^-；H_3N>H_2O；R_3P>R_2S$$

（4）溶剂的性质对 S_N 反应的影响

溶剂极性的大小对卤代烷的离解及过渡态的形成影响很大。溶剂的极性增大，有利于卤代烷的离解，而不利于过渡态的形成，即有利于反应按 S_N1 历程进行，不利于按 S_N2 历程进行。

值得注意的是，在极性溶剂中，质子溶剂和非质子溶剂对反应物的影响是不同的。质子溶剂（如水、醇、酸等）能与正负离子发生溶剂化。而在极性非质子溶剂中，正离子可以通过离子-偶极之间的相互作用（或偶极-偶极互相作用）而溶剂化，但负离子因不能形成氢键而被溶剂化的程度很小。示意如下：

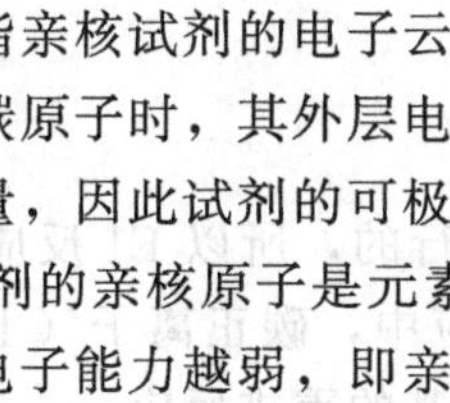

正离子通过离子-偶极作用溶剂化 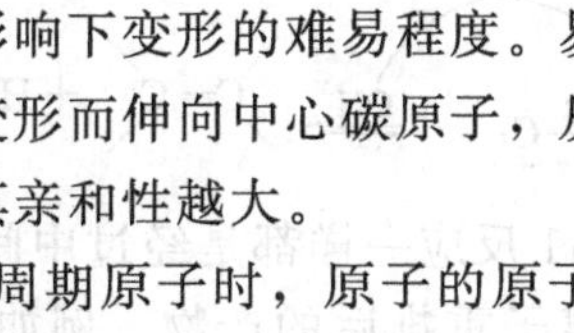　　　负离子通过氢键溶剂化

在 S_N1 反应中，质子溶剂能通过溶剂化作用稳定中间体碳正离子和离去基团负离子，因此极性质子性溶剂对 S_N1 反应有利。而对于 S_N2 反应，反应通常在较强的亲核试剂进攻

下进行，这些亲核试剂多为负离子。如果反应在质子溶剂中进行，则负离子被溶剂化而稳定，导致亲核活性降低，相反，在极性非质子溶剂中，负离子不能溶剂化，处于"裸露状态"，亲核活性高。

6.5　消除反应历程

β-氢消除反应的机理有两种：单分子消除反应机理（以 E1 表示）和双分子消除反应机理（以 E2 表示）。这两者的区别是：α-C—X 键首先断裂生成活性中间体碳正离子，然后在碱的作用下，β-C—H 键断裂生成烯烃，称为单分子消除反应；若在碱的作用下，α-C—X 键和 β-C—H 键同时断裂脱去 HX 生成烯烃，称为双分子消除反应。

6.5.1　单分子消除反应（E1）机理

单分子消除反应和 S_N1 反应相似，反应分两步进行。第一步是卤代烃中 C—X 键离解生成碳正离子，这一步是反应速率控制步骤，形成的碳正离子的稳定性决定了反应速率。第二步是实际夺取 β-氢而在 α-碳和 β-碳之间形成碳碳双键。在绝速步骤中，只有一分子参与反应，即其反应速率取决于卤代烃的浓度，而与碱试剂无关。故该反应称为单分子消除反应。

第一步：
$$\underset{\beta}{-C}\underset{\alpha}{-C}\text{—} \Longleftrightarrow \text{—}C\text{—}C^+\text{—} + X^- \quad 慢$$

第二步：
$$\text{—}C\text{—}C^+\text{—} + OH^- \longrightarrow C\text{=}C + H_2O \quad 快$$

E1 反应和 S_N1 反应一样都是经过中间碳正离子进行的，所以 E1 反应也常常发生重排反应，生成碳正离子重排后的产物。例如：在下列反应中，碳正离子（Ⅰ）不如（Ⅱ）稳定，由于越稳定的碳正离子越容易生成，因此发生了甲基的重排反应。

$$H_3C\text{—}\underset{\underset{CH_3}{|}}{\overset{\overset{CH_3}{|}}{C}}\text{—}CH_2Br \xrightarrow[\text{解离}]{C_2H_5OH} H_3C\text{—}\underset{\underset{CH_3}{|}}{\overset{\overset{CH_3}{|}}{C}}\text{—}CH_2^+ \xrightarrow[\text{重排}]{\text{甲基迁移}} H_3C\text{—}\underset{\underset{(Ⅱ)}{}}{\overset{\overset{CH_3}{|}}{C}}\text{—}CH_2CH_3 \xrightarrow{H^+} H_3C\text{—}\overset{\overset{CH_3}{|}}{C}\text{=}CHCH_3$$

$$\qquad\qquad\qquad\qquad\qquad\qquad\qquad (Ⅰ)\qquad\qquad\qquad\qquad\qquad (Ⅱ)$$

E1 和 S_N1 机理的第一步均生成碳正离子，所不同的是第二步，因此这两类反应往往同时发生。至于哪个占优势，主要看碳正离子在第二步反应中消除质子还是与试剂结合的相对难易而定。

$$CH_3\text{—}\underset{+}{\overset{\overset{CH_3}{|}}{C}}\text{—}CH_2CH_2\text{—}$$

$$\xrightarrow[E1]{-H^+} CH_3\text{—}\overset{\overset{CH_3}{|}}{C}\text{=}CH\text{—}CH_3 \quad (2\text{-}甲基\text{-}2\text{-}丁烯)$$

$$\xrightarrow[S_N1]{H_2O} CH_3\text{—}\underset{\underset{OH}{|}}{\overset{\overset{CH_3}{|}}{C}}\text{—}CH_2CH_3 \quad (2\text{-}甲基\text{-}2\text{-}丁醇)$$

$$\xrightarrow[S_N1]{CH_3CH_2OH} CH_3\text{—}\underset{\underset{OCH_2CH_3}{|}}{\overset{\overset{CH_3}{|}}{C}}\text{—}CH_2CH_3 \quad (乙叔戊醚)$$

6.5.2 双分子消除反应（E2）机理

双分子消除反应 E2 和 S_N2 反应十分相似，不同的是在 S_N2 反应中，亲核试剂进攻的是 α-碳原子，而在 E2 反应中进攻的是 β-氢原子，则导致 β-氢及卤离子离去，相当于分子中脱去一分子的 HX，并使得 α,β-碳之间生成双键。

在过渡态时，C—C 之间已有部分双键的性质，这时反应体系处于最高能量水平，随着反应的进行，最后旧键完全断裂，新键完全形成，生成烯烃。此反应是一步完成的，其反应速率与反应物和亲核试剂的浓度成正比，因此叫做双分子消除反应。

6.5.3 消除反应的取向

卤代烃分子中存在两种或两种以上可以消除的 β-氢时，消除反应产物就不止一种。消除反应的择向规律与其反应历程有关。卤代烷消除 β-氢一般有两种取向：一是扎伊采夫（Saytzeff）取向，另一种是霍夫曼（Hofmann）取向。

仲卤代烷和叔卤代烷在发生消除反应时，主要产物为双键碳原子上连有烷基最多的烯烃或氢原子最少的烯烃，这个规律称为 Saytzeff 规律。

$$CH_3CH_2CHBrCH_3 \xrightarrow[C_2H_5OH]{C_2H_5ONa} H_3CHC=CHCH_3 + C_2H_5HC=CH_2$$
$$\qquad\qquad\qquad\qquad\qquad\quad 81\% \qquad\qquad\quad 19\%$$

其原因一般可用过渡态的活化能来说明。即在 E1 反应的第二步脱去质子的过渡态中以及在 E2 反应的过渡态中，π 键已部分形成。从过渡态和产物两者的稳定性来看，生成双键碳原子上取代烷基较多的烯烃为有利，相应的活化能较低，反应速率较快，这种烯烃在产物中所占比例较多。

季铵碱或锍碱加热时发生消除反应，主要产物为双键上连有烷基最少的烯烃，这个规律称为 Hofmann 规律。

$$\begin{array}{c}CH_3CH_2CHCH_3\\ \quad\overset{\oplus}{N}(H_3)_3 \overset{\ominus}{O}H\end{array} \xrightarrow{150℃} H_2C=CHCH_2CH_3 + H_3CHC=CHCH_3 + N(CH_3)_3$$
$$\qquad\qquad\qquad\qquad\qquad\qquad 95\% \qquad\qquad\qquad 5\%$$

$$\begin{array}{c}\qquad\quad H_3C\\ \qquad\quad |\\ CH_3CH_2-\overset{\oplus}{C}-\overset{\oplus}{S}(CH_3)_2\\ \qquad\quad |\\ \qquad\quad H_3C\end{array} \xrightarrow[EtOH,\triangle]{EtONa} H_2C=CCH_2CH_3 + H_3CHC=C(CH_3)_2 + S(CH_3)_2$$
$$\qquad\qquad\qquad\qquad\qquad\qquad\qquad\qquad |$$
$$\qquad\qquad\qquad\qquad\qquad\qquad\qquad\quad CH_3$$
$$\qquad\qquad\qquad\qquad\qquad\quad 86\% \qquad\qquad\quad 14\%$$

当脱去的 β-H 所处位置有明显的空间位阻或键的体积很大，不利于处在中间位置的 β-H 脱去，则处于一端的 β-H 的脱去较为有利，这就生成了霍夫曼取向为主的端烯烃。

6.5.4 影响消除反应的因素

（1）烷基结构的影响

烷基结构对 E1 和 E2 反应均有不同程度的影响。对于 E1 反应，由于决速步骤是形成碳正离子，而碳正离子的稳定性顺序是：$3°>2°>1°$，因此叔卤代烷最容易进行反应。

对于 E2 反应，碱性试剂进攻的是 β-氢，与 α-碳原子所连基团数目所引起的空间障碍关系不大，反而因 α-碳上烷基增多而增加了 β-氢数目，对碱进攻更有利，并且 α-碳上烷基增多对产物烯烃的稳定性也是有利的。所以，烷基结构对 E2 反应活性顺序的影响与 E1 是一致的，即 3°＞2°＞1°。

（2）卤原子的影响

E1 和 E2 反应都涉及 C—X 的断裂，所以卤原子的离去能力对两种反应机制都有影响。由于 E1 反应决定反应速率的步骤是第一步，所以卤原子的离去能力对 E1 影响更大。基团越容易离去，反应速率越快：RI＞RBr＞RCl。此外离去基团只影响反应速率，不影响产物的比例。

（3）进攻试剂的影响

由于 E1 反应的决速步骤是底物 C—X 键的异裂，因此进攻试剂对 E1 的反应速率没有影响，但对 E2 的反应速率有影响。对于 E2 反应来说，反应速率与反应底物及碱试剂的浓度成正比，并且浓的强碱有利于夺取 β-氢，也有利于过渡态的形成。因此，增加碱试剂的强度和浓度有利于 E2 反应进行。

（4）溶剂极性的影响

溶剂的性质对 E1 和 E2 反应均有影响。增强溶剂的极性有利于 E1 反应，这是因为 E1 反应的第一步是生成碳正离子和卤负离子，增强溶剂极性能加速 E1 反应的 C—X 键的离解，同时有利于 E1 过渡态中的电荷集中。反之，极性小的溶剂有利于过渡态中负电荷更多分散，能更好地稳定低极性的 E2 过渡态，因此有利于 E2 反应。

6.6 亲核取代和消除反应的竞争

亲核取代反应和消除反应都是由同一试剂进攻卤代烷而引起的，不同的是反应中心不同，若试剂进攻 α-C 则发生取代，若进攻 β-H 则发生消除。这两者之间往往同时发生并相互竞争，究竟哪一种反应占优势，是由反应物的分子结构和反应条件决定的。适当选择反应物和控制反应条件，使产物以预期产物为主，对有机合成工作具有重要意义。

6.6.1 烷基结构的影响

烷基结构对消除反应和亲核取代反应的影响是：

$$\xrightarrow{\quad S_N \text{ 越容易} \quad}$$
$$3°RX \quad 2°RX \quad 1°RX \quad CH_3X$$
$$\xleftarrow{\quad E \text{ 越容易} \quad}$$

这主要是由于空间因素的影响。因为随着卤代烷 α-碳原子上取代基的增多，增加了亲核试剂进攻 α-碳原子的位阻，而进攻空间位阻较小的 β-氢原子的机会却相应增加了。

因此，伯卤代烃倾向于发生取代反应，只有在强碱和弱极性溶剂条件下才以消除为主。叔卤代烃倾向于消除反应，即使在弱碱条件下如 Na_2CO_3 水溶液中也以消除反应为主，只有在乙醇或纯水中发生溶剂分解才以取代反应为主。

仲卤代烃的情况介于伯、叔卤代烃之间，在通常条件下，以取代反应为主，但消除程度比一级卤代烃大得多。究竟以哪种反应为主，主要取决于卤代烃结构和反应条件。在强碱（NaOH/乙醇）作用下主要发生消除。与伯卤代烃一样，β-C 上连有支链的仲卤代烃消除倾向增大。

另外，卤代烃的 β-碳原子上连有苯基或烯基时，由于 β-氢活性增强，且消除后生成稳定的共轭烯烃而加速消除反应并提高产率。例如

$$CH_3CH_2Br+CH_3CH_2ONa \xrightarrow[55℃]{乙醇} CH_3CH_2OCH_2CH_3+CH_2=CH_2$$
$$\qquad\qquad\qquad\qquad\qquad\qquad\qquad 99\% \qquad\qquad 1\%$$

$$\text{（苯）}-CH_2CH_2Br + CH_3CH_2ONa \xrightarrow[55℃]{乙醇} \text{（苯）}-CH_2CH_2OCH_2CH_3 + \text{（苯）}-CH=CH_2$$

$$\qquad\qquad\qquad\qquad\qquad\qquad\qquad\qquad 5.4\% \qquad\qquad\qquad\qquad 94.6\%$$

6.6.2　进攻试剂的影响

S_N1 和 E1 的反应速率都不受亲核试剂的影响。

在 S_N2 反应中反应速率随着亲核试剂浓度和亲核能力的增加而增加，而且亲核性强或碱性强的试剂有利于取代反应，亲核性弱或碱性弱的试剂有利于消除反应。如果试剂碱性加强或碱的浓度增大，消除反应产率增加。

另外空间位阻大的试剂不易于进攻位于中间的 α-碳原子，但进攻 β-氢影响不大，所以有利于 E2 反应。例如

$$(CH_3)_2CHCH_2Br \xrightarrow[C_2H_5OH]{C_2H_5ONa} (CH_3)_2CHCH_2OC_2H_5 + (CH_3)_2C=CH_2$$

$$\qquad\qquad\qquad\qquad\qquad\qquad 38\% \qquad\qquad\qquad 62\%$$

$$(CH_3)_2CHCH_2Br \xrightarrow[(CH_3)_3COH]{(CH_3)_3COK} (CH_3)_2CHCH_2OC(CH_3)_3 + (CH_3)_2C=CH_2$$

$$\qquad\qquad\qquad\qquad\qquad\qquad\quad 8\% \qquad\qquad\qquad 92\%$$

6.6.3　溶剂的影响

增加溶剂极性，有利于取代反应，而不利于消除反应，因为一般情况下，溶剂的极性大有利于电荷集中，不利于电荷分散。对于取代和消除反应的双分子机理，消除反应过渡态中负电荷分散程度比取代反应过渡态的电荷分散程度大（如下图所示）。因此，当溶剂的极性增加时，对 S_N2 过渡态的稳定作用比 E2 大。即用卤代烃制备醇时，一般在 NaOH 水溶液中进行；而制备烯烃时，则在 NaOH 醇溶液中进行。

$$\left[HO \cdots\overset{\delta^-}{} \overset{|}{\underset{|}{C}} \overset{\delta^-}{\cdots} X \right]^{\neq} \qquad \left[HO \cdots\overset{\delta^-}{} H \cdots \overset{|}{\underset{|}{C}}-\overset{|}{\underset{|}{C}} \overset{\delta^-}{\cdots} X \right]^{\neq}$$

$$\qquad\qquad S_N2 \qquad\qquad\qquad\qquad\qquad E2$$

6.6.4　反应温度的影响

虽然升高温度对取代和消除反应都有利，但两者相比，升高温度通常更有利于消除反应。因为消除反应除了要断 C—X 键外，还要拉长 β-C—H 键，形成过渡态所需要的活化能比取代反应要大。因此提高反应温度往往可以增加消除产物的比例。例如

$$\underset{\underset{Br}{|}}{CH_3CHCH_3} \xrightarrow[C_2H_5OH, H_2O]{NaOH} \begin{array}{c} \xrightarrow{45℃} \quad 53\% \qquad\qquad 47\% \\ CH_3CH=CH_2 + (CH_3)_2CH-OC_2H_5 \text{（或 OH）} \\ \xrightarrow{100℃} \quad 64\% \qquad\qquad 36\% \end{array}$$

总之，一般来说，直链的一级卤代烃，很容易发生 S_N2 反应，消除反应很少。β-碳原子上有侧链的一级卤代烃和二级卤代烃，S_N2 反应速率较慢，低极性溶剂和强亲核试剂有利于 S_N2 反应，而低极性溶剂和强碱有利于 E2 反应。叔卤代烃一般不发生 S_N2 反应，在没有强碱存在时，主要为 S_N1 和 E1 两种单分子反应的混合物，且低温有利于 S_N1 反应；强碱存在（如 RO^-）时，E2 反应为主，且增加碱的浓度，E2 消除产物增加。

卤代烃对人类生活的影响

　　含有卤素原子的有机物大多是由人工合成得到的，卤代烃在工农业生产及人们的生活中具有十分广泛的用途，对人类生活有着重要的影响。它可以用作冰箱的制冷剂、洗衣机的干洗剂、运动场上的麻醉剂、灭火剂、不粘锅涂层、有机溶剂、合成有机物等。如四氯化碳、七氟丙烷等可用作灭火剂，氯乙烷用作麻醉剂，氟里昂曾用作冷冻剂，六六六曾用作杀虫剂等。

　　卤代烃在现代医疗领域也有应用，例如全氟丙烷是一种药品名为"眼用全氟丙烷气体"的主要成分，其作为视网膜脱离手术及玻璃体手术的眼内填充气体材料。主要适用于玻璃体切割、视网膜脱离等眼科手术，使脱离的视网膜复位、愈合。

　　卤代烃还是合成高分子化合物的原料。例如四氟乙烯在引发剂的作用下，可制备得到聚四氟乙烯，聚合机理是自由基聚合。

$$nCF_2{=\!\!=}CF_2 \xrightarrow{\text{引发剂}} \left[CF_2{-\!\!}CF_2\right]_n$$

　　聚四氟乙烯的最大特点是耐腐蚀，几乎不被任何化学药品腐蚀，也不与强酸、强碱作用，甚至在"王水"中煮沸也无变化，被称为"塑料王"。因此，聚四氟乙烯用作垫圈、管件、阀门、衬里以及耐热的电绝缘体材料等，用于国防工业、电器工业、航空工业、尖端科学技术等部门；此外，由于聚四氟乙烯具有摩擦系数极低、耐高温等特点，将其用作"不粘锅"涂层。

　　氟代烃及其高分子聚合物如氟塑料、氟树脂和氟橡胶等在各个领域都有很重要的用途。例如四氟乙烯与乙烯共聚或偏二氟乙烯与三氟氯乙烯共聚等，可得到氟树脂。氟树脂是分子中含有氟原子的一类热塑性树脂，其具有优异的耐高低温性能、介电性能、化学稳定性、耐候性、不燃性、不黏性和低的摩擦系数等特性，是国民经济各部门，特别是尖端科学技术和国防工业不可缺少的重要材料。例如可作化工用管、阀、泵和贮槽的衬里；电子工业用耐热防腐电线包皮等绝缘材料；飞机、航天器和电子计算机的配线；机械工业用耐磨、自润滑轴承、活塞环和垫圈等；造纸工业、印染和纺织工业、食品工业用辊筒，建筑用材料等。氟树脂作涂料、胶黏剂和合成纤维的用途也很广，如聚四氟乙烯纤维可用于耐热防蚀滤布、防护服、宇宙服和全氟离子交换膜衬布。此外，聚四氟乙烯还可作人工血管、气管和心肺装置等医用材料；聚偏氟乙烯薄膜可用作立体扬声器和强力传感器的材料，抽成丝可作钓鱼线等；乙烯-三氟氯乙烯共聚物和乙烯-四氟乙烯共聚物可用作耐辐射材料。氟树脂的主要品种有聚四氟乙烯（PTFE）、聚三氟氯乙烯（PCTFE）、聚偏氟乙烯（PVDF）、乙烯-四氟乙烯共聚物（ETFE）、乙烯-三氟氯乙烯共聚物（ECTFE）、聚氟乙烯（PVF）等。其中以聚四氟乙烯为主。

　　卤代烃是有机合成的桥梁，在有机合成中起重要作用。但卤代烃在环境中比较稳定，不易被微生物降解，有些卤代烃还能破坏大气臭氧层，这使得人类对卤代烃的使用受到较大的限制。如氟氯碳化合物（氟里昂）也是大气污染的主要来源之一，能导致臭氧层的破坏，增加地表面的紫外线辐射强度。

习 题

1. 命名下列化合物。

(1) $CH_2ClCH_2CH_2CH_2Br$；(2) $CF_2=CF_2$；(3) ；(4) ；

(5) $CH_2=CCHCH=CHCH_2I$ ；(6) $CH_3CHBrCHCHCH_3$ ；(7) ；(8)
$\quad\quad\quad\;\;|$
$\quad\quad\quad CH_3$
$\quad\quad\quad\quad\quad\quad\quad\quad\quad\quad\quad |$
$\quad\quad\quad\quad\quad\quad\quad\quad\quad\quad\quad CH_3$

2. 写出下列化合物的构造式。

(1) 烯丙基溴；(2) 苄氯；(3) 4-甲基-5-溴-2-戊炔；(4) 偏二氟乙烯；

(5) 二氟二氯甲烷；(6) 碘仿；(7) 一溴环戊烷（环戊基溴）；(8) 1-苯基-2-氯乙烷；

(9) 1,1-二氯-3-溴-7-乙基-2,4-壬二烯；(10) 对溴苯基溴甲烷；

(11) (1R,2S,3S)-1-甲基-3-氟-2-氯环己烷；(12) (2S,3S)-2-氯-3-溴丁烷

3. 完成下列反应式。

(1) $CH_3CH=CH_2+HBr \longrightarrow ? \xrightarrow{NaCN} ?$

(2) $CH_3CH=CH_2+Cl_2 \xrightarrow{500℃} ? \xrightarrow{Cl_2+H_2O} ?$

(3) $CH_3CH=CH_2+HBr \xrightarrow{\text{过氧化物}} ? \xrightarrow{H_2O(KOH)} ?$

(4) $(CH_3)_3CBr+KCN \xrightarrow{\text{乙醇}} ?$

(5) $+Cl_2 \longrightarrow ? \xrightarrow{2KOH, \text{醇}} ?$

(6) $\xrightarrow{NBS} ? \xrightarrow[\text{丙酮}]{NaI} ?$

(7) $CH_3CH-CH-CH_3 \xrightarrow{PCl_5} ? \xrightarrow{NH_3} ?$
$\quad\quad\;\; | \quad\;\; |$
$\quad\quad CH_3 \; OH$

(8) $CH\equiv CH +2Cl_2 \longrightarrow ? \xrightarrow{1molKOH（醇）} ?$

(9)
CH_2Cl 苯环
$+ \begin{cases} \xrightarrow{NaCN} ? \\ \xrightarrow{NH_3} ? \\ \xrightarrow{C_2H_5ONa} ? \\ \xrightarrow[\text{丙酮}]{NaI} ? \\ \xrightarrow{H_2O, OH^-} ? \end{cases}$

(10) $+Cl_2 \longrightarrow ?$ (A) $\xrightarrow[\text{醇}]{2KOH} ?$ (B)

(11) $\xrightarrow{NBS} ?$ (A) $\xrightarrow[H_2O]{NaOH} ?$ (B)

(12) $(CH_3)_3CBr+KCN \xrightarrow{\text{乙醇}} ?$

(13) $C_2H_5MgBr+\ CH_3CH_2CH_2CH_2C\equiv CH \longrightarrow ?$

4. 用化学方法鉴别下列化合物。

(1) $CH_3CH=CHCl$；$CH_2=CHCH_2Cl$；$CH_3CH_2CH_2Cl$

(2) 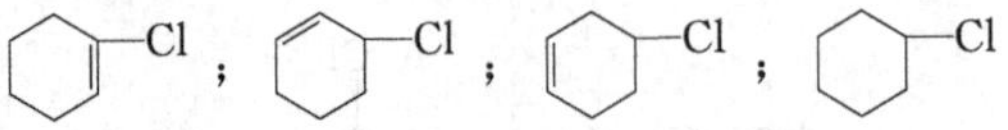

5. 将下列各组化合物按反应速率大小顺序排列。

(1) 按 S_N1 反应

$CH_3CH_2CH_2CH_2Br$　　$(CH_3)_3CBr$　　$CH_3CH_2CH(CH_3)Br$

(2) 按 S_N2 反应

$CH_3CH_2CH_2Br$　　$(CH_3)_3CCH_2Br$　　$(CH_3)_2CHCH_2Br$

6. 将下列化合物按照消去 HBr 难易次序排序，并写出产物的构造式。

$CH_3CH(CH_3)CH(Br)CH_3$　　$CH_3CH(CH_3)CH_2CH_2Br$　　$CH_3C(CH_3)(Br)CH_2CH_3$

7. 下列各对化合物哪一个在 C_2H_5ONa/C_2H_5OH 作用下更易发生 E2 反应。

(1) (A) $CH_3(CH_2)_3Cl$　　(B) $(CH_3)_3CCl$

(2) (A) $CH_3(CH_2)_3Cl$　　(B) $CH_2=CHCH_2CH_2Cl$

(3) (A) 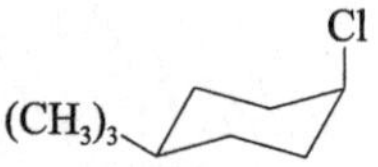　　(B) 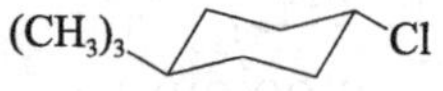

(4) (A) 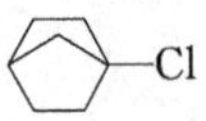　　(B) 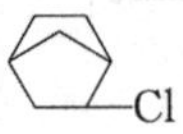

(5) (A) $(CH_3)_3CBr$　　(B) $CH_3CH_2C(CH_3)_2Br$

8. 由指定原料合成下列化合物。

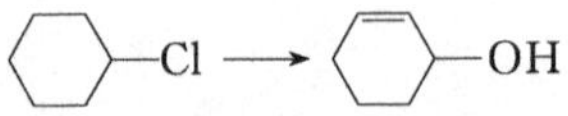

9. 某化合物 (A) 与溴作用生成含有三个卤原子的化合物 (B)。(A) 能使稀、冷 $KMnO_4$ 溶液褪色，生成含有一个溴原子的 1,2-二醇。(A) 很容易与 NaOH 作用，生成 (C) 和 (D)，(C) 和 (D) 氢化后分别给出两种互为异构体的饱和一元醇 (E) 和 (F)，(E) 比 (F) 更容易脱水。(E) 脱水后产生两个异构化合物，(F) 脱水后仅产生一个化合物。这些脱水产物都能被还原成正丁烷。写出 (A) ～ (F) 的构造式及各步反应式。

10. 由苯和/或甲苯为原料合成下列化合物（其他试剂任选）。

(1) 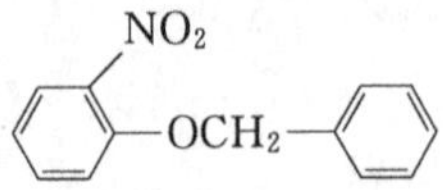　　(2) 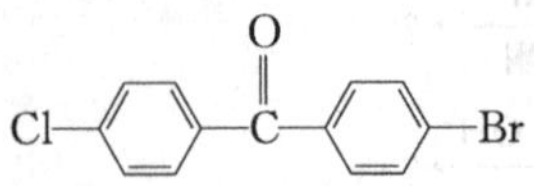

(3) 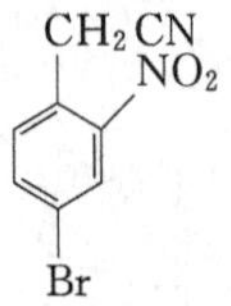　　(4) 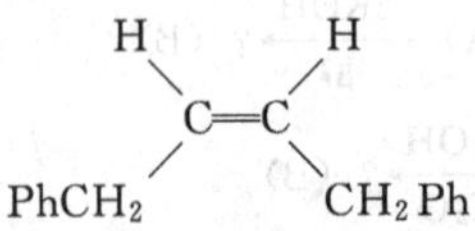

11. 用方程式表示 $CH_3CH_2CH_2Br$ 与下列化合物反应的主要产物。

(1) KOH（水）；(2) KOH（醇）；(3) (A) Mg，乙醚；(B) (A) 的产物＋ $HC\equiv CH$；

(4) NaI/丙酮；(5) NH_3；(6) NaCN；(7) $CH_3C{\equiv}CNa$；

(8) $AgNO_3$（醇）；(9) Na；(10) $HN(CH_3)_2$

12. 将下列各组化合物按反应速率大小顺序排列。

(1) 按 S_N1 反应：

(a) $CH_3CH_2CH_2CH_2Br$，$(CH_3)_3CBr$，$CH_3CH_2\overset{\displaystyle CH_3}{\underset{}{\overset{|}{C}}}HBr$

(b) ⬡—CH_2CH_2Br，⬡—CH_2Br，⬡—$\overset{}{\underset{\overset{|}{Br}}{C}HCH_3}$

(c) 1-氯丁烷，1-氯-2-甲基丙烷，2-氯-2-甲基丙烷，2-氯丁烷（被 OH^- 取代）

(d) 3-氯-3-苯基-1-丙烯，3-氯-1-苯基-1-丙烯，2-氯-1-苯基-1-丙烯

(2) 按 S_N2 反应：

(a) $CH_3CH_2CH_2Br$，$(CH_3)_3CCH_2Br$，$(CH_3)_2CHCH_2Br$

(b) $CH_3CH_2\overset{\displaystyle Br}{\overset{|}{C}}HBr$，$(CH_3)_3CBr$，$CH_3CH_2CH_2Br$

(c) 1-戊醇，2-戊醇，2-甲基-1-丁醇，2-甲基-2-丁醇，2,2-二甲基-1-丙醇（与 HCl 反应）

(d) 4-戊烯-1-基对甲苯磺酸酯，4-戊烯-2-基对甲苯磺酸酯，4-戊烯-3-基对甲苯磺酸酯（被 I^- 取代）

13. 预测下列各对反应中，何者较快？并说明理由。

(1) $CH_3CH_2CH(CH_3)CH_2Br+CN^-\longrightarrow CH_3CH_2CH(CH_3)CH_2CN+Br^-$

$CH_3CH_2CH_2CH_2Br+CN^-\longrightarrow CH_3CH_2CH_2CH_2CN+Br^-$

(2) $(CH_3)_3CBr+H_2O\longrightarrow(CH_3)_3COH+HBr$（加热条件下）

$(CH_3)_2CHBr+H_2O\longrightarrow(CH_3)_2CHOH+HBr$（加热条件下）

(3) $CH_3I+NaOH(H_2O)\longrightarrow CH_3OH+NaI$

$CH_3I+NaSH(H_2O)\longrightarrow CH_3SH+NaI$

(4) $(CH_3)_2CHCH_2Br+NaOH(H_2O)\longrightarrow(CH_3)_2CHCH_2OH+NaBr$

$(CH_3)_2CHCH_2Cl+NaOH(H_2O)\longrightarrow(CH_3)_2CHCH_2OH+NaCl$

14. 卤烷与 NaOH 在水与乙醇混合物中进行反应，指出哪些属于 S_N2 历程，哪些属于 S_N1 历程。

(1) 产物的构型完全转化；　　　　　　(2) 有重排产物；

(3) 碱浓度增加，反应速率加快；　　　(4) 叔卤烷反应速率大于仲卤烷；

(5) 增加溶剂的含水量，反应速率明显加快；　(6) 反应一步完成，不分阶段；

(7) 试剂亲核性愈强，反应速率愈快

15. 下列各步反应中有无错误（孤立地看）？如有的话，试指出其错误的地方。

(1) $CH_3CH{=}CH_2\xrightarrow[\text{(A)}]{HOBr}CH_3CHBrCH_2OH\xrightarrow[\text{}]{Mg,Et_2O}CH_3CH(MgBr)CH_2OH$

(2) $CH_2{=}C(CH_3)_2+HCl\xrightarrow[\text{(A)}]{ROOR}(CH_3)_3CCl\xrightarrow[\text{(B)}]{NaCN}(CH_3)_3CCN$

(3) 对位溴甲苯 $\xrightarrow[\text{(A)}]{NBS}$ ... $\xrightarrow[\text{(B)}]{NaOH,H_2O}$ ...

(4) 环戊烯-$CH_2CHBrCH_2CH_3\xrightarrow{KOH,\ EtOH}$环戊烯-$CH_2CH{=}CH_2$

16. 合成下列化合物。

(1) $CH_3CHBrCH_3 \longrightarrow CH_3CH_2CH_2Br$

(2) $CH_3CHClCH_3 \longrightarrow CH_3CH_2CH_2Cl$

(3) $CH_3CHClCH_3 \longrightarrow CH_3CCl_2CH_3$

(4) $CH_3CHBrCH_3 \longrightarrow CH_2ClCHClCH_2Cl$

(5) $CH_3CH=CH_2 \longrightarrow CH_2(OH)CH(OH)CH_2OH$

(6) $CH_3CH=CH_2 \longrightarrow CH\equiv CCH_2OH$

(7) 1,2-二溴乙烷 $\longrightarrow$ 1,1-二氯乙烷

(8) 1,2-二溴乙烷 $\longrightarrow$ 1,1,2-三溴乙烷

(9) 丁二烯 $\longrightarrow$ 己二腈

(10) 乙炔 $\longrightarrow$ 1,1-二氯乙烯，三氯乙烯

(11) 1-氯乙烷 $\longrightarrow$ 2-己炔

(12)

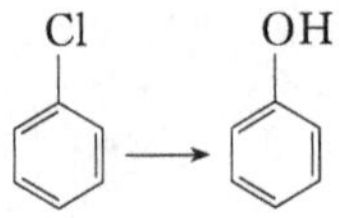

(13)

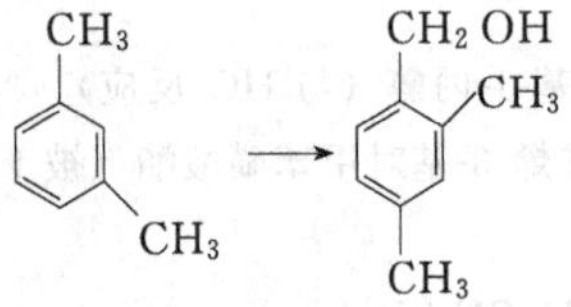

17. 试从苯或甲苯和任何所需的无机试剂以实用的实验室合成法制备下列化合物。

(1) 间氯三氯甲苯；(2) 2,4-二硝基苯胺；(3) 2,5-二溴硝基苯

18. 2-甲基-2-溴丁烷，2-甲基-2-氯丁烷及 2-甲基-2-碘丁烷以不同的速率与纯甲醇作用得到相同的 2-甲基-2-甲氧基丁烷，2-甲基-1-丁烯及 2-甲基-2-丁烯的混合物，试以反应历程说明其结果。

19. 某烃 A，分子式为 C_5H_{10}，它与溴水不发生反应，在紫外光照射下与溴作用只得到一种产物 B(C_5H_9Br)。将化合物 B 与 KOH 的醇溶液作用得到 C（C_5H_8），化合物 C 经臭氧化并在锌粉存在下水解得到戊二醛。写出化合物 A，B，C 的构造式及各步反应式。

20. 某开链烃 A，分子式为 C_6H_{12}，具有旋光性，加氢后生成饱和烃 B，A 与 HBr 反应生成 C($C_6H_{13}Br$)。写出化合物 A，B，C 可能的构造式及各步反应式，并指出 B 有无旋光性。

21. 某化合物 A 与溴作用生成含有三个卤原子的化合物 B，A 能使冷的稀 $KMnO_4$ 溶液褪色，生成含有一个溴原子的 1,2-二醇。A 很容易与 NaOH 作用，生成 C 和 D；C 和 D 氢化后分别得到两种互为异构体的饱和一元醇 E 和 F；E 比 F 更容易脱水，E 脱水后产生两个异构化合物，F 脱水后仅产生一个化合物，这些脱水产物都能被还原为正丁烷。写出化合物 A～F 的构造式及各步反应式。

22. 1-氯环戊烷在含水乙醇中与氰化钠反应，如加入少量碘化钠，反应速率加快，为什么？

23. 一名学生由苯为起始原料按下面的合成路线合成化合物 A（C_9H_{10}）。

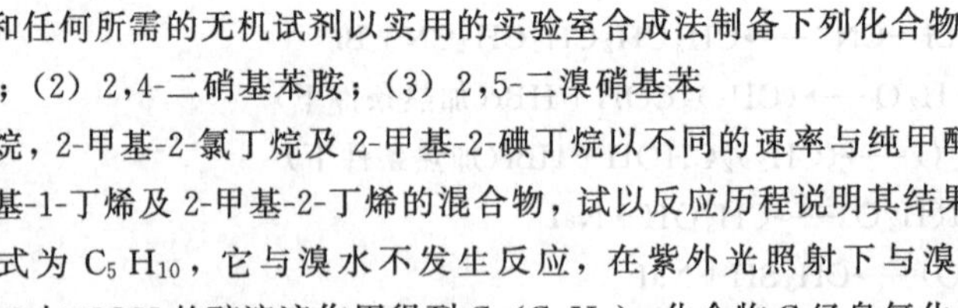

当他将制得的最终产物进行 O_3 氧化，还原水解后却得到了四个羰基化合物；经波谱分析，得知它们分别是苯甲醛、乙醛、甲醛和苯乙酮。

问：(1) 该学生是否得到了化合物？

(2) 该学生所设计的路线是否合理？为什么？

（3）你认为较好的合成路线是什么？

24. 在不饱和卤代烃中，根据卤原子与不饱和键的相对位置，可以分为哪几类，请举例说明。

25. 什么叫溶剂化效应？

26. 说明温度对消除反应有何影响？

27. 卤代芳烃在结构上有何特点？

28. 为什么对二卤代苯比相应的邻或间二卤代苯具有较高的熔点和较低的溶解度？

第 **7** 章

醇、酚、醚

醇（alcohols）、酚（phenols）和醚（ethers）都属于烃的含氧衍生物，也可以看做是水分子中的氢原子被烃基取代后的衍生物。当水分子中的一个氢原子分别被脂肪烃基、芳烃基取代后的产物称为醇、酚。醇和酚具有相同的官能团（羟基）。醚的官能团是醚键（C—O—C），它与含相同碳原子的醇和酚为同分异构体。

7.1 醇

7.1.1 醇的分类

根据羟基所连碳原子种类分为一级醇（伯醇），二级醇（仲醇），三级醇（叔醇）。

$$CH_3-CH_2-OH$$
伯醇

$$CH_3-CH-CH_2-CH_3$$
$$\qquad\quad |$$
$$\qquad\quad OH$$
仲醇

$$\qquad\quad CH_3$$
$$\qquad\quad |$$
$$CH_3-C-OH$$
$$\qquad\quad |$$
$$\qquad\quad CH_3$$
叔醇

根据分子中所含羟基的数目不同，醇可分为一元醇、二元醇和多元醇

$$CH_3CH_2-OH$$
一元醇

$$CH_2-CH_2$$
$$|\qquad |$$
$$OH\quad OH$$
二元醇

$$CH_2-CH-CH_2$$
$$|\qquad |\qquad |$$
$$OH\quad OH\quad OH$$
多元醇

根据分子中羟基的不同可分为脂肪醇、脂环醇和芳香醇。

$$CH_3CH_2-OH$$
脂肪醇

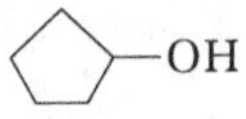

〇—OH
脂环醇

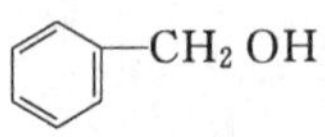

〇—CH$_2$OH
芳香醇

根据分子中羟基是否含有不饱和键又可分为饱和醇和不饱和醇。

$$CH_3-CH_2-CH_2-CH_2OH$$
饱和醇

$$CH_3CH=CHCH_2-OH$$
不饱和醇

7.1.2 醇的命名

（1）普通命名法

适用于结构比较简单的醇，一般在烃基名称后加上"醇"字即可，"基"字可省去。例如：

$$CH_3CH_2OH$$
乙醇

$$CH_3CHCH_3$$
$$\qquad |$$
$$\qquad OH$$
异丙醇

$$CH_2=CHCH_2OH$$
烯丙醇

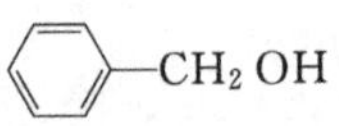

〇—CH$_2$OH
苯甲醇（苄醇）

（2）**系统命名法**

系统命名法命名原则如下。

① 选择最长的碳链为主链，与羟基相连的碳原子及不饱和的碳碳双键或三键要包括在主链之内，根据主链的碳原子数称为某醇。

② 从靠近羟基一端给主链编号，使与羟基所连的碳原子位次最小，按照主链碳原子的数目称为某醇，支链的位次、名称以及羟基的位次写在母体名称前。如：

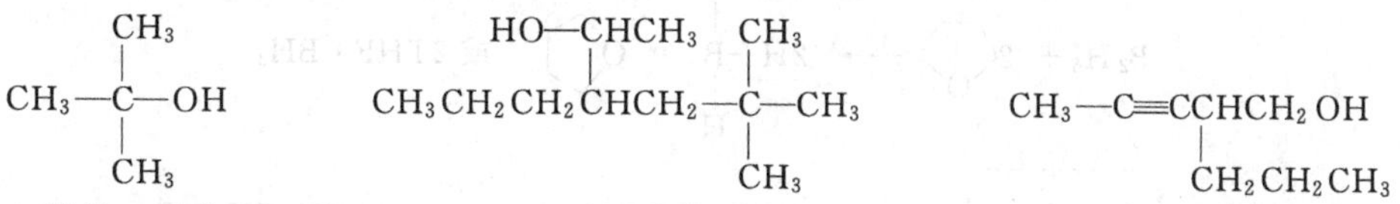

2-甲基-2-丙醇　　　5,5-二甲基-3-丙基-2-己醇　　　2-丙基-3-戊炔-1-醇

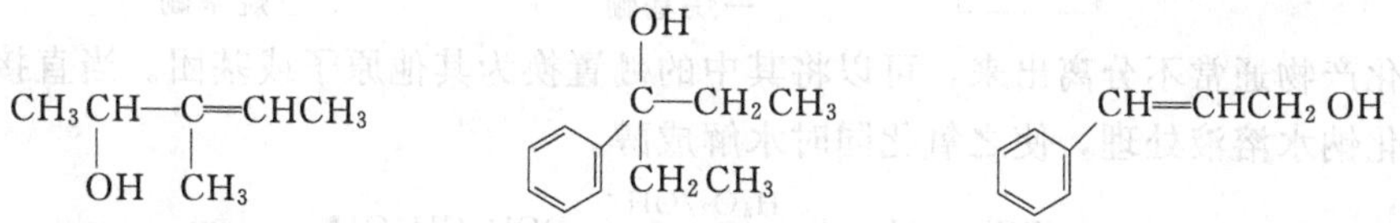

3-甲基-3-戊烯-2-醇　　　3-苯基-3-戊醇　　　3-苯基-2-丙烯醇

7.1.3 醇的制备

（1）**由烯烃制备醇**

① **烯烃水合法**　可分为直接水合法和间接水合法。

工业上常采用直接水合法制备醇：在 300℃和一定压力下，烯烃和水在磷酸或硫酸的催化下，遵循马氏规则直接加成生成醇。

$$CH_2=CH_2 + HOH \xrightarrow[280\sim300℃;\ 7\sim8MPa]{H_3PO_4} CH_3-CH_2-OH$$
乙醇

$$CH_3-CH=CH_2 + HOH \xrightarrow[195℃;\ 2MPa]{H_3PO_4} CH_3-CH-CH_3$$
　　　　　　　　　　　　　　　　　　　　OH
异丙醇

间接水合法是由烯烃先生成硫酸氢酯，后者再水解成得到醇。

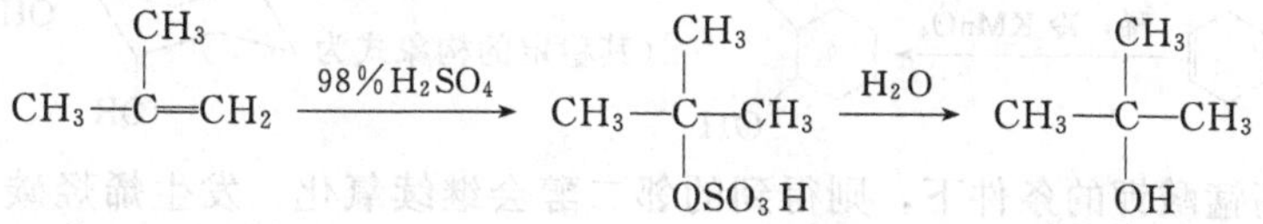

$$CH_3-C=CH_2 \xrightarrow{98\%H_2SO_4} CH_3-C-CH_3 \xrightarrow{H_2O} CH_3-C-CH_3$$

有些不对称烯烃经酸催化水合反应，往往由于中间体碳正离子发生重排而生成叔醇。例如：

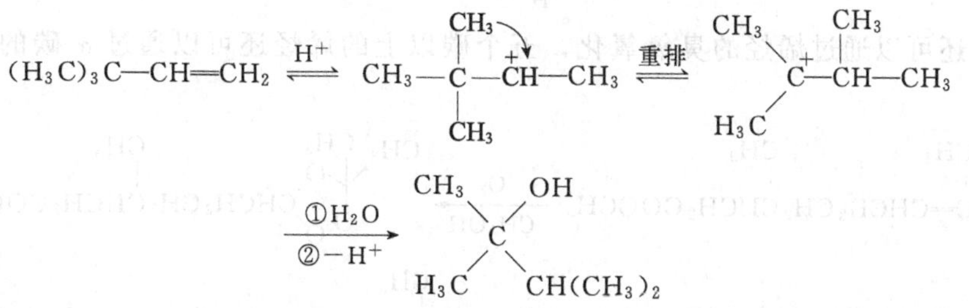

$$(H_3C)_3C-CH=CH_2 \overset{H^+}{\rightleftharpoons} CH_3-C-CH-CH_3 \overset{重排}{\rightleftharpoons} \ $$

$$\xrightarrow[②-H^+]{①H_2O} \ $$

② **硼氢化氧化反应**　烯烃和硼烷先进行硼氢化反应，得到三烷基硼（R_3B），后者在碱性条件下氧化后生成醇。硼氢化反应常用的试剂是乙硼烷的四氢呋喃、纯醚或二甘醇二甲醚

等溶液。在溶液中乙硼烷解离为两分子甲硼烷与溶剂（如四氢呋喃）形成络合物，然后甲硼烷与烯烃反应。

BH₃中的硼原子外层只有六个价电子，分子中有一个空轨道，可以接受一对电子（Lewis 酸），故可以与烯烃的 π 电子结合，硼原子加在取代基较少、空间位阻较小的碳原子上，氢加在含氢较少的双键碳上，加成产物是反马氏规则的。

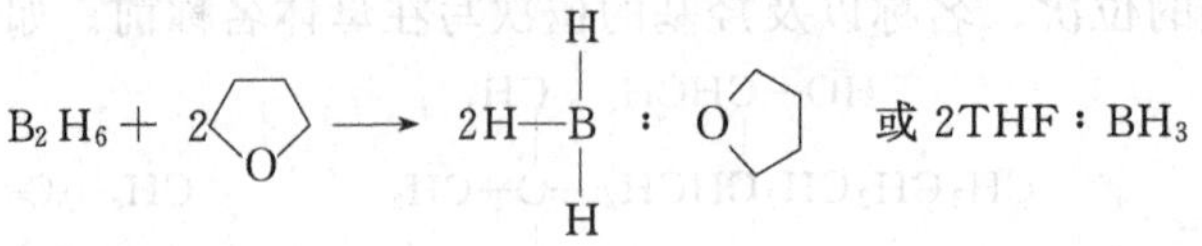

$$B_2H_6 + 2\ \text{〇} \longrightarrow 2H-B \quad : \text{〇} \quad \text{或} \quad 2THF : BH_3$$

$$R-CH=CH_2 + HBH_2 \longrightarrow RCH_2CH_2BH_2 \longrightarrow (RCH_2CH_2)_3B$$
一烷基硼　　　　　　　三烷基硼

硼氢化产物通常不分离出来，可以将其中的硼置换为其他原子或基团。当直接用过氧化氢和氢氧化钠水溶液处理，使之氧化同时水解成醇。

$$(RCH_2CH_2)_3B \xrightarrow{H_2O_2/OH^-} RCH_2CH_2OH$$

该反应具有专一的区域选择性，反应产率极高且操作简便，是制备伯醇的一个很好的方法，也是实验室制备醇的常用方法。

③ 羟汞化-脱汞反应　烯烃和醋酸汞的四氢呋喃-水溶液反应，生成有机汞化合物，后者与硼氢化钠反应，被还原生成醇。

$$CH_3(CH_2)_2CH=CH_2 \xrightarrow[-AcOH]{(AcO)_2Hg,\ THF-H_2O} CH_3(CH_2)_2\underset{OH}{CH}-\underset{HgOAc}{CH_2}$$

$$\xrightarrow[NaOH,\ H_2O]{NaBH_4} CH_3(CH_2)_2\underset{OH}{CH}CH_3 + Hg + AcOH$$

④ KMnO₄氧化　用等量稀的碱性高锰酸钾水溶液，在较低温度下与烯烃或其衍生物反应，可以得到双键被两个羟基加成的二元醇产物。该反应有明显的现象，即高锰酸钾的紫色褪去，同时产生褐色二氧化锰沉淀，可用来鉴别含有碳碳双键的化合物。

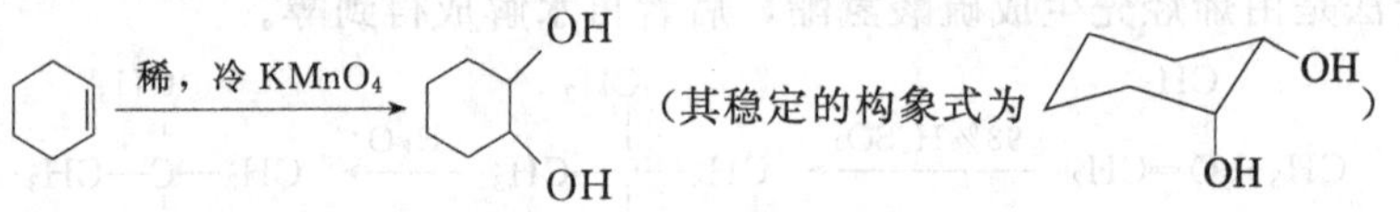

（其稳定的构象式为 〇）

但在酸性高锰酸钾的条件下，则得到的邻二醇会继续氧化，发生烯烃碳碳双键的断裂，生成含氧化合物。

$$CH_3CH_2CH=CH_2 \xrightarrow{KMnO_4}{H^+} CH_3CH_2COOH + CO_2 + H_2O$$

此外，还可以通过烯烃的臭氧氧化，五个碳以上的烯烃还可以通过 α-碳的氧化等反应得到醇。

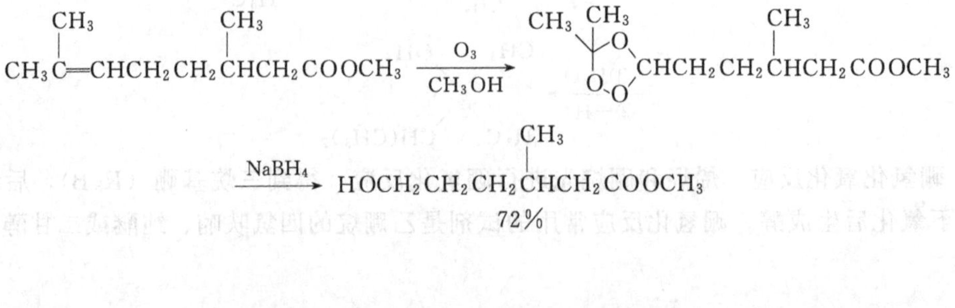

$$\xrightarrow{NaBH_4} HOCH_2CH_2CH_2\underset{CH_3}{CH}CH_2COOCH_3$$
72%

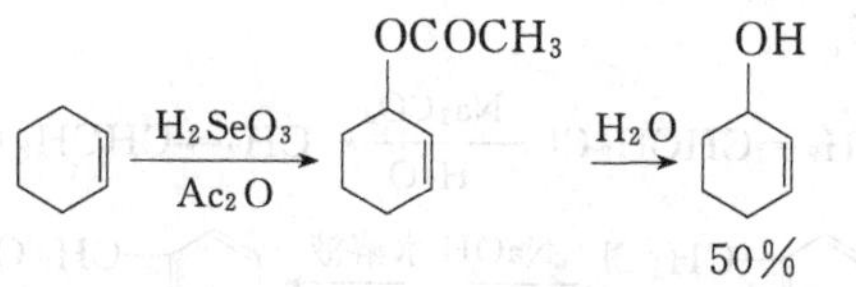

$$50\%$$

（2）由格氏试剂制备醇

格氏试剂是制备醇的重要方法，合成醇的种类取决于羰基化合物的类型。

醛、酮分子中含有羰基，由于氧的电负性比碳强得多，故羰基中的 π 电子云偏向于氧，使羰基碳带部分正电荷，易遭受亲核试剂的进攻而发生加成反应。格氏试剂（RMgX）与醛、酮发生加成反应，其烃基加到羰基的碳原子上，余下的部分加到羰基氧原子上，加成物再水解得到醇。用通式表示如下：

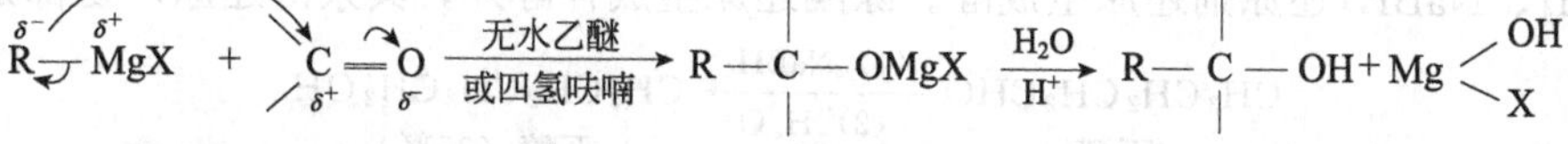

格氏试剂和甲醛或环氧乙烷反应分别合成增加一个碳原子和两个碳原子的伯醇。

$$CH_3CH_2CH_2CH_2MgBr \xrightarrow{HCHO} \xrightarrow{H_3O^+} CH_3CH_2CH_2CH_2CH_2OH$$
1-戊醇（92%）

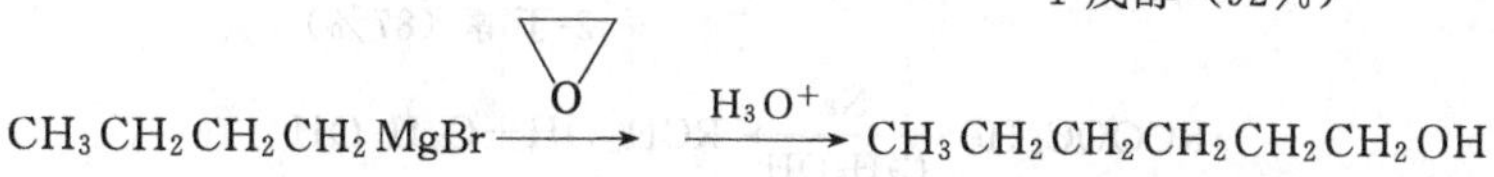

$$CH_3CH_2CH_2CH_2MgBr \xrightarrow{} \xrightarrow{H_3O^+} CH_3CH_2CH_2CH_2CH_2CH_2OH$$
1-己醇（61%）

格氏试剂与醛、取代环氧乙烷或甲酸酯反应生成仲醇。用甲酸酯合成时，得到的是一个对称仲醇，甲酸酯和格氏试剂用量为 1:2。这是由于格氏试剂先和甲酸酯反应得到醛，而醛再一次亲核加成生成对称的仲醇。

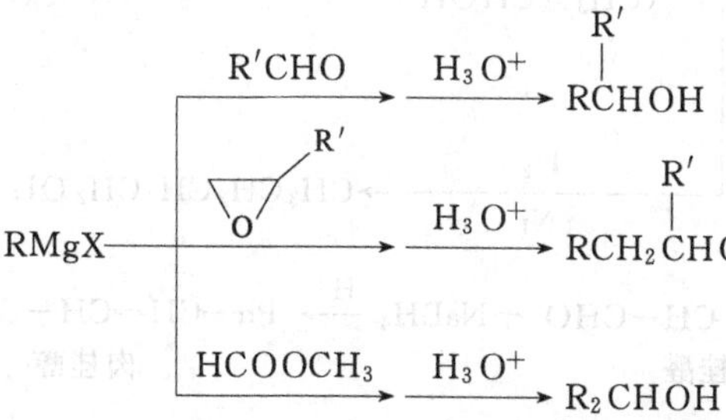

格氏试剂与酮或酯反应生成叔醇。采用酯反应时，酯与格氏试剂的用量也是 1:2。

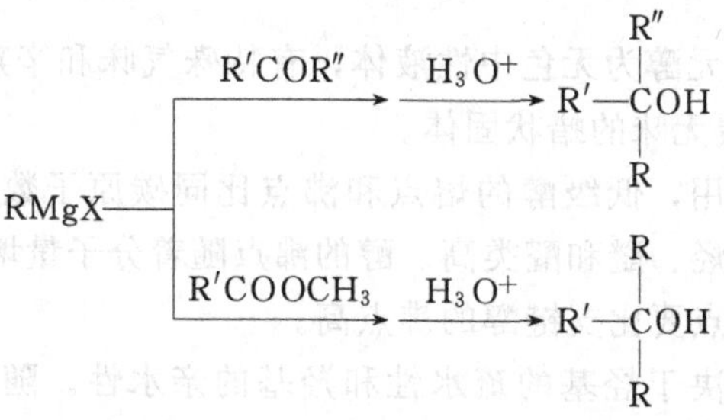

（3）由卤代烃制备醇

卤代烃一般由醇制备，故只有在相应的卤代烃容易得到时才采用此法。卤代烃在碱性溶液中水解成醇，此反应受多种因素影响，并经常伴有消除反应，一般应用意义不大，只有一些难制备的醇采用此法来制备，而且一般由一级卤代烃制备。

例如因为烯丙基氯和苄氯容易从丙烯和甲苯分别经高温氯化得到，故烯丙基氯、苄氯可用此法来制备烯丙醇和苄醇。

$$CH_2\!=\!CHCH_2Cl \xrightarrow[H_2O]{Na_2CO_3} CH_2\!=\!CHCH_2OH$$

$$\bigcirc\!-\!CH_2Cl \xrightarrow[\text{加热}]{NaOH \text{ 水溶液}} \bigcirc\!-\!CH_2OH$$

又如，工业上将一氯戊烷的各种异构体混合物通过水解，制得戊醇的各种异构体混合物，用作工业溶剂。

$$C_5H_{11}Cl + NaOH \xrightarrow{H_2O} C_5H_{11}OH + NaCl$$

（4）由羰基化合物制备醇

醛、酮、羧酸及羧酸酯分子中都含有羰基，它们能通过 Ni、Pt 或 Pd 等催化加氢，或用 $LiAlH_4$、$NaBH_4$ 还原剂还原生成醇。除酮还原生成仲醇外，其余的还原产物都是伯醇。

$$CH_3CH_2CH_2CHO \xrightarrow[(2)\ H_2O]{(1)\ NaBH_4} CH_3CH_2CH_2CH_2OH$$
丁醛　　　　　　　　　　　　　丁醇（85%）

$$CH_3CH_2COCH_3 \xrightarrow[(2)\ H_2O]{(1)\ NaBH_4} \underset{\underset{OH}{|}}{CH_3CH_2CHCH_3}$$
2-丁酮　　　　　　　　　　　　2-丁醇（87%）

$$RCOOC_2H_5 \xrightarrow[C_2H_5OH]{Na} RCH_2OH + C_2H_5OH$$

用硼氢化钠或异丙醇铝作为还原剂时，可选择还原不饱和醛、酮中的羰基而不影响碳碳双键，产物为不饱和醇。例如：

$$H_3CCH\!=\!CHCHO \begin{cases} \xrightarrow[(CH_3)_2CHOH]{Al[OCH(CH_3)_2]_3} H_3C\!-\!CH\!=\!CH\!-\!CH_2\!-\!OH \quad \text{巴豆醇} \\ \\ \xrightarrow[Ni]{H_2} CH_3CH_2CH_2CH_2OH \quad \text{丁醇} \end{cases}$$
巴豆醛

$$Ph\!-\!CH\!=\!CH\!-\!CHO + NaBH_4 \xrightarrow{H^+} Ph\!-\!CH\!=\!CH\!-\!CH_2OH$$
肉桂醛　　　　　　　　　　　　　　　肉桂醇

7.1.4　醇的物理性质

C_4 以下的低级饱和一元醇为无色中性液体，有特殊气味和辛辣味，$C_4 \sim C_{11}$ 的醇为油状液体，C_{12} 以上的醇为无嗅无味的蜡状固体。

由于分子间的氢键作用，低级醇的熔点和沸点比同碳原子数烃类的熔点和沸点要高得多，而且也比相应的卤代烃、醚和醛类高。醇的沸点随着分子量增大而逐渐升高，对于同碳原子数的醇，直链醇的沸点要比支链醇的沸点高。

醇在水中的溶解度取决于烃基的疏水性和羟基的亲水性。随着醇分子中的碳原子数增多，烃基所占比例增大，增加了疏水性，且阻碍了羟基与水形成氢键，故醇在水中的溶解性降低。四个碳以上的醇水溶性逐渐降低，10 个碳以上的醇几乎不溶于水。

低级醇与无机盐如 $CaCl_2$、$MgCl_2$、$CuSO_4$ 等形成结晶的分子化合物，这些结晶醇叫醇化物。例如：$MgCl_2 \cdot 6CH_3OH$、$CaCl_2 \cdot 4C_2H_5OH$ 等，这些结晶醇溶于水，不溶于有机溶剂，可以利用这点特性，除去某些有机物中少量的甲醇、乙醇，但不能用 $CaCl_2$、$MgCl_2$

作为脱水剂，除去甲醇、乙醇中的水。

一些常见醇的物理性质如表7-1所示。

表 7-1 部分醇的物理常数

名称	熔点/℃	沸点/℃	相对密度(d_4^{20})	溶解度(25℃)
甲醇	−97	64.5	0.793	互溶
乙醇	−115	78.3	0.789	互溶
丙醇	−126	97.2	0.804	互溶
异丙醇	−86	82.5	0.789	互溶
正丁醇	−90	118	0.810	7.9
异丁醇	−108	108	0.802	10.0
仲丁醇	−114	99.5	0.806	12.5
叔丁醇	25.5	83	0.789	互溶
正戊醇	−78.5	138	0.817	2.3
正己醇	−52	156.5	0.819	0.6
正壬醇	−5	214	0.827	不溶
1-十二醇	24	259	0.835	不溶
烯丙醇	−129	97	0.855	互溶
环己醇	24	161.5	0.963	3.6
苄醇	−15	205	1.046	4

注：溶解度单位 g/(100g H_2O)。

7.1.5 醇的化学性质

(1) 醇的酸性反应

醇的酸性表现在两个方面。第一方面，醇能够和活泼金属（Na，K，Mg，Al）发生置换反应生成醇钠、醇钾等。

$$CH_3CH_2OH + Na \longrightarrow CH_3CH_2ONa + H_2 \uparrow$$

$$2C_2H_5OH + Mg \xrightarrow{I_2} (C_2H_5O)_2Mg + H_2 \uparrow$$
乙醇镁

$$6(CH_3)_2CHOH + 2Al \longrightarrow 2[(CH_3)_2CHO]_3Al + 3H_2 \uparrow$$
异丙醇铝

醇与金属的反应比水与金属反应缓慢得多，这是因为醇羟基与给电子的烃基相连，烃基使羟基氧原子上的电子云密度增大，降低了氧氢键的极性，使醇羟基中的氢原子不如水的氢原子活泼，反应也较为缓慢。金属钠和甲醇反应相当激烈，但随着醇中烷基碳原子数的增加，反应激烈程度逐渐减弱。

不同的醇和金属反应的活泼性取决于醇的性质，酸性越强，反应速率越快。

	$(CH_3)_3COH$	CH_3CH_2OH	H_2O	CH_3OH	CF_3CH_2OH	$(CF_3)_3COH$	HCl
pK_a	18.00	16.00	15.74	15.54	12.43	5.4	−7.0

取代烷基越多，醇的酸性越弱，故醇的反应速率是：$CH_3OH >$ 伯醇 $>$ 仲醇 $>$ 叔醇。

醇的酸性比水弱，所以醇钠的碱性比氢氧化钠强，醇钠遇水会分解成原来的醇和氢氧化钠。因此，甲醇钠和乙醇钠常用作碱性试剂或强亲核试剂。

醇的酸性的第二方面是它可以把弱酸性的烃基从它的盐中置换出来，这类反应也遵守无机反应中的"强酸制弱酸"的规则。

$$R-OH + R'MgX \longrightarrow R-OMgX + R'H$$

需要声明的是，虽然醇表现出一定的酸性，但是总的来说它还是一类弱酸。在反应中使用醇钠的时候，一定要先干燥好溶剂。对于醇本身而言，在溶液中的酸性与分子中羟基连接的基团的大小有关，如果相连的基团体积较大，则醇失去质子后的氧负离子越难被溶剂化，因而该氧负离子越不稳定，所以该醇的酸性越弱。

$$EtONa + H_2O \longrightarrow EtOH + NaOH$$
$$\ \ \ 强碱 \quad\ \ 强酸 \qquad\ \ 弱酸 \quad\ \ 弱碱$$

（2）醇转变为卤代烃的反应

醇转变为卤代烃的反应在上一章中，卤代烃的制备中已经有介绍，现在对其进行补充。

对于醇和氢卤酸的反应通式如下：

$$R-OH + HX \rightleftharpoons R-X + H_2O$$

反应是可逆的，可通过促使平衡向右移动来提高卤代烃的产率，此反应速率的快慢取决于氢卤酸的性质和醇的结构。不同类型的氢卤酸反应活性顺序为：$HI > HBr > HCl$。不同结构的醇的反应活性顺序为：烯丙醇、苄醇 > 叔醇 > 仲醇 > 伯醇。例如：

$$(CH_3)_3COH + HCl(浓) \xrightarrow[振荡]{室温} (CH_3)_3CCl + H_2O$$

$$CH_3CH_2CH_2OH + HCl(浓) \xrightarrow[\triangle]{ZnCl_2} CH_3CH_2CH_2Cl + H_2O$$

$$CH_3CH_2CH_2OH \xrightarrow[\triangle]{NaBr/H_2SO_4} CH_3CH_2CH_2Br$$

$$CH_3CH_2CH_2OH \xrightarrow{KI/H_3PO_4} CH_3CH_2CH_2I$$

无水氯化锌和浓盐酸配制的溶液，叫做 Lucas 试剂。利用不同醇和盐酸反应速率的不同，可以将其区别低碳（C_6 以下）的一元伯、仲、叔醇。一般叔醇与 Lucas 试剂在室温下立即反应，生成沉淀或变浑浊；仲醇需要数分钟后才出现浑浊；而伯醇必须加热才能反应。这是因为 Zn^{2+} 能和氧上的孤电子紧密结合，这样就活化了羟基从而使羟基更容易离去。正因如此，伯醇制备溴代烃时常用溴化钠和氢溴酸等反应。

（3）醇转变为无机酸酯的反应

醇可以和硫酸、硝酸和磷酸等含氧无机酸作用生成相应的酯，得到的产物称为无机酸酯。这些无机酸酯有的是药物，有的是合成中的重要试剂。

① 硫酸酯的生成　由于硫酸是二元酸，所以酯化反应首先生成酸性硫酸酯，继续反应应得到中性硫酸酯。

$$CH_3O{\dashv}H + HO{\vdash}SO_2OH \rightleftharpoons CH_3OSO_2OH + H_2O$$
$$\qquad\qquad\qquad\qquad\qquad\qquad 硫酸氢甲酯$$

$$CH_3OSO_2OH + HOSO_2OCH_3 \xrightarrow{加热,减压蒸馏} CH_3OSO_2OCH_3 + H_2SO_4$$
$$\qquad\qquad\qquad\qquad\qquad\qquad\qquad\qquad 硫酸二甲酯$$

硫酸氢甲酯是酸性酯，硫酸二甲酯是中性酯。硫酸二甲酯和硫酸二乙酯都是常见的烷基化试剂，因有剧毒，使用时应注意安全。

此外，醇和磺酰氯可生成磺酸酯。

$$CH_3SO_2Cl + HO{-}\bigcirc \xrightarrow{Et_3N} CH_3SO_2O{-}\bigcirc$$
$$甲基磺酰氯 \qquad\qquad\qquad\qquad 甲基磺酸环戊酯$$

$$H_3C{-}\bigcirc{-}SO_2Cl + HOCH_2CH_3 \xrightarrow{C_5H_5N} H_3C{-}\bigcirc{-}SO_2OCH_2CH_3$$

② 硝酸酯和亚硝酸酯的生成　与硫酸一样，硝酸和亚硝酸也能与伯醇反应生成酯。多

数硝酸酯受热后能剧烈分解而发生爆炸。但临床上硝酸甘油酯也是用于扩张心血管与缓解心绞痛的药物。

硝酸酯受热易发生爆炸，使用时必须严格遵守安全守则。某些硝酸酯和亚硝酸酯是血管扩张剂，例如甘油三硝酸酯和亚硝酸异戊酯。

$$
\begin{array}{c}
CH_2OH \\
| \\
CHOH \\
| \\
CH_2OH
\end{array}
+3HNO_3 \longrightarrow
\begin{array}{c}
CH_2ONO_2 \\
| \\
CHONO_2 \\
| \\
CH_2ONO_2
\end{array}
+3H_2O
$$

甘油三硝酸酯

$$(CH_3)_2CHCH_2CH_2OH+HNO_2 \longrightarrow (CH_3)_2CHCH_2CH_2ONO$$

亚硝酸异戊酯

③ 磷酸酯的生成　由于磷酸的酸性比硫酸、硝酸弱，故不易与醇直接生成酯。磷酸酯一般是由醇和 $POCl_3$ 作用制得的。

$$3C_4H_9OH + \begin{array}{c} Cl \\ | \\ Cl-P=O \\ | \\ Cl \end{array} \xrightarrow{碱} (C_4H_9O)_3PO+3HCl$$

磷酸酯是一类重要的化合物，常用作萃取剂、增塑剂和杀虫剂。生物体内具有生物能源库功能的腺苷三磷酸以及遗传物质基础的 DNA 中，均有磷酸酯结构。

(4) 醇的 β-氢原子消除反应

在酸催化和加热条件下，醇分子中的 C—O 键会断裂失去羟基，同时与羟基碳相邻的碳原子会失去一个氢，这时候整个醇分子失去一分子水生成烯烃。这就是醇分子内的脱水反应。常用的酸催化剂是硫酸和磷酸。例如，乙醇被加热到 170℃ 左右时，即发生分子内脱水反应，生成乙烯：

$$
\begin{array}{c}
CH_2-CH_2 \\
| \quad\quad | \\
H \quad\ OH
\end{array}
\xrightarrow[170℃]{H_2SO_4}
CH_2=CH_2 + H_2O
$$

不同的醇按 E1 历程脱水的反应活性主要决定于碳正离子的稳定性，碳正离子越稳定，脱水反应的活性就越高，其反应活性顺序为：烯丙基型（苄基型）醇＞叔醇＞仲醇＞伯醇。

在酸的催化下，醇分子内脱水反应通常按 E1 反应机制进行，可表示如下：

$$
\begin{array}{c} \beta \quad \alpha \\ -C-C- \\ | \quad\ | \\ H \ OH \end{array}
\underset{快}{\overset{H^+}{\rightleftharpoons}}
\begin{array}{c} \beta \quad \alpha \\ -C-C- \\ | \quad\ | \\ H\ \overset{+}{O}H_2 \end{array}
\overset{-H_2O}{\rightleftharpoons}
\begin{array}{c} \beta \quad \alpha \\ -C-\overset{+}{C}- \\ | \\ H \end{array}
\overset{-H^+}{\rightleftharpoons}
\begin{array}{c} \diagdown\quad\diagup \\ C=C \\ \diagup\quad\diagdown \end{array}
$$

该反应经过碳正离子中间体，可能有重排产物生成。

$$
\begin{array}{c}
CH_3 \\
| \\
CH_3-C-CHCH_3 \\
| \quad\ | \\
CH_3 \ OH
\end{array}
\xrightarrow[\triangle]{H_2SO_4}
\begin{array}{c}
CH_3 \quad\quad CH_3 \\
\diagdown\quad\quad\diagup \\
C=C \\
\diagup\quad\quad\diagdown \\
CH_3 \quad\quad CH_3
\end{array}
+
\begin{array}{c}
CH_3 \\
| \\
CH_3-C-CH=CH_2 \\
| \\
CH_3
\end{array}
$$

（主）　　　　　　　（次）

与卤代烷脱卤化氢类似，醇脱水的去向也遵循 Saytzeff 规则，主要生成双键碳原子上连接烷基较多的烯烃。但脱水后能形成共轭体系时，则优先形成稳定性更强的共轭体系。或者当主产物有顺反异构体时，一般以稳定的反式产物为主。

$$
\begin{array}{c}
CH_3CH_2CHCH_3 \\
| \\
OH
\end{array}
\xrightarrow[100℃]{50\%H_2SO_4}
CH_3CH=CHCH_3 + CH_3CH_2CH=CH_2
$$

80%　　　　　　　微量

$$CH_3CH_2\underset{\underset{OH}{|}}{\overset{\overset{CH_3}{|}}{C}}CH_3 \xrightarrow[80℃]{H_2SO_4} CH_3CH=\overset{\overset{CH_3}{|}}{C}-CH_3 + CH_3CH_2-\overset{\overset{CH_3}{|}}{C}=CH_2$$
$$\qquad\qquad\qquad\qquad\qquad 90\% \qquad\qquad\qquad 10\%$$

$$C_6H_5-CH_2CH\underset{\underset{OH}{|}}{}CH(CH_3)_2 \xrightarrow[\triangle]{浓\ H_2SO_4} C_6H_5-CH=CHCH(CH_3)_2$$

$$CH_3CH_2\underset{\underset{OH}{|}}{C}HCH_2CH_3 \xrightarrow[\triangle]{H_2SO_4} \underset{\underset{H}{}}{\overset{\overset{CH_3}{}}{C}}=\underset{\underset{CH_2CH_3}{}}{\overset{\overset{H}{}}{C}} + \underset{\underset{H}{}}{\overset{\overset{CH_3}{}}{C}}=\underset{\underset{H}{}}{\overset{\overset{CH_2CH_3}{}}{C}}$$
$$\qquad\qquad\qquad\qquad\qquad (E)\text{-2-戊烯} \qquad\qquad (Z)\text{-2-戊烯}$$
$$\qquad\qquad\qquad\qquad\qquad 75\% \qquad\qquad\qquad\qquad 25\%$$

在三氧化二铝催化下，很少发生重排，且三氧化二铝经再生后可重复使用，但反应温度较高。例如：

$$(CH_3)_3CCH\underset{\underset{OH}{|}}{}CH_3 \xrightarrow[350\sim400℃]{Al_2O_3} (CH_3)_3CCH=CH_2$$

在三氯氧磷（POCl$_3$）和吡啶的作用下醇可以在温和条件下发生脱水反应生成烯烃，而不发生重排。原因是在 POCl$_3$ 的作用下，可将醇的羟基变成好的离去基团 OPOCl$_2$，按照 E2 机理进行反应，没有碳正离子中间体的形成，因此没有重排反应发生。

$$CH_3CH_2\underset{\underset{OH}{|}}{C}HCH_3 \xrightarrow[吡啶，0℃]{POCl_3} CH_3CH=CHCH_3$$

（5）频哪醇重排反应

频哪醇（pinacol）是指两个羟基都连接在叔碳原子上的邻二醇（如 2，3-甲基-2，3-丁二醇）。频哪醇在酸性催化剂作用下脱去一分子水生成碳正离子后会重排，生成的化合物称为频哪酮。这类反应称为频哪醇重排。

$$CH_3-\underset{\underset{OH}{|}}{\overset{\overset{CH_3}{|}}{C}}-\underset{\underset{OH}{|}}{\overset{\overset{CH_3}{|}}{C}}-CH_3 \xrightarrow{H_2SO_4} CH_3-\underset{\underset{CH_3}{|}}{\overset{\overset{CH_3}{|}}{C}}-\underset{\underset{O}{\|}}{C}-CH_3$$
$$2，3\text{-二甲基-2，3-丁醇} \qquad\qquad 3，3\text{-二甲基-2-丁酮}$$
$$（频哪醇） \qquad\qquad\qquad\qquad （频哪酮）$$

频哪醇重排也是缺电子重排（碳正离子重排），其机制如下：

$$CH_3-\underset{\underset{OH}{|}}{\overset{\overset{CH_3}{|}}{C}}-\underset{\underset{OH}{|}}{\overset{\overset{CH_3}{|}}{C}}-CH_3 \xrightarrow{H^+} CH_3-\underset{\underset{H_2O^+}{|}}{\overset{\overset{CH_3}{|}}{C}}-\underset{\underset{OH}{|}}{\overset{\overset{CH_3}{|}}{C}}-CH_3 \xrightarrow{-H_2O} CH_3-\overset{\overset{CH_3}{|}}{\underset{\underset{+}{}}{C}}-\underset{\underset{OH}{|}}{\overset{\overset{CH_3}{|}}{C}}-CH_3$$

$$\xrightarrow{重排} \left[CH_3-\underset{\underset{CH_3}{|}}{\overset{\overset{CH_3}{|}}{C}}-\overset{+}{\underset{\underset{OH}{|}}{C}}-CH_3 \longleftrightarrow CH_3-\underset{\underset{H_3C}{|}}{\overset{\overset{CH_3}{|}}{C}}-\underset{\underset{+OH}{|}}{C}-CH_3 \right] \xrightarrow{-H^+} CH_3-\underset{\underset{CH_3}{|}}{\overset{\overset{CH_3}{|}}{C}}-\underset{\underset{O}{\|}}{C}-CH_3$$

频哪醇类化合物中的碳原子所连的四个烃基不同时，烃基的离去和迁移有着一定的规律。

① 优先形成较稳定的碳正离子。对于结构不对称的邻二醇的重排，级数较高的碳上羟基易脱去，形成比较稳定的碳正离子。

$$C_6H_5-\underset{\underset{OH}{|}}{\overset{\overset{C_6H_5}{|}}{C}}-\underset{\underset{OH}{|}}{\overset{\overset{CH_3}{|}}{C}}-CH_3 \xrightarrow{H^+} \xrightarrow{-H_2O} C_6H_5-\overset{\overset{C_6H_5}{|}}{\overset{+}{C}}-\underset{\underset{OH}{|}}{\overset{\overset{CH_3}{|}}{C}}-CH_3$$

② 基团迁移能力一般是苯基＞烷烃基。通常是能提供电子稳定、正电荷较多的基团优先迁移。

$$H_3C-\overset{+}{C}-\underset{\underset{OH}{|}}{\overset{\overset{Ph}{|}}{C}}-CH_3 \xrightarrow{\text{重排}} \xrightarrow{-H^+} H_3C-\underset{\underset{Ph}{|}}{\overset{\overset{Ph}{|}}{C}}-\overset{\overset{O}{||}}{C}-CH_3$$

（6）醇的氧化

在有机反应中，凡引入氧原子或脱去氢原子的反应都称为氧化反应。醇可被多种氧化剂氧化，醇的结构不同，氧化剂种类不同，产物也各不相同。

由于羟基诱导效应的影响，伯醇分子中含有两个 α-H 很活泼，当与强氧化剂如酸性 $KMnO_4$、$K_2Cr_2O_7$ 作用时 α-H 易被氧化成羟基。两个羟基连在同一个碳上的二元醇叫胞二醇，不稳定，易脱去一个水分子，转化成醛，醛易被氧化，因此可继续反应生成羧酸。

$$RCH_2OH \xrightarrow[K_2Cr_2O_7]{H^+} \left[\underset{\underset{H}{|}}{\overset{\overset{O}{||}}{R-C}}-\boxed{\overset{-H}{OH}} \right] \xrightarrow{-H_2O} RCHO \xrightarrow{\text{氧化}} RCOOH$$

胞二醇

伯醇先被氧化为醛，但产物醛比醇更容易被氧化，醛继续被氧化成羧酸。若要用该氧化剂制备醛，则必须将生成的醛立即蒸馏出来，及时分离产物。但这仅限于制备沸点低于反应物醇的醛，且一般产率较低。

$$R-CH_2OH \xrightarrow[\text{或 } KMnO_4]{K_2Cr_2O_7-H_2SO_4} R-CHO \xrightarrow[\text{或 } KMnO_4]{K_2Cr_2O_7-H_2SO_4} R-COOH$$

仲醇被氧化成酮，酮比较稳定，少数情况可进一步氧化为酸。

$$\text{（环己醇）}OH \xrightarrow[H^+]{KMnO_4} \text{（环己酮）}O \xrightarrow[\triangle]{KMnO_4} \underset{\underset{CH_2CH_2COOH}{|}}{\overset{\overset{CH_2CH_2COOH}{|}}{}}$$

叔醇分子中羟基所连的碳上没有氢，一般反应条件下不能被氧化；若在强烈条件下氧化，原料首先脱水成烯烃，烯烃再被氧化成小分子化合物。如：

$$CH_3-\underset{\underset{CH_3}{|}}{\overset{\overset{CH_3}{|}}{C}}-OH \xrightarrow[K_2Cr_2O_7,\ \triangle]{H_2SO_4} CH_3-\underset{\underset{CH_3}{|}}{C}=CH_2 \xrightarrow[\triangle]{[O]} CH_3COCH_3 + HCOOH$$
$$\downarrow$$
$$CO_2 + H_2O$$

7.2 酚

7.2.1 酚的分类

羟基直接连接在芳环上的化合物称为酚。虽有芳环，但不与羟基直接相连仍属醇类，这是从结构上区别醇与酚的标志，如：

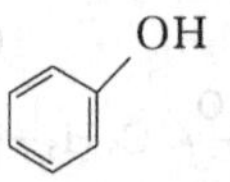

OH   苯酚

CH₂OH   苯甲醇

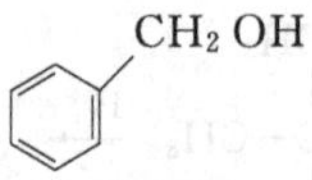

按照羟基所连芳香环的不同，酚可分为苯酚、萘酚、蒽酚等；按照芳香环上所连羟基的数目不同，可将酚分为一元酚、二元酚、三元酚等，二元以上的酚统称为多元酚。

7.2.2　酚的命名

由于存在和来源等不同，有些酚有俗名，且有一些特殊香气，可用于配制香精。例如

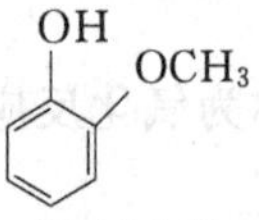

愈创木酚 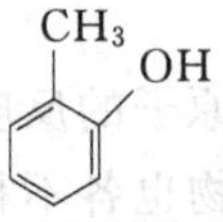　　香芹酚 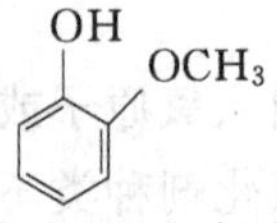　　丁香酚（可配制香精）

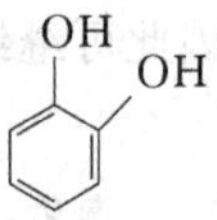

邻苯二酚（儿茶酚） 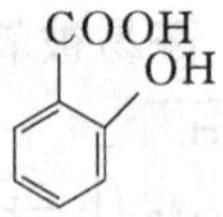　　邻羟基苯甲酸（水杨酸） 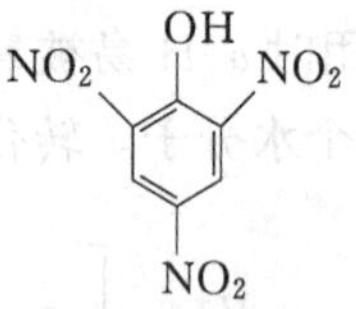　　2，4，6-三硝基苯酚（苦味酸）

酚的命名一般是在"酚"字前面加上芳环的名称，以此作为母体，将其他取代基的位次和名称写在前面。例如

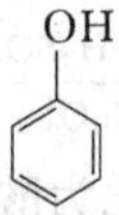

苯酚 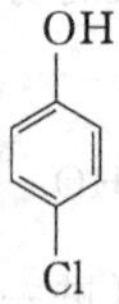　　对氯苯酚 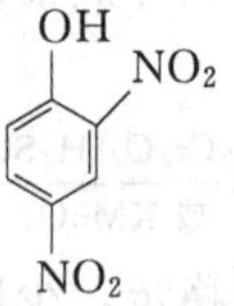　　2，4-二硝基苯酚

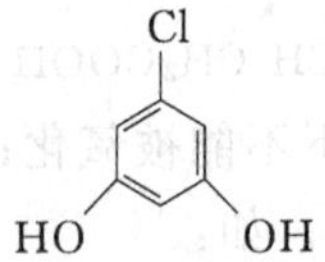

5-氯-1，3-苯二酚 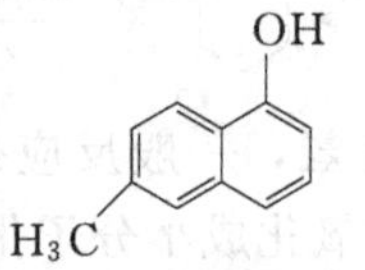　　6-甲基-1-萘酚 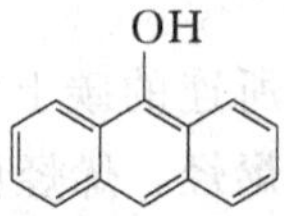　　γ-蒽酚

当芳环上有比羟基排序靠前的官能团时，此官能团作为母体，羟基作为取代基。例如

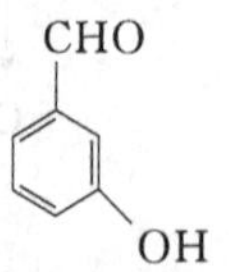

间羟基苯甲醛 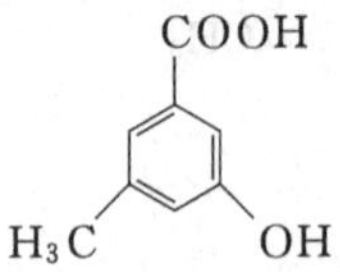　　3-甲基-5-羟基苯甲酸 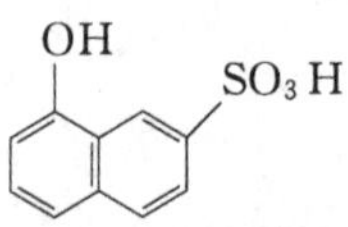　　8-羟基-2-萘磺酸

命名官能团作为母体的优先次序为：—COOH＞—SO₃H＞—COX＞—CONH₂＞—CN＞—CHO＞〉CO ＞—ROH＞—ArOH＞—SH＞—NH₂＞ —C≡C— ＞ 〉C=C〈 ＞—R＞—X＞—NO₂ 等。

7.2.3　酚的制备

(1) 由异丙苯制备

工业上大量生产苯酚的方法是以异丙苯为原料，在过氧化物或紫外线的催化下，经空气氧化转变为异丙苯过氧化氢，后者被酸性溶液转变为苯酚和丙酮。

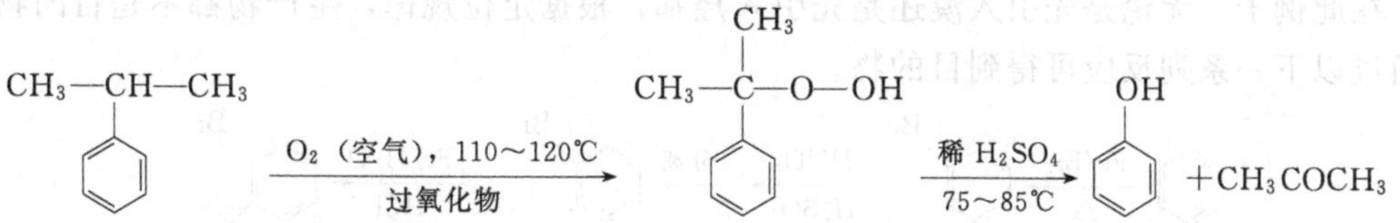

(2) 由芳卤代烃衍生物制备

由卤代苯亦可制备酚。卤代苯不易水解，因卤原子直接与苯环相连，能与苯环发生共轭作用，使得碳卤键更加牢固，需要在强烈条件和催化作用下才能发生。例如，氯苯在高温、高压和催化作用下，才可用稀碱（6%～8%）水解得苯酚钠，再酸化得苯酚：

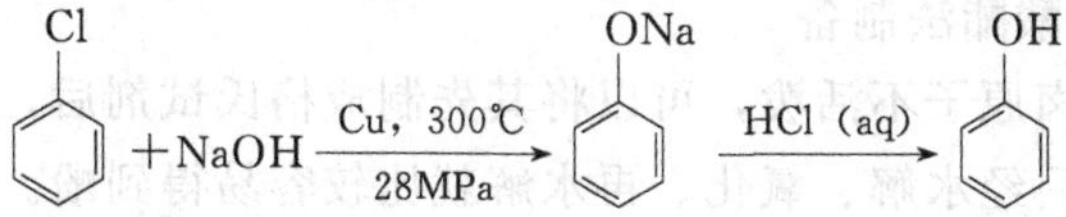

当卤素的邻、对位有强吸电子基时，水解反应则可以在较温和的条件下进行，得到取代的苯酚。

连在芳环上的卤素很不活泼，需高温高压条件下才能进行水解。但当卤原子的邻位或对位有强吸电子基团时，水解反应较易进行。例如

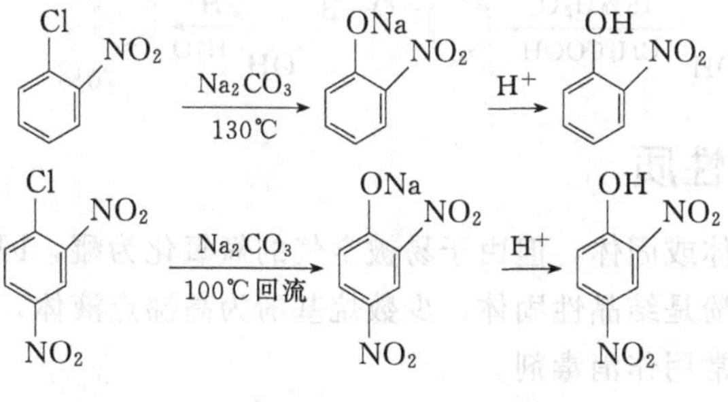

(3) 由芳磺酸制备

在高温下磺酸基被羟基取代而形成酚，这是典型的芳香族亲核取代反应。最早制备苯酚和萘酚就是采用此方法。

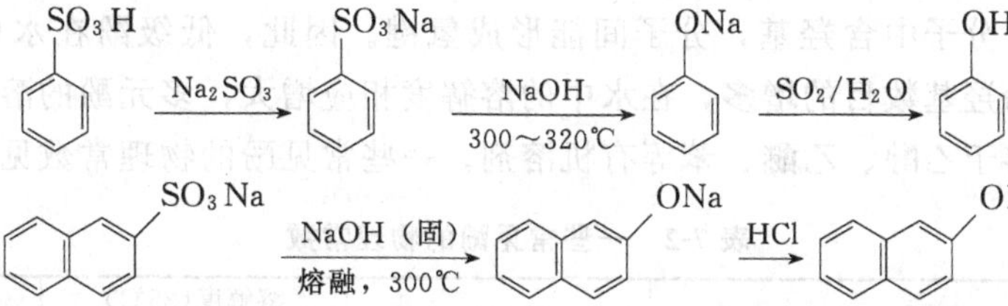

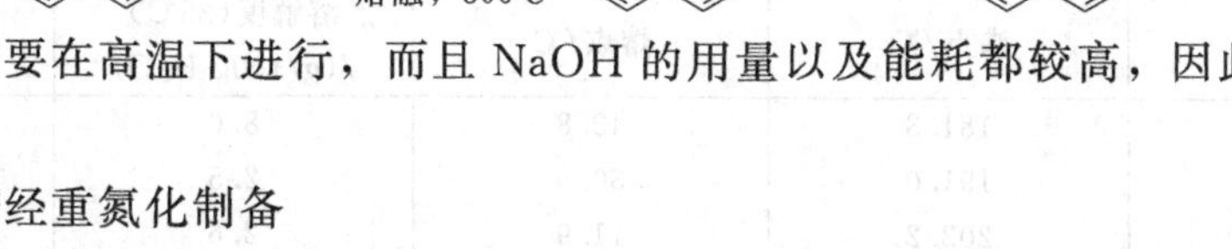

由于反应需要在高温下进行，而且 NaOH 的用量以及能耗都较高，因此限制了该法的应用。

(4) 由芳胺经重氮化制备

芳香伯胺经过重氮化后生成重氮盐，受热分解成芳香正离子，再与水在强酸条件下进行水解便可以得到酚。例如

$$\text{对氯苯胺} \xrightarrow[]{NaNO_2+H_2SO_4} \text{对氯重氮盐} \xrightarrow[H_2SO_4]{H_2O} \text{对氯苯酚} + N_2 + H_2SO_4$$

[例] 由苯合成邻溴苯酚。

在此例子，无论是先引入溴还是先引入羟基，根据定位规律，主产物都不是目的物，但是通过以下一系列反应可得到目的物。

$$\text{苯} \xrightarrow[\triangle]{Fe/Br_2} \text{溴苯} \xrightarrow[H_2SO_4]{HNO_3} \xrightarrow{\text{分离}} \text{邻硝基溴苯} \xrightarrow[HCl]{Fe/H_2O} \text{邻溴苯胺}$$

$$\xrightarrow[H_2SO_4]{NaNO_2} \text{重氮盐} \xrightarrow[\triangle]{50\%H_2SO_4} \text{邻溴苯酚}$$

（5）由格氏试剂-硼酸酯法制备

由于卤代芳烃中的卤原子不活泼，可以将其先制成格氏试剂后，与硼酸三甲酯进行反应生成芳基硼酸二甲酯，后经水解、氧化、再水解就比较容易得到酚。

$$\text{溴苯} \xrightarrow[\text{无水乙醚}]{Mg} \text{PhMgBr} + (CH_3O)_3B \xrightarrow{-80℃} \text{PhB(OCH_3)_2} \xrightarrow[H_2O]{H^+}$$

$$\text{苯硼酸} \xrightarrow[CH_3COOH]{15\%H_2O_2} \text{PhOB(OH)_2} \xrightarrow[H_2O]{H^+} \text{苯酚} + B(OH)_3 \quad 70\%$$

7.2.4 酚的物理性质

纯净的酚是无色液体或固体，但由于易被空气的氧氧化为醌，因而酚通常呈淡红色、红色、棕色等。绝大多数酚是结晶性固体，少数烷基酚为高沸点液体，具有特殊气味，有一定毒性和腐蚀性，医药上常用作消毒剂。

由于酚分子中的羟基能形成分子间氢键，故酚类的熔点和沸点比分子量相近的芳烃和卤代芳烃都高。个别酚存在分子内氢键，如邻硝基苯酚、邻二苯酚等，导致其沸点比间位和对位异构体的沸点低。

酚和醇一样，分子中含羟基，分子间能形成氢键。因此，低级酚在水中有一定的溶解度，随着分子中酚羟基数目的增多，在水中的溶解度相应增大，多元酚的溶解度则较大。酚类化合物一般可溶于乙醇、乙醚、苯等有机溶剂。一些常见酚的物理常数见表 7-2。

表 7-2 一些常见酚的物理常数

名称	沸点/℃	熔点/℃	溶解度（25℃）/(g/100g H_2O)	pK_a
苯酚	181.8	40.8	8.0	9.95
邻甲苯酚	191.0	30.5	2.5	10.2
间甲苯酚	202.2	11.9	2.6	10.01
对甲苯酚	201.8	34.5	2.3	10.17
邻氯苯酚	113.0	9.0	2.8	8.11

续表

名称	沸点/℃	熔点/℃	溶解度(25℃)/(g/100g H$_2$O)	pK$_a$
间氯苯酚	214.0	33.0	2.6	8.8
对氯苯酚	220.0	43.0	2.7	9.8
邻硝基甲苯	214.5	44.5	0.2	7.17
间硝基甲苯	194.0(9.3×10^{3}Pa)	96.0	2.2	8.28
对硝基苯酚	295.0(分解)	113	1.3	8.15
邻苯二酚	245	105	45	9.85
间苯二酚	281	110	123	9.81
对苯二酚	285.2	170	8	10.35
1,2,3-苯三酚	309	113	62	9.01
α-萘酚	279	94	难	9.34
β-萘酚	286	123	0.1	9.51

7.2.5　酚的结构和反应性分析

　　酚类化合物含有两个重要的官能团：酚羟基和芳香环。与醇羟基中的氧原子处于 sp^3 杂化状态不同，酚羟基中的氧原子采用 sp^2 杂化。酚羟基中的氧原子含有两对孤电子，一对占据 sp^2 杂化轨道，另一对占据与 sp^2 杂化轨道垂直的 p 轨道，p 电子云正好能与苯环的大 π 键发生侧面重叠，形成 p-π 共轭体系。

　　p-π 共轭体系的形成，一方面使羟基氧的电子云向芳环转移，导致氧原子的电子云密度降低，加强了对 O—H 键中电子对吸引，O—H 键的极性增大，更容易解离出 H$^+$，因而显示出更强的酸性。另一方面，p-π 共轭作用结果也导致了苯环上的电子云密度增高，使得苯环上更容易发生亲电取代反应，特别是邻、对位上的取代。

　　p-π 共轭体系的形成，使得苯酚中的 C—O 键长（0.136nm）比甲醇中的 C—O 键长（0.142nm）短，苯酚 O—H 中的 H 原子比在醇中容易解离，即酚的酸性比醇强。同时，苯酚的偶极矩（$\mu=5.34\times10^{-30}$C·m）比甲醇的偶极矩（$\mu=5.7\times10^{-30}$C·m）小，且方向不同。在化学性质方面，醇羟基比较容易与相关试剂作用发生取代或消除反应，酚中的羟基则难于被取代和

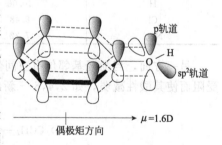

消除，酚羟基氧原子的碱性较醇的小，难于质子化，而酚类却容易发生苯环上的亲电取代反应等。

　　根据共振结构理论，苯酚的结构可以用下面的共振式表达：

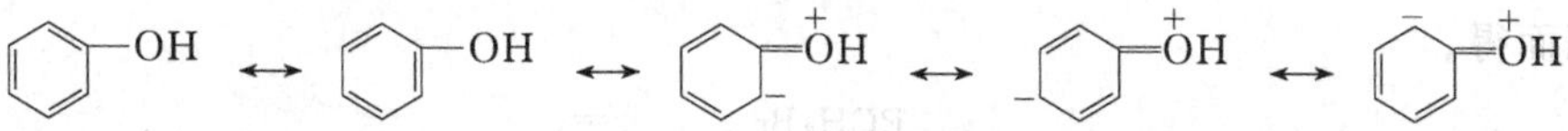

　　从羟基与 sp^2 杂化的碳相连这一点看，酚有烯醇的结构特征，但这个"烯醇"很稳定，它的酮式互变异构体则很不稳定。

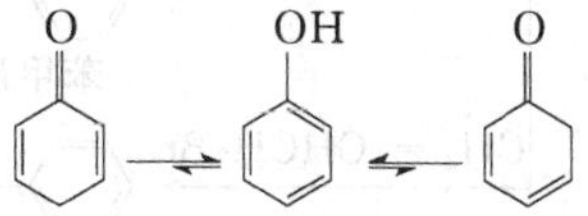

7.2.6 酚的化学性质

(1) 酚羟基的反应

① 酸性 酚有较弱的酸性，从其 pK_a 值可以看出，苯酚的酸性比水、醇强，比羧酸、碳酸弱。

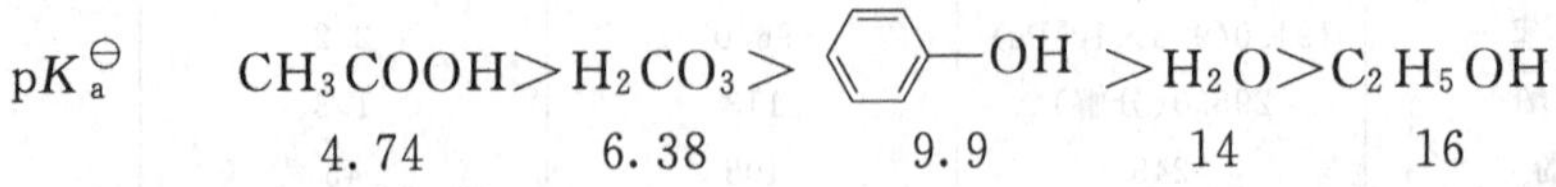

$$pK_a^{\ominus} \quad CH_3COOH > H_2CO_3 > \text{（苯酚）}OH > H_2O > C_2H_5OH$$
$$\quad\quad\quad 4.74 \quad\quad 6.38 \quad\quad\quad 9.9 \quad\quad 14 \quad\quad 16$$

因此，酚可以被氢氧化物水溶液转化为盐，也可以被碳酸盐水溶液转化为盐，但是碳酸氢盐水溶液不能使酚转化为盐。

当酚类与其他有机物混在一起时，可利用酚的弱酸性，先加碱液将其转化为水溶性的酚钠，将它与非酸性有机物分开。利用这一现象可鉴别苯酚，还可以用于工业上回收和处理含酚污水。

含有取代基的酚，其酸性的强弱和取代基的性质、数量及位置有关。其影响因素主要有两方面。

一方面，受取代基的电子效应影响。当芳环上连有给电子基时，酚羟基的 O—H 键极性减弱，释放质子能力减弱，因而酸性减弱；相反，若芳环上连有吸电子基，则酚的酸性增强。间位取代对酚类酸性的影响不及邻、对位影响大。取代基的电子效应越强，数量越多，对酚类酸性的影响越大。一些取代酚的 pK_a 值见表 7-3。

表 7-3 一些取代酚 Z—（苯环）—OH 的 pK_a 值

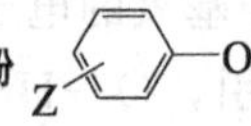

取代基	邻	间	对
CH₃	10.29	10.09	10.26
H	10.00	10.00	10.00
Cl	8.48	9.02	9.38
NO₂	7.22	8.39	7.15

另一方面，当酚羟基邻位有空间位阻很大的取代基时，由于酚氧负离子 ArO^- 的溶剂化受阻而使其酸性减弱，如 2,4,6-三新戊基苯酚的酸性很弱，不能与 Na/NH_3 溶液反应。

$$(CH_3)_3CCH_2\text{（苯酚环）}CH_2C(CH_3)_3 \xrightarrow{Na/NH_3} 不反应$$
OH
$$CH_2C(CH_3)_3$$

② 酚醚的生成 酚与醇相似，也可生成醚。但因酚羟基的碳氧键比较牢固，一般不能通过酚分子间脱水来制备。通常是由酚钠与烷基化剂（如卤代烷或硫酸二甲酯）在弱碱性溶液中作用而得。

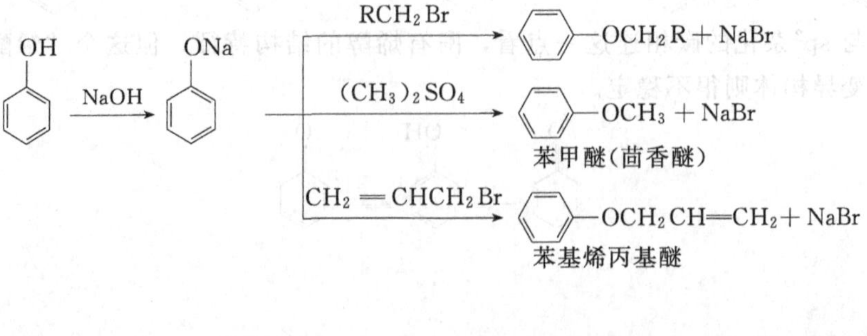

$$\text{（苯酚）OH} \xrightarrow{NaOH} \text{（苯酚）ONa}$$

$$\xrightarrow{RCH_2Br} \text{（苯环）}—OCH_2R + NaBr$$

$$\xrightarrow{(CH_3)_2SO_4} \text{（苯环）}—OCH_3 + NaBr$$
苯甲醚(茴香醚)

$$\xrightarrow{CH_2=CHCH_2Br} \text{（苯环）}—OCH_2CH=CH_2 + NaBr$$
苯基烯丙基醚

③ 酯的生成　醇易与羧酸生成酯，酚与羧酸直接酯化比较难，一般与酸酐或酰氯作用，才能生成酯。

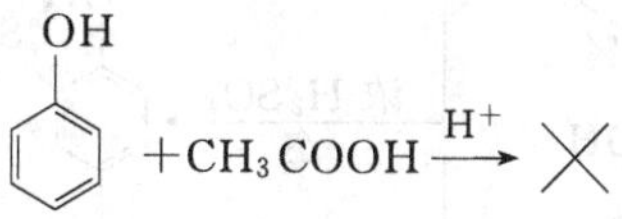

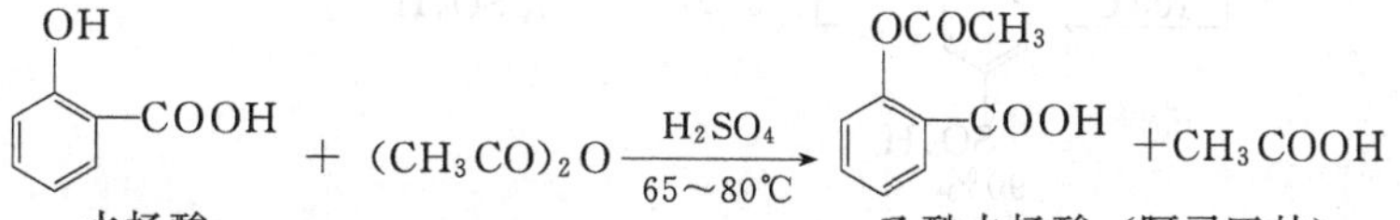

$$\text{苯酚} + CH_3COOH \xrightarrow{H^+} \times$$

$$\text{水杨酸} + (CH_3CO)_2O \xrightarrow[65\sim80℃]{H_2SO_4} \text{乙酰水杨酸（阿司匹林）} + CH_3COOH$$

（2）芳环上的亲电取代反应

羟基是强的邻对位定位基，由于羟基与苯环的 p-π 共轭，使苯环上的电子云密度增加，亲电反应容易进行。

① 卤代反应　苯酚与溴水在常温下可立即反应生成 2，4，6-三溴苯酚白色沉淀。三溴苯酚在水中的溶解度极小，含有 10mg/L 苯酚的水溶液，能与溴水反应生成三溴苯酚析出。故此反应可用作苯酚的鉴别和定量测定。

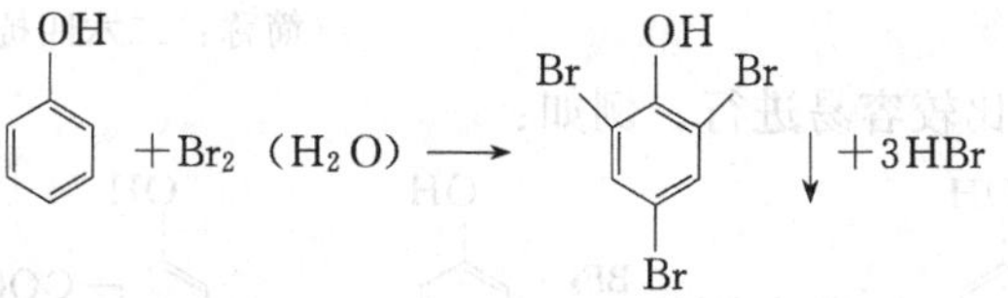

如需要制取一溴代苯酚，则要在非极性溶剂（CS_2，CCl_4）和低温下进行。

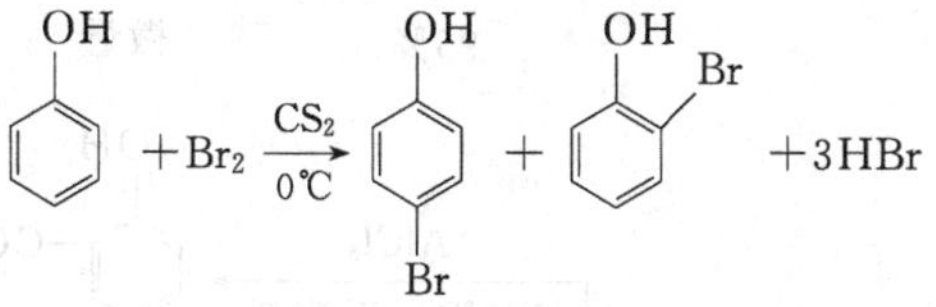

② 硝化　苯酚比苯易硝化，在室温下即可与稀硝酸反应。

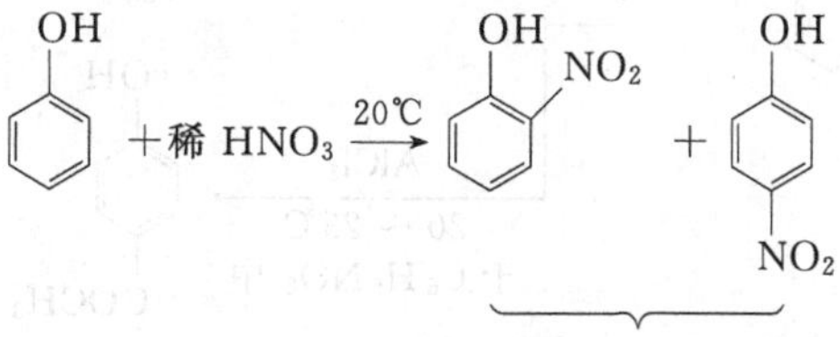

可用水蒸气蒸馏分开

邻硝基苯酚和对硝基苯酚可用水蒸气蒸馏方法分开。邻硝基苯酚易形成分子内氢键而成螯环，这样就削弱了分子内的引力；而对硝基苯酚不能形成分子内氢键，但能形成分子间氢键而缔合。因此邻硝基苯酚的沸点和在水中的溶解度比其异构体低得多，故可随水蒸气蒸馏出来。

③ 磺化反应　苯酚与浓硫酸作用，即发生磺化反应而生成羟基苯磺酸。随磺化条件不同，可得不同的产物。进一步磺化可得 4-羟基-1，3-苯二磺酸。苯酚分子中引入两个磺酸基后，可使苯环钝化，不易被氧化，再与浓硝酸作用，两个磺酸基可同时被硝基置换而生成 2，4，6-三硝基苯酚。

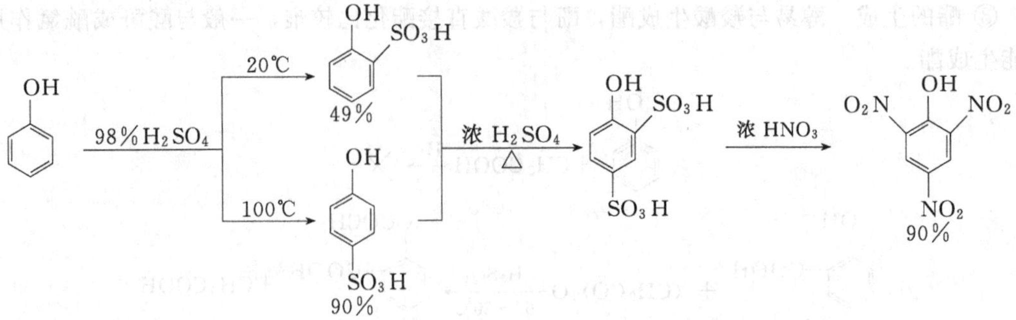

④ 烷基化和酰基化反应　由于酚羟基的影响，酚比芳烃容易进行傅-克反应。但此处一般不用 $AlCl_3$ 作催化剂，因为酚羟基与三氯化铝形成络合物（$ArOAlCl_2$）使它失去催化能力而影响产率。一般酚的烷基化反应是用醇或烯烃作为烷基化试剂，以浓硫酸为催化剂。

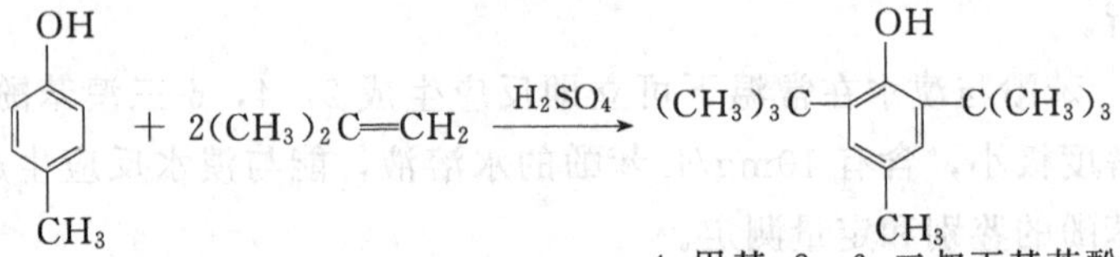

4-甲基-2，6-二叔丁基苯酚
（简称：二六四抗氧剂）

酚的酰基化反应也比较容易进行。例如：

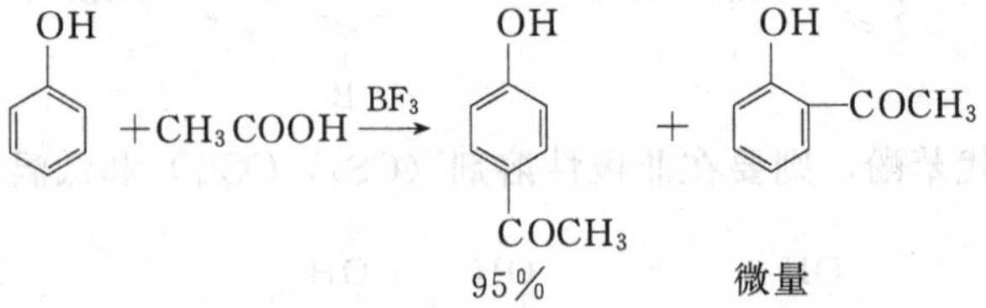

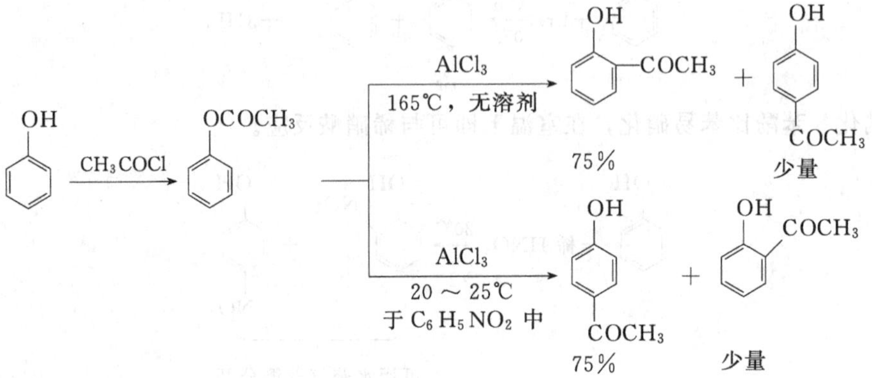

7.3　醚

7.3.1　醚的分类和命名

根据醚中氧原子上所连接两个烃基的情况，可将醚做以下分类。

简单醚：与氧相连的两个烃基相同，又称对称醚。

混合醚：与氧相连的两个烃基不同，又称不对称醚。

环醚：醚中的氧原子是环的一部分。例如：

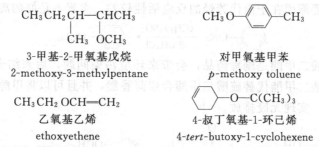

环氧乙烷   四氢吡喃   二氧六环

其中三元环醚，如环氧乙烷，性质比较特殊，称为环氧化合物。

醚的命名方法：对于简单醚，先写出烃基的名称，再加上"醚"字即可，习惯上常将"基"和"二"字省略，如：

CH_3—O—CH_3 CH_3CH_2—O—CH_2CH_3 Ph—O—Ph

二甲基醚或甲醚   二乙基醚或乙醚   二苯基醚或苯醚

methyl ether   ethyl ether   phenyl ether

对于混合醚，也是在两个烃基的后面加上"醚"字。但是，习惯上将小的烃基写在前面，大的烃基写在后面，芳香烃基写在脂肪烃基前面。如：

CH_3—O—CH_2CH_3 CH_3—O—CH_2—CH=CH_2

甲乙醚   甲基烯丙基醚   苯甲醚（茴香醚）

ethyl methyl ether   allyl methyl ether   methyl phenyl ether

结构比较复杂的醚，也可以当做烃的衍生物来命名，较长的烃基作为母体，较小的烃基与氧一起作为取代基，称为烃氧基。例如

命名举例：

CH_3CH_2CH—$CHCH_3$
    | |
    CH_3 OCH_3

3-甲基-2-甲氧基戊烷   对甲氧基甲苯

2-methoxy-3-methylpentane   p-methoxy toluene

CH_3CH_2OCH=CH_2

乙氧基乙烯   4-叔丁氧基-1-环己烯

ethoxyethene   4-tert-butoxy-1-cyclohexene

环氧化合物命名时，将词头"环"写在母体烃之前。较大环的环醚，习惯上按杂环规则命名。例如

CH_2—CH_2
 \\ /
  O

CH_3—CH—CH_2
   \\ /
    O

环氧乙烷   1，2-环氧丙烷   四氢呋喃（THF）   1，4-二氧六环

epoxide   1，2-epoxy propane   tetrahy drofuran   1，4-dioxacyclohexane

7.3.2 醚的制备

（1）由醇脱水制备

将醇和硫酸共热，在控制温度条件下（不超过 150℃），两分子醇间脱水生成醚。除硫酸外，也可用芳香族硫酸、氯化锌、氯化铝、氟化硼等作催化剂。

$$2ROH \xrightarrow[-H_2O]{H_2SO_4} R-O-R$$

工业上生成乙醚采用 Al_2O_3 作脱水剂

$$2CH_3CH_2OH \xrightarrow[300℃]{Al_2O_3} CH_3CH_2OCH_2CH_3 + H_2O$$

该方法也可以用于制备某些混合醚和环醚。例如

$$CH_2\!=\!CHCH_2OH + n\text{-}C_4H_9OH \xrightarrow[\text{CuCl}]{H_2SO_4} CH_2\!=\!CHCH_2OC_4H_9\text{-}n$$
$$70\%$$

$$\text{OH HO} \xrightarrow[\triangle]{H_2SO_4} \text{O}$$

$$2HOCH_2CH_2OH \xrightarrow[\triangle]{H_3PO_4} \text{O} \quad \text{O}$$

（2）由威廉森法制备

卤代烃和醇钠反应制备醚的方法称为威廉森（Williamson）合成法。通过该方法可以制备对称醚和不对称醚，也可以制备芳基烷基醚及二芳基醚。

醇钠的烷氧基离子是极强的亲核试剂，当它与卤代烃反应时，烷氧基会取代卤原子生成醚。

$$CH_3\!-\!\overset{\overset{CH_3}{|}}{\underset{\underset{CH_3}{|}}{C}}\!-\!O^-Na^+ + CH_3\!-\!Br \xrightarrow{S_N2} CH_3\!-\!\overset{\overset{CH_3}{|}}{\underset{\underset{CH_3}{|}}{C}}\!-\!O\!-\!CH_3 + NaBr$$

该反应选用伯卤代烃效果最佳，仲卤代烃次之，而叔卤代烃空间位阻较大，不利于亲核取代，在此反应条件下，主要发生消除反应，生成烯烃。因此制备具有叔烃基的混醚时，应采用叔醇钠和伯卤代烃反应。这类反应也可采用磺酸酯或硫酸酯类化合物代替卤代烃进行反应。

芳香醚的制备可选用苯酚钠和卤代烃或硫酸酯反应制备。不同于脂肪醚，制备芳香醚不采用卤代芳烃的主要原因在于卤代芳烃的反应活性较差，卤素不是好的离去基团。

$$\text{〈〉}\!-\!ONa \xrightarrow[\text{或 } CH_3Cl]{(CH_3)_2SO_4} \text{〈〉}\!-\!OCH_3$$

另外，由于硫酸二甲酯是剧毒药品，会带来环境污染问题，后来结合绿色化学的发展，提出了用无毒的碳酸二甲酯代替硫酸二甲酯合成茴香醚，并且可以将甲醇产物循环使用，重新制造碳酸二甲酯，实现无废排放。

$$\text{〈〉}\!-\!OH + CH_3O\overset{\overset{O}{\|}}{C}OCH_3 \longrightarrow \text{〈〉}\!-\!OCH_3 + CH_3OH + CO_2$$

7.3.3　醚的物理性质

常温下，除甲醚、甲乙醚及甲基乙烯基醚为气体外，大多数醚是无色、有特殊香味、易流动的液体。低级醚挥发性高，易燃，使用时要注意通风，避免明火。由于醚的氧原子上不连有氢，分子间不能形成氢键，故醚的沸点比分子量相近的醇或酚的沸点要低得多，与分子量相近的烷烃沸点相近。

一般高级醚难溶于水，但低级醚可以与水分子形成分子间氢键，故小分子的醚在水中有一定的溶解度，其溶解度大小与同碳数的醇相近。环醚在水中溶解度要大些，四氢呋喃、1,4-二氧六环均可与水互溶，这是由于其氧原子暴露程度较高，利于与水形成氢键的缘故。大多数醚易溶于有机溶剂，醚本身就是很好的有机溶剂。一些醚的部分物理常数见表7-4。

表 7-4　一些醚的部分物理常数

名称	沸点/℃	密度/(g/cm³)	名称	沸点/℃	密度/(g/cm³)
甲醚	−24.9	0.67	二苯醚	259	1.075
甲乙醚	10.8	0.725	苯甲醚(茴香醚)	155	0.994
乙醚	34.6	0.713	四氢呋喃	66	0.889

续表

名称	沸点/℃	密度/(g/cm³)	名称	沸点/℃	密度/(g/cm³)
丙醚	90.5	0.736	1,4-二氧六环	101	1.034
异丙醚	69	0.735	环氧乙烷	14	0.882(10℃)
正丁醚	142	0.769	环氧丙烷	34	0.83

7.3.4　醚的化学性质

醚可以看成是水分子中的两个氢原子被羟基取代的化合物。醚的官能团为 C—O—C，C—O 键键长约为 0.141nm，C—O 键的旋转能垒能量很小。根据价键理论，醚的氧原子为不等性 sp³ 杂化，其中两个轨道被孤对电子占据，其他两个轨道和烷基形成 σ 键。醚的氧原子与两个烷基相连，分子极性很小，因此醚的化学性质比较稳定，在常温下不能与活泼金属反应，对酸、碱、氧化剂和还原剂都十分稳定，其稳定性仅次于烷烃。但是在强烈的条件下，醚也能发生反应。

（1）醚的自动氧化

醚对一般氧化剂是比较稳定的，但醚长时间暴露在空气中或经光照会慢慢发生自动氧化反应，生成过氧化物，这种过氧化物还可进一步聚合。一般认为氧化发生在醚的 α-碳原子上。

$$\text{CH}_3\text{CH}_2\text{OCH}_2\text{CH}_3 \xrightarrow{\text{O}_2} \underset{\substack{|\\ \text{O—OH}\\ \text{氢过氧化物}}}{\text{CH}_3\text{CHOCH}_2\text{CH}_3}$$

$$n\underset{\substack{|\\ \text{O—OH}}}{\text{CH}_3\text{CHOCH}_2\text{CH}_3} \longrightarrow \text{CH}_3\text{CH}_2\text{O}\left[\underset{\substack{|\\ \text{CH}_3}}{\overset{|}{\text{CH}}\text{—O—O}}\right]_n\text{H} + (n-1)\,\text{CH}_3\text{CH}_2\text{OH}$$

过氧化醚

这种过氧化物不稳定，加热时易分解，发生爆炸。因此，蒸馏乙醚时，不要完全蒸干，以免过氧化物过热而爆炸。在蒸馏乙醚前或使用久置的醚，必须检验有无过氧化物存在，防止意外发生。

检验可以通过 KI-淀粉试纸或硫酸亚铁与硫氰化钾的混合液检验，若前者试纸变蓝或后者混合液变红则表明醚中含有过氧化物。若发现过氧化物，可以用新制的硫酸亚铁、亚硫酸钠等洗涤，可以破坏过氧化物。醚类的使用应避免将它们暴露在空气中；贮存时，应放入棕色瓶，并可加入少量抗氧化剂（如对苯二酚）以防止过氧化物的生成。

（2）锌盐的形成

醚分子的氧原子具有未共用孤电子对，可以作为一种 Lewis 碱与其他原子或基团（Lewis 酸）结合生成类似于盐类结构的化合物——锌盐（oxonium salt）。醚是一种弱碱，接受质子的能力也较弱，生成的锌盐很不稳定，只有在冷的浓强酸里才稳定。

因此，醚必须与浓强酸才能生成锌盐，但当用水稀释后，锌盐则立即分解为原来的醚。利用此现象可以区别醚与烷烃或卤代烃，也可利用此法将醚从烷烃或卤代烃等混合物中分离出来。

$$\text{C}_2\text{H}_5\overset{\cdot\cdot}{\underset{\cdot\cdot}{\text{O}}}\text{—C}_2\text{H}_5 \underset{\text{H}_2\text{O}}{\overset{\text{浓 H}_2\text{SO}_4}{\rightleftharpoons}} \left[\text{C}_2\text{H}_5\overset{+}{\underset{\text{H}}{\text{O}}}\text{—C}_2\text{H}_5\right]\text{HSO}_4^-$$

锌盐

醚与 BF_3、$AlCl_3$、$RMgX$ 等缺电子试剂可以形成络合物。这种络合物是烷基化、聚合等反应的催化剂。制备格氏试剂时常采用无水乙醚作为溶剂，这是因为格氏试剂和乙醚可形成络合物而稳定。

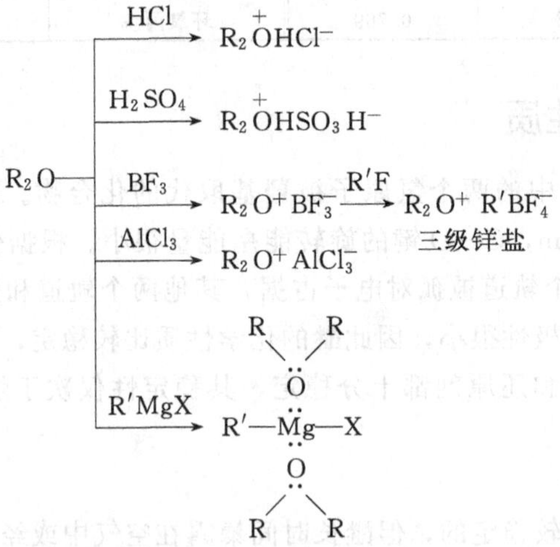

$$
R_2O \longrightarrow
\begin{cases}
\xrightarrow{\text{HCl}} R_2\overset{+}{O}HCl^- \\[4pt]
\xrightarrow{H_2SO_4} R_2\overset{+}{O}HSO_3H^- \\[4pt]
\xrightarrow{BF_3} R_2O^+BF_3^- \xrightarrow{R'F} R_2O^+ R'BF_4^- \quad \text{三级锌盐} \\[4pt]
\xrightarrow{AlCl_3} R_2O^+ AlCl_3^- \\[4pt]
\xrightarrow{R'MgX} \begin{array}{c} R\quad R \\ \overset{..}{O} \\ R'-Mg-X \\ \overset{..}{O} \\ R\quad R \end{array}
\end{cases}
$$

锌盐或络合物的形成，使得醚的 C—O 键变弱。尤其是三级锌盐极易分解出烷基正离子 R^+，并与亲核试剂反应，因此是一种很有用的烷基化试剂。

$$(CH_3CH_2)_3O^+BF_4^- + ROH \longrightarrow CH_3CH_2OR + (C_2H_5)_2O + HBF_4$$

（3）醚的碳氧键的断裂反应

氢卤酸（如氢溴酸、氢碘酸）与醚一起加热，醚的碳氧键易断裂，生成醇和卤代烃。若氢卤酸过量，醇将进一步转变为卤代烃。例如

$$
R-\overset{..}{O}-R + HI \longrightarrow R-\overset{+}{\underset{H}{O}}-R \xrightarrow[\triangle]{I^-} ROH + RI \xrightarrow{\text{过量 HI}} RI + H_2O
$$

不同的氢卤酸使醚键断裂的能力为：$HI > HBr > HCl$。这与卤素负离子的亲核能力相一致。需要注意的是：HI 常用于断裂醚键，或用 KI/H_3PO_4 代替 HI，HBr 需用浓酸和较高的反应温度，HCl 断裂醚键的效果差。

醚键的断裂过程：首先是醚的质子化，形成质子化醚；然后亲核试剂卤离子向质子化醚进行取代反应，生成卤代烃和醇。醚键断裂的历程主要决定于醚分子中烃基的结构，当 R 为伯羟基时，按 S_N2 历程进行，当 R 为叔丁基时，按 S_N1 历程进行。

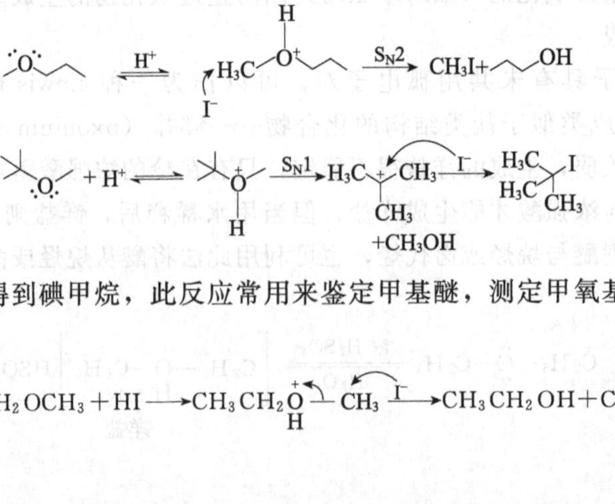

甲基醚总是优先得到碘甲烷，此反应常用来鉴定甲基醚，测定甲氧基的含量，称为蔡塞尔（Zeisel）法。

$$CH_3CH_2OCH_3 + HI \longrightarrow CH_3CH_2\overset{+}{\underset{H}{O}}\text{—}CH_3 \quad I^- \longrightarrow CH_3CH_2OH + CH_3I$$

由于醚的结构不同，醚键断裂生成卤代烃有如下规律：

① 混醚反应时，一般是小的烃基断裂生成卤代烃，大的烃基或芳基生成醇或酚。

② 由于 p-π 共轭，Ar—O 键不易断裂，醚键总是优先在脂肪烃基的一边断裂。二芳基之间的醚键难断裂，不能与氢卤酸发生醚键断裂的反应。

③ 甲基、乙基、苄基醚易形成，也易被酸分解，所以常用生成醚的方法保护酚羟基。

$$\underset{CH_3}{\overset{OH}{\bigcirc}} \xrightarrow[NaOH]{(CH_3)_2SO_4} \underset{CH_3}{\overset{OCH_3}{\bigcirc}} \xrightarrow{KMnO_4} \underset{COOK}{\overset{OCH_3}{\bigcirc}} \xrightarrow[\triangle]{HBr} \underset{COOH}{\overset{OH}{\bigcirc}}$$

④ 醚中有一个烃基是叔烃基时，醚键断裂得到的主要产物是烯烃。

$$(CH_3)_3C—O—CH_3 \xrightarrow[\triangle]{浓\ H_2SO_4} CH_3OH + (CH_3)_2C{=}CH_2$$

总之，醚碳氧键断裂优先顺序为：叔烷基＞甲基＞伯烷基，仲烷基＞芳基。

(4) 1，2-环氧化合物的开环反应

环氧乙烷是具有很大张力的三元环，化学性质活泼，在酸或碱的催化下，易与亲核试剂作用发生开环反应，得到不同的产物。例如

$$\underset{O}{\triangle}\begin{cases} \xrightarrow{H_2O/H} HOCH_2CH_2OH \\ \xrightarrow{C_2H_5OH/H^+} CH_3CH_2OCH_2CH_2OH \\ \xrightarrow{C_6H_5OH} C_6H_5OCH_2CH_2OH \\ \xrightarrow{H\ 或\ OH} \\ \xrightarrow{HX} XCH_2CH_2OH \\ \xrightarrow{NH_3} NH_2CH_2CH_2OH + HN(CH_2CH_2OH)_2 + N(CH_2CH_2OH)_3 \\ \xrightarrow{HCN} CNCH_2CH_2OH \xrightarrow{H_3O^+} HOOCCH_2CH_2OH \\ \xrightarrow{RMgX} R{-}CH_2CH_2OMgX \xrightarrow{H_3O^+} RCH_2CH_2OH \end{cases}$$

对于不对称环氧化合物，由于两个碳原子不等同，与亲核试剂作用时可得到两种不同的开环产物，以哪种产物为主，这与反应的酸碱条件有关。

拓展知识

双酚 A 型环氧树脂

环氧树脂是指分子中至少含有两个反应性环氧基团的树脂化合物。环氧树脂经固化后有许多突出的优异性能，如对各种材料特别是对金属的黏着力很强、有很强的耐化学腐蚀性、力学强度很高、电绝缘性好、耐腐蚀等。

双酚 A 型环氧树脂是由双酚 A、环氧氯丙烷在碱性条件下缩合，经水洗，脱溶剂精制而成的高分子化合物。因环氧树脂的制成品具有良好的力学性能、耐化学药品性、电气绝缘性能，故广泛应用于涂料、胶黏剂、玻璃钢、层压板、电子浇铸、灌封、包封等领域。

工业上用苯酚与丙酮在酸催化作用下缩合，生成 2，2-二（4-羟基苯基）丙烷，俗称双酚 A。

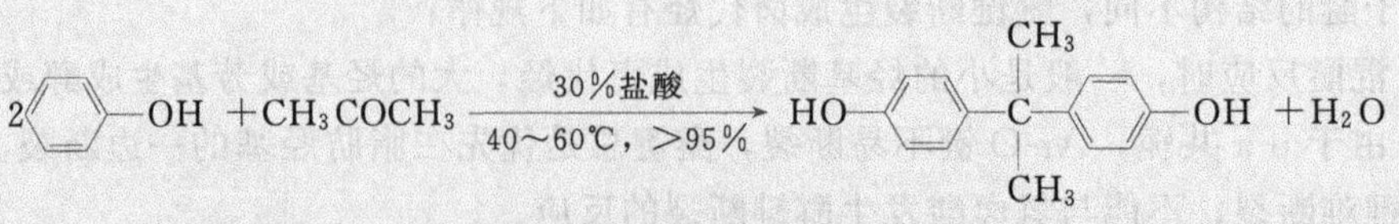

$$2 \text{—OH} + CH_3COCH_3 \xrightarrow[40\sim 60℃,\ >95\%]{30\%\text{盐酸}} HO\text{—}\underset{CH_3}{\overset{CH_3}{C}}\text{—}\text{—OH} + H_2O$$

　　双酚 A 是制造环氧树脂、聚碳酸酯、聚砜和阻燃剂等的重要原料。例如由双酚 A 与环氧氯丙烷反应，可生成环氧树脂。而且环氧氯丙烷可重复与双酚 A 作用，得到分子量较高的末端具有环氧基的线型高分子化合物，所以叫做环氧树脂。

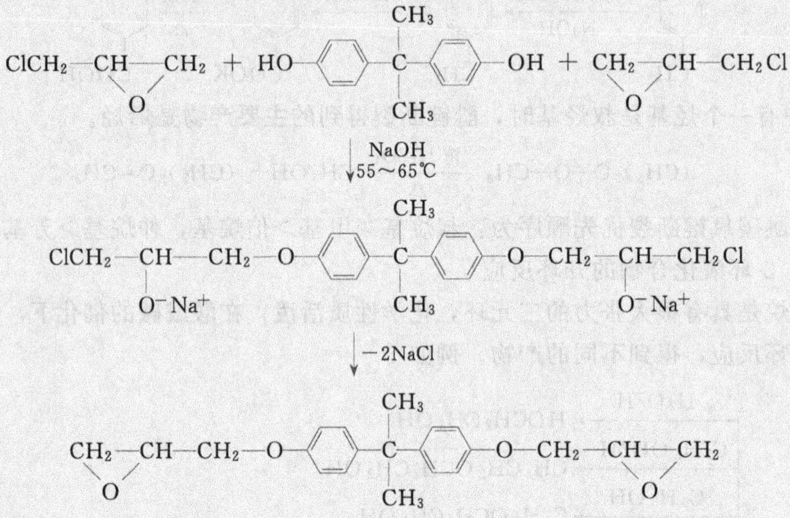

$$ClCH_2\text{—}\underset{O}{CH\text{—}CH_2} + HO\text{—}\underset{CH_3}{\overset{CH_3}{C}}\text{—OH} + \underset{O}{CH_2\text{—}CH}\text{—}CH_2Cl$$

$$\downarrow \overset{NaOH}{55\sim 65℃}$$

$$ClCH_2\text{—}\underset{O^-Na^+}{CH}\text{—CH}_2\text{—O—}\underset{CH_3}{\overset{CH_3}{C}}\text{—O—CH}_2\text{—}\underset{O^-Na^+}{CH}\text{—CH}_2Cl$$

$$\downarrow -2NaCl$$

$$\underset{O}{CH_2\text{—}CH}\text{—CH}_2\text{—O—}\underset{CH_3}{\overset{CH_3}{C}}\text{—O—CH}_2\text{—}\underset{O}{CH\text{—}CH_2}$$

习　　题

1. 命名下列各化合物。

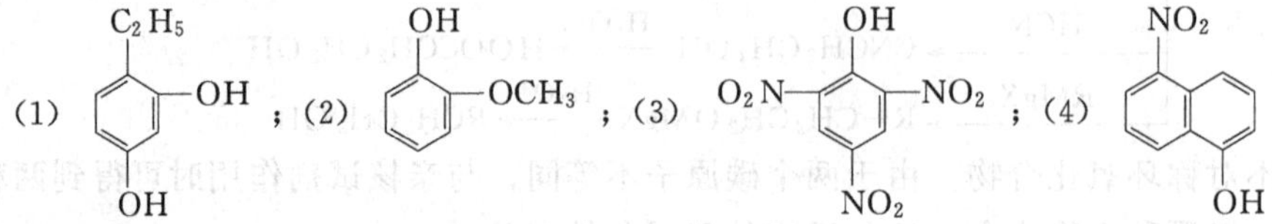

(1) ；(2) ；(3) ；(4)

2. 将下列化合物按酸性强弱顺序排列。

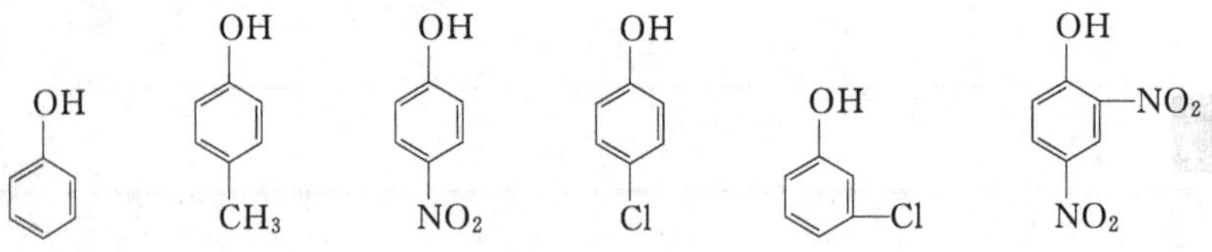

A　　　B　　　C　　　D　　　E　　　F

3. 写出邻甲苯酚与下列各物质反应的主要产物。

(1) NaOH 水溶液；(2) ⬡—CH_2Br，NaOH；(3) O_2N—⬡—$COCl$，吡啶；

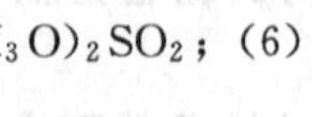

(4) Br_2，CS_2；(5) $(CH_3O)_2SO_2$；(6) 冷、稀 HNO_3

4. 区别下列化合物。

$CH_2{=}CHCH_2OH$ 、$CH_3CH_2CH_2OH$ 和 $CH_3CH_2CH_2Cl$

5. 写出下列化合物的脱水产物。

(1) $(CH_3)_2\underset{OH}{C}CH_2CH_2OH \xrightarrow[\text{脱一分子水}]{H_2SO_4,\ \triangle}$

(2) $\underset{\displaystyle \overset{|}{OH}}{C_6H_5-CH_2CHCH(CH_3)_2} \xrightarrow{H^+, \triangle}$

6. 用反应历程解释下列反应事实。

$(CH_3)_3CCHCH_3 \xrightarrow{85\% H_3PO_4} (CH_3)_3CCH=CH_2 + (CH_3)_2CHC=CH_2$
$\quad\quad\quad | \quad\quad\quad\quad\quad\quad\quad\quad\quad\quad\quad\quad\quad\quad\quad\quad\quad\quad\quad\overset{\textstyle CH_3}{|}$
$\quad\quad\quad OH$
$\quad\quad\quad\quad\quad\quad\quad\quad\quad\quad\quad\quad\quad\quad\quad + (CH_3)_2C=C(CH_3)_2$

7. 完成下列反应。

$(CH_3)_3COH \xrightarrow{? (A)} (CH_3)_3CBr \xrightarrow[\text{干醚}]{Mg} (CH_3)_3CMgBr \xrightarrow[②H_3O^+]{①\overset{O}{\triangle}/\text{干醚}} ? (B)$

8. 用化学方法区别下列各化合物。

$C_6H_5-OCH_2CH_3$ 、 邻$-CH_2CH_3$(OH) 和 $C_6H_5-CH_2CH_2OH$

9. 比较下列化合物与 HBr 反应的活性。

(1) (A) $\underset{\displaystyle \overset{|}{OH}}{CH_3CHCH_2CH_3}$ ；(B) $CH_3CH_2CH_2CH_2OH$；(C) $CH_2CH=CHCH_2OH$

(2) (A) 1-苯基-1-丙醇；(B) 1-苯基-2-丙醇；(C) 3-苯基-1-丙醇

10. 比较下列各组化合物与卢卡斯试剂反应的相对速率。

(1) 正戊醇，2-甲基-2-戊醇，二乙基甲醇

(2) 苄醇，对甲基苄醇，对硝基苄醇

(3) 苄醇，α-苯基乙醇，β-苯基乙醇

11. 区别下列各组化合物。

(1) $CH_2=CHCH_2OH$ ，$CH_3CH_2CH_2OH$，$CH_3CH_2CH_2Br$，$(CH_3)_2CHI$

(2) $CH_3CH(OH)CH_3$，$CH_3CH_2CH_2OH$，C_6H_5OH，$(CH_3)_3COH$，$C_6H_5OCH_3$

(3) α-苯基乙醇，β-苯基乙醇，对乙基苯酚，对甲氧基甲苯

12. 写出下列各反应的主要产物。

(1) $\underset{\displaystyle \overset{|}{OH}}{CH_3CH_2C(CH_3)_2} \xrightarrow[\triangle]{Al_2O_3}$

(2) $\underset{\displaystyle \overset{|}{OH}}{C_6H_5-CH_2CHCH_3} \xrightarrow[\triangle]{H^+}$

(3) $\underset{\displaystyle \overset{|}{OH}}{C_6H_5-CH_2CHCH(CH_3)_2} \xrightarrow[\triangle]{H^+}$

(4) $\underset{\displaystyle \overset{\quad|\quad\quad|}{OH\,OH}}{CH_3CHCHCH_3} \xrightarrow[\triangle]{Al_2O_3}$

(5) $CH_3I + CH_3CH_2ONa \longrightarrow$

(6) $\underset{\displaystyle \overset{|}{CH_3}}{C_6H_4-OCH_3} \xrightarrow[\triangle]{HI}$

(7)

$$\text{o-CH}_3\text{C}_6\text{H}_4\text{OCH}_3 \xrightarrow{\text{HNO}_3,\ \text{H}_2\text{SO}_4}$$

邻甲基苯甲醚 $\xrightarrow{\text{HNO}_3,\ \text{H}_2\text{SO}_4}$

(8)

邻甲酚 $\xrightarrow{\text{NaOH}} \xrightarrow[\triangle]{\text{CH}_3\text{CH}=\text{CHCH}_2\text{Br}}$

(9)

$$\text{CH}_3\text{O-C}_6\text{H}_4\text{-CH}_2\text{OCH}_2\text{CH}_3 \xrightarrow{\text{H}_2,\ \text{Pd/C}}$$

(10)

$$\text{CH}_2-\!\!\!\!-\text{CH}_2 \text{ (环氧乙烷)} \begin{cases} \xrightarrow{\text{H}_2\text{O},\ \text{H}^+} \\ \xrightarrow{\text{CH}_3\text{ONa}} \\ \xrightarrow{\text{NaCN},\ \text{H}_2\text{O}} \\ \xrightarrow{\text{CH}_3\text{C}\equiv\text{CMgBr},\ \text{Et}_2\text{O}} \xrightarrow{\text{H}_3\text{O}^+} \\ \xrightarrow{(\text{CH}_3)\text{CuLi}} \xrightarrow{\text{H}_3\text{O}^+} \end{cases}$$

13. 由指定原料合成下列化合物。

(1) 甲醇，2-丁醇→2-甲基丁醇

(2) 正丙醇，异丙醇→2-甲基-2-戊醇

(3) 甲醇，乙醇 →正丙醇，异丙醇

(4) 2-甲基丙醇，异丙醇→2，4-二甲基-2-戊烯

(5) 丙烯→甘油→三硝酸甘油酯

(6) 苯，乙烯，丙烯→3-甲基-1-苯基-2-丁烯

(7) 乙醇→2-丁醇

(8) 叔丁醇→3，3-二甲基-1-丁醇

(9) 乙烯→三乙醇胺

(10) 丙烯→异丙醚

(11) 苯，甲醇→2，4-二硝基苯甲醚

(12) 乙烯→正丁醚

(13) 苯→间苯三酚

(14) 苯→对亚硝基苯酚

(15) 苯→2，6-二氯苯酚

(16) 苯→对苯醌二肟

14. 某醇 $C_5H_{12}O$ 氧化后生成酮，脱水则生成一种不饱和烃，将此烃氧化可生成酮和羧酸两种产物的混合物，试推测该醇的结构。

15. 有一化合物（A）的分子式为 $C_5H_{11}Br$，和 NaOH 水溶液共热后生成 $C_5H_{12}O$（B）。B 具有旋光性，能和钠作用放出氢气，和浓硫酸共热生成 C_5H_{10}（C）。C 经臭氧化和在还原剂存在下水解，则生成丙酮和乙醛。试推测 A、B、C 的结构，并写出各步反应式。

16. 新戊醇在浓硫酸存在下加热可生成不饱和烃。将这不饱和烃经臭氧化后，在锌粉存在下水解，可得到一种醛和一种酮，试写出反应历程及各步反应产物的构造式。

17. 有一化合物的分子式为 $C_6H_{14}O$，常温下不与金属钠反应，和过量的浓氢碘酸共热时生成碘烷，此碘烷与氢氧化银作用则生成丙醇。试推测此化合物的结构，并写出反应式。

18. 有一化合物的分子式为 $C_7H_{16}O$，并且：

(1) 在常温下它不和金属钠反应；

(2) 它和过量浓氢碘酸共热时生成 C_2H_5I 和 $C_5H_{11}I$，后者与氢氧化银反应生成的化合物的沸点为 138℃。

试推测原化合物的结构，并写出各步反应式。

19. 写出环氧乙烷与下列试剂反应的方程式：

(1) 有少量硫酸存在下的甲醇。

(2) 有少量甲醇钠存在下的甲醇。

20. 有一未知物 A，经钠熔试验证明此化合物不含有卤素、硫、氮。未知物不溶于水、10％ HCl 和碳酸氢钠中，但溶于 10％ NaOH。用苯甲酰氯处理，放出 HCl 并产生一个新的化合物 B。A 不能使溴水褪色。用质谱仪测出（A）的分子式是 $C_9H_{12}O$。A 的结构是什么？苯甲酰氯与 A 的反应产物是什么？为什么不与溴水反应？

21. 试解释实验中所遇到的下列问题：

(1) 金属钠可用于除去苯中所含的痕量 H_2O，但不宜用于除去乙醇中所含的水。

(2) 为什么制备 Grignard 试剂时用作溶剂的乙醚不但需要除去水分，并且也必须除净乙醇（乙醇是制取乙醚的原料，常掺杂于产物乙醚中）。

(3) 在使用 $LiAlH_4$ 的反应中，为什么不能用乙醇或甲醇作溶剂？

22. 苯酚与甲苯相比有以下两点不同的物理性质：（a）苯酚沸点比甲苯高；（b）苯酚在水中的溶解度较甲苯大。你能解释其原因吗？

23. 解释下列现象。

(1) 从 2-戊醇所制得的 2-溴戊烷中总含有 3-溴戊烷。

(2) 用 HBr 处理新戊醇 $(CH_3)_3CCH_2OH$ 时只得到 $(CH_3)_2CBrCH_2CH_3$。

第 8 章

醛、酮和醌

醛和酮是烃的重要含氧衍生物之一。它们的分子中都含有羰基官能团（ C＝O ），故

称为羰基化合物。醛的羰基连有氢原子，因此醛的官能团称醛基（ —C ）。酮的官能团

羰基又称酮基，它连接着两个烃基；从结构上看，醌是环状多烯二酮，因此本章把醌与醛、酮放在一起讨论。

8.1 醛、酮

8.1.1 醛、酮的分类和命名

根据醛酮分子中羰基所连的烃基类别分为脂肪族醛酮和芳香族醛酮；根据醛酮分子中所含羰基的数目分为一元醛酮与二元醛酮；根据烃基是否含有重键可分为饱和醛酮与不饱和醛酮。

脂肪族醛酮命名时，选择含有羰基碳原子的最长碳链为主链，从靠近羰基一段编号，醛羰基总是在碳链一端，故不用标明位次。而酮羰基位于碳链中间，除丙酮、丁酮外都需要标明位次。

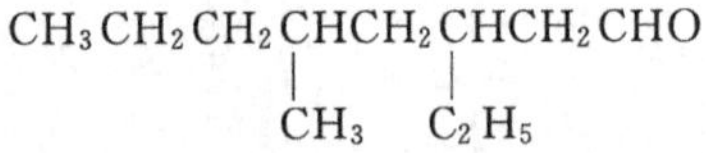

$$CH_3CH_2CH_2CHCH_2CHCH_2CHO$$
$$\quad\quad\quad CH_3 \quad C_2H_5$$

$$CH_3CH=CHCHO$$

$$CH_3CHCH_2CCH_3$$
$$\quad CH_3 \quad O$$

5-甲基-3-乙基辛醛 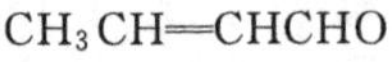　　　　　　　2-丁烯醛（巴豆醛） 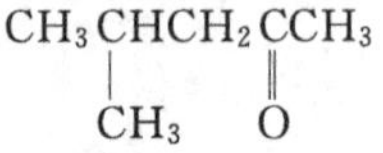　　　　　　4-甲基-2-戊酮

碳链原子的位次有时用希腊字母表示，与羰基直接相连的碳原子为 α-碳原子，其次为 β-碳原子、γ-碳原子等。二元羰基化合物也经常用希腊字母来标记，用 α（相邻）、β（隔一个碳）、γ（隔两个碳）来表示两个羰基化合物的位次。

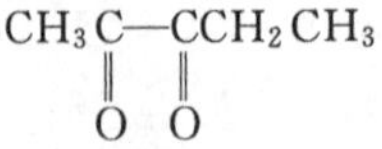

$$CH_3C—CCH_2CH_3$$
$$\quad O \quad O$$

$$CH_3CCH_2CCH_3$$
$$\quad O \quad O$$

α-戊二酮（2,3-戊二酮） 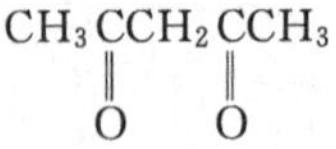　　　　　　β-戊二酮（2,4-戊二酮）

芳香族的醛酮是将芳环当作取代基。例如：

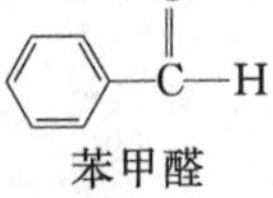

苯甲醛 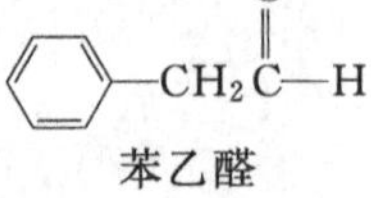　　　　　　　苯乙醛 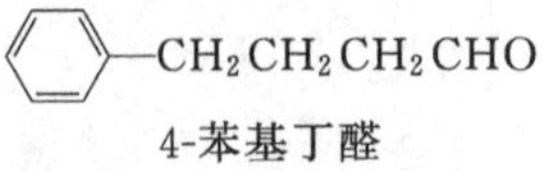　　　　　　　4-苯基丁醛

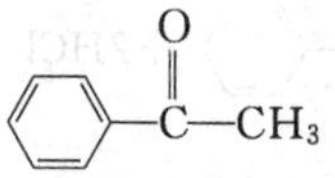

苯乙酮 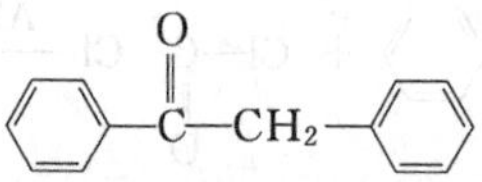　　　　　　　　 1，2-二苯基乙酮或 2-苯基苯乙酮

脂环酮的羰基在环内侧称为环某酮，如在环外侧可把环当做取代基。例如：

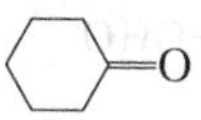

环己酮 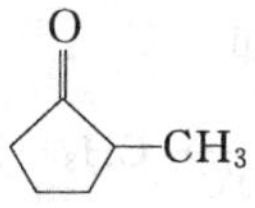　　　 2-甲基环戊酮 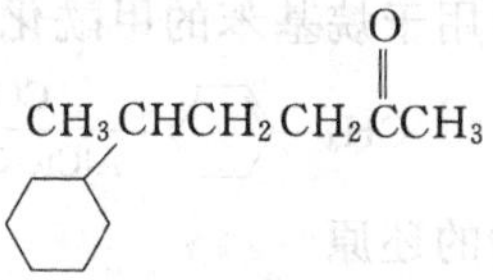　　　　 5-环己基-2-己酮

当主链中同时含有酮羰基和醛羰基时，既可以醛为母体，将酮羰基的氧原子作为取代基，用"氧代某醛"表示；也可以酮醛为母体，但须注明酮羰基碳原子的位次。例如

$$CH_3CCH_2CH_2CHO$$
$$\overset{\displaystyle |}{O}$$

γ-氧代戊醛（4-氧代戊醛或 4-戊酮醛）

8.1.2　醛、酮的制备

（1）醇的脱氢

伯醇或仲醇可以在催化剂的作用下，脱去一分子氢生成醛或酮，得到的产品纯度较高，主要用于工业上低级醛酮的生产。常用的催化剂有铜、银、氧化物或镍。例如

$$CH_3CH_2OH \xrightarrow[260\sim300℃]{Cu} CH_3CHO + H_2\uparrow$$

该法可以看做是催化氢化的逆过程，是吸热的，需要在高温下进行。因此生产中通入一定量的空气，使生成的氢气与空气中的氧气结合生成水。用氢氧结合时放出的热量来进行脱氢脱氧反应，所以此法又称为氧化脱氢法。

$$CH_3\overset{\displaystyle OH}{\underset{\displaystyle |}{C}}HCH_3 \xrightarrow[300℃]{ZnO,\ O_2} CH_3\overset{\displaystyle O}{\overset{\displaystyle ||}{C}}CH_3 + H_2O$$

（2）伯醇和仲醇的氧化

制备醛、酮常用的方法是醇的氧化或者脱氢。例如

$$(CH_3)_3CCH_2OH \xrightarrow[\triangle;\ 80\%]{K_2Cr_2O_7-稀\ H_2SO_4} (CH_3)_3CCHO$$

此外，伯醇和仲醇可经 Oppenauer 氧化生成相应的醛、酮。该反应是在异丙醇铝等催化下，使用过量的丙酮作氧化剂来完成的。该反应具有较强的选择性，可用于氧化不饱和醇。例如

$$CH_3-\overset{\displaystyle |}{\underset{\displaystyle CH_3}{C}}HCH=CHCH-CH=CH_2 \xrightarrow[苯，回流，80\%]{异丙醇铝，丙酮} CH_3-\overset{\displaystyle ||}{\underset{\displaystyle O}{C}}CH=CHCH=\overset{\displaystyle |}{\underset{\displaystyle CH_3}{C}}CH-CH_2$$

（3）芳环的酰基化

芳烃进行 Friedel-Crafts 酰基化反应，是合成芳酮的重要方法。

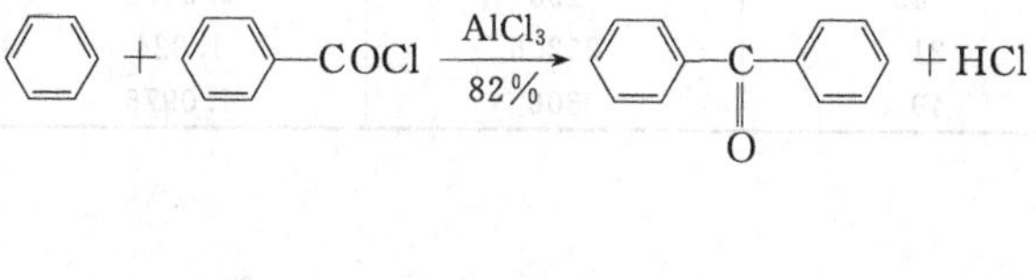

$$\bigcirc + \bigcirc-COCl \xrightarrow[82\%]{AlCl_3} \bigcirc-\overset{\displaystyle ||}{\underset{\displaystyle O}{C}}-\bigcirc + HCl$$

$$2C_6H_6 + Cl-\underset{\underset{O}{\|}}{C}-Cl \xrightarrow{AlCl_3} C_6H_5-\underset{\underset{O}{\|}}{C}-C_6H_5 + 2HCl$$

在 Lewis 酸的催化下，用一氧化碳和氯化氢与芳烃作用生成芳醛，此反应称为 Gatter-mann-Koch 反应。它可以看成是 Friedel-Carafts 反应的一种特殊的形式，相当于甲酰氯进行的酰基化反应，适用于烷基苯的甲酰化。例如

$$CH_3-C_6H_5 \xrightarrow[\text{AlCl}_3\text{-CuCl, 20℃}]{CO+HCl} CH_3-C_6H_4-CHO$$

（4）羧酸衍生物的还原

羧酸衍生物中的酰卤和羧酸酯与格式试剂反应很容易生成酮，反应难以控制在酮阶段，酮与过量的格氏试剂继续作用生成醇。当用腈代替酰卤与格式试剂作用然后水解可以得到较高产率的酮。

$$C_6H_5-CN + RMgX \longrightarrow C_6H_5-\underset{\underset{R}{\|}}{C}\!\!=\!\!N MgX \xrightarrow[H_2O]{H^+} C_6H_5-\underset{\underset{O}{\|}}{C}-R$$

酰卤与二烃基铜锂作用可以得到酮：

$$R'-\underset{\underset{O}{\|}}{C}-Cl + R_2CuLi \longrightarrow R'-\underset{\underset{O}{\|}}{C}-R$$

8.1.3 醛、酮的物理性质

常温下除甲醛是气体外，12 个碳以下的脂肪族醛、酮都是无色液体；高级的醛、酮为固体；芳香族的醛、酮多为固体。低级脂肪醛酮具有强烈的刺激气味；某些 C_9 和 C_{10} 的醛、酮具有花果香味，可用于香料工业。

醛、酮分子中的羰基氧原子可以作为受体，与水分子生成氢键，所以低级的醛酮（如甲醛、乙醛、丙酮等）可与水混溶。醛、酮在水中的溶解度随分子中烃基的增大而减少，高级醛、酮则微溶或不溶于水。醛、酮都易溶于一般的有机溶剂。

由于羰基的极性，因此醛、酮的沸点比分子量相近的烃及醚高。但由于醛、酮分子间不能形成氢键，因此沸点较相应的醇低。

某些常见醛、酮的物理常数见表 8-1。

表 8-1 常见醛、酮的物理常数

化合物	熔点/℃	沸点/℃	相对密度	溶解度/[g/(100g H₂O)]
甲醛	−92	−21	0.815	55
乙醛	−121	20.8	0.7834	∞
丙醛	−81	48.8	0.8085	20
丁醛	−99	75.7	0.817	4
戊醛	−92	103.4	0.81	小
苯甲醛	−26	178.6	1.0415	0.33
丙酮	−94.5	56.2	0.7899	∞
丁酮	−86.3	79.6	0.8054	35.3
2-戊酮	−77.8	102	0.8089	6.3
3-戊酮	−42	101.5	0.813	4.7
2-己酮	−35	150	1.0281	—
环戊酮	−51.3	130.7	0.951	43.3
环己酮	−45	155	0.9478	—
苯乙酮	21	202.6	1.024	不溶
二苯甲酮	49	306	1.0976	不溶

8.1.4　醛、酮的化学性质

醛、酮是两类不同的化合物。一方面，醛、酮的分子中都含有羰基，由于结构上的共同特点，故醛、酮具有相似的化学性质。另一方面，由于其羰基上所连基团不同，又使醛、酮的化学性质存在着明显的不同。总的来说醛的性质比酮活泼，表现在一些反应醛较易发生，而酮则较困难，有些反应酮甚至不能发生。

醛、酮的化学性质主要表现在以下三方面：①由极性基团羰基中的 π 键断裂而引起的加成反应；②受羰基的极性影响而比较活泼的 α-H 的反应；③醛的特性反应。

（1）亲核加成

羰基是醛、酮分子中的官能团，是化学性质活泼的极性基团，能够发生氧化-还原反应；与羰基相连的 α-碳原子上的 α-氢原子受到羰基吸电子效应的影响，易以质子的形式离去，发生卤代、羟醛缩合等一系列反应；由于羰基碳原子上带有部分正电荷，氧原子上带有部分负电荷，最外层电子数已接近"8"，反应活性较差，因此带有部分正电荷的羰基碳原子，易受到亲核试剂的进攻发生亲核加成反应，此类反应是醛酮的特征反应。

① 与水加成　水作为亲核试剂时，其亲核原子是氧原子，水与羰基化合物加成，生成水合物——同碳二元醇。

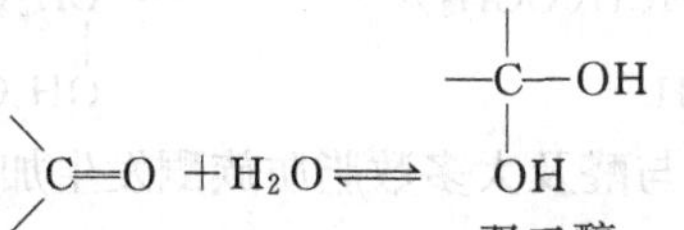

$$\diagdown C{=}O + H_2O \rightleftharpoons \begin{array}{c} {-}\overset{|}{\underset{|}{C}}{-}OH \\ OH \end{array}$$
双二醇

该反应是可逆反应，H_2O 是弱的亲核试剂，故不易形成稳定的水合物。但是三氯乙醛结构特殊，很容易与水反应生成较稳定的水合氯醛：

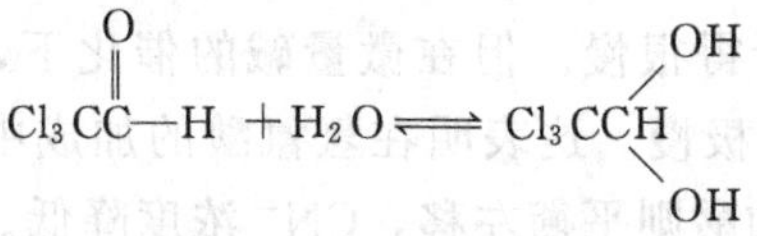

$$Cl_3C\overset{\overset{\displaystyle O}{\|}}{C}{-}H + H_2O \rightleftharpoons Cl_3C\overset{OH}{\underset{OH}{C}}H$$

这是因为—CCl_3 是很强的吸电子基团，它的吸电子效应使羰基碳原子正电性增强，更容易被亲核试剂进攻。甲醛是唯一的羰基不与羟基相连的醛，与其他醛相比，它没有烃基的斥电子效应，羰基碳原子也容易被亲核试剂进攻：

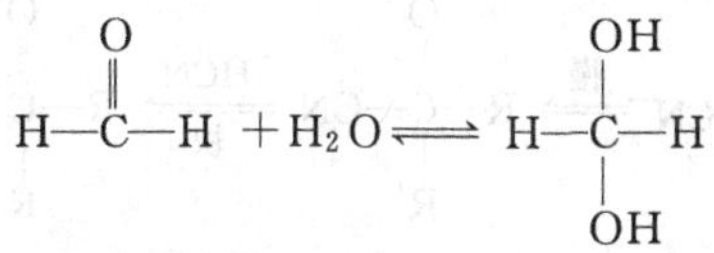

$$H{-}\overset{\overset{\displaystyle O}{\|}}{C}{-}H + H_2O \rightleftharpoons H{-}\overset{OH}{\underset{OH}{C}}{-}H$$

② 与醇加成　在干燥氯化氢或浓硫酸的作用下，一分子醛或酮与一分子醇发生加成反应，生成的化合物分别称为半缩醛或半缩酮。

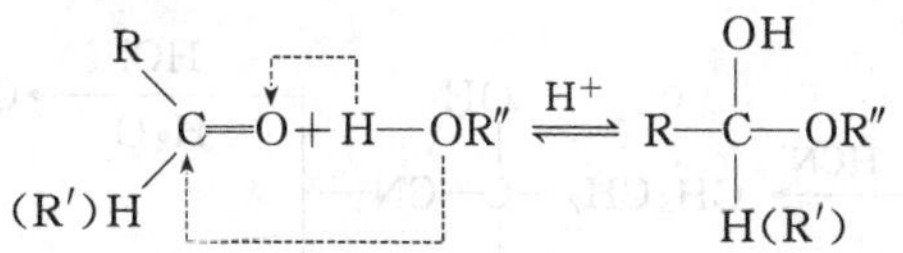

$$\begin{array}{c} R \\ (R'){}H \end{array}\!\!C{=}O + H{-}OR'' \overset{H^+}{\rightleftharpoons} R{-}\overset{OH}{\underset{H(R')}{C}}{-}OR''$$

半缩醛（酮）很不稳定，易分解成原来的醛（酮），不易分离出来。它可以与另一分子醇进一步缩合，生成缩醛（酮）。缩醛酮比较稳定，能从过量的醇中分离出来。

$$\underset{H(R')}{\overset{R}{>}}C=O \xrightarrow[A]{R''OH,\ HCl} \underset{H(R')}{\overset{R}{\underset{OR''}{\overset{OH}{C}}}} \xrightarrow[B]{R''OH,\ HCl} \underset{H(R')}{\overset{R}{\underset{OR''}{\overset{OR''}{C}}}}$$

半缩醛（酮）　　　　　缩醛（酮）

反应机理：

$$\underset{(R')H}{\overset{R}{>}}C=O \overset{H^+}{\rightleftharpoons} \underset{(R')H}{\overset{R}{>}}C\overset{+}{O}H \xrightarrow{R''OH} \underset{H(R')}{R-\overset{\overset{H\overset{+}{O}R''}{|}}{\underset{|}{C}}-OH} \rightleftharpoons \underset{H(R')}{R-\overset{\overset{OR''}{|}}{\underset{|}{C}}-\overset{+}{O}H_2}$$

$$\overset{-H_2O}{\rightleftharpoons} \left[\underset{H(R')}{R-\overset{\overset{OR''}{|}}{\underset{|}{C^+}}} \leftrightarrow \underset{H(R')}{R-\overset{\overset{+OR''}{||}}{C}} \right] \xrightarrow{HOR''} \underset{H(R')}{R-\overset{\overset{H\overset{+}{O}R''}{|}}{\underset{|}{C}}-OR''} \overset{-H^+}{\rightleftharpoons} \underset{H(R')}{R-\overset{\overset{OR''}{|}}{\underset{|}{C}}-OR''}$$

　　缩醛酮是同一碳原子上连有与醚类似的两个烷氧基结构，所以对碱、氧化剂和还原剂稳定。但是由于在酸催化下生成缩醛酮是可逆平衡反应，因此缩醛酮在稀酸中可以水解为原来的醛酮。在有机合成中可以利用这个性质来保护反应物中的醛酮羰基。

$$CH_2=CHCHO \xrightarrow[HCl\ (气)]{CH_3OH} CH_2=CHCH(OCH_3)_2 \xrightarrow[0\sim5℃]{KMnO_4,\ OH^-}$$

$$\underset{OH\ OH}{CH_2CHCH(OCH_3)_2} \xrightarrow{H^+,\ H_2O} \underset{OH\ OH}{CH_2CHCHO}$$

　　③ 与 HCN 加成　　HCN 能与醛及大多数脂肪族酮发生加成反应，生成 α-烃基腈（腈醇）：

$$\underset{(CH_3)H}{\overset{R}{>}}C=O+H-CN \rightleftharpoons \underset{H(CH_3)}{R-\overset{\overset{OH}{|}}{\underset{|}{C}}-CN}$$

　　醛酮与氢氰酸的加成进行得很慢。但在微量碱的催化下，反应进行得很快，产率也很高。如果加入酸，则反应变得极慢。这表明在氢氰酸的加成中，起作用的是 CN⁻。加碱则平衡右移，CN⁻浓度增大，加酸则平衡左移，CN⁻浓度降低。

$$HCN \underset{H^+}{\overset{OH^-}{\rightleftharpoons}} H^+ + CN^-$$

氢氰酸对羰基化合物的加成反应机理：

$$\underset{R'}{\overset{R}{>}}\overset{\delta^+}{C}=\overset{\delta^-}{O} + CN^- \overset{慢}{\rightleftharpoons} \underset{R'}{R-\overset{\overset{O^-}{|}}{\underset{|}{C}}-CN} \xrightarrow[快]{HCN} \underset{R'}{R-\overset{\overset{O}{||}}{\underset{|}{C}}-CN} + CN^-$$

　　醛酮与氢氰酸反应，产物氰醇比反应物醛酮增加了一个碳原子，是有机合成中碳链增长的反应。氰醇还可以用来制备 α-羟基酸和 α,β-不饱和羧酸。

$$CH_3CH_2-\overset{\overset{O}{||}}{C}-CH_3 \xrightarrow{HCN} CH_3CH_2-\overset{\overset{OH}{|}}{\underset{CH_3}{C}}-CN \begin{cases} \xrightarrow[H_2O]{HCl} CH_3CH_2-\overset{\overset{OH}{|}}{\underset{CH_3}{C}}-COOH \\ \\ \xrightarrow{浓\ H_2SO_4} CH_3CH=\overset{\overset{}{}}{\underset{CH_3}{C}}-COOH \end{cases}$$

丙酮的氰醇在硫酸存在下与甲醇反应，经过加成产物的水解、甲酯化、脱水等反应生成甲基丙烯酸酯，后者聚合成聚甲基丙烯酸甲酯，即有机玻璃。

$$
\underset{\substack{|\\CN}}{\overset{\substack{OH\\|}}{CH_3-C-CH_3}} \xrightarrow[\triangle,\ 90\%]{CH_3OH,\ H_2SO_4} \underset{\substack{|\\CH_3}}{CH_2=CCOOCH_3} \xrightarrow{\text{自由基引发剂}} \left[\begin{array}{c}CH_3\\|\\CH_2-C\\|\\COOCH_3\end{array}\right]_n
$$

甲基丙烯酸甲酯 　　　　　聚 α-甲基丙烯酸甲酯

④ 与 $NaHSO_3$ 加成　酮和甲基酮可以与亚硫酸氢钠饱和溶液（40%）发生加成反应，生成结晶的亚硫酸氢钠加成物——α-羟基磺酸钠。

$$
\underset{\substack{|\\(CH_3)H}}{\overset{R}{C}}=O\ +\ \underset{\substack{\|\\O}}{\overset{HO\quad O^-Na^+}{S}} \rightleftharpoons \underset{\substack{|\\(CH_3)H}}{\overset{R}{C}}\underset{\substack{|\\SO_3H}}{\overset{ONa}{}} \rightleftharpoons \underset{\substack{|\\(CH_3)H}}{\overset{R}{C}}\underset{\substack{|\\SO_3Na}}{\overset{OH}{}}
$$

羰基与亚硫酸氢钠的加成反应机理为：

$$
\underset{\substack{|\\(CH_3)H}}{\overset{R}{C}}=O + {}^-SO_3H \rightleftharpoons \underset{\substack{|\\(CH_3)H}}{\overset{R}{C}}\underset{\substack{|\\O^-}}{\overset{SO_3H}{}} \rightleftharpoons \underset{\substack{|\\(CH_3)H}}{\overset{R}{C}}\underset{\substack{|\\OH}}{\overset{SO_3^-}{}} \xrightarrow{Na^+} \underset{\substack{|\\(CH_3)H}}{\overset{R}{C}}\underset{\substack{|\\OH}}{\overset{SO_3Na}{}}
$$

该反应中，亲核反应是亚硫酸氢根离子中的硫原子，而不是带有负电荷的氧原子。反应的加成物可溶于水，在饱和的亚硫酸氢钠溶液中以白色结晶析出。因为反应有明显的变化，所以可用于一些醛酮的鉴别。加成物用稀酸或稀碱处理，可分解为原来的醛酮，所以这个反应亦可用于醛酮的分离、纯化。

$$
C=O \xrightarrow{40\%NaHSO_3} \underset{\substack{|\\SO_3Na}}{\overset{OH}{C}} \begin{cases} \xrightarrow{HCl} C=O+NaCl+SO_2+H_2O \\ \xrightarrow{Na_2CO_3} C=O+Na_2SO_3+NaHCO_3 \end{cases}
$$

白色

⑤ 与格氏试剂加成　格氏试剂是卤化烷基镁（R-MgX）化合物，其中 C-Mg 键是高度极化的极性键，碳原子带部分负电荷，镁原子带部分正电荷。在无水乙醚溶液中，格氏试剂作为碳负离子的给予体进攻醛酮的羰基碳原子，生成加成产物格氏盐，后者水解后得到醇。

$$
\overset{\delta+}{C}=\overset{\delta-}{O} + \overset{\delta-}{R}-\overset{\delta-}{Mg}-\overset{\delta-}{X} \xrightarrow{\text{纯醚}} \underset{\substack{|\\R}}{\overset{OMgX}{C}} \xrightarrow{HOH} \underset{\substack{|\\OH}}{R-C-OH}+Mg\underset{\substack{|\\OH}}{\overset{X}{}}
$$

格氏试剂与甲醛反应，生成伯醇；与其他醛反应生成仲醇；与酮反应，则生成叔醇。例如

$$
\underset{\substack{|\\H}}{\overset{H}{C}}=O + \text{（环己基）}-MgCl \xrightarrow[\substack{②H_2O,H_2SO_4,64\%\sim96\%}]{①\text{纯醚}} \text{（环己基）}-CH_2OH
$$

$$
CH_3COPh + PhCH_2MgCl \xrightarrow[\substack{②H_2O,NH_4Cl,92\%}]{①\text{纯醚}} \underset{\substack{|\\Ph}}{\overset{CH_3}{PhCH_2-C-OH}}
$$

⑥ 与氨及其衍生物的加成缩合　醛、酮和氨的反应一般比较困难，只有甲醛容易，但其生成物不稳定，很快聚合成六亚甲基四胺（乌洛托品）。该化合物可用作有机合成中的氨化试剂，也可用作酚醛树脂的固化剂及消毒剂等。

$$H_2C=O+NH_3 \longrightarrow [H_2C=NH] \xrightarrow{聚合} \underset{\overset{|}{H}}{HN} \quad NH \xrightarrow[NH_3]{3HCHO}$$

六亚甲基四胺

醛、酮与氨的衍生物，如羟胺、肼、苯肼、2,4-二硝基苯肼、氨基脲等也发生亲核加成，经过先加成后消除，分别生成肟、腙、苯腙、2,4-二硝基苯腙、缩氨脲等聚合产物，反应通常在弱酸催化条件下进行，其反应通式可表达如下：

$$\overset{|}{\underset{|}{C}}=O \xrightarrow{H^+} \left[\overset{|}{\underset{|}{C}}\overset{+}{O}H \longleftrightarrow \overset{+}{\underset{|}{C}}-OH \right] \xrightarrow{H_2\ddot{N}-Y} \overset{|}{\underset{|}{C}}\overset{+}{N}H_2Y \xrightarrow{H^+} \overset{|}{\underset{|}{C}}-NHY$$

$$\xrightarrow{H^+} \underset{\overset{|}{\overset{+}{OH_2}}}{\overset{|}{C}}-NHY \xrightarrow{-H_2O} \left[\overset{+}{\underset{|}{C}}-NHY \longleftrightarrow \overset{|}{\underset{|}{C}}=\overset{+}{N}HY \right] \xrightarrow{-H^+} \overset{|}{\underset{|}{C}}=NY$$

—Y	—OH	—NH₂	—NH—〇	—NH—〇(NO₂)₂	—NHCNH₂(O)
H₂NY	羟氨	肼	苯肼	2,4-二硝基苯肼	氨基脲
C=NY	肟	腙	苯腙	2,4-二硝基苯腙	缩氨脲

因为氨衍生物的亲核性比碳负离子弱，所以反应在弱酸催化下进行，酸的作用是羰基氧先质子化，增加羰基的极化度，使羰基碳原子上的正电荷增加，从而增加了羰基的亲电性，有利于亲核试剂的进攻。另外，也有利于反应过程中醇氨的羟基质子化，形成水分子而容易离去。若酸性太强，氨的衍生物与质子结合形成盐，使其丧失亲核性，而不能进行反应，故一般控制 pH=4~5。例如

$$〇-CHO + CH_3NH_2 \xrightarrow{70\%} 〇-CH=NCH_3$$

⑦ 与 Wittig 试剂加成　醛、酮等羰基化合物可与 Wittig 试剂进行亲核加成反应，并生成烯烃，该反应称为 Wittig 反应。Wittig 试剂称为磷叶立德，通常由三苯基膦与 1 级或 2 级卤代物反应得鎓盐，再与碱作用生成：

$$[〇]_3R\cdot P: + \overset{R^1}{\underset{R^2}{HC}}-X \longrightarrow [〇]_3\overset{X^-}{\overset{+}{P}}CH\overset{R^1}{\underset{R^2}{}} \xrightarrow{〇-Li} [〇]_3P=CHCH_3$$

Wittig 试剂再与醛和酮反应，便可以得到烯烃：

$$\overset{|}{\underset{|}{C}}=O + [〇]_3P=C\overset{R^1}{\underset{R^2}{}} \longrightarrow \overset{|}{\underset{|}{C}}=C\overset{R^1}{\underset{R^2}{}} + [〇]_3P=O$$

Witting 反应条件温和且吸收率较高，除可用于合成普通烯烃外，还可合成一些用其他方法难于制备的烯烃。例如

$$〇=O + Ph_3P=CH_2 \xrightarrow{二甲基亚砜}_{86\%} 〇=CH_2$$

$$〇\text{-}PPh_3 + OHC\text{-}OAc \xrightarrow[②异构化,98\%]{①—Ph_3PO} 〇\text{-}OAc$$

该反应已用于维生素 A 的工业合成。

（2）α-活泼氢的反应

醛、酮分子中，与羰基直接相连的碳上的氢原子，称为 α-氢原子。由于受羰基的影响，α-氢原子具有一定的酸性，例如乙醛的 pK_a 约为 17，丙酮的 pK_a 约为 20，而乙炔的 pK_a 为 25。因此醛、酮易在碱存在下失去 α-氢原子形成负离子，但由于羰基的吸电子效应，负电荷不完全在 α-碳原子上，而会被分散到氧原子上，从而增加了酸性解离度，提高了负离子的稳定性。并由此可产生一系列化学反应。

① 卤化反应　在碱或酸的催化下，醛酮分子中的 α-氢原子，容易被卤素取代，生成 α-卤代醛、酮。

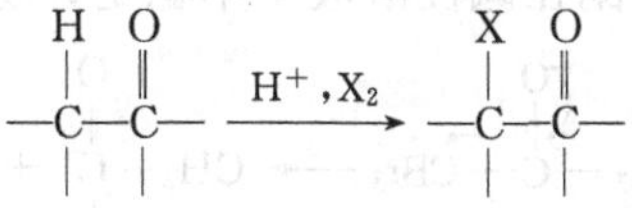

例如：

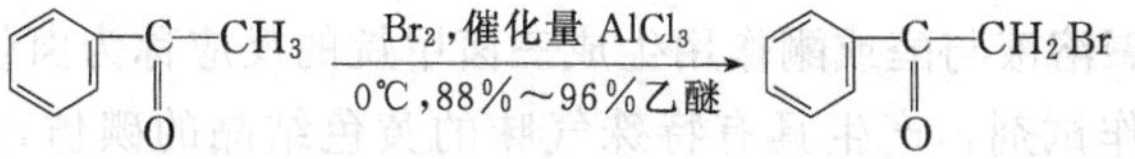

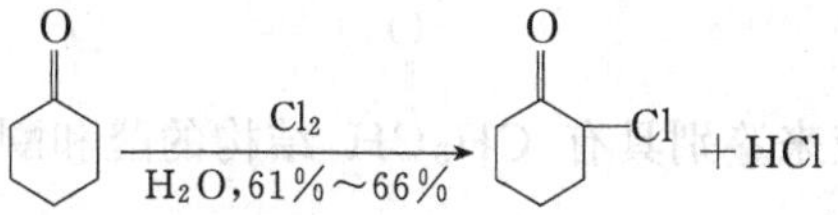

由于卤素是一个亲核试剂，因此卤素取代 α-氢原子而不是与羰基加成。这类反应随着反应条件的不同，其反应机理也不同，碱催化反应机理是：

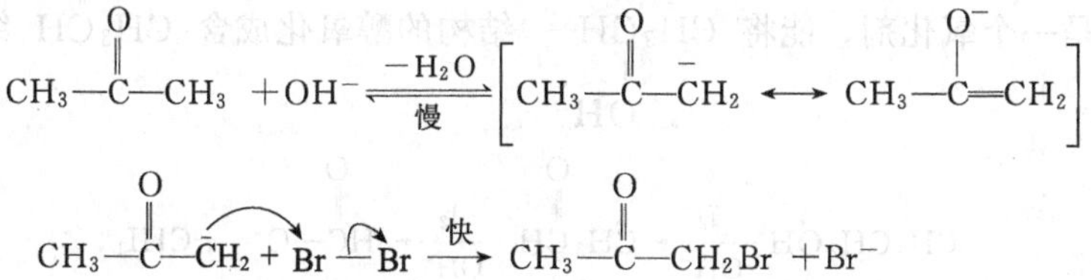

丙酮先失去一个 α-氢原子生成烯醇负离子，然后烯醇负离子很快地与卤素进行反应，生成 α-卤代丙酮和卤素负离子。

酸催化卤化反应机理：

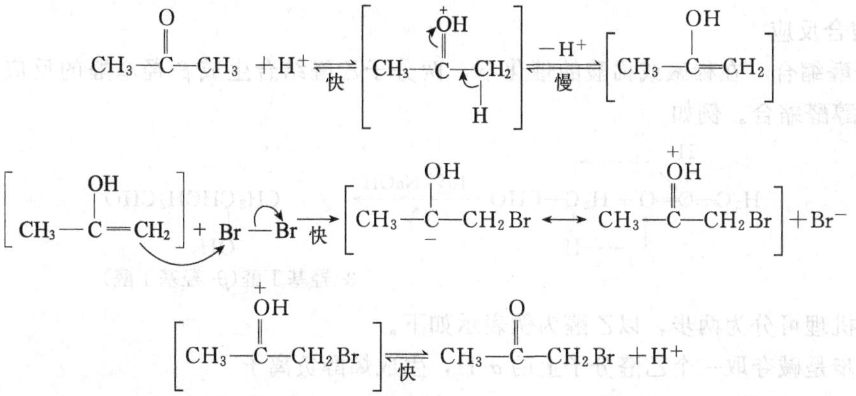

酸的作用是使羰基氧原子质子化，促使烯醇式结构的形成，然后是卤素与烯醇中的碳碳双键发生亲电加成，再失去质子得到 α-卤代醛酮。

用酸催化时，通过控制反应条件，如卤素的用量等，可以控制生成一卤、二卤或三卤代

物。而用碱催化时，卤化反应速率很大，一般不易控制生成一卤或二卤代物。因为醛、酮的一个 α-氢原子被取代后，由于卤原子是吸电子的，它所连的 α-碳上的氢原子在碱的作用下更易离去，因此第二、第三个 α-氢原子就更容易被取代生成 α,α,α-三卤代物。这样凡是具有 $CH_3\overset{\displaystyle O}{\overset{\displaystyle \|}{C}}$— 结构的醛、酮（即乙醛和甲基酮），与次卤酸钠溶液或卤素的碱溶液作用，甲基上的三个 α-氢原子都被取代，生成多卤代醛、酮。例如

$$CH_3\overset{O}{\overset{\|}{C}}CH_3 \xrightarrow[\text{慢}]{Br_2,OH^-} CH_3\overset{O}{\overset{\|}{C}}CH_2Br \xrightarrow{Br_2} CH_3\overset{O}{\overset{\|}{C}}CHBr_2 \xrightarrow[\text{快}]{Br_2} CH_3\overset{O}{\overset{\|}{C}}CBr_3$$

生成的 α,α,α-三卤代醛、酮在碱性溶液中不稳定，易分解成三卤甲烷和羧酸盐：

$$CH_3\overset{O}{\overset{\|}{C}}CBr_3 + OH^- \Longleftrightarrow CH_3\overset{O}{-\overset{\|}{C}}CBr_3 \longrightarrow CH_3\overset{O}{\overset{\|}{C}} + :CBr_3^- \Longleftrightarrow CH_3\overset{O}{\overset{\|}{C}} + HCBr_3$$
$$\qquad\qquad\qquad\qquad\quad OH \qquad\qquad OH \qquad\qquad\qquad\qquad\qquad O^-$$

常把次卤酸钠的碱溶液与醛或酮作用生成三卤甲烷的反应称为卤仿反应。例如用次碘酸盐（碘加氢氧化钠）作试剂，产生具有特殊气味的黄色结晶的碘仿，这个反应称为碘仿反应。可以通过碘仿反应来鉴别具有 $CH_3\overset{\displaystyle O}{\overset{\displaystyle \|}{CH}}$ 结构的醛和酮，以及 $CH_3\overset{\displaystyle }{\underset{\displaystyle OH}{CH}}$— 结构的醇，因为次碘酸钠又是一个氧化剂，能将 $CH_3\overset{\displaystyle }{\underset{\displaystyle OH}{CH}}$— 结构的醇氧化成含 $CH_3\overset{\displaystyle O}{\overset{\displaystyle \|}{CH}}$ 结构的醛或酮：

$$CH_3CH_2OH \xrightarrow{I_2}{OH^-} CH_3\overset{O}{\overset{\|}{CH}} \xrightarrow{I_2}{OH^-} H\overset{O}{\overset{\|}{C}}-O^- + CHI_3$$

卤仿反应还用于制备一些用其他方法不易得到的羧酸。例如

$$(CH_3)_3C\overset{}{\underset{\underset{\displaystyle O}{\|}}{C}}CH_3 \xrightarrow[\triangle,70\%]{NaOCl} (CH_3)_3CCOONa + CHCl_3$$

② 缩合反应

a. 羟醛缩合　在稀碱或稀酸的催化下，两分子乙醛结合生成 β-羟基醛的反应称为羟醛缩合或称醇醛缩合。例如

$$H_3C\overset{H}{\underset{}{C}}=O + H_2\overset{}{\underset{H}{C}}-CHO \xrightarrow[5℃]{10\% \text{ NaOH}} CH_3\overset{}{\underset{OH}{CH}}CH_2CHO$$
$$\text{3-羟基丁醛}(\beta\text{-羟基丁醛})$$

反应机理可分为两步，以乙醛为例表示如下。

第一步是碱夺取一个乙醛分子上的 α-H，生成烯醇负离子

$$H-\overset{H}{\underset{H}{C}}-\overset{O}{\overset{\|}{C}}-H \xrightarrow[-H_2O]{OH^-} \left[H-\overset{H}{\underset{H}{C}}-\overset{O}{\overset{\|}{C}}-H \longleftrightarrow \overset{H}{\underset{H}{C}}=\overset{O^-}{\overset{}{C}}-H\right]$$

第二步是负离子作为亲核试剂进攻另一个乙醛分子，生成一个烷氧负离子，烷氧负离子再从水中夺取一个 H，生成 β-羟基醛。

$$\underset{\substack{| \\ H}}{\overset{O}{\underset{}{H_3C-\overset{O}{\overset{\|}{C}}-H}}} + \overset{O}{\underset{\substack{| \\ H}}{\overset{-}{\overset{}{C}}-H}} \longrightarrow \underset{\substack{| \\ H}}{H_3C-\overset{O^-}{\underset{}{\overset{|}{C}}}-CH_2-\overset{O}{\overset{\|}{C}}-H} \xrightarrow{H_2O} \underset{\substack{| \\ H}}{H_3C-\overset{OH}{\underset{}{\overset{|}{C}}}-CH_2-\overset{O}{\overset{\|}{C}}-H}$$

羟醛缩合产物 β-羟基醛，在碱性条件下稍微受热或在酸的作用下发生分子内脱水而生成 α,β-不饱和醛。α,β-不饱和醛进一步催化加氢，则得饱和醇。通过羟醛缩合可以合成比原料醛增加一倍碳原子的醛或醇。

当用两种都含有 α-氢的不同醛进行羟醛缩合时，则会得到四种不同的 β-羟基醛，产物结构相似，难以分离，没有制备意义。若选用一个没有 α-氢的醛（提供羰基）和另外一个有 α-氢的醛（提供碳负离子），则可得到比较满意的交叉羟醛缩合产物，这个反应称为交叉羟醛缩合反应。甲醛和芳香醛都没有 α-氢，它们与具有 α-氢的醛发生交叉羟醛缩合反应。例如：

$$3HCHO + \underset{\substack{| \\ H}}{\overset{H}{\overset{|}{H-\overset{}{C}}-CHO}} \xrightarrow[55\sim56℃]{Ca(OH)_2} \underset{\substack{| \\ CH_2OH}}{HOCH_2-\overset{CH_2OH}{\overset{|}{C}}-CHO}$$

b. Claisen-Schmidt 缩合反应 芳醛与含有 α-氢原子的醛酮，在碱性条件下发生交叉羟醛缩合，失水后得到 α,β-不饱和醛或酮的反应称为 Claisen-Schmidt 缩合反应。

$$\text{C}_6\text{H}_5-CHO + CH_3CHO \xrightarrow[50℃,90\%]{NaOH} \left[\underset{\substack{| \\ OH}}{\text{C}_6\text{H}_5-\overset{H}{\overset{|}{C}}-CH_2CHO} \right] \xrightarrow{-H_2O} \text{C}_6\text{H}_5-CH=CHCHO$$

$$\text{C}_6\text{H}_5-CHO + CH_3CO-\text{C}_6\text{H}_5 \xrightarrow[20℃,85\%]{OH^-} \text{C}_6\text{H}_5-CH=CH-\overset{O}{\overset{\|}{C}}-\text{C}_6\text{H}_5$$

c. Perkin 反应 芳醛与脂肪族酸酐，在相应羧酸的碱金属盐存在下共热，发生缩合反应，称为 Perkin 反应。当酸酐包含两个或三个 α-氢原子时，通常生成 α,β-不饱和酸。例如

$$\text{C}_6\text{H}_5-CHO + (CH_3CO)_2O \xrightarrow[\triangle]{CH_3COOK} \text{C}_6\text{H}_5-CH=CHCOOH$$

此反应是碱催化缩合反应，其中酰氧负离子是碱。在某些情况下，也可以使用三乙胺或碳酸钾作为碱。脂肪醛不易发生 Perkin 反应。

d. Mannich 反应 碳原子上连有活泼氢原子的化合物（如醛、酮等）与醛和氨（或伯、仲胺）之间发生的三组分缩合反应，称为 Mannich 反应。例如

$$\text{C}_6\text{H}_5-\overset{O}{\overset{\|}{C}}-CH_3 + HCHO + HN(CH_3)_2 \xrightarrow[70\%]{HCl} \text{C}_6\text{H}_5-\overset{O}{\overset{\|}{C}}-CH_2-CH_2-N(CH_3)_2 \cdot HCl$$

其可能的机理可表示如下：

$$H_3C-\overset{+}{\underset{\substack{| \\ CH_3}}{\overset{H}{N}H}} + \overset{H}{\overset{|}{C}}-OH \Longleftrightarrow H_3C-\overset{+}{\underset{\substack{| \\ CH_3}}{\overset{H}{N}}}-\overset{H}{\underset{\substack{| \\ H}}{\overset{|}{C}}}-\overset{..}{O}H \Longleftrightarrow \underset{H_3C}{\overset{H_3C}{>}}\overset{+}{N}-\overset{H}{\underset{\substack{| \\ H}}{\overset{|}{C}}}-\overset{+}{O}H_2 \xrightarrow{-H_2O} \underset{H_3C}{\overset{H_3C}{>}}\overset{+}{N}=CH_2$$

$$\text{C}_6\text{H}_5-\overset{O}{\overset{\|}{C}}-CH_3 \underset{}{\overset{H^+}{\Longleftrightarrow}} \text{C}_6\text{H}_5-\overset{OH}{\overset{\|}{C}}=CH_2 \longrightarrow \text{C}_6\text{H}_5-\overset{O}{\overset{\|}{C}}-CH_2-CH_2-\overset{..}{N}\overset{CH_3}{\underset{CH_3}{<}}$$

此反应的结果是苯乙酮上的一个 α-氢原子被二甲氨基甲基取代,因此该反应又称为氨甲基化反应。由于 β-氨基容易脱去,生成 α,β-不饱和酮,因此也可利用 Mannich 反应来合成 α,β-不饱和酮。

(3) 氧化与还原反应

① 还原反应   醛酮能够被还原成醇或者烃。还原剂不同,羰基化合物的结构不同,所生成的产物也不同。

a. 催化加氢   醛酮在金属催化剂 Ni、Cu、Pt、Pd 等存在下与氢作用,可以在羰基上加一分子氢,生成醇。醛加氢生成伯醇,酮加氢得到仲醇。例如:

$$\begin{array}{c} R \\ C=O \\ (R')H \end{array} + H{-}H \xrightarrow[\triangle]{\text{Pt,Pd 或 Ni}} \begin{array}{c} OH \\ R{-}C{-}H \\ H(R') \end{array}$$

例如: $CH_3{-}(CH_2)_5CHO + H_2 \xrightarrow[90\%\sim95\%]{Pt,\ C_2H_5OH} CH_3{-}(CH_2)_5CH_2OH$

$$\underset{\triangle}{\overset{O}{\overset{\|}{C}}CH_3} \xrightarrow[Ni]{H_2} \overset{OH}{\underset{CHCH_3}{}}$$

b. 用金属氢化物还原   金属氢化物如硼氢化钠、氢化铝锂等是具有选择性的还原剂,它可以将醛酮中的羰基还原为羟基,而不影响分子中的碳碳不饱和键和易被催化氢化的其他基团。

$$O_2N{-}\langle\ \rangle{-}CHO + NaBH_4 \xrightarrow[82\%]{C_2H_5OH} O_2N{-}\langle\ \rangle{-}CH_2OH$$

氢化铝锂的还原性比硼氢化钠强,不仅能将醛酮还原成相应的醇,而且还能还原羧酸、酯、酰胺和腈等,反应产率很高。但氢化铝锂对碳碳双键一般没有还原作用。

金属氧化物的还原机理是亲核加成,通过氢负离子对羰基碳原子的亲核进攻,一分子硼氢化钠、氢化铝锂可还原四分子的羰基。

$$\begin{array}{c} R \\ C{=}O + H{-}AlH_3 \\ R' \end{array} \longrightarrow \begin{array}{c} R\ \ H \\ C \\ R'\ \ OAl^-\ H_3 \end{array} \longrightarrow \left[\begin{array}{c} R\ \ H \\ C \\ R'\ \ O \end{array}\right]_4 Al^- \longrightarrow 4\ \begin{array}{c} R\ \ H \\ C \\ R'\ \ OH \end{array}$$

② 氧化反应   醛的羰基上直接连有一个氢原子,所以醛很容易被氧化,即使较弱的氧化剂也能将其氧化成相同碳原子数的羧酸。而酮不能被弱氧化剂氧化,因此可以用某些氧化剂来区别醛和酮。常用的弱氧化剂有托伦试剂和费林试剂。

托伦试剂即银氨溶液,它与醛的反应可表示如下:

$$RCHO + 2Ag(NH_3)_2OH \xrightarrow{\triangle} RCOONH_4 + 2Ag\downarrow + H_2O + 3NH_3$$

反应中,醛被氧化成羧酸(实际上得到羧酸的铵盐),氧化剂则被还原为金属银,可附在干净的玻璃器皿内壁,形成银镜,所以这个反应称为银镜反应。

费林试剂是硫酸铜和酒石酸钾钠碱溶液混合液,呈蓝绿色,与醛反应时,二价的铜离子被还原成砖红色的氧化亚铜沉淀析出,但费林试剂不能氧化芳醛。

$$RCHO + 2Cu^{2+} + NaOH + H_2O \xrightarrow{\triangle} RCOONa + Cu_2O\downarrow + 4H^+$$

上述两种氧化剂的反应现象明显，因而常用来鉴别醛酮，以及脂肪（环）醛与芳香醛。此外由于它们只氧化羰基而不氧化碳碳双键和碳碳三键，所以在有机合成中，可以用于选择性氧化。

此外，醛也很容易被 H_2O_2、RCO_3H、$KMnO_4$ 和 CrO_3 等氧化剂所氧化，例如：

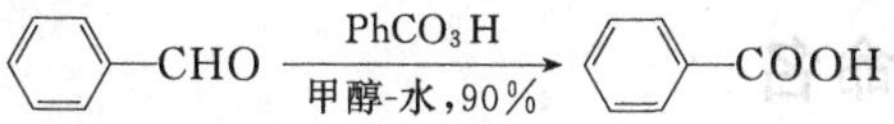

8.1.5 α,β-不饱和醛酮的加成反应

分子中既含有羰基又含有碳碳双键的化合物称为不饱和羰基化合物。其中，分子中的碳碳双键和羰基成为共轭体系的醛、酮称为 α,β-不饱和醛酮。

在 α,β-不饱和醛酮中，由于碳碳双键和碳氧双键共轭，因此也具有类似共轭二烯烃的性质。1 位氧原子上电子云密度高，2 位和 4 位电子云密度较低。

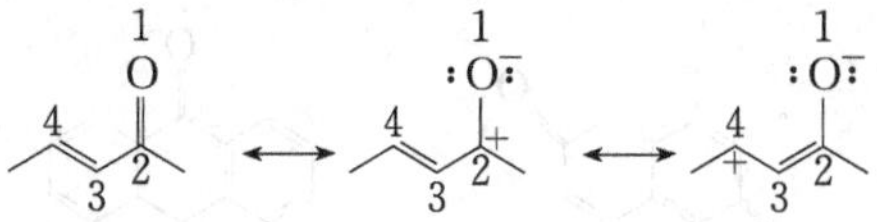

进行亲核加成时，既可以进行简单加成，也可以进行共轭加成。

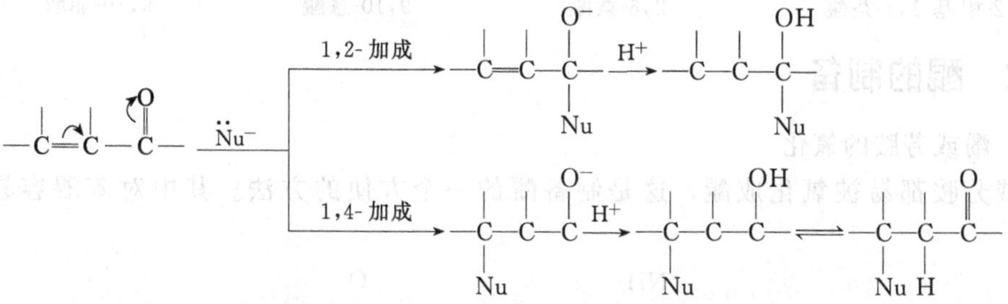

空间阻碍有时可以决定亲核试剂的主要进攻方向。亲核试剂主要进攻空间阻碍小的位置，醛的羰基比酮的羰基空间阻碍小，因此醛基比酮基更容易被进攻。例如

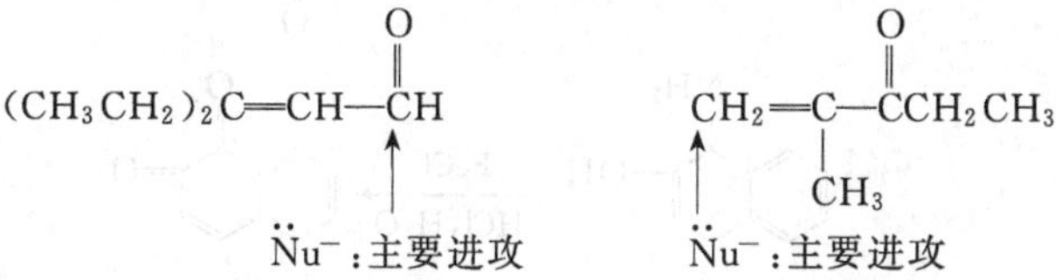

通常，强碱性亲核试剂主要进攻羰基，生成 1,2-亲核加成产物。例如

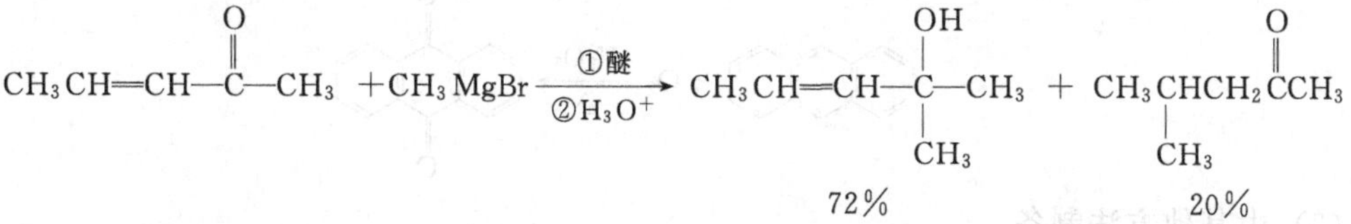

弱碱性亲核试剂主要进攻碳碳双键，生成 1,4-亲核加成产物。例如

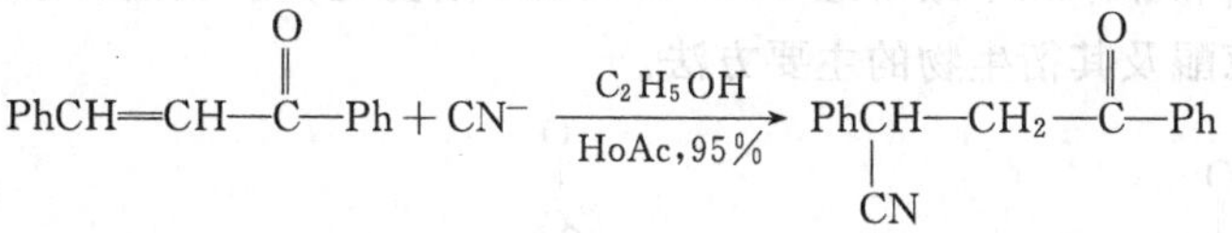

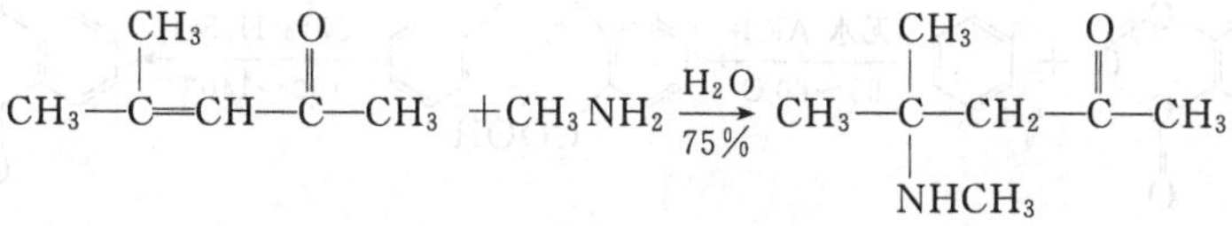

8.2 醌

8.2.1 醌的结构和命名

醌类是一类特殊的环状不饱和二酮，包括一系列化合物。常见醌的结构及命名如下：

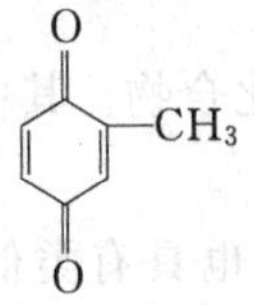

2-甲基-1,4-苯醌 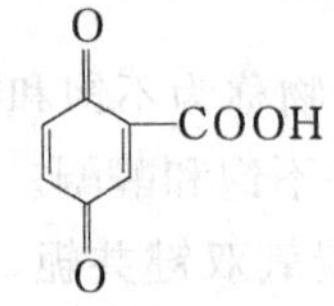　　　1,4-苯醌-2-甲酸 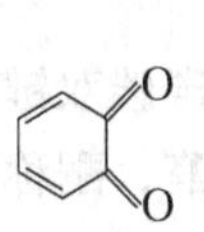　　　邻苯醌(1,2-苯醌) 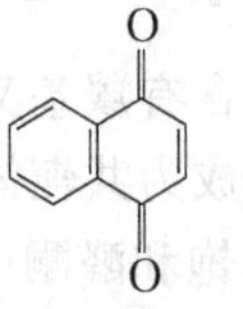　　　1,4-萘醌

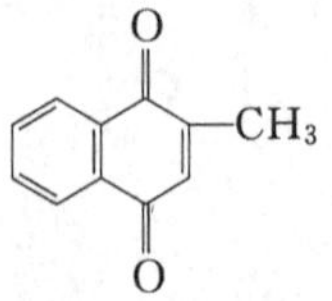

2-甲基-1,4-萘醌 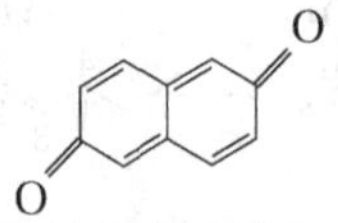　　　2,6-萘醌 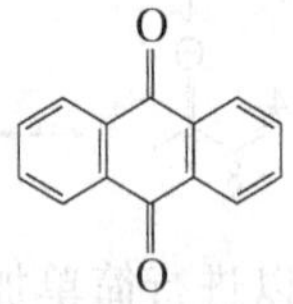　　　9,10-蒽醌 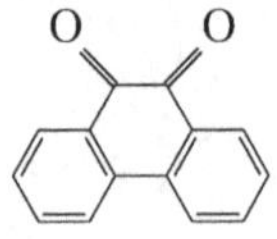　　　9,10-菲醌

8.2.2 醌的制备

（1）酚或芳胺的氧化

酚或芳胺都易被氧化成醌，这是制备醌的一个方便的方法。其中对苯醌容易得到。例如：

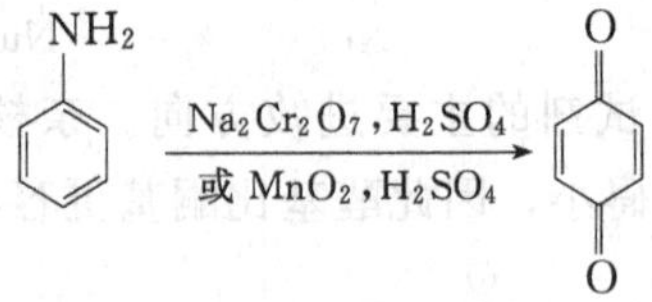

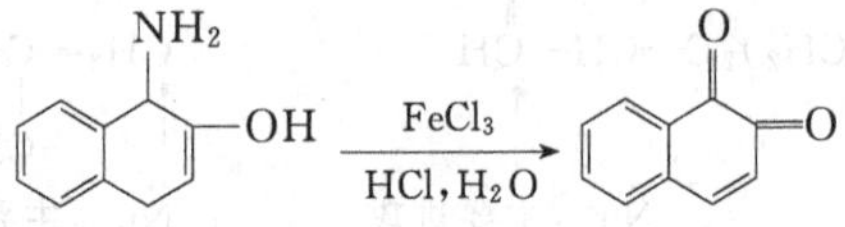

（2）芳烃氧化

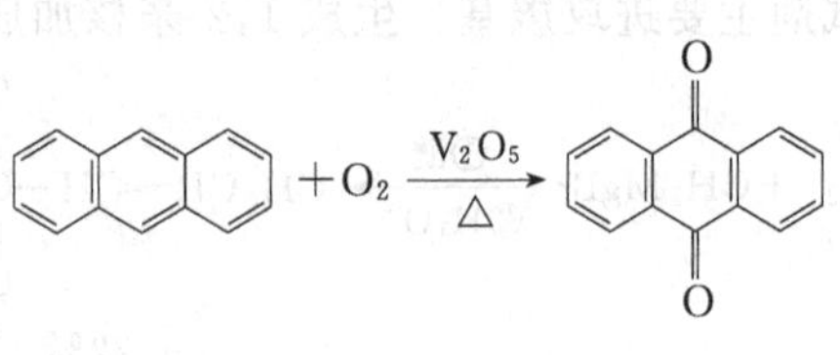

（3）由其他方法制备

蒽醌也可由苯和邻苯二甲酸酐经 Friedel-Crafts 酰基化反应及闭环脱水反应制备，这是目前工业上制备蒽醌及其衍生物的主要方法。

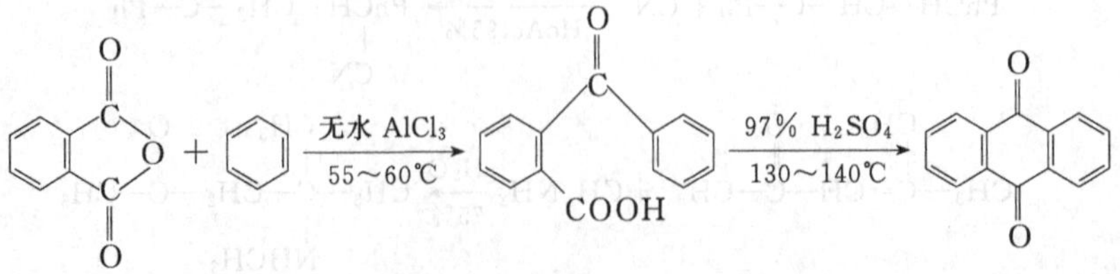

8.2.3 醌的物理性质

醌类化学物是具有一定颜色的晶体，一般邻位醌为红色或橙色，对位醌为黄色。在染料和指示剂中常含有醌型结构。

8.2.4 醌的化学性质

醌类化合物具有 α,β-不饱和二酮结构，因此既可发生碳碳双键和羰基的反应，又能发生共轭体系所特有的反应，如 1,4-加成反应、1,6-加成反应。

（1）双键加成反应

醌中有烯的结构，因此它可以与卤素等亲电试剂发生加成反应。例如：

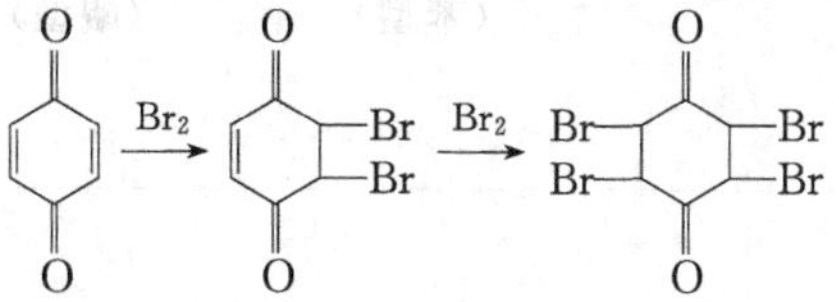

（2）1,4-加成反应

由于碳碳双键与碳氧双键共轭，所以可以发生 1,4-加成反应，它可以与氢卤酸、氢氰酸和亚硫酸氢钠等许多试剂加成，如对苯醌与氢氰酸起加成反应生成 2-氰基-1,4-苯二酚。

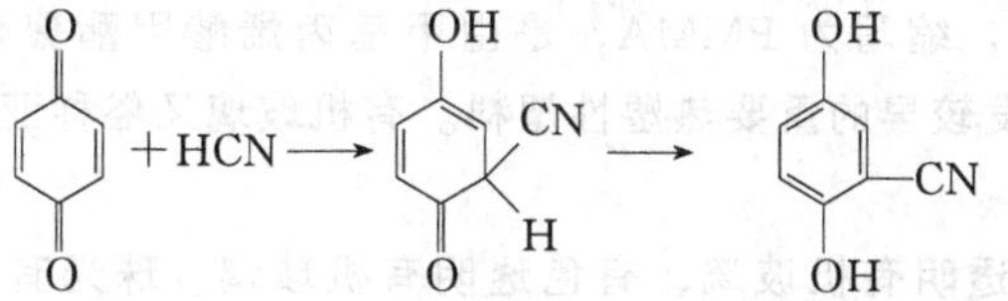

2-氰基-1,4-苯二酚

（3）1,6-加氢反应

对苯醌在亚硫酸水溶液中，经 1,6-加氢反应被还原成为对苯二酚（氢醌）。该反应是氢醌氧化反应的逆反应。

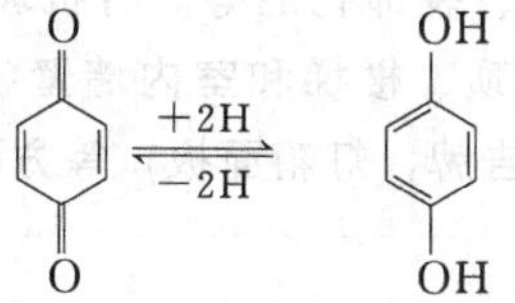

对苯醌　　对苯二酚（氢醌）

对苯醌和对苯二酚能借助环系间的电子和氢键形成分子配合物，这种配合物称为醌氢醌。醌氢醌是一种绿色闪光的晶体，难溶于乙醇，易溶于热水。

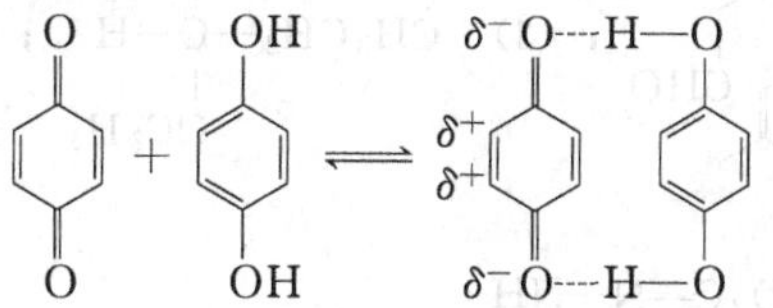

对苯醌　氢醌　　　　　醌氢醌

（4）羰基加成

对苯醌能与一分子羟胺或二分子羟胺生成单肟或双肟，这是羰基化合物醛、酮的典型反应。对苯醌单肟与由苯酚和亚硝酸作用所得到的对亚硝基苯酚是互变异构体。

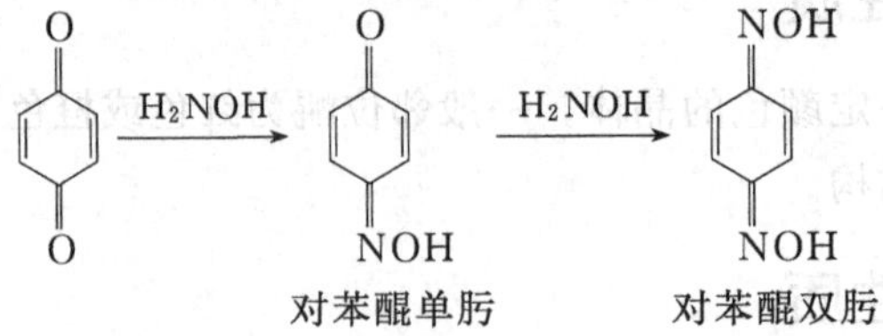

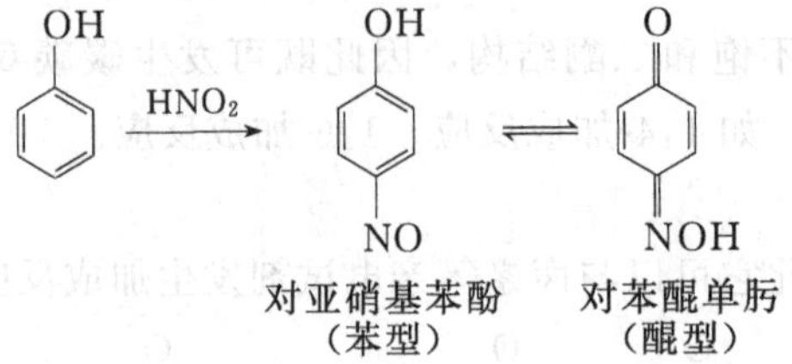

$$对苯醌 \xrightarrow{H_2NOH} 对苯醌单肟 \xrightarrow{H_2NOH} 对苯醌双肟$$

对苯醌单肟   对苯醌双肟

$$苯酚 \xrightarrow{HNO_2} 对亚硝基苯酚 \rightleftharpoons 对苯醌单肟$$

对亚硝基苯酚（苯型）   对苯醌单肟（醌型）

拓展知识

有机玻璃简述

有机玻璃（polymethyl methacrylate）是一种通俗的名称，此高分子透明材料的化学名称叫聚甲基丙烯酸甲酯，缩写为 PMMA，是由甲基丙烯酸甲酯聚合而成的高分子化合物（见 8.1.4），是一种开发较早的重要热塑性塑料。有机玻璃又俗称亚克力、中宣压克力、亚格力。

有机玻璃分为无色透明有机玻璃、有色透明有机玻璃、珠光有机玻璃、压花有机玻璃四种。无色透明有机玻璃是最常见、使用量最大的有机玻璃材料。

有机玻璃具有较好的透明性，可透过 92% 以上的太阳光，透过 73.5% 的紫外线，机械强度较高，有一定的耐热耐寒性，耐腐蚀，绝缘性能良好，尺寸稳定，易于成型，质地较脆，易溶于有机溶剂，表面硬度不够，容易擦毛，可作有一定强度要求的透明结构件，如油杯、车灯、仪表零件、光学镜片、装饰礼品等。有机玻璃经常使用的玻璃替代材料，除了在建筑业中如采光体、屋顶、棚顶、楼梯和室内墙壁护板等方面有着广泛的应用之外，在轻工、化工、商业（如标牌，广告牌，灯箱面板）等方面的应用也十分广泛。

习　题

1. 命名下列化合物。

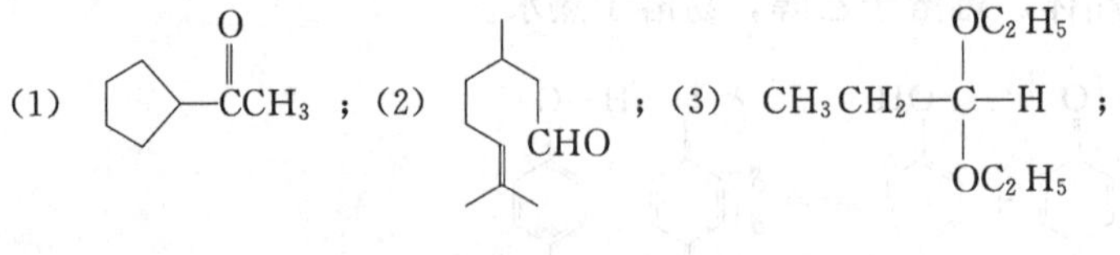

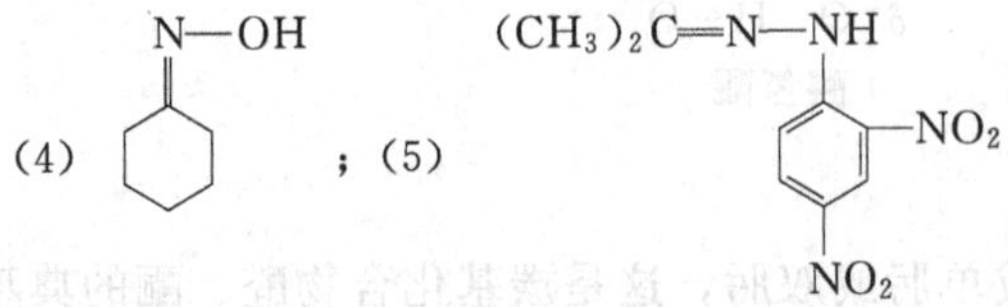

(1) 环戊基甲基酮 ；(2) ；(3) $CH_3CH_2-\overset{OC_2H_5}{\underset{OC_2H_5}{C}}-H$ ；

(4) 环己酮肟 (N—OH) ；(5) $(CH_3)_2C=N-NH-C_6H_3(NO_2)_2$

2. 写出下列化合物的构造式。

(1) 2-丁烯醛；　　　　　　　　　　　　(2) 二苯甲酮；

(3) 2,2-二甲基环己酮；　　　　　　　　(4) 3-(间羟基苯基)丁醛；

(5) 甲醛苯腙；　　　　　　　　　　　　(6) 丁酮缩氨脲；

(7) 苄基丙酮；　　　　　　　　　　　　(8) α-氯代丙醛；

(9) 三聚甲醛；　　　　　　　　　　　　(10) 对羟基苯甲醛

3. 写出分子式为 $C_6H_{12}O$ 的醛和酮的同分异构体，并命名。

4. 写出乙醛与下列各试剂反应所生成的主要产物。

(1) $NaBH_4$，在 $NaOH$ 水溶液中；　　　(2) C_6H_5MgBr，然后加 H_3O^+；

(3) $LiAlH_4$，然后加 H_2O；　　　　　(4) $NaHSO_3$；

(5) $NaHSO_3$，然后加 $NaCN$；　　　　(6) 稀 OH^-；

(7) 稀 OH^-，然后加热；　　　　　　(8) H_2，Pt；

(9) 乙二醇，H^+；　　　　　　　　　(10) Br_2 在乙酸中；

(11) $Ag(NH_3)_2OH$；　　　　　　　　(12) NH_4OH；

(13) $PhNHNH_2$

5. 下列化合物中哪些在碱性溶液中会发生外消旋化。

(1) (R)-2-甲基丁醛；　　　　　　　　(2) (S)-3-甲基-2-庚酮；

(3) (S)-3-甲基环己酮

6. 将下列羰基化合物按其亲核加成的活性顺序排列。

(1) $CH_3COCH_2CH_3$，CH_3CHO，CF_3CHO，$CH_3COCH\!=\!CH_2$

(2) $ClCH_2CHO$，$BrCH_2CHO$，FCH_2CHO，F_2CHCHO，CH_3CH_2CHO，$PhCHO$，$PhCOCH_3$

7. 用化学方法区别下列各组化合物。

(1) 苯甲醇与苯甲醛；　　　　　　　　(2) 丁醛与 2-丁酮；

(3) 2-戊酮与 3-戊酮；　　　　　　　　(4) 丙酮与苯乙酮；

(5) 2-丙醇与丙酮

8. 化合物 A（$C_5H_{12}O$）有旋光性。它在碱性高锰酸钾溶液作用下生成 B（$C_5H_{10}O$），无旋光性。化合物 B 与正丙基溴化镁反应，水解后得到 C。C 为互为镜像关系的两个异构体。试推测化合物 A、B、C 的结构。

9. 有一化合物 A 的分子式为 $C_8H_{14}O$，A 可使溴水迅速褪色，也可以与苯肼反应。A 氧化生成一分子丙酮及另一化合物 B。B 具有酸性，与次氯酸钠反应生成一分子氯仿和一分子丁二酸。试写出 A、B 可能的构造式。

10. 某化合物的分子式为 $C_6H_{12}O$，能与羟胺作用生成肟，但不发生银镜反应，在铂催化下加氢得到醇，此醇经去水、臭氧化、水解反应后，得到两种液体，其中之一能发生银镜反应，但不发生碘仿反应；另一种能发生碘仿反应，而不能使费林试剂还原。试写出该化合物的构造式。

11. 由指定原料合成下列化合物。

(1) 乙炔，丙烯 → 4-辛酮

(2) 丙烯，2-戊酮 → 2,3-二甲基-2-己烯

(3) 乙烯，β-溴代丙醛 → 4-羟基戊醛

12. 以甲醇、乙醇及无机试剂为原料，经乙酰乙酸乙酯合成下列化合物。

(1) 2,7-辛二酮；　　　　　　　　　　(2) 3-乙基-2-戊酮；

(3) 甲基环丁基甲酮

13. 对甲苯甲醛在下列反应中得到什么产物？

(1) $CH_3\!-\!\!\bigcirc\!\!-\!CHO + CH_3CHO \xrightarrow[\triangle]{\text{稀 } OH^+} $ (A)? + (B)?

(2) 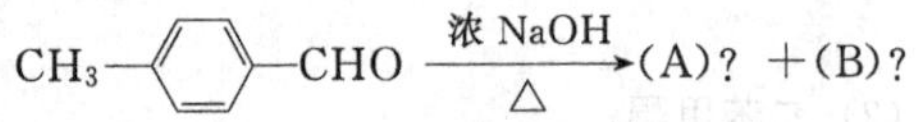 $CH_3-\langle\bigcirc\rangle-CHO \xrightarrow[\triangle]{\text{浓 NaOH}} (A)? + (B)?$

(3) $CH_3-\langle\bigcirc\rangle-CHO + HCHO \xrightarrow[\triangle]{\text{浓 NaOH}} (A)? + (B)?$

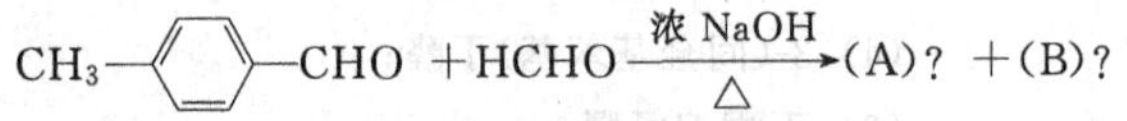

14. 苯乙酮在下列反应中得到什么产物?

(1) 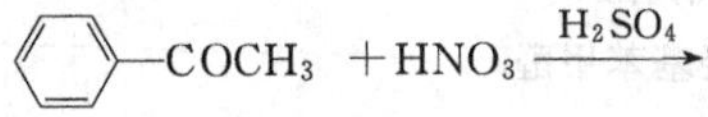 $\langle\bigcirc\rangle-COCH_3 + HNO_3 \xrightarrow{H_2SO_4} ?$

(2) 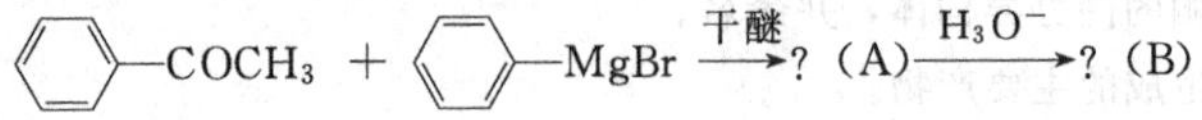 $\langle\bigcirc\rangle-COCH_3 + \langle\bigcirc\rangle-MgBr \xrightarrow{\text{干醚}} ? (A) \xrightarrow{H_3O^-} ? (B)$

15. 完成下列反应。

(1) $CH_3CH_2CH_2CHO \xrightarrow[\triangle]{\text{稀 OH}^-} ? (A) \xrightarrow[\text{②}H_2O]{\text{①}LiAlH_4} ? (B)$

(2) 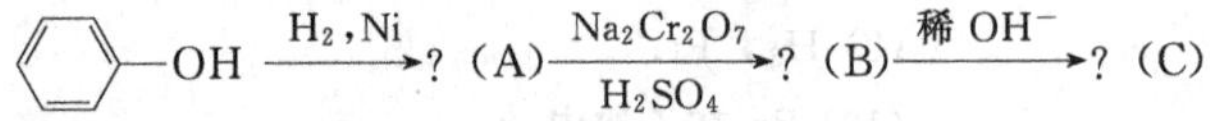 $\langle\bigcirc\rangle-OH \xrightarrow{H_2, Ni} ? (A) \xrightarrow[H_2SO_4]{Na_2Cr_2O_7} ? (B) \xrightarrow{\text{稀 OH}^-} ? (C)$

(3) $(CH_3)_2CHCHO \xrightarrow[\text{乙酸}]{Br_2} ? (A) \xrightarrow[\text{干 HCl}]{2C_2H_5OH} ? (B) \xrightarrow[\text{干醚}]{Mg} ? (C) \xrightarrow[\text{②}H_3O^+]{\text{①}(CH_3)_2CHCHO/\text{干醚}} ? (D)$

(4) 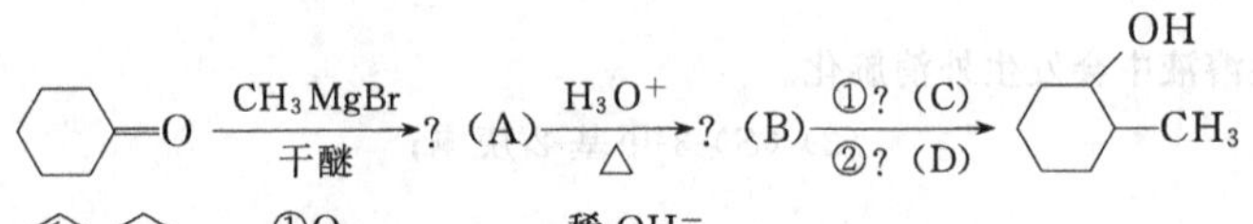 $\langle\bigcirc\rangle=O \xrightarrow[\text{干醚}]{CH_3MgBr} ? (A) \xrightarrow[\triangle]{H_3O^+} ? (B) \xrightarrow[\text{②}? (D)]{\text{①}? (C)}$ 环己烷-OH-CH_3

(5) 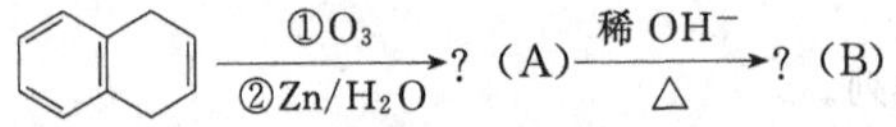 萘 $\xrightarrow[\text{②}Zn/H_2O]{\text{①}O_3} ? (A) \xrightarrow[\triangle]{\text{稀 OH}^-} ? (B)$

16. 将下列羰基化合物按其亲核加成的活性次序排列。

(1) (A) CH_3CHO (B) CH_3COCH_3 (C) CF_3CHO (D) $CH_3COCH=CH_2$

(2) (A) $ClCH_2CHO$ (B) $BrCH_2CHO$ (C) $H_2C=CHCHO$ (D) CH_3CH_2CHO

17. 下列化合物,哪个可以和亚硫酸氢钠发生反应?如发生反应,哪一个反应快?

(A) 苯乙酮 (B) 环戊酮 (C) 丙醛 (D) 二苯酮

18. 下列化合物中哪些能发生自身的羟醛缩合、碘仿反应、歧化反应、与 Fehling 试剂的氧化反应。

(A) 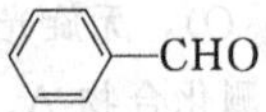 $\langle\bigcirc\rangle-CHO$ (B) $HCHO$ (C) $(CH_3CH_2)_2CHCHO$ (D) $(CH_3)_3CCHO$

(E) ICH_2CHO (F) CH_3CH_2CHO (G) $CH_3CH_2\underset{OH}{CHCH_3}$ (H) 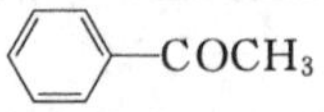 $\langle\bigcirc\rangle-COCH_3$

19. 提出下列反应的机理:

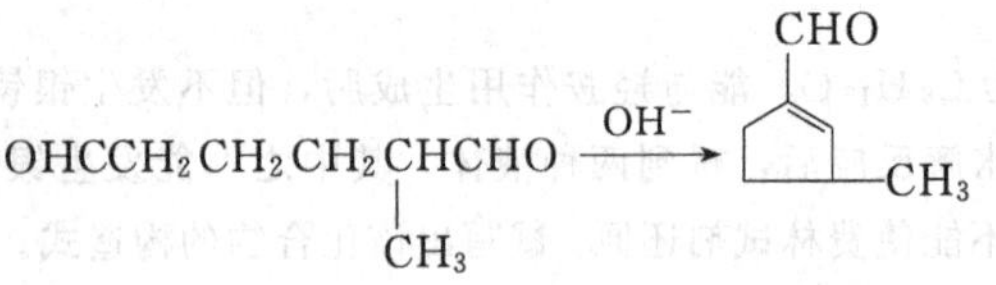

$OHCCH_2CH_2CH_2\underset{CH_3}{CHCHO} \xrightarrow{OH^-}$ 环己烯-CHO-CH_3

20. 用化学方法区别下列化合物:

$\langle\bigcirc\rangle-CHO$, $\langle\bigcirc\rangle-CH_2CHO$, $\langle\bigcirc\rangle-\underset{O}{\overset{\|}{C}}CH_3$, $\langle\bigcirc\rangle-\underset{OH}{CHCH_3}$, $\langle\bigcirc\rangle-OH$ (对-CH_3)

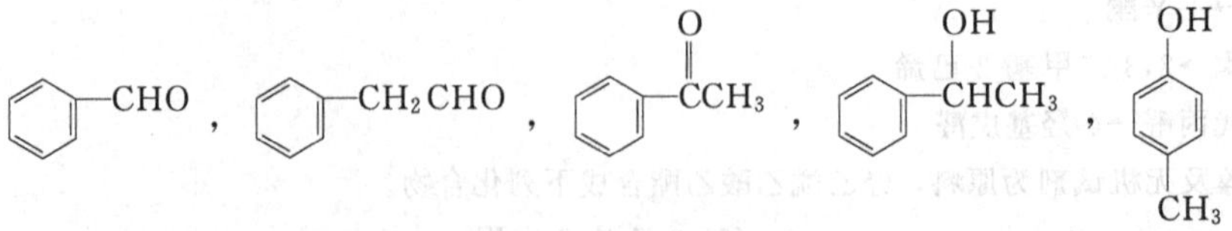

21. 以乙醇为原料合成下列化合物。

$C_2H_5OH \longrightarrow CH_3-CH-CH-CH\overset{OC_2H_5}{\underset{OC_2H_5}{}}$

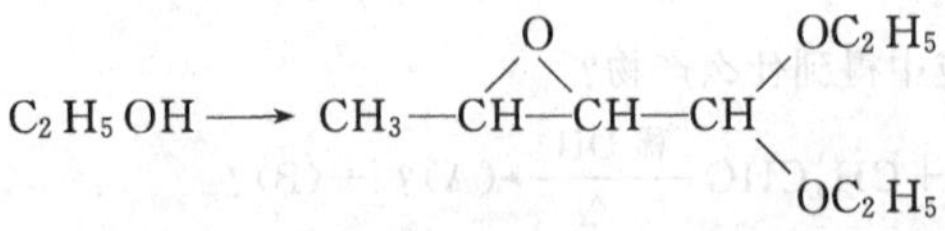

22. 选择合适的原料合成下列化合物。

(1) 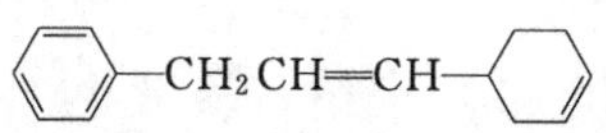 $\bigcirc\!\!-\!\!CH_2CH\!=\!CH\!-\!\bigcirc$; (2) $CH_3CH\begin{array}{c}O-CH\overset{CH_3}{|}\\|\\O-CH_2\end{array}CH_2$

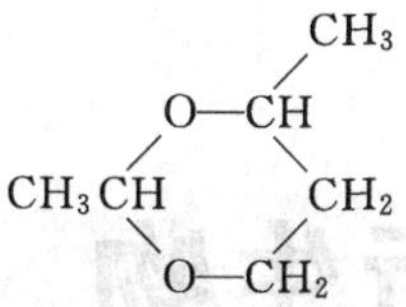

23. 某化合物的分子式为 $C_6H_{12}O$，能与羟胺作用生成肟，但不起银镜反应，在铂催化下进行加氢则得到醇，此醇经去水、臭氧化、水解等反应后，得到两种液体，其中之一能起银镜反应，但不起碘仿反应；另一种能起碘仿反应，而不能使费林试剂还原。试写出该化合物的结构式。

24. 有一化合物 A 分子式为 $C_8H_{14}O$，A 可使溴水迅速褪色，可以与苯肼反应，A 氧化生成一分子丙酮及化合物 B，B 具有酸性，与 NaOCl 反应生成一分子氯仿和一分子丁二酸。试写出 A、B 可能的结构式。

25. 为什么醛、酮和氨的衍生物的反应要在微酸性（pH 约 3.5）条件下才有最大的速率？pH 值太大或太小有什么不好？

26. 醛容易氧化成酸，在用重铬酸氧化伯醇以制备醛时需要采取什么措施？

27. 制备缩醛，反应后要加碱使反应混合物呈碱性，然后蒸馏，为什么？

28. 乙酸中也含有乙酰基，但不发生碘仿反应，为什么？

第9章

羧酸及其衍生物

由烃基（或氢原子）与羧基相连所组成的化合物称为羧酸，其通式为 RCOOH（甲酸为 HCOOH），羧基（—COOH）是羧酸的官能团。

羧酸羧基中的羟基被其他的原子或基团取代后的生成物称为羧酸衍生物。例如酰氯、酸酐、酯、酰胺等。

羧酸及其衍生物都广泛存在于自然界。不少羧酸是动、植物代谢中的重要物质。羧酸及其衍生物还是有机合成中的重要原料。

9.1 羧酸

9.1.1 分类和命名

（1）羧酸的分类

除甲酸外，羧酸是由烃基和羧基两部分组成。根据烃基的种类不同，羧酸可分为脂肪族羧酸、脂环族羧酸和芳香族羧酸；根据分子中是否含有不饱和键，羧酸可分为饱和羧酸和不饱和羧酸；根据羧基数目不同，羧酸可分为一元羧酸、二元羧酸和多元羧酸。

（2）羧酸的命名

许多羧酸可以直接从自然界得到，因此常根据它们的来源命名。如蚁酸（甲酸）、醋酸（乙酸）、草酸（乙二酸）、琥珀酸（丁二酸）、安息香酸（苯甲酸）、月桂酸（十二酸）等。

羧酸的系统命名是在分子中选择含羧基的最长碳链为主链，按主链上碳原子的数目称为某酸。编号从羧基开始，取代基位次可用阿拉伯数字或希腊字母表示。例如：

$$BrCH_2CH_2CH_2COOH$$

4-溴丁酸

$$CH_3(CH_2)_5\underset{|}{\overset{}{C}}HCH_2CH=CH(CH_2)_7COOH$$
$$OH$$

12-羟基-9-十八碳烯酸

$$\underset{|}{\overset{C_4H_9}{}}$$
$$CH_2=CCH=CHCOOH$$

4-丁基-2,4-戊二烯酸

$$CH_3CH_2\underset{|}{\overset{}{C}}HCOOH$$
$$CH_3$$

α-甲基丁酸

$$CH_3CH_2\underset{|}{\overset{}{C}}=CHCOOH$$
$$CH_3$$

β-甲基-α-戊烯酸

$$HOCH_2CH_2CH_2CH_2COOH$$

ω-羟基戊酸

二元羧酸命名时选择含有两个羧基的最长碳链为主链，称为某二酸。

$$\underset{\text{丙二酸}}{\overset{\displaystyle H_2C\overset{\displaystyle COOH}{\underset{\displaystyle COOH}{\Big\langle}}}{}}\qquad\underset{\text{顺丁烯二酸}}{\overset{\displaystyle \overset{COOH}{\underset{COOH}{}}}{}}\qquad\underset{\text{2-甲基-3-乙基丁二酸}}{\overset{\displaystyle C_2H_5}{HOOCCHCHCOOH\atop CH_3}}$$

分子中含有脂肪或芳环的羧酸，按羧酸所连接位置的不同，母体的选择有两种。羧基直接与环相连者，以酯环烃或芳烃的名称之后加甲酸二字为母体，其他基团则作为取代基来命名，羧基与侧链相连者，母体为脂肪酸，酯环或芳环作为取代基命名。环上及侧链都有羧基者，则以脂肪酸为母体命名。例如

对甲基苯甲酸　　　　2,4-环戊二烯甲酸　　　反-1,2-环戊烷二甲酸

3-苯基丙烯酸　　　　1,2-苯二乙酸　　　3-(羟甲基)-2-萘丙酸

9.1.2　羧酸的制法

（1）烃的氧化

$$CH_3CH_2CH_2CH_3\xrightarrow[\substack{90\sim100\text{℃}\\1.01\sim5.47\text{MPa}}]{O_2,\text{醋酸钴}}$$

$$\underset{57\%}{CH_3COOH}\ +\ \underset{1\%\sim2\%}{HCOOH}\ +\ \underset{2\%\sim3\%}{CH_3CH_2COOH}\ +\ \underset{17\%}{\underline{CO+CO_2}}\ +\ \underset{22\%}{\text{酯和酮}}$$

$$\underset{}{\overset{CH_3}{\bigcirc}}+\frac{3}{2}O_2\xrightarrow[165\text{℃},0\sim88\text{MPa},92\%]{\text{钴盐或锰盐}}\overset{COOH}{\bigcirc}+H_2O$$

上述两个反应分别是工业上生产乙酸和苯甲酸的方法之一。工业上生产乙酸还可用轻油为原料。

（2）伯醇或醛的氧化

伯醇或醛氧化可生成相应的羧酸，这是制备羧酸的最普遍的办法。伯醇氧化先生成醛，醛易进一步生成羧酸。常用的氧化剂有重铬酸钾-硫酸、三氧化铬-冰醋酸、高锰酸钾、硝酸等。工业上常用氧或空气与催化剂一起进行催化氧化。由此法所制得的羧酸的碳原子数与原来的伯醇或醛的碳原子数相等。例如

$$R-\overset{\overset{\displaystyle H}{|}}{\underset{\underset{\displaystyle H}{|}}{C}}-O-H\xrightarrow{[O]}R-\overset{\overset{\displaystyle H}{}}{\underset{\underset{\displaystyle O}{}}{C}}\xrightarrow{[O]}R-\overset{\overset{\displaystyle O}{}}{\underset{\underset{\displaystyle OH}{}}{C}}$$

$$CH_3CH_2CH_2CH_2OH\xrightarrow[\triangle]{KMnO_4/H_2SO_4}CH_3CH_2CH_2CHO\xrightarrow[\triangle]{KMnO_4/H_2SO_4}CH_3CH_2CH_2COOH$$

$$\overset{CH_2OH}{\bigcirc}\xrightarrow[\triangle]{KMnO_4/H_2SO_4}\overset{CHO}{\bigcirc}\xrightarrow[\triangle]{KMnO_4/H_2SO_4}\overset{COOH}{\bigcirc}$$

$$CH_3(CH_2)_5CHO \xrightarrow[20℃]{KMnO_4/H_2SO_4} CH_3(CH_2)_5COOH$$

不饱和醇或醛也可氧化生成相应的羧酸，但须选用适当的弱氧化剂，以免影响不饱和键。例如

$$CH_3—CH=CH—CHO +[O] \xrightarrow{AgNO_3,NH_3} CH_3—CH=CH—COOH$$

（3）腈水解

腈是合成羧酸的重要方法之一。腈在酸性或碱性条件下回流水解，生成羧酸。伯卤代烷通过亲核取代反应，容易取得腈，因为用叔卤代烷制腈容易发生消去反应，因此腈水解制备羧酸一般从伯卤代烷出发。例如

$$RCH_2CN \xrightarrow[或 OH;H_2O]{H_2SO_4,H_2O} RCH_2COOH$$

$$C_6H_5CH_2Cl \xrightarrow{NaCN,DMSO} C_6H_5CH_2CN \xrightarrow{H_3^+O} C_6H_5CH_2COOH$$

$$(CH_3)_2CHCH_2CH_2Cl \xrightarrow[PTC]{NaCN} (CH_3)_2CHCH_2CH_2CN \xrightarrow[②H^+]{①OH^-,H_2O} (CH_3)_2CHCH_2CH_2COOH$$

酯的水解可以得到羧酸，油脂是由高级脂肪酸与甘油组成的酯，故油脂水解可制得高级脂肪酸。

（4）Grignard 试剂与二氧化碳作用

通过 Grignard 试剂对 CO_2 进行亲核加成然后水解，可将卤代烃分子中的卤原子转变为羧基。这是制备比卤代烃多一个碳原子的羧酸的有效方法之一，常用于伯、仲、叔卤代烷，以及烯丙基卤和芳基卤制备相应的羧酸。例如

$$(CH_3)_3C—MgCl + O=C=O \longrightarrow O=\overset{\overset{\displaystyle C(CH_3)_3}{|}}{C}·O^-\overset{+}{M}gCl \xrightarrow[79\%～80\%]{H_2O,H^+} (CH_3)_3C—COOH$$

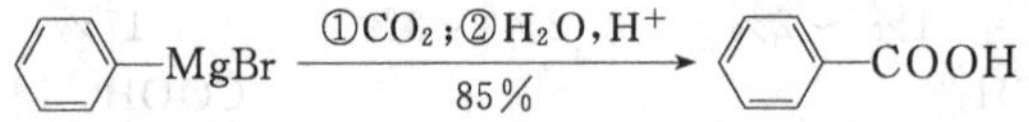

$$\text{〈benzene〉}—MgBr \xrightarrow[85\%]{①CO_2;②H_2O,H^+} \text{〈benzene〉}—COOH$$

9.1.3　羧酸的物理性质

常温下，C_9 以下的饱和一元羧酸为液体，$C_1～C_4$ 的低级脂肪酸具有较强的刺鼻气味，可溶于水，$C_5～C_6$ 的脂肪酸具有难闻的酸性腐臭味，难溶或不溶于水。癸酸以上的羧酸是固体。脂肪族二元羧酸和芳香族羧酸是晶状固体。饱和一元脂肪酸，除甲酸、乙酸的相对密度大于 1，其他羧酸的相对密度都小于 1。二元羧酸和芳香族羧酸的相对密度都大于 1。

饱和一元羧酸的沸点随分子量的增加而增高，羧酸的沸点比分子量相同或相近的醇的沸点高。例如，甲酸和乙醇的分子量均为 46，而甲酸的沸点为 100.7℃，乙醇的沸点为 78℃。又如，乙酸的沸点为 117.9℃，分子量相同的正丙醇沸点为 97.4℃。这是由于羧酸分子间能形成两个氢键，缔合成稳定二聚体。

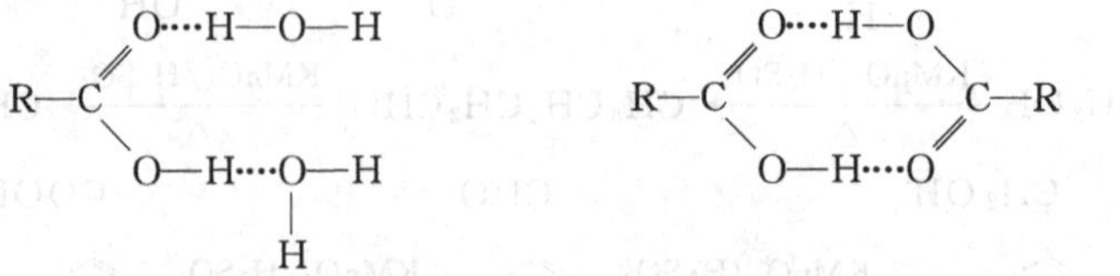

羧酸与水分子间形成的氢键　　　两个羧酸分子间形成的氢键

羧酸的熔点随着碳原子数的增加而呈锯齿状上升（图9-1）。含偶数碳原子的羧酸的熔点比相邻两个奇数碳原子的羧酸的熔点高。这是因为偶数碳原子的羧酸分子的对称性高，晶体排列得比较紧密的缘故。

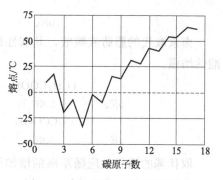

图 9-1　直链饱和一元羧酸的熔点

9.1.4　羧酸的化学性质

羧酸的许多化学性质表现为羧基的性质。羧基由 —OH 和 $\diagdown$C=O 直接相连而成，由于两者在分子中相互影响，羧基的性质并不是这两者性质的简单加和，而是具有它自己特有的性质。

羧酸的化学反应，根据羧酸分子结构中键的断裂方式不同而发生不同的反应，可表示如下：

α-H取代反应

C=O基亲核加成

O—H键断裂而呈酸性

脱羧反应

—OH被取代反应

（1）酸性和成盐

羧酸呈明显的弱酸性。在水溶液中，羧基中的氢氧键断裂，解离出的氢离子能与水结合为水合氢离子。

$$RCOOH + H_2O \Longrightarrow RCOO^- + H_3^+O$$

羧酸是弱酸，pK_a 在 $3\sim5$ 之间。其酸性比 HCl 和 H_2SO_4 等无机酸弱，但比碳酸（$pK_a=6.5$）和苯酚（$pK_a=10$）的酸性强。羧酸可与 Na_2CO_3 或 $NaHCO_3$ 溶液发生反应，而苯酚不能发生反应，因此可利用这个性质来分离或鉴别酚和羧酸。

羧酸与碳酸氢钠（或碳酸钠、氢氧化钠）的成盐反应如下：

$$RCOOH + NaHCO_3 \longrightarrow RCOONa + CO + H_2O$$

加入无机强酸又可以使盐重新变成羧酸游离出来。

$$RCOONa + HCl \longrightarrow RCOOH + NaCl$$

羧酸呈酸性，从结构上看，这是因为醇解离生成的负离子中，负电荷被局限在一个氧原子上，是定域的。而羧酸解离生成的负离子中氧原子上的负电荷所在的 p 轨道可与羰基的 π 轨道形成共轭体系，进而负电荷均匀地分布在两个氧原子上。

$$R-C \underset{O-H}{\overset{O}{\big\backslash}} \Longrightarrow H^+ + \left[R-C \underset{O}{\overset{O^-}{\big\backslash}} \longleftrightarrow R-C \underset{O}{\overset{\bar{O}}{\big\backslash}} \right] \equiv R-C \underset{O^{\frac{1}{2}-}}{\overset{O^{\frac{1}{2}-}}{\big\backslash}}$$

影响酸性的因素：羧酸酸性的强弱与羧基所连基团的性质有关。羧酸烃基中的氢原子被其他原子或基团取代，可以改变羧酸的解离常数。凡能使羧基电子云密度降低的基团，都有利于分散羧基负离子的负电荷，使羧基负离子稳定性增强，羧基解离变得容易，酸性增强，反之则酸性减弱。

烷基具有推电子效应，所以在饱和的一元脂肪酸中，甲酸的酸性最强。例如：

	HCOOH	CH$_3$COOH
pK_a	3.77	4.76

卤素取代的脂肪族羧酸，其酸性比没有取代的羧酸强，且随着卤素的吸电子效应增大而酸性增强。

	FCH$_2$COOH	ClCH$_2$COOH	BrCH$_2$COOH	ICH$_2$COOH
pK_a	2.66	2.86	2.90	3.18

	Cl$_3$CCOOH	Cl$_2$CHCOOH	ClCH$_2$COOH	CH$_3$COOH
pK_a	0.64	1.26	2.86	4.76

取代基的诱导效应随距离的增加而明显减弱，一般超过四个饱和键影响就很小了。

	CH$_3$CH$_2$CH$_2$COOH	ClCH$_2$CH$_2$CH$_2$COOH	CH$_3$CHClCH$_2$COOH	CH$_3$CH$_2$CHClCOOH
pK_a	4.81	4.52	4.06	2.84

各取代基诱导效应强弱的次序：

吸电子诱导效应（$-I$）：$\overset{+}{N}R_3 > NO_2 > SO_2R > CN > SO_2Ar > COOH > F > Cl > Br > I > OAr > COOR > OR > COR > OH > C{\equiv}CR > C_6H_5 > CH{=}CH_2 > H$

供电子诱导效应（$+I$）：$O^- > COO^- > (CH_3)_2C > (CH_3)_2CH > CH_3CH_2 > CH_3 > H$

苯甲酸的酸性稍强于环己烷甲酸的酸性，是由于苯环上的 sp^2 杂化碳原子电负性较大，给电子作用较弱。当苯环上连有强的吸电子取代基时，酸性增强。例如：

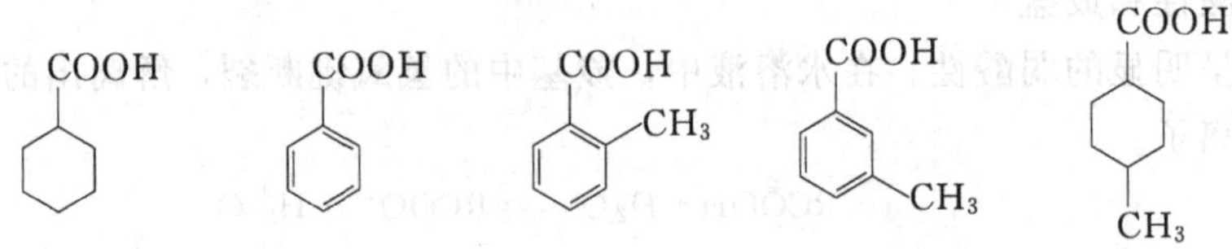

pK_a	4.87	4.20	3.91	4.27	4.38

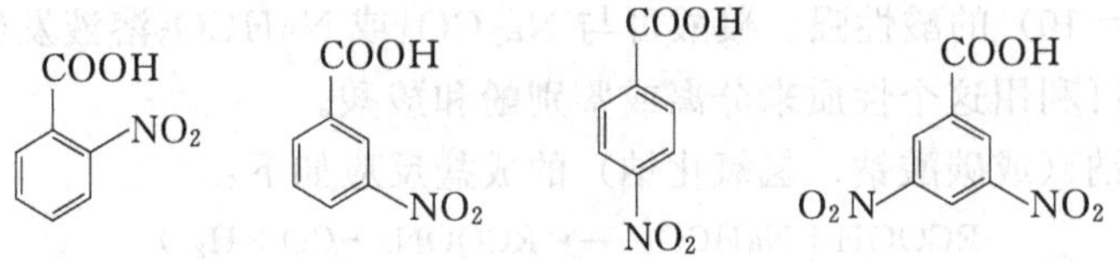

pK_a	2.21	3.49	3.12	2.83

（2）羧基中的羟基被取代

羧酸分子中羧基上的羟基可以被卤素原子（—X）、酰氧基（—OOCR）、烷氧基（—OR）及氨基（—NH$_2$）取代，生成一系列的羧酸衍生物。羧酸分子中去掉羟基后剩余的部分 R—C— 称为酰基。如：

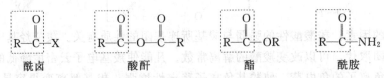

① 酰卤的生成　羧酸与无机酸酰卤反应，羧基中的羟基被卤素取代，生成酰卤。酰卤中以酰氯最为重要。常用的氯化试剂有三氯化磷、五氯化磷或亚硫酰氯。

$$R-\overset{\overset{\displaystyle O}{\|}}{C}-OH +PCl_3 \longrightarrow R-\overset{\overset{\displaystyle O}{\|}}{C}-Cl +H_3PO_3$$

酰氯　　亚磷酸

$$R-\overset{\overset{\displaystyle O}{\|}}{C}-OH +PCl_5 \longrightarrow R-\overset{\overset{\displaystyle O}{\|}}{C}-Cl +POCl_3 +HCl$$

磷酰氯

$$R-\overset{\overset{\displaystyle O}{\|}}{C}-OH + SOCl_2 \longrightarrow R-\overset{\overset{\displaystyle O}{\|}}{C}-Cl +SO_2 +HCl$$

亚硫酰氯

制备低沸点酰氯第一种方法较好；制备高沸点酰氯第二种方法较好；亚硫酰氯是较理想的氯化剂，因为反应的副产物都是气体，生成的酰氯易提纯，且反应产率高。

② 酸酐的生成　羧酸在脱水剂（如 P_2O_5）作用下或直接加热失水生成酸酐。

$$R-\overset{\overset{\displaystyle O}{\|}}{C}-OH + HO-\overset{\overset{\displaystyle O}{\|}}{C}-R' \xrightarrow[-H_2O]{P_2O_5} R-\overset{\overset{\displaystyle O}{\|}}{C}-O-\overset{\overset{\displaystyle O}{\|}}{C}-R'$$

酸酐

某些二元羧酸受热时，分子内两个羧基间脱水，生成五元或六元环的内酸酐。例如：

邻苯二甲酸酐

③ 酯的生成　羧酸与醇在强酸性催化剂作用下生成酯。例如：

$$CH_3COOH + HOC_2H_5 \underset{}{\overset{H^+}{\rightleftharpoons}} CH_3COOC_2H_5 + H_2O$$

酯化反应速率一般很慢，需在强酸如硫酸、氯化氢或苯磺酸的催化下加热来进行。而且这个反应是可逆的。因此制备酯时，为了提高酯的产率，一种方法是加入过量的酸或醇，以改变反应达到平衡时的组成。另一种方法是用共沸法形成共沸混合物，把产物水带走，或加入合适的脱水剂除去产生的水。

④ 酰胺的生成　在羧酸中通入氨气或加入碳酸铵，首先生成羧酸的铵盐，铵盐受热脱水生成酰胺。

$$R-\overset{\overset{\displaystyle O}{\|}}{C}-OH \xrightarrow{NH_3} R-\overset{\overset{\displaystyle O}{\|}}{C}-ONH_4 \xrightarrow[\triangle]{-H_2O} R-\overset{\overset{\displaystyle O}{\|}}{C}-NH_2$$

（3）α-氢原子的反应

在少量红磷的催化下，脂肪酸 α-碳原子上的氢原子可被氧或溴等卤原子取代而生成 α-卤代酸。例如：

$$(CH_3)_2CHCH_2CH_2COOH \xrightarrow[63\%\sim66\%]{Br_2,PCl_3} (CH_3)_2CHCH_2\overset{\overset{\displaystyle Br}{|}}{C}HCOOH$$

$$CH_3COOH \xrightarrow{Cl_2,P} ClCH_2COOH \xrightarrow{Cl_2,P} Cl_2CHCOOH \xrightarrow{Cl_2,P} Cl_3CCOOH$$

后一反应可以通过控制反应条件使一种产物为主，这是工业生产一氯乙酸的方法。

过量的卤素能使 α-H 全部被卤化。因此，控制反应条件和卤素的用量，可以使一卤代酸为主要产物。

通过 α-卤代酸可以制备 α-氨基酸、α-羟基酸、取代丙二酸、α，β-不饱和羧酸等。

$$\text{RCH}_2\text{CHCOOH} \xrightarrow[\text{X}]{}
\begin{cases}
\xrightarrow{\text{OH}^-} \text{RCH}_2\underset{\text{OH}}{\text{CHCOOH}} \\
\xrightarrow{\text{NH}_3} \text{RCH}_2\underset{\text{NH}_2}{\text{CHCOOH}} \\
\xrightarrow[\triangle]{\text{NaOH}} \text{R-CH=CHCOONa} \xrightarrow{\text{H}^+} \text{R-CH=CHCOOH} \\
\xrightarrow{\text{CN}^-} \text{RCH}_2\underset{\text{CN}}{\text{CHCOOH}} \xrightarrow{\text{H}_3\text{O}^+} \text{RCH}_2\underset{\text{COOH}}{\text{CHCOOH}}
\end{cases}$$

羧酸分子中烃基上的氢被其他原子或原子基团取代后的产物都称为取代羧酸。

（4）脱羧反应

羧酸失去羧基放出 CO_2 的反应称为脱羧反应。除甲酸外，一元饱和脂肪酸一般情况下比较稳定，但在特殊条件下，例如羧酸的钠盐、钙盐和铅盐等加热时会发生脱羧反应。例如：

$$\text{H}_3\text{C-}\underset{\text{O}}{\overset{\|}{\text{C}}}\text{-ONa} \xrightarrow[\text{共熔}]{\text{NaOH+CaO}} \text{CH}_4 + \text{Na}_2\text{CO}_3$$

芳香族羧酸脱羧比脂肪酸容易，有时只需要加热至熔点以上，即逐渐脱羧，若在碱存在下脱羧更快：

$$\text{C}_6\text{H}_5\text{COOH} + \text{NaOH} \xrightarrow{\triangle} \text{C}_6\text{H}_6 + \text{Na}_2\text{CO}_3$$

羧酸的 α-碳原子上连有强吸电子基时，由于诱导效应使羧基很不稳定，易于脱羧。例如：

$$\text{Cl}_3\text{CCOOH} \xrightarrow{\triangle} \text{Cl}_3\text{CH} + \text{CO}_2\uparrow$$

β-碳原子为羰基碳的羧酸也容易脱羧。例如

$$\text{H}_3\text{C-}\overset{\text{O}}{\overset{\|}{\text{C}}}\text{-CH}_2\text{COOH} \xrightarrow{\triangle} \text{H}_3\text{C-}\overset{\text{O}}{\overset{\|}{\text{C}}}\text{-CH}_3 + \text{CO}_2\uparrow$$

二元羧酸受热时，由于两个羧基相对位置的不同，有的发生失水反应，有的发生脱羧反应。例如，乙二酸和丙二酸受热发生脱羧反应。

$$\text{HOOC-COOH} \xrightarrow{\triangle} \text{HCOOH} + \text{CO}_2\uparrow$$

$$\text{H}_2\text{C}\begin{matrix}\text{COOH}\\\text{COOH}\end{matrix} \xrightarrow{\triangle(\text{熔点以上})} \text{CH}_3\text{COOH} + \text{CO}_2\uparrow$$

丁二酸与戊二酸与脱水剂（如乙酐）共热时脱水生成环酐：

$$\begin{matrix}\text{CH}_2\text{COOH}\\|\\\text{CH}_2\\|\\\text{CH}_2\text{COOH}\end{matrix} \xrightarrow[\triangle]{\text{乙酐}} \begin{matrix}\text{CH}_2\text{-C}\\|\quad\quad\\\text{CH}_2\quad\quad\text{O}\\|\quad\quad\\\text{CH}_2\text{-C}\end{matrix} + \text{H}_2\text{O}$$

己二酸与庚二酸受热后则既脱羧又失水，生成较稳定的环戊酮和环己酮。

$$\begin{array}{c}CH_2-CH_2COOH \\ | \\ CH_2-CH_2COOH\end{array} \xrightarrow[\triangle]{-CO_2,-H_2O} \begin{array}{c}CH_2-CH_2 \\ | \quad\quad C=O \\ CH_2-CH_2\end{array}$$

$$CH_2\begin{array}{c}CH_2-CH_2COOH \\ \\ CH_2-CH_2COOH\end{array} \xrightarrow[\triangle]{-CO_2,-H_2O} CH_2\begin{array}{c}CH_2-CH_2 \\ \quad\quad\quad C=O \\ CH_2-CH_2\end{array}$$

$$n\,HO(CH_2)_6COOH \longrightarrow HO(CH_2)_6\overset{O}{\underset{}{C}}\text{[}O(CH_2)_6\overset{O}{\underset{}{C}}\text{]}_{n-1}OH+(n-1)H_2O$$
聚酯

（5）还原反应

由于 p，π-共轭增大了羧基或羧酸根中羰基碳原子上的电子云密度，因而其难于与亲核试剂发生反应。但具有较强亲和能力的氢化铝锂能顺利将羧酸还原成相应的伯醇。例如

$$(CH_3)_3CCOOH \xrightarrow[\text{② } H_2O,H^+,92\%]{\text{① } LiAlH_4,\text{乙醚}} (CH_3)_3CCH_2OH$$

无水乙醚或无水四氢呋喃是氢化铝锂还原时常用的溶剂。

$$(CH_3)_3C-COOH \xrightarrow[\text{无水乙醚}]{LiAlH_4} \xrightarrow{H_2O} (CH_3)_3C-CH_2OH$$
$$92\%$$

$$\begin{array}{c}CH_3O \\ \\ CH_3O\end{array}\!\!\!\!\!-COOH \xrightarrow[\text{无水乙醚}]{LiAlH_4} \xrightarrow{H_2O} \begin{array}{c}CH_3O \\ \\ CH_3O\end{array}\!\!\!\!\!-CH_2OH$$
$$93\%$$

氢化铝锂还原羧酸时，不但产率较高，而且分子中的碳碳不饱和键不受影响，只还原羧基而生成不饱和醇。例如

$$CH_2=CHCH_2COOH \xrightarrow[\text{无水乙醚}]{LiAlH_4} \xrightarrow{H_2O} CH_2=CHCH_2CH_2OH$$

9.2　羧酸衍生物

9.2.1　羧酸衍生物的分类和命名

羧酸衍生物一般是指羧基中的羟基被其他原子或基团取代后所生成的化合物。羧酸分子中的—OH 被卤素（—X）、酰氧基（ $R-\overset{O}{\underset{O}{C}}-$ ）、氨基（—NH$_2$）或烷氧基（—OR）所取代的化合物，分别称为酰卤、酸酐、酰胺和酯。

$$R-\overset{O}{\underset{}{C}}-X \qquad \begin{array}{c}R-\overset{O}{\underset{}{C}} \\ \quad\quad O \\ R-\overset{}{\underset{O}{C}}\end{array} \qquad R-\overset{O}{\underset{}{C}}-NH_2 \qquad R-\overset{O}{\underset{}{C}}-OR'$$

酰卤　　　　　　　酸酐　　　　　　　酰胺　　　　　　　酯
（R 可以是 Ar 或 H）

羧酸和羧酸衍生物都含有酰基（ R—C ⟨ O ），因此也把它们统称为酰基化合物。它们相互之间具有一些共同的性质，存在着一定的联系。

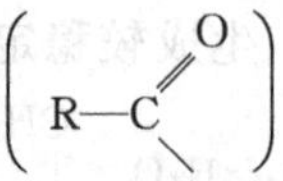

酰卤常根据相应酰基的名称命名为某酰卤。酰基的名称是根据形成它的羧酸的名称而称为某酰基。例如

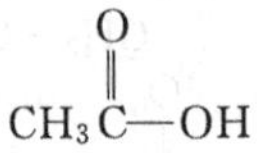

$$CH_3\overset{O}{\underset{}{C}}-OH \qquad CH_3\overset{O}{\underset{}{C}}- \qquad CH_3\overset{O}{\underset{}{C}}-Cl$$

乙酸 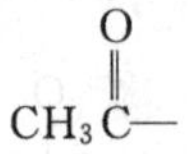　　　　　　　乙酰基 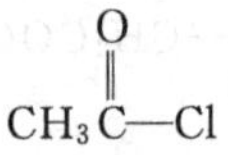　　　　　　乙酰氯

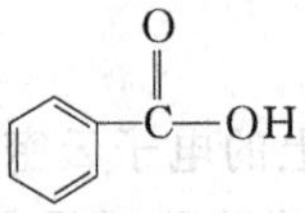

苯甲酸 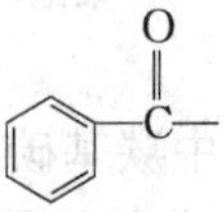　　　　　　苯甲酰基 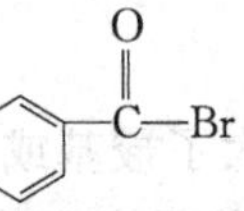　　　　　苯甲酰溴

酸酐的命名将形成酸酐的相应羧酸名称之后加上酐字。例如

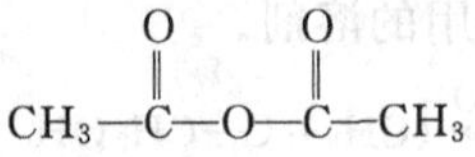

$$CH_3-\overset{O}{\underset{}{C}}-O-\overset{O}{\underset{}{C}}-CH_3 \qquad CH_3-\overset{O}{\underset{}{C}}-O-\overset{O}{\underset{}{C}}-CH_2CH_3$$

乙酸酐（乙酐或醋酐） 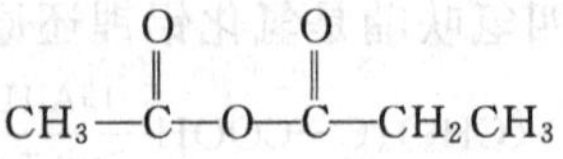　　　　　　乙丙（酸）酐

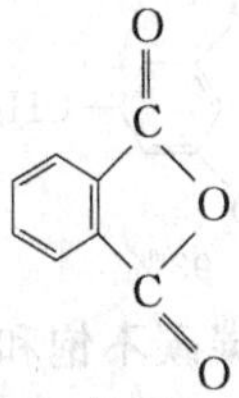

邻苯二甲酸酐(苯酐) 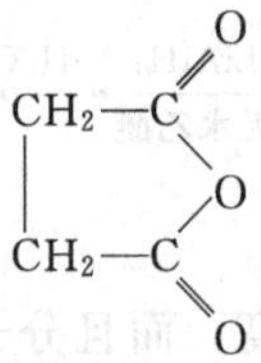　　　丁二酸酐 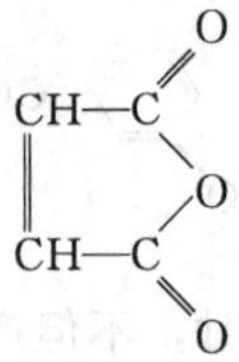　　　顺丁烯二酸酐

酯的命名是根据水解后得到的酸和醇称为"某酸某酯"。例如：

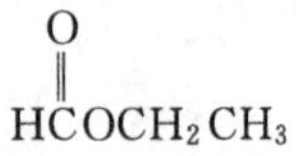

$$HCOCH_2CH_3 \qquad CH_3COCH_2- \qquad \text{（苯甲酸乙酯）} \qquad \text{（乙二酸二乙酯）}$$

甲酸乙酯 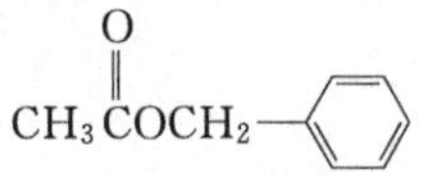　　　　乙酸苄酯 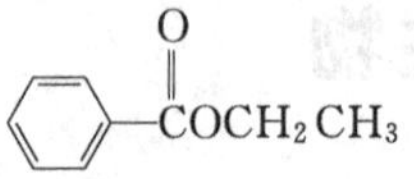　　　　　苯甲酸乙酯 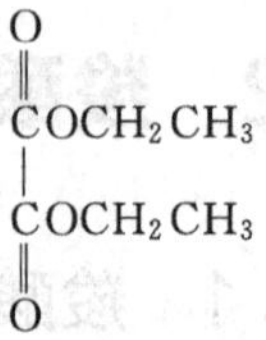　　　　乙二酸二乙酯

酰胺的命名与酰卤相似，根据相应酰基的名称称为某酰胺。若酰胺氮原子上连有烃基时，叫作 N-烃基某酰胺。例如

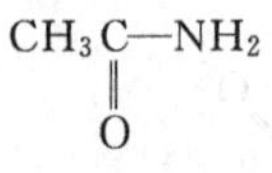

$$CH_3\overset{}{\underset{O}{C}}-NH_2 \qquad HC\overset{}{\underset{O}{\underset{}{}}}-N\overset{CH_3}{\underset{CH_3}{}} \qquad CH_3\overset{}{\underset{O}{C}}-N\overset{CH_3}{\underset{C_2H_5}{}}$$

乙酰胺 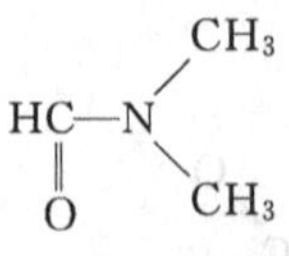　　　　N,N-二甲基甲酰胺　　　N-甲基-N-乙基乙酰胺 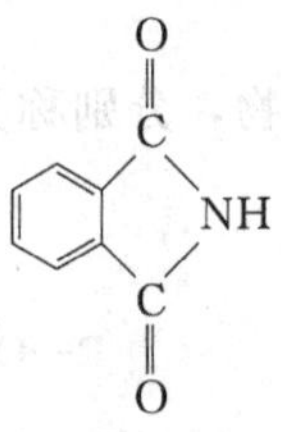　　　邻苯二甲酰亚胺
　　　　　　　　　（DMF）

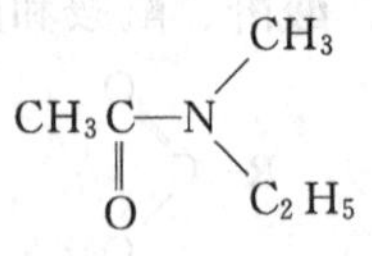

9.2.2 羧酸衍生物的物理性质

低级的酰卤和酸酐为具有刺激气味的液体，尤其是低级酰氯挥发性大，刺激性强，遇水猛烈水解。分子量较大的酸酐，如丁二酸酐、苯酐等为固体。酰胺因氢键的原因，除甲酰胺和 N,N-二取代的脂肪酸酰胺为液体外，其他酰胺均为固体。

由于没有分子间的氢键作用，酰氯、酸酐和酯的沸点比分子量相近的羧酸低。例如，乙酸甲酯的沸点为 57.5℃（分子量为 74），乙酰氯的沸点为 51℃（分子量为 78.5），而丙酸的沸点为 141.1℃（分子量 74）。

酰胺不仅能与许多有机溶剂混溶，而且由于酰胺能与质子性溶剂分子发生分子间缔合，使低级的酰胺能溶于水，是非质子性溶剂。随着分子量加大，酰胺在水中的溶解度迅速降低。

酰氯、酸酐和酯一般都可溶于乙醚、三氯甲烷和苯等有机溶剂中。酰氯和酸酐不溶于水，低级的遇水分解，酯在水中溶解度较小。

9.2.3 羧酸衍生物的化学性质

羧酸衍生物的结构：相连的 Cl、O、N 上都有孤对电子，与羰基 π 电子发生共轭，同时与碳原子相比，Cl、O、N 原子参与共轭及吸引电子能力的不同，造成酰氯、酸酐、酯和酰胺在性质上明显不同。

$$R-\overset{\overset{\displaystyle O}{\|}}{C} \to L: \qquad L=Cl,OCOR,OR,NH_2 \ 等$$

用共振式表示如下：

$$\left[R-\overset{\overset{\displaystyle \ddot{O}}{\|}}{C}\underset{L}{} \longleftrightarrow R-\overset{\overset{\displaystyle \ddot{O}:^-}{|}}{\overset{+}{C}}\underset{L}{} \longleftrightarrow R-\overset{\overset{\displaystyle \ddot{O}:^-}{|}}{C}\underset{\overset{+}{L}}{\|} \right]$$

羧酸衍生物分子中羰基碳上发生亲核加成反应活性由大到小的顺序如下：

$$酰卤 > 酸酐 > 酯 > 酰胺$$

（1）亲核取代反应

羧酸衍生物酰基碳原子上的亲核取代反应是典型的化学反应，可以用通式表示如下：

$$R-\overset{\overset{\displaystyle O}{\|}}{C}-L+Nu:^- \longrightarrow R-\overset{\overset{\displaystyle O}{\|}}{C}-Nu+L^-$$

由于离去基团 L 不同，各类羧酸衍生物的亲核取代活性不同。

酰基碳原子上的亲核取代反应是分两步进行的，第一步亲核试剂进攻羰基碳原子，发生亲核加成反应，形成氧原子带负电荷，碳原子为四面体的中间体；第二步是四面体中间体发生分子内的亲核取代，消除一个离去基团负离子，形成另一种羧酸衍生物。

$$R-\overset{\overset{\displaystyle O}{\|}}{\underset{\underset{Nu^-}{}}{C}}-L \xrightarrow{亲核加成} R-\overset{\overset{\displaystyle O}{|}}{\underset{\underset{Nu}{|}}{C}}-L \xrightarrow{消除} R-\overset{\overset{\displaystyle O}{\|}}{C}-Nu \ + \ L^-$$

四面体中间体

羧酸衍生物中羰基碳原子的正电性和离去基团 L 的离去能力大小都影响亲核取代反应

的速率。凡有利于羰基碳原子正电性增加的因素和不大的空间位阻都有利于四面体中间体的形成，有利于反应的进行。离去基团的碱性越弱，越易离去。羧酸衍生物中离去基团的离去能力：$Cl^->RCOO^->RO^->NH_2^-$。

① 水解　羧酸衍生物在酸或碱的催化下水解，均生成相应的羧酸。例如

$$(C_6H_5)_2CHCH_2\overset{O}{\underset{}{C}}Cl \xrightarrow[0℃,95\%]{H_2O,Na_2CO_3} (C_6H_5)_2CHCH_2COOH$$

$$\overset{}{\underset{}{}} \xrightarrow[94\%]{H_2O,\triangle} \begin{matrix} CH_3-C-COOH \\ \parallel \\ H-C-COOH \end{matrix}$$

$$\xrightarrow[90\%]{H_2O,NaOH} \begin{matrix} CH_2CH_2COOH \\ OH \end{matrix}$$

$$CH_3\overset{O}{\underset{}{C}}-NH-\!\!\!\!\boxed{}\!\!\!\!-Br \xrightarrow[\triangle,95\%]{C_2H_5OH-H_2O,KOH} CH_3\overset{O}{\underset{}{C}}O^-K^+ + H_2N-\!\!\!\!\boxed{}\!\!\!\!-Br$$

水解反应进行的难易次序为：

酰氯＞酸酐＞酯＞酰胺

例如，乙酰卤与水猛烈反应并放热；乙酸酐与水在加热下容易反应；酯需要催化剂存在下进行水解；酰胺的水解则需要在催化剂存在下，长时间回流才能完成。

② 醇解　酰氯、酸酐、酯和酰胺都可与醇作用，通过亲核取代反应生成酯。例如：

$$2(CH_3CO)_2O + HO-\!\!\!\!\boxed{}\!\!\!\!-OH \xrightarrow[93\%]{H_2SO_4} CH_3\overset{O}{\underset{}{C}}O-\!\!\!\!\boxed{}\!\!\!\!-O\overset{O}{\underset{}{C}}CH_3 + 2CH_3COOH$$

酯的醇解亦称酯交换反应。例如

$$CH_2=CH-\overset{O}{\underset{}{C}}-OCH_3 + CH_3CH_2CH_2CH_2OH \underset{}{\overset{H^+,94\%}{\rightleftharpoons}}$$

$$CH_2=CH-\overset{O}{\underset{}{C}}-OCH_2CH_2CH_2CH_3 + CH_3OH$$

③ 氨解　酰卤、酸酐和酯与氨（胺）反应生成相应的酰胺，称为羧酸衍生物的氨解。

$$R-\overset{O}{\underset{}{C}}-Cl + 2NH_3 \longrightarrow R-\overset{O}{\underset{}{C}}-NH_2 + NH_4Cl$$

$$R-\overset{O}{\underset{}{C}}-OCR + NH_3 \longrightarrow R-\overset{O}{\underset{}{C}}-NH_2 + RCOOH$$

$$R-\overset{O}{\underset{}{C}}-OR' + NH_3 \longrightarrow R-\overset{O}{\underset{}{C}}-NH_2 + R'OH$$

在羧酸衍生物的醇解、氨解中，实际上是羧酸衍生物作为酰化剂使醇或氨酰化，分别生成酯和酰胺。而酰胺的酰化能力很弱，一般不用它作为氨的酰化剂。

（2）羧酸衍生物与有机金属化合物的反应

羧酸衍生物可与有机镁试剂（格氏试剂）作用生成酮，后者可与格氏试剂继续反应得到

叔醇。例如

$$C_6H_5\overset{\displaystyle O}{\underset{\displaystyle \|}{C}}-OC_2H_5 + C_6H_5MgBr \xrightarrow[\text{回流}]{\text{乙醚,苯}} C_6H_5\overset{\displaystyle OMgBr}{\underset{\displaystyle |}{\underset{\displaystyle C_6H_5}{C}}}-OC_2H_5 \xrightarrow{-MgBr(OC_2H_5)}$$

$$C_6H_5\overset{\displaystyle O}{\underset{\displaystyle \|}{C}}-C_6H_5 \xrightarrow[\text{乙醚,苯,回流}]{C_6H_5MgBr} C_6H_5\overset{\displaystyle OMgBr}{\underset{\displaystyle |}{\underset{\displaystyle C_6H_5}{C}}}-C_6H_5 \xrightarrow[NH_4Cl]{H_2O} (C_6H_5)_3COH$$

89%～93%

这是由酯合成叔醇（甲酸酯得到仲醇）的常用方法之一。

反应能否停留在酮阶段，决定于反应物的活性、用量和反应条件等因素。例如，酰氯与等物质的量的 Grignard 试剂在低温下反应生成酮。

$$CH_3\overset{\displaystyle O}{\underset{\displaystyle \|}{C}}-Cl + CH_3CH_2CH_2CH_2MgCl \xrightarrow[-70℃,72\%]{\text{乙醚,}FeCl_3} CH_3\overset{\displaystyle O}{\underset{\displaystyle \|}{C}}-CH_2CH_2CH_2CH_3$$

又如，空间效应较大的反应物也要生成酮。

$$CH_3CH_2\overset{\displaystyle O}{\underset{\displaystyle \|}{C}}-Cl + (CH_3CH_2)_2Cd \xrightarrow[\text{③}H_3O^+]{\text{①纯醚}} CH_3CH_2\overset{\displaystyle O}{\underset{\displaystyle \|}{C}}-\overset{\displaystyle}{\underset{\displaystyle CH_3}{CHCH_3}}$$

也可以用二烷基铜锂与酰氯反应制备酮。

$$CH_3\overset{\displaystyle}{\underset{\displaystyle CH_3}{CH}}-\overset{\displaystyle O}{\underset{\displaystyle \|}{C}}-Cl + (CH_3)_2CuLi \xrightarrow[-78℃]{\text{纯醚}} CH_3\overset{\displaystyle}{\underset{\displaystyle CH_3}{CH}}-\overset{\displaystyle O}{\underset{\displaystyle \|}{C}}-CH_3$$

有机镉试剂的活性不如格氏试剂，与酮和酯都不反应，用有机镉试剂与酰氯反应可以控制在酮的阶段。

$$CH_3CH_2\overset{\displaystyle O}{\underset{\displaystyle \|}{C}}-Cl + (CH_3CH_2)_2Cd \xrightarrow[\text{②}H_3O^+]{\text{①纯醚}} CH_3CH_2\overset{\displaystyle O}{\underset{\displaystyle \|}{C}}-\overset{\displaystyle}{\underset{\displaystyle CH_3}{CHCH_3}}$$

也可用二烷基铜锂与酰氯反应制备酮。

$$CH_3\overset{\displaystyle}{\underset{\displaystyle CH_3}{CH}}-\overset{\displaystyle O}{\underset{\displaystyle \|}{C}}-Cl + (CH_3)_2CuLi \xrightarrow[-78℃]{\text{纯醚}} CH_2CH-\overset{\displaystyle O}{\underset{\displaystyle \|}{C}}-CH_3$$

（3）羧酸衍生物的还原

羧酸衍生物比羧酸容易被还原。酰卤、酸酐和酯被还原成醇，酰胺则被还原成胺。

$$
\begin{array}{c}
\left.
\begin{array}{c}
R-\overset{\displaystyle O}{\overset{\|}{C}}-X \\[4pt]
R-\overset{\displaystyle O}{\overset{\|}{C}}-O-\overset{\displaystyle O}{\overset{\|}{C}}-R' \\[4pt]
R-\overset{\displaystyle O}{\overset{\|}{C}}-O-R' \\[4pt]
R-\overset{\displaystyle O}{\overset{\|}{C}}-NH_2(R)
\end{array}
\right\}
\xrightarrow{[H]}
\begin{array}{l}
RCH_2OH \\[4pt]
RCH_2OH + R'CH_2OH \\[4pt]
RCH_2OH + R'OH \\[4pt]
RCH_2NH_2(R)
\end{array}
\end{array}
$$

羧酸衍生物被还原的反应活性为

$$
R-\overset{\displaystyle O}{\overset{\|}{C}}-X > R-\overset{\displaystyle O}{\overset{\|}{C}}-O-\overset{\displaystyle O}{\overset{\|}{C}}-R' > R-\overset{\displaystyle O}{\overset{\|}{C}}-O-R' > R-\overset{\displaystyle O}{\overset{\|}{C}}-NH_2(R)
$$

① 用氢化铝锂还原　氢化铝锂亦称铝锂氢，是还原能力极强的化学还原试剂。除酰胺可能被还原成相应的胺外，酰氯、酸酐和酯等均被还原成相应的伯醇。例如

$$
C_{15}H_{31}-\overset{\displaystyle O}{\overset{\|}{C}}-Cl \xrightarrow[\textcircled{2}\,H_2O,98\%]{\textcircled{1}LiAlH_4,乙醚} C_{15}H_{31}CH_2OH
$$

$$
CH_3CH=CHCH_2COOCH_3 \xrightarrow[\textcircled{2}\ H_2O,75\%]{\textcircled{1}LiAlH_4,乙醚} CH_3CH=CHCH_2CH_2OH + CH_3OH
$$

氢化铝锂中的氢被烷氧基取代后，还原性能逐渐减弱。若烷基位阻加大，则还原性能更弱。利用这种试剂可进行选择性还原。例如，三叔丁氧基氢化铝锂可把酰卤还原成相应的醛而不是伯醇。

② 催化氢化还原法　羧酸衍生物催化加氢条件下都可以被还原。其中有制备价值的是酰卤的选择性还原。酰卤在催化剂 Pd/BaSO₄ 和喹啉-硫作用下，选择性地还原成醛，该反应称为罗森门德还原。

罗森门德还原是制备醛的重要方法之一。

③ 酯用金属钠还原　酯与金属钠在醇溶液中加热回流反应，酯被还原生成相应的伯醇。该反应称为鲍维特-勃朗克反应。例如：

$$
CH_3(CH_2)_7CH=CH(CH_2)_7COOC_2H_5 \xrightarrow{Na,C_2H_5OH} CH_3(CH_2)_7CH=CH(CH_2)_7CH_2OH
$$

油酸乙酯　　　　　　　　　　　　　　　油醇 49%～51%

鲍维特-勃朗克还原反应是还原酯制备醇最常用的方法之一。特别适用于由天然油脂合成高

级不饱和脂肪醇，也是工业上生产高级不饱和脂肪醇的唯一办法。

拓展知识

聚酯塑料 (PET) 的制备

聚对苯二甲酸乙二醇酯，化学式为 $\{COC_6H_4COOCH_2CH_2O\}_n$（polyethylene terephthalate，简称 PET），是由对苯二甲酸 (PTA) 与乙二醇 (EG) 酯化先合成对苯二甲酸双羟乙酯，然后再进行缩聚反应制得。是热塑性聚酯中最主要的品种，俗称涤纶树脂，与 PBT 一起统称为热塑性聚酯。

PET 树脂可加工成纤维、薄膜和塑料制品。聚酯纤维即涤纶，是合成纤维的重要品种，主要用于纺织业；可制成薄膜用于录音、录像、电影胶片等的基片、绝缘膜、产品包装等；作为塑料可吹制成各种瓶，如可乐瓶、矿泉水瓶等。

习　题

1. 命名下列各化合物。

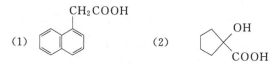

(1)　　　　　　　　　　　　　　(2)

2. 比较下列化合物的酸性强弱，并按由强到弱排列成序：

(1) (A) C_2H_5OH　　　(B) CH_3COOH　　　(C) $HOOCCH_2COOH$　　　(D) $HOOCCOOH$

(2) (A) Cl_3CCOOH　　(B) $ClCH_2COOH$　　(C) CH_3COOH　　(D) $HOCH_2COOH$

(3) (A) CH_3CH_2COOH　　(B) $CH_2\!=\!CHCOOH$　　(C) $CH\!\equiv\!CCOOH$

(4) (A) C_6H_5OH　　(B) CH_3COOH　　(C) F_3CCOOH　　(D) $ClCH_2COOH$　　(E) C_2H_5OH

(5) (A)　　　　(B)　　　　(C)　　　　(D)　　　　(E)

3. 把卤代烷转化成增长 1 个碳原子的羧酸，最常见的方法有 2 种：一种是将卤代烷转化为腈，进而水解成酸；另一种是把卤代烷转变成 Grignard 试剂，然后羧基化。对于下列转化过程，哪种方法合理，还是两种都可以？说明理由。

(1) $CH_3CH_2CH_2CH_2Br \longrightarrow CH_3CH_2CH_2CH_2COOH$

(2) $(CH_3)_3CCl \longrightarrow (CH_3)_3CCOOH$

(3) $CH_3COCH_2CH_2CH_2Br \longrightarrow CH_3COCH_2CH_2CH_2COOH$

4. 用化学方法区别下列各组化合物：

(1) CH_3CH_2OH，CH_3CHO，CH_3COOH，CH_3COCH_3

(2) 甲酸，乙酸，丙二酸，苯甲醛

5. 完成下列各反应式：

(1)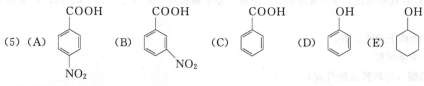

(2)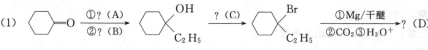

6. 完成下列转变：

(1) 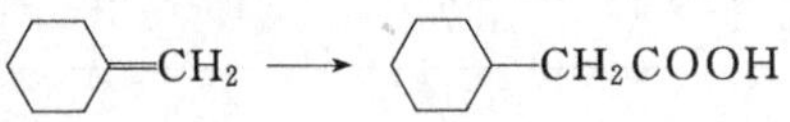 [环己烷=CH2] ⟶ [环己烷-CH₂COOH]

(2) CH₃COCH₂CH₂CBr（CH₃）₂ ⟶ CH₃COCH₂CH₂C（CH₃）₂COOH

7. 由指定原料合成下列化合物：

(1) 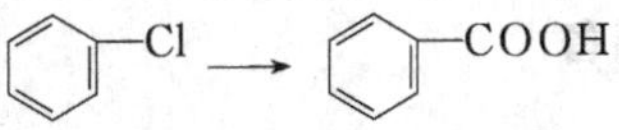 [苯环-Cl] ⟶ [苯环-COOH]

(2) 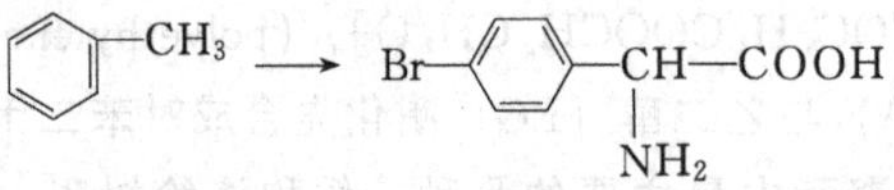 [苯环-CH₃] ⟶ Br-[苯环]-CH-COOH，带NH₂

8. 为什么 CH₃COOH 的沸点比分子量相近的有机物沸点一般要高，但却低于醇？

9. 写出下列化合物的构造式。

(1) 草酸；(2) 肉桂酸；(3) 硬脂酸；(4) 邻苯二甲酸

10. 试说明取代苯甲酸的酸性，应遵循哪些规律？

11. 乙酸中也含有乙酰基，但不发生碘仿反应，为什么？

12. 写出分子式为 C₅H₆O₄ 的不饱和二元羧酸的所有异构体（包括顺反异构）的结构式，并命名及指出哪些容易生成酸酐。

13. 写出丙酸与下列各试剂反应所生成的主要产物。

(1) Br₂，P；(2) LiAlH₄，然后加 H₂O；
(3) SOCl₂；(4) （CH₃CO）₂O，加热；
(5) PBr₃；(6) C₂H₅OH，H₂SO₄

14. 用化学方法区别下列各组化合物。

(1) 乙醇，乙醛，乙酸；(2) 甲酸，乙酸，丙二酸；
(3) 草酸，马来酸，丁二酸；(4) 水杨酸，苯甲酸，苄基醇
(5) CH₃COCH₂COOH，HOOCCH₂COOH

15. 有一化合物 A 的分子式为 C₈H₁₄O，A 可使溴水迅速褪色，也可以与苯肼反应。A 氧化生成一分子丙酮及另一化合物 B。B 具有酸性，与次氯酸钠反应生成一分子氯仿和一分子丁二酸。试写出 A、B 可能的构造式。

16. 由指定原料合成下列化合物。

(1) 异丙醇→α-甲基丙酸
(2) 甲苯→苯乙酸（用两种方法合成）
(3) 丁酸→乙基丙二酸
(4) 乙烯→β-羟基丙酸
(5) 对甲氧基苯甲醛 →α-羟基对甲氧基苯乙酸
(6) 乙烯→α-甲基-β-羟基戊酸
(7) 乙醇，对甲氧基苯乙酮→β-甲基-β-羟基对甲氧苯丙酸乙酯
(8) 环戊酮，乙醇→β-羟基环戊烷乙酸
(9) 丙酸→丁酸
(10) 丁酸→丙酸
(11) 丙烯→丁酸

17. 以甲醇、乙醇为主要原料，用丙二酸酯法合成下列化合物。

(1) α-甲基丁酸；(2) 正己酸；
(3) 3-甲基己二酸；(4) 1,4-环己烷二甲酸；
(5) 环丙烷甲酸

18. 以甲醇、乙醇及无机试剂为原料，经乙酰乙酸乙酯合成下列化合物。

(1) α-甲基丙酸；(2) γ-戊酮酸

19. 写出下列化合物加热后生成的主要产物。

(1) α-甲基-α-羟基丙酸；(2) β-羟基丁酸；

(3) β-甲基-γ-羟基戊酸；(4) δ-羟基戊酸

20. 比较下列各组化合物的酸性强弱。

(1) 乙酸，丙二酸，草酸，苯酚，甲酸

(2) 乙酸，苯酚，三氟乙酸，氯乙酸，乙醇，丙酸，乙烯，乙炔，乙烷

(3) 对硝基苯甲酸，间硝基苯甲酸，苯甲酸，苯酚，环己醇

21. 某化合物 A 的分子式为 $C_7H_{12}O_4$，已知其为羧酸，依次与下列试剂作用。

(1) $SOCl_2$；(2) C_2H_5OH；

(3) 催化加氢（高温）；(4) 与浓硫酸加热；

(5) 用高锰酸钾氧化后，得到一种二元羧酸 B。将 B 单独加热，则生成丁酸。

试推测 A 的结构，并写出各步反应式。

22. 某酮酸 A 经 $NaBH_4$ 还原后，依次用 HBr、Na_2CO_3 和 KCN 处理后生成腈 B。B 水解得到 α-甲基戊二酸。试推测化合物 A、B 的结构，并写出各步反应式。

23. 分离下列混合物。

(1) 丁酸和丁酸丁酯

(2) 苯甲醚，苯甲酸和苯酚

(3) 丁酸，苯酚，环己酮和丁醚

(4) 苯甲醇，苯甲醛和苯甲酸

(5) 3-戊酮，戊醛，戊醇和戊酸

(6) 己醛（沸点 161℃），戊醇（沸点 169℃）

(7) 正溴丁烷，正丁醚，正丁醛

(8) 2-辛醇，2-辛酮，正辛酸

24. 命名或写出构造式：

(1) 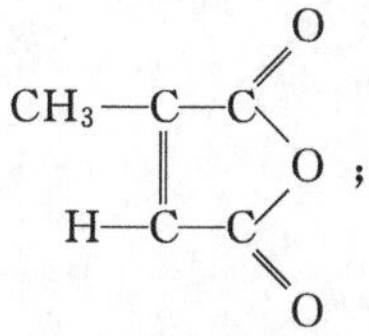；(2) 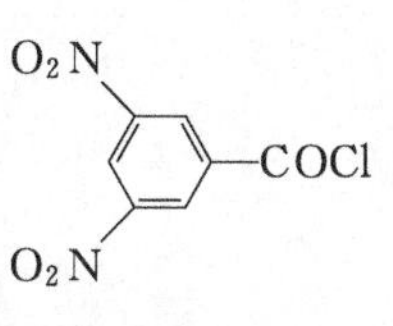；(3) 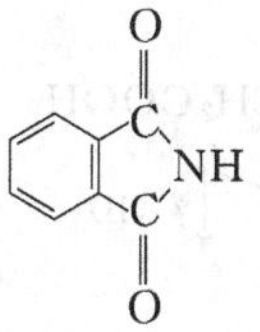；

(4)邻苯二甲酸酐；(5)α-甲基丙烯酸甲酯；(6)ε-己内酰胺

25. 写出下列化合物加热后生成的主要产物。

(1) 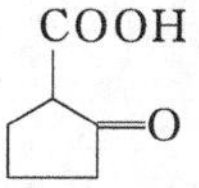；(2) 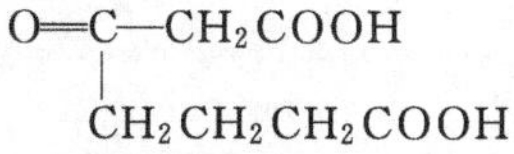

26. 写出下列缩合反应的产物。

(1) $CH_3CH_2COOC_2H_5$ + 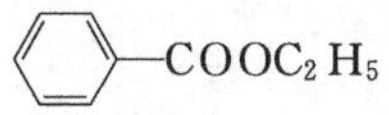 $\xrightarrow[②H^+]{①NaOC_2H_5}$? (A) + ? (B)

(2) $CH_3CH_2COOC_2H_5$ + 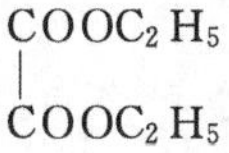 $\xrightarrow[②H^+]{①NaOC_2H_5}$? (A) + ? (B)

(3) 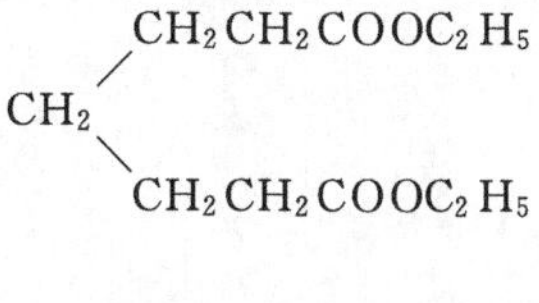 $\xrightarrow[②H^+]{①NaOC_2H_5}$? (A) + ? (B)

(4) 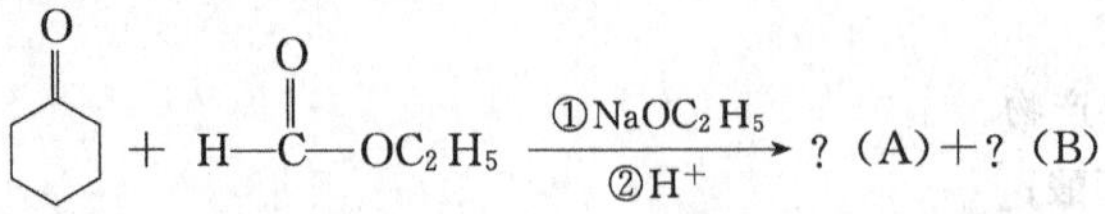 $+$ $\underset{O}{\overset{\parallel}{H-C}}-OC_2H_5$ $\xrightarrow[\text{②}H^+]{\text{①}NaOC_2H_5}$? (A) $+$? (B)

27. 以甲醇、乙醇为原料经丙二酸二乙酯法合成 3-甲基己二酸二乙酯。

28. 完成下列反应。

(1) 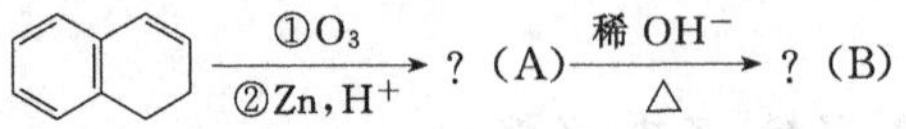 $\xrightarrow[\text{②}Zn,H^+]{\text{①}O_3}$? (A) $\xrightarrow[\triangle]{\text{稀 }OH^-}$? (B)

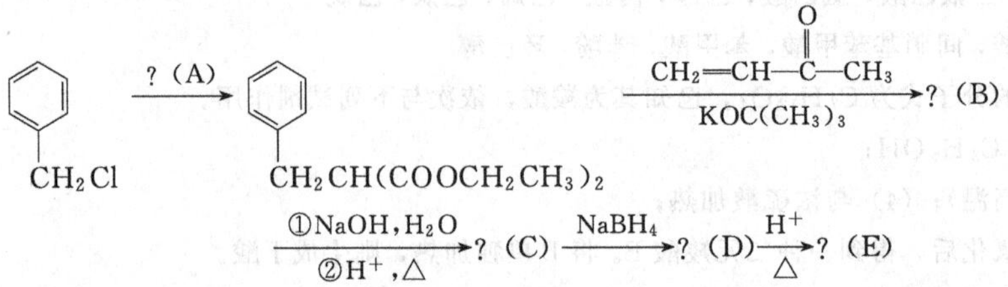

(2) $\xrightarrow{\text{? (A)}}$ $\xrightarrow[KOC(CH_3)_3]{CH_2=CH-\overset{O}{\overset{\parallel}{C}}-CH_3}$? (B)

$\xrightarrow[\text{②}H^+,\triangle]{\text{①}NaOH,H_2O}$? (C) $\xrightarrow{NaBH_4}$? (D) $\xrightarrow[\triangle]{H^+}$? (E)

29. 以甲醇、乙醇及适当无机试剂为原料经乙酰乙酸乙酯合成 3-乙基-2-戊醇。

30. 完成下列反应：

(1) 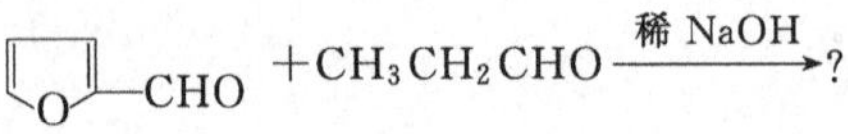 —CHO $+CH_3CH_2CHO$ $\xrightarrow{\text{稀 }NaOH}$?

(2) 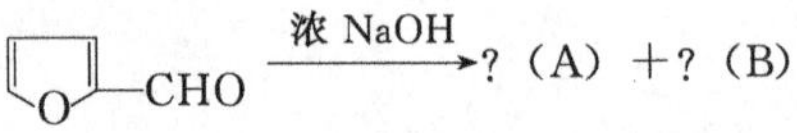 —CHO $\xrightarrow{\text{浓 }NaOH}$? (A) $+$? (B)

(3) 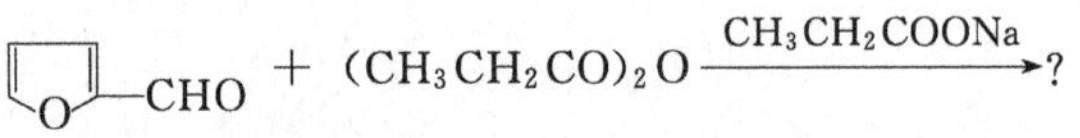 —CHO $+$ $(CH_3CH_2CO)_2O$ $\xrightarrow{CH_3CH_2COONa}$?

(4) 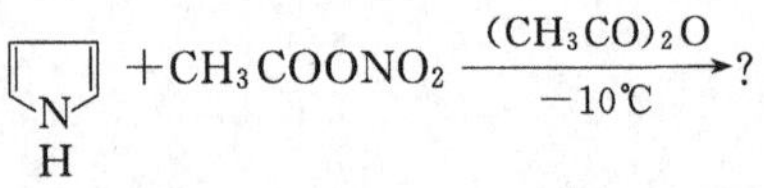 $+CH_3COONO_2$ $\xrightarrow[-10℃]{(CH_3CO)_2O}$?

(5) 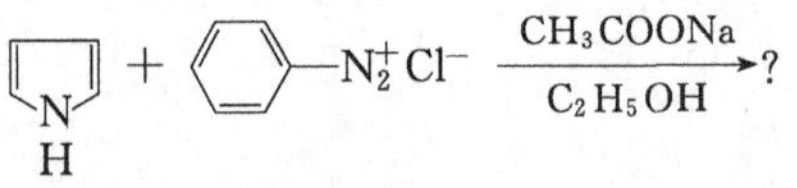 $+$ $-\overset{+}{N_2}Cl^-$ $\xrightarrow[C_2H_5OH]{CH_3COONa}$?

31. 完成下列各反应式：

(1) 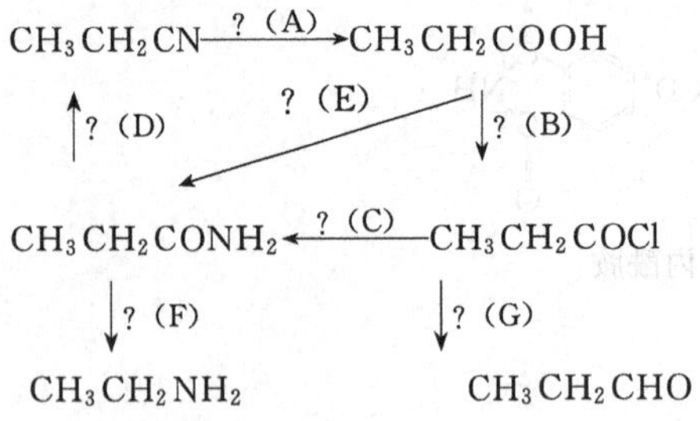 CH_3CH_2CN $\xrightarrow{\text{? (A)}}$ CH_3CH_2COOH

$\uparrow$? (D) ←?(E)／ ↓?(B)

$CH_3CH_2CONH_2$ ←$\overset{\text{? (C)}}{\longleftarrow}$ CH_3CH_2COCl

↓? (F) ↓? (G)

$CH_3CH_2NH_2$ 　　CH_3CH_2CHO

(2) $CH_3CH_2COONa+$ $-COCl$ $\longrightarrow$?

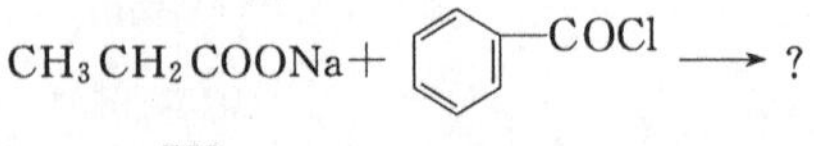

(3) 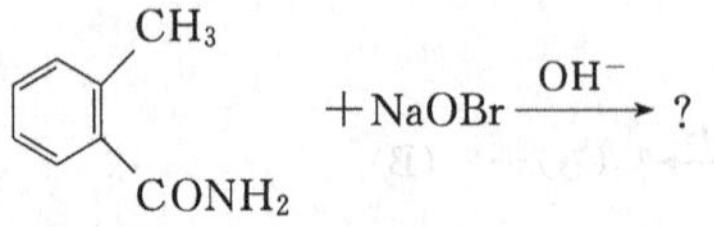 $+NaOBr$ $\xrightarrow{OH^-}$?

32. 预测下列反应产物，说明理由：

(1) $H_2N-\overset{O}{\overset{\parallel}{C}}-Cl+CH_3O^-$ $\longrightarrow$?

(2) $CH_3O-\overset{O}{\overset{\parallel}{C}}-Cl+H_2N^-$ $\longrightarrow$?

33. 预测下列化合物在碱性条件下水解反应的速率次序：

(A) CH_3COOCH_3　　(B) $CH_3COOC_2H_5$　　(C) $CH_3COOCH(CH_3)_2$

(D) $CH_3COOC(CH_3)_3$　　(E) $HCOOCH_3$

34. 下列各组物质中，何者碱性较强？试简要说明之。

(1) $CH_3CH_2O^-$，$CH_3CO_2^-$

(2) $ClCH_2CH_2CO_2^-$，$CH_3CH_2CH_2CO_2^-$

(3) $ClCH_2CH_2CO_2^-$，$CH_3CHClCO_2^-$

35. 由指定原料合成下列化合物：

(1) 以甲苯为原料合成

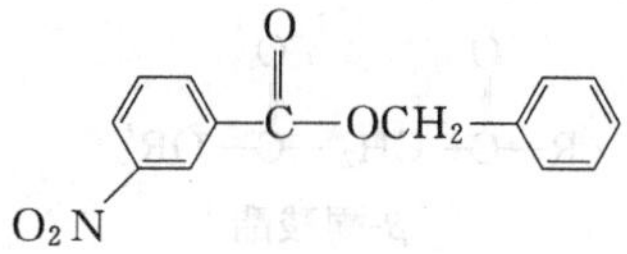

(2) 以甲苯为原料合成

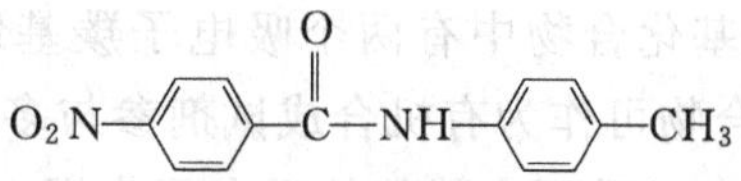

36. 化合物（A）的分子式为 $C_4H_6O_2$，它不溶于 NaOH 溶液，和 Na_2CO_3 没有作用，可使 Br_2 水褪色。它有类似乙酸乙酯的香味。（A）和 NaOH 溶液共热后变成 CH_3CO_2Na 和 CH_3CHO。另一化合物（B）的分子式与（A）相同。它和（A）一样，不溶于 NaOH 溶液，和 Na_2CO_3 没有作用，可使 Br_2 水褪色，香味和（A）类似。但（B）和 NaOH 水溶液共热后生成甲醇和羧酸钠盐，这个钠盐用 H_2SO_4 中和后蒸馏出的有机物可使 Br_2 水褪色。问（A）和（B）各为何物？

37. 化合物（A）的分子式为 $C_5H_6O_3$。它能与乙醇作用得到两个互为异构体的化合物（B）和（C）。（B）和（C）分别与亚硫酰氯作用后再加入乙醇，则两者都生成同一化合物（D）。试推测（A）、（B）、（C）和（D）的结构。

第 10 章

β-二羰基化合物及有机合成

分子中含有两个羰基官能团的化合物称为二羰基化合物，其中两个羰基中间被一个亚甲基隔开的化合物称为 β-二羰基化合物。例如

$$
\underset{\beta\text{-二酮}}{R-\overset{\overset{\displaystyle O}{\|}}{C}-CH_2-\overset{\overset{\displaystyle O}{\|}}{C}-R'} \qquad \underset{\beta\text{-酮酸酯}}{R-\overset{\overset{\displaystyle O}{\|}}{C}-CH_2-\overset{\overset{\displaystyle O}{\|}}{C}-OR'} \qquad \underset{\text{丙二酸二酯}}{RO-\overset{\overset{\displaystyle O}{\|}}{C}-CH_2-\overset{\overset{\displaystyle O}{\|}}{C}-OR'}
$$

可以发现，这里的羰基化合物主要是二酮、酮酸酯和二酸二酯。醛、酮等章节中已经讨论过 α-氢的活泼性，在 β-二羰基化合物中有两个吸电子羰基影响它们共同的 α-氢，导致 α-氢变得更加活泼。β-二羰基化合物可作为有机合成试剂参与多种反应。例如乙酰乙酸乙酯是一个典型的 β-二羰基化合物，由于受两个羰基的吸电子作用，α-氢特别活泼，和碱反应生成负离子。因为该负离子可以同时和两个羰基发生共轭作用，所以生成的负离子特别稳定。乙酰乙酸乙酯在有机合成中的应用将在后面进行介绍。

$$
CH_3-\overset{\overset{\displaystyle O}{\|}}{C}-CH_2-\overset{\overset{\displaystyle O}{\|}}{C}-OC_2H_5 \xrightarrow{OH^-} CH_3-\overset{\overset{\displaystyle O}{\|}}{C}-\overset{\ominus}{C}H-\overset{\overset{\displaystyle O}{\|}}{C}-OC_2H_5 \longleftrightarrow
$$

10.1 酮-烯醇互变异构

10.1.1 酮式和烯醇式

一般来说，单羰基化合物在平衡状态下，烯醇式异构体的含量很少。例如乙酸乙酯和乙醛的烯醇式含量基本为零，丙酮的烯醇式含量仅为 0.015%，这主要是由于酮式异构体中碳氧双键的键能比烯醇式异构体中碳碳双键的键能高 $45\sim60kJ/mol$，因此酮式异构体更稳定。

β-二羰基化合物的两个羰基之间有一个亚甲基，亚甲基上的 α 氢比较活泼，可以在亚甲基碳和羰基碳之间移动，因此，β-二羰基化合物存在一对酮式和烯醇式互变异构体。以下为乙酰乙酸乙酯的酮式和烯醇式互变异构体。

$$
\underset{\text{酮式}}{CH_3-\overset{\overset{\displaystyle O}{\|}}{C}-\overset{}{\underset{|}{C}}H-\overset{\overset{\displaystyle O}{\|}}{C}-OC_2H_5} \ \underset{\text{}}{\rightleftharpoons} \ \underset{\text{烯醇式}}{CH_3-\overset{\overset{\displaystyle OH}{|}}{C}=CH-\overset{\overset{\displaystyle O}{\|}}{C}-OC_2H_5}
$$

在乙酰乙酸乙酯中，酮式和烯醇式确实是同时存在的。只不过在室温下，平衡体系中的酮式和烯醇式彼此转变很快，很难将它们分离。在低温下，酮式和烯醇式的互变异构转变的速率变慢，因此，在适当条件下可以将二者分离。例如将乙酰乙酸乙酯冷却到 -78℃时，得到一种结晶化合物，该化合物的熔点为 -39℃，不和溴发生加成反应，也不和三氯化铁发生变色反应，但能和与酮羰基反应的试剂发生加成反应，因此这个化合物应当是酮式的乙酰乙酸乙酯。若将乙酰乙酸乙酯和钠生成的化合物在 -78℃下用足够量的酸酸化，得到另一种不能结晶的化合物，该化合物不和与酮羰基反应的试剂发生加成反应，但能和三氯化铁发生变色反应，这个化合物应当是烯醇式的乙酰乙酸乙酯。

β-二羰基化合物的烯醇式异构体的含量较高，例如乙酰乙酸乙酯中烯醇式的含量为 7.5%，2,4-戊二酮中烯醇式的含量高达 76.0%。其主要有两个方面的原因：一方面是烯醇式羟基中的氢和分子中另一个羰基上的氧作用形成分子内氢键，生成结构稳定的六元环状化合物；另一方面是烯醇式羟基氧上的未共用电子对和碳碳双键和碳氧双键形成共轭体系，电子的离域性较强，分子的能量较低。

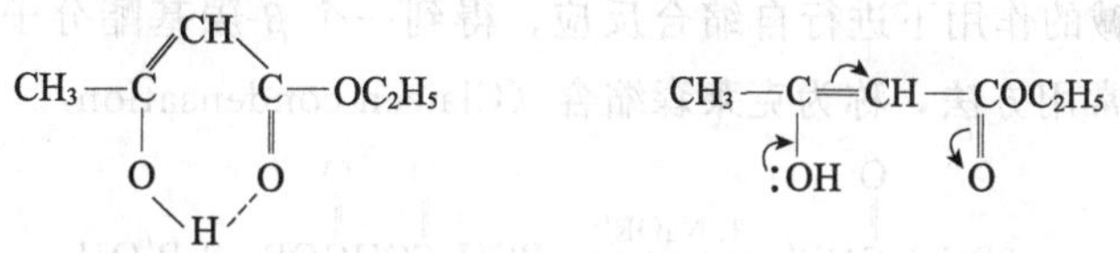

10.1.2　酮式-烯醇式互变异构的机理

研究发现，酮式和烯醇式的转变在中性介质中的速度较慢，但是在酸或碱的催化作用下能够迅速地发生，酮式-烯醇式互变异构包含两个独立质子氢的迁移过程。

在酸催化作用下，酮式-烯醇式互变异构反应机理如下：

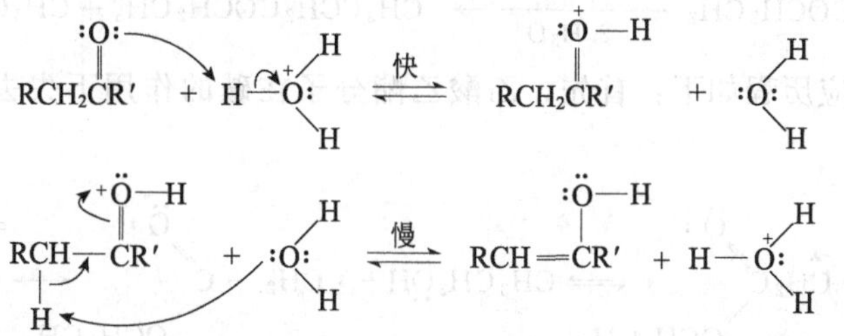

酸中的质子氢和羰基氧发生反应生成锌盐，质子化的羰基具有更强的吸电子效应，增强了 α-碳原子上氢的酸性，水分子作为 Brønsted 碱和 α-碳原子上的氢反应，从而形成了烯醇。

在碱催化作用下，酮-烯醇互变异构反应机理如下：

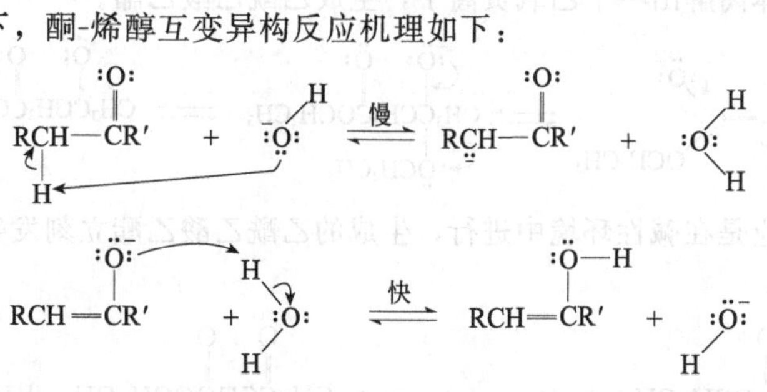

碱直接和 α-氢反应，生成一个碳负离子。通过电子对的转移，碳上的负电荷可以转到羰基氧上，形成烯醇负离子，水分子再向烯醇负离子转移一个质子形成烯醇。

一个不对称的酮在酸或碱的作用下可以发生外消旋化失去手性，这主要是由于发生酮-

烯醇互变异构。例如用酸或碱处理（＋）-仲丁基苯甲酮的乙醇/水溶液时，其光学活性会逐渐消失。研究发现在酸或碱的催化作用下，（＋）-仲丁基苯甲酮首先缓慢地转变成无手性的烯醇式异构体，然后转变成两个等量的对映体（酮式异构体），故而发生了外消旋化。

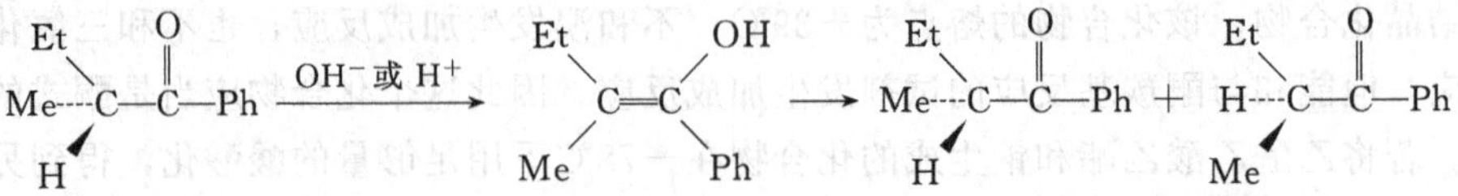

$$
\begin{array}{c}
\text{(结构式图示)}
\end{array}
$$

（R）-（＋）-仲丁基苯甲酮　　　　　烯醇　　　　　　（±）-仲丁基苯甲酮
　手性化合物　　　　　　　　非手性化合物　　　　　　外消旋体

10.2　β-二羰基化合物的合成

10.2.1　克莱森缩合

两个酯分子在碱的作用下进行自缩合反应，得到一个 β-羰基酯分子和一个醇分子，这是制备 β-羰基酯的常用方法，称为克莱森缩合（Claisen condensation）。

$$
2RCH_2COR' \xrightarrow[\text{2. } H_3O^+]{\text{1. NaOR'}} RCH_2CCHCOR' + R'OH
$$

例如两个乙酸乙酯分子和一个乙醇钠分子经过克莱森缩合反应，可以得到一个乙酰乙酸乙酯分子和一个乙醇分子。

$$
2CH_3COCH_2CH_3 \xrightarrow[\text{2. } H_3O^+]{\text{1. NaOCH}_2CH_3} CH_3CCH_2COCH_2CH_3 + CH_3CH_2OH
$$

克莱森缩合反应历程如下：首先，乙酸乙酯分子在碱的作用下失去 α-氢，生成相应的烯醇负离子。

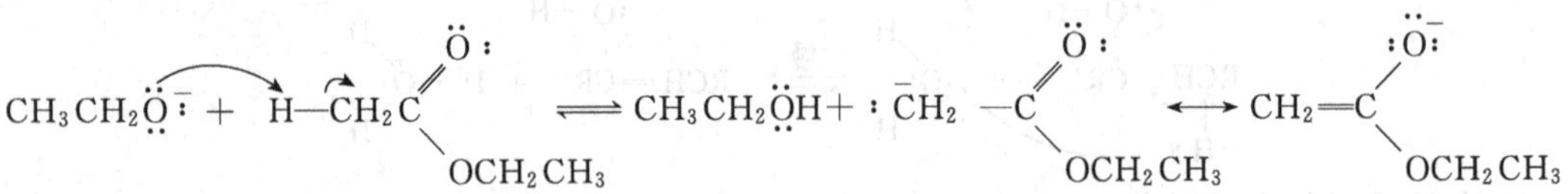

然后，烯醇负离子和另一个乙酸乙酯分子发生亲核加成，生成带一个负电荷的四面体中间体，随后该中间体离解出一个乙氧负离子，生成乙酰乙酸乙酯。

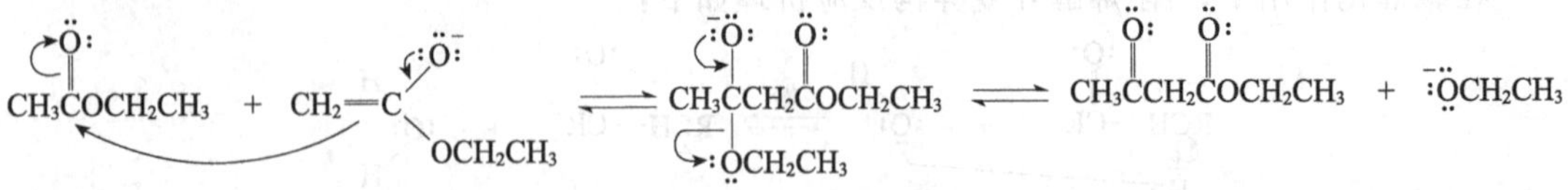

其次，由于反应是在碱性环境中进行，生成的乙酰乙酸乙酯立刻发生脱质子化反应，生成相应的盐。

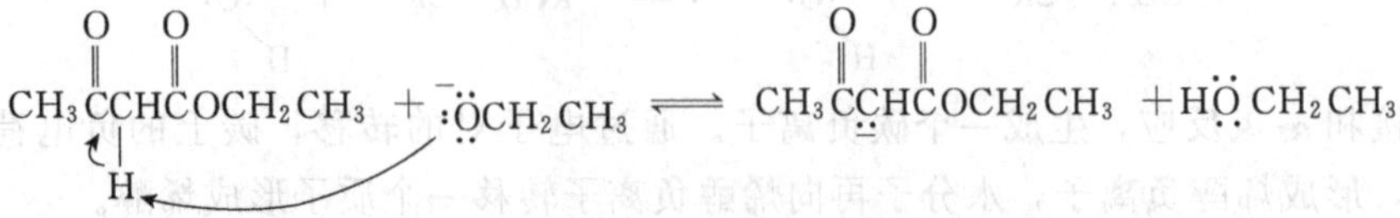

最后，将上述盐分离后，用酸进行酸化，得到乙酰乙酸乙酯产物。

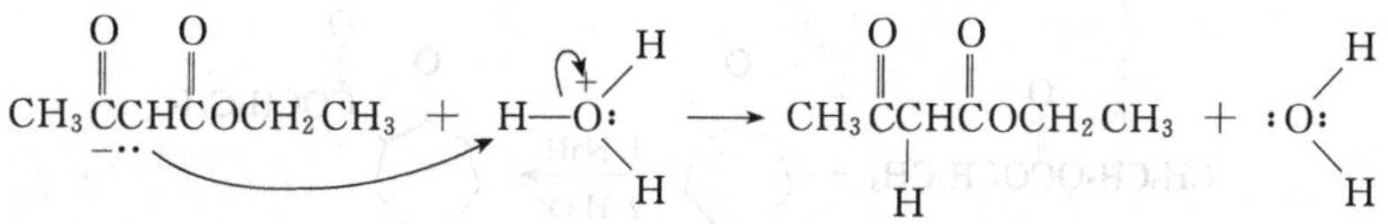

10.2.2　混合克莱森缩合

和混合羟醛缩合类似，混合克莱森缩合（mixed claisen condensation）也是一个酯的α-碳和另一个酯的羰基碳之间形成碳-碳键的过程。

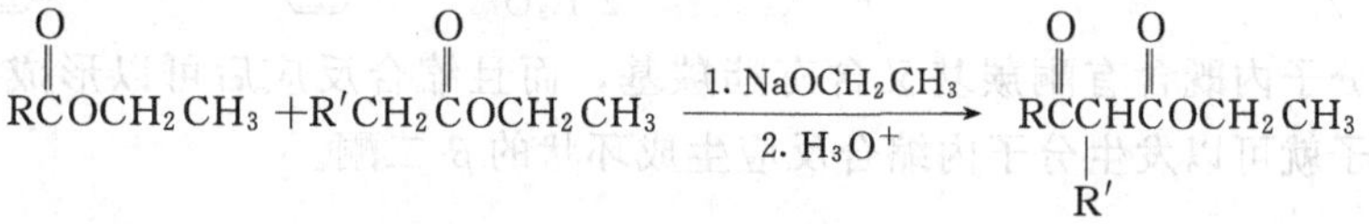

要求其中一个酯分子含有活泼 α-氢，另一个酯分子不含有活泼 α-氢。通常进行混合克莱森缩合并且不含有活泼 α-氢的酯如下：

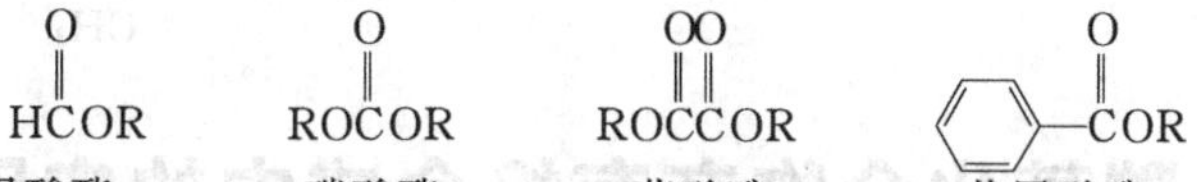

甲酸酯　　　碳酸酯　　　草酸酯　　　苯甲酸酯

没有活泼 α-氢的苯甲酸酯和丙烯酸甲酯进行混合克莱森缩合的反应方程式为：

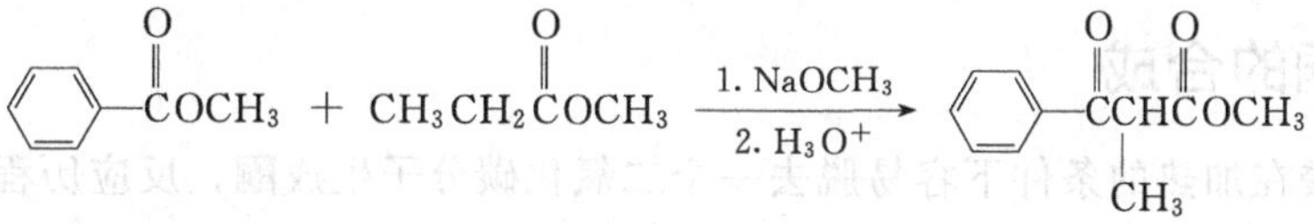

10.2.3　狄克曼成环

如果分子中的两个酯基被四个或者四个以上的碳原子隔开，就可以发生分子内的克莱森缩合反应，生成五元环或更大环的酯，这种环化克莱森缩合反应称为狄克曼成环（Dieckmann cyclization）。

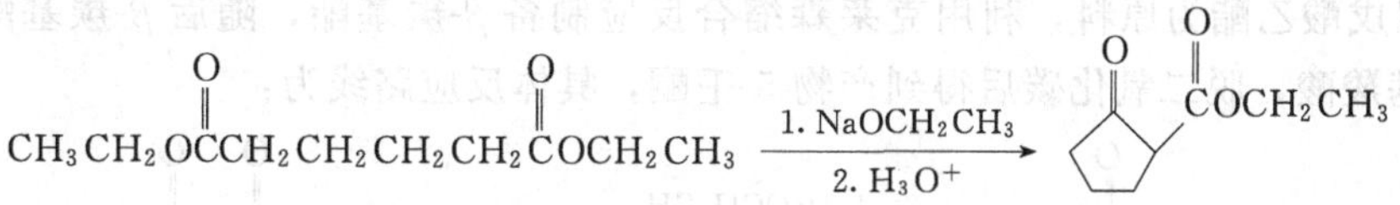

在狄克曼成环反应中，碱和一个羰基的活泼 α-氢反应生成碳负离子，随后该碳负离子进攻另外一个羰基生成环状的酯。

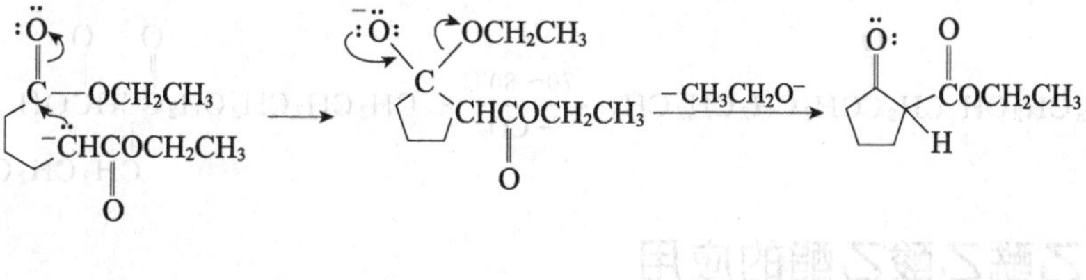

10.2.4　酮和酯的缩合反应

在混合克莱森缩合反应中，没有活泼 α-氢的酯可以和有活泼 α-氢的酮反应生成 β-羰基酯。

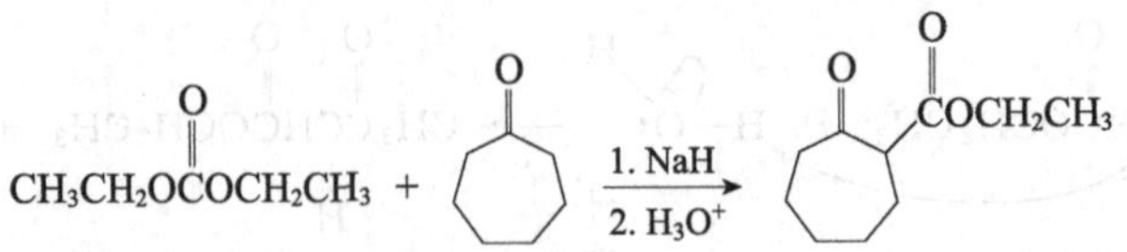

$$CH_3CH_2OCOCH_2CH_3 + \text{（环庚酮）} \xrightarrow[2.\ H_3O^+]{1.\ NaH} \text{（产物）}COCH_2CH_3$$

例如没有活泼 α-氢的一元羧酸酯如苯甲酸乙酯和有活泼 α-氢的苯甲酮反应，可以生成 β-二酮，反应方程式为：

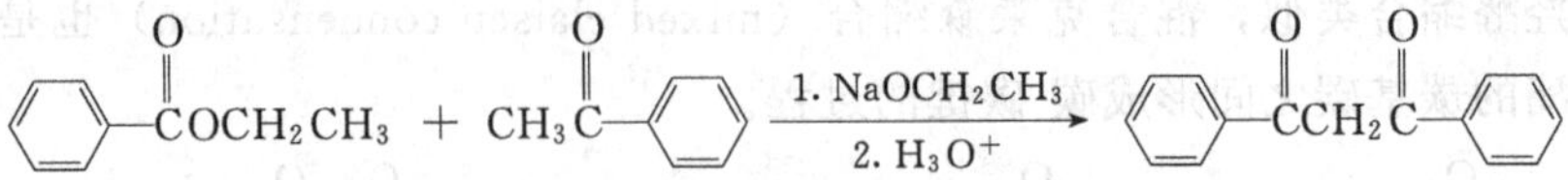

$$\text{（苯）}COCH_2CH_3 + CH_3CO\text{（苯）} \xrightarrow[2.\ H_3O^+]{1.\ NaOCH_2CH_3} \text{（苯）}CO CH_2 CO\text{（苯）}$$

如果一个分子内既含有酮羰基又含有酯羰基，而且缩合反应后可以形成五元环或六元环，那么该分子就可以发生分子内缩合反应生成环状的 β-二酮。

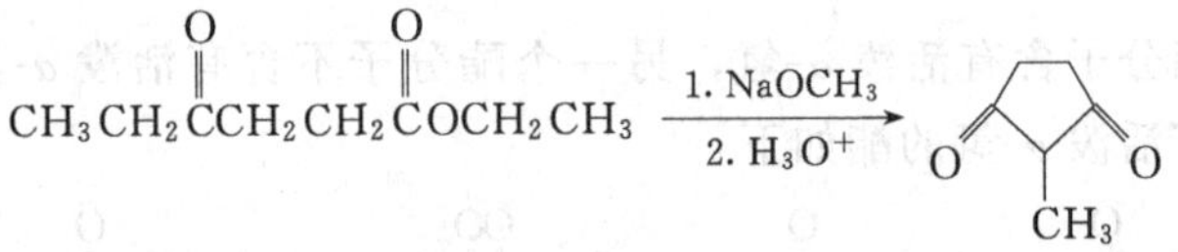

$$CH_3CH_2COCH_2CH_2COOCH_2CH_3 \xrightarrow[2.\ H_3O^+]{1.\ NaOCH_3} \text{（环状产物）}CH_3$$

10.3　β-二羰基化合物在有机合成中的应用

10.3.1　酮的合成

β-羰基羧酸在加热的条件下容易脱去一个二氧化碳分子生成酮，反应历程如下：

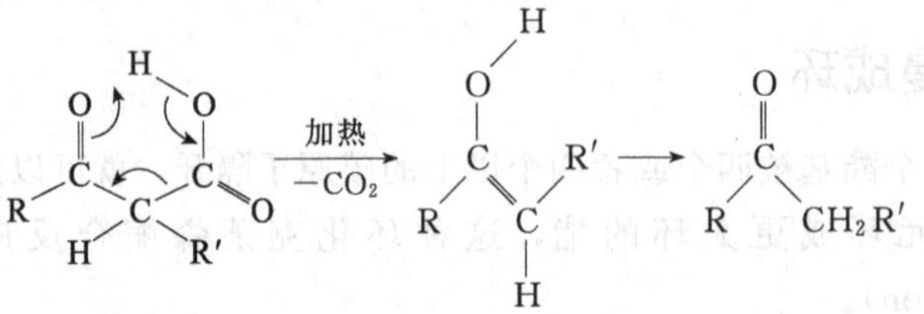

例如以戊酸乙酯为原料，利用克莱森缩合反应制备 β-羰基酯，随后 β-羰基酯发生水解生成 β-羰基羧酸，脱二氧化碳后得到产物 5-壬酮，具体反应路线为：

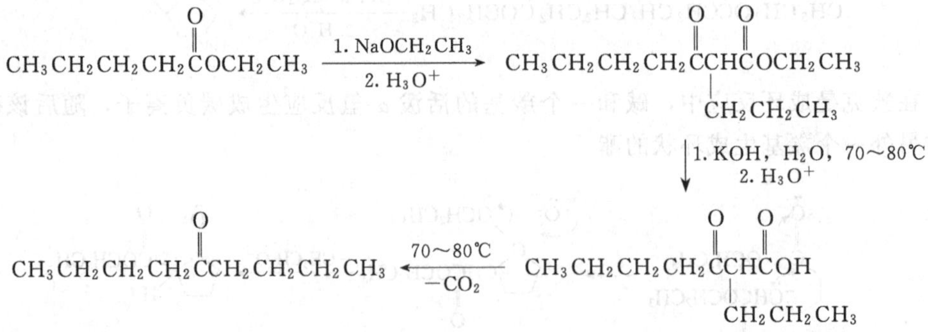

$$CH_3CH_2CH_2CH_2COOCH_2CH_3 \xrightarrow[2.\ H_3O^+]{1.\ NaOCH_2CH_3} CH_3CH_2CH_2CH_2\underset{\substack{|\\CH_2CH_2CH_3}}{C}O\ CHCOOCH_2CH_3$$

$$\downarrow \begin{array}{l}1.\ KOH,\ H_2O,\ 70\sim80℃\\ 2.\ H_3O^+\end{array}$$

$$CH_3CH_2CH_2CH_2COCH_2CH_2CH_2CH_3 \xleftarrow[-CO_2]{70\sim80℃} CH_3CH_2CH_2CH_2\underset{\substack{|\\CH_2CH_2CH_3}}{C}O\ CHCOOH$$

10.3.2　乙酰乙酸乙酯的应用

以乙酸乙酯为原料，利用克莱森缩合反应合成乙酰乙酸乙酯。合成的乙酰乙酸乙酯含有活泼 α-氢以及在加热时容易脱去羧基的特点，使其成为合成甲基酮的主要原料。

乙酰乙酸乙酯的酸性比乙醇强，与乙醇钠反应时能够完全生成乙酰乙酸乙酯阴离子。

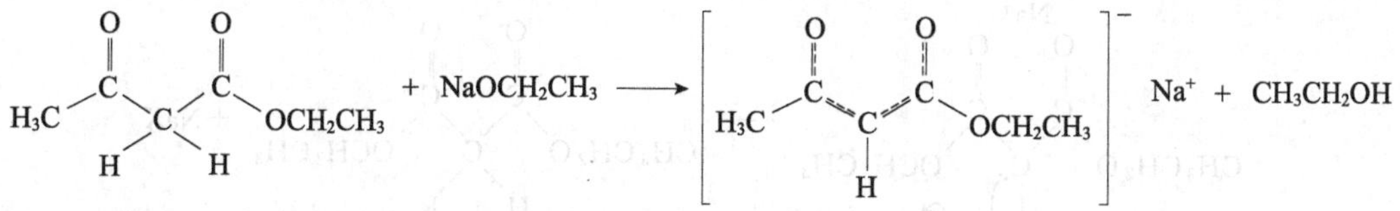

乙酰乙酸乙酯阴离子具有亲核性，可以和卤代烷发生 S_N2 亲核取代反应，在 α-碳上取代上烷基。

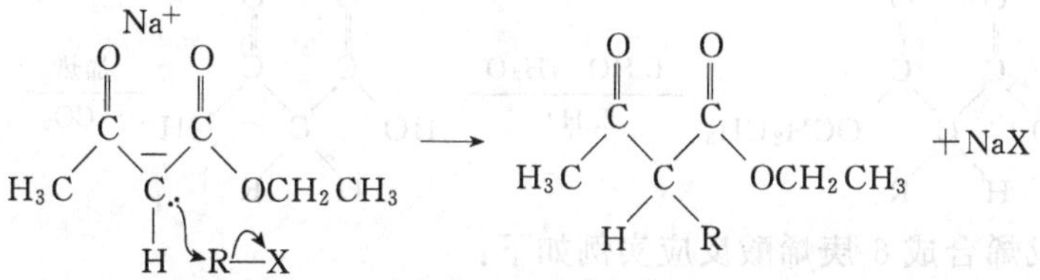

乙酰乙酸乙酯的烷基化衍生物进行水解和脱羧反应则可以生成酮。

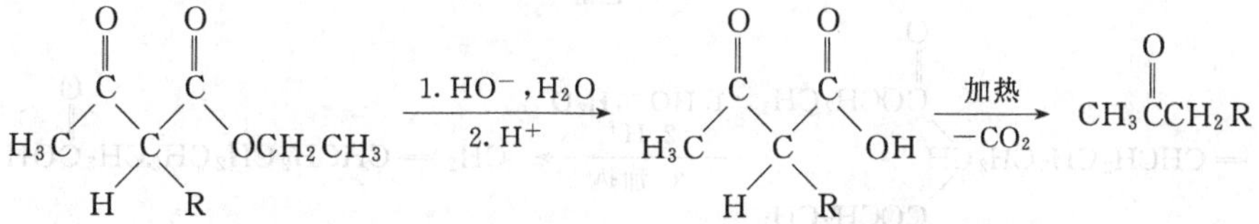

上述反应是从卤代烷制备酮的一个通用合成路线，例如利用 1-溴丁烷合成 2-庚酮。

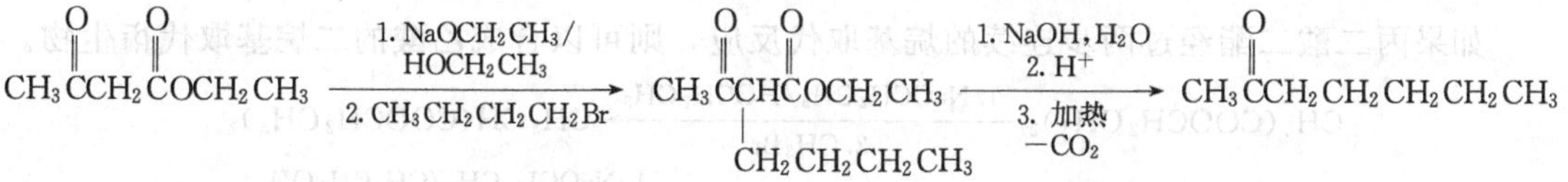

10.3.3　丙二酸二酯的应用

丙二酸受热容易发生分解生成乙酸，所以丙二酸二酯不能够由丙二酸直接酯化合成，而是由氯乙酸钠经过下列反应合成。

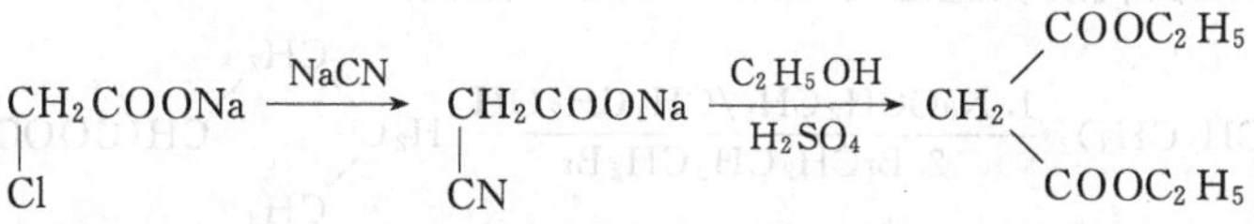

与乙酰乙酸乙酯相似，丙二酸二酯可以和卤代烷反应合成烷基取代乙酸，反应通式为：

$$RX + CH_2(COOCH_2CH_3)_2 \xrightarrow[\text{乙醇}]{NaOCH_2CH_3} RCH(COOCH_2CH_3)_2 \xrightarrow[\text{3. 加热}]{\text{1. }HO^-, H_2O \quad \text{2. }H^+} RCH_2COOH$$

丙二酸二酯的活泼 α-氢的酸性较强，可以和乙醇钠反应生成丙二酸二酯阴离子。

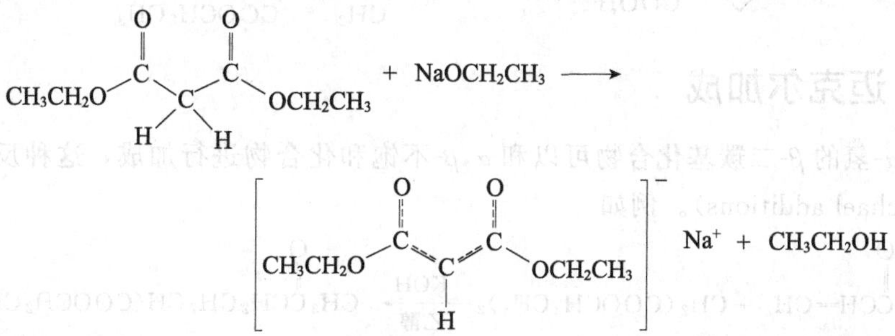

丙二酸二酯阴离子和卤代烃发生亲核取代反应，生成烷基取代丙二酸酯。

$$CH_3CH_2O-\underset{\overset{\displaystyle O}{\|}}{C}-\underset{\underset{\overset{\displaystyle |}{R}}{\underset{\displaystyle |}{C^-}}}{\overset{Na^+}{\underset{\displaystyle H}{}}}-\underset{\overset{\displaystyle O}{\|}}{C}-OCH_2CH_3 \longrightarrow CH_3CH_2O-\underset{\overset{\displaystyle O}{\|}}{C}-\underset{\underset{\displaystyle R}{\underset{\displaystyle |}{\underset{\displaystyle H}{C}}}}{}-\underset{\overset{\displaystyle O}{\|}}{C}-OCH_2CH_3 \quad +NaX$$

烷基取代丙二酸二酯经过水解和加热脱羧反应即得到取代的乙酸。

$$CH_3CH_2O-\underset{\overset{O}{\|}}{C}-\underset{\underset{R}{\underset{|}{\underset{H}{C}}}}{}-\underset{\overset{O}{\|}}{C}-OCH_2CH_3 \xrightarrow[\;2.\,H^+\;]{1.\,HO^-,H_2O} HO-\underset{\overset{O}{\|}}{C}-\underset{\underset{R}{\underset{|}{\underset{H}{C}}}}{}-\underset{\overset{O}{\|}}{C}-OH \xrightarrow[-CO_2]{加热} RCH_2COH$$

从 5-溴-1-戊烯合成 6-庚烯酸反应实例如下：

$$CH_2=CHCH_2CH_2CH_2Br + CH_2(COOCH_2CH_3)_2 \xrightarrow[乙醇]{NaOCH_2CH_3} CH_2=CHCH_2CH_2CH_2CH(COOCH_2CH_3)_2$$

$$CH_2=CHCH_2CH_2CH_2CH \underset{\underset{\overset{\displaystyle \|}{O}}{COCH_2CH_3}}{\overset{\overset{\displaystyle O}{\|}}{\overset{\displaystyle COCH_2CH_3}{}}} \xrightarrow[\substack{2.\,H^+ \\ 3.\,加热}]{1.\,HO^-,H_2O} CH_2=CHCH_2CH_2CH_2COH$$

如果丙二酸二酯经过两步连续的烷基取代反应，则可以合成乙酸的二烷基取代衍生物。

$$CH_2(COOCH_2CH_3)_2 \xrightarrow[2.\,CH_3Br]{1.\,NaOCH_2CH_3/HOCH_2CH_3} CH_3CH(COOCH_2CH_3)_2$$

$$\xrightarrow[\substack{2.\,CH_3(CH_2)_8CH_2Br}]{1.\,NaOCH_2CH_3/CH_3CH_2OH}$$

$$\underset{CH_3(CH_2)_8CH_2}{\overset{H_3C}{\diagdown}}\underset{\diagup}{\overset{\diagup}{C}}\underset{COOH}{\overset{H}{\diagdown}} \xleftarrow[\substack{2.\,H^+ \\ 3.\,加热}]{1.\,KOH,CH_3CH_2OH/H_2O} \underset{CH_3(CH_2)_8CH_2}{\overset{H_3C}{\diagdown}}\underset{\diagup}{\overset{\diagup}{C}}\underset{COOCH_2CH_3}{\overset{COOCH_2CH_3}{\diagdown}}$$

丙二酸二酯和二卤代烷反应还可以用来合成环烷酸。

$$CH_2(COOCH_2CH_3)_2 \xrightarrow[2.\,BrCH_2CH_2CH_2Br]{1.\,NaOCH_2CH_3/CH_3CH_2OH} \underset{\underset{\overset{\displaystyle |}{CH_2}}{\underset{\displaystyle Br}{}}}{\overset{\overset{\displaystyle CH_2}{\diagup\;\diagdown}}{H_2C}}\overset{}{}CH(COOCH_2CH_3)_2$$

$$\downarrow$$

$$\underset{CH_2}{\overset{CH_2}{\square}}\overset{H}{\underset{COOH}{|}} \xleftarrow[2.\,加热]{1.\,H_3O^+} \underset{\underset{CH_2}{H_2C}}{\overset{CH_2}{}}\underset{C}{\overset{COOCH_2CH_3}{}}\underset{COOCH_2CH_3}{}$$

10.3.4　迈克尔加成

有活泼 α-氢的 β-二羰基化合物可以和 α,β-不饱和化合物进行加成，这种反应称为迈克尔加成（Michael additions）。例如

$$CH_3\underset{\overset{\|}{O}}{\overset{\overset{O}{\|}}{C}}CH=CH_2 + CH_2(COOCH_2CH_3)_2 \xrightarrow[乙醇]{KOH} CH_3\underset{\overset{\|}{O}}{\overset{\overset{O}{\|}}{C}}CH_2CH_2CH(COOCH_2CH_3)_2$$

在反应中，丙二酸二乙酯与碱反应生成的阴离子加成到甲基乙烯基酮的 β-碳上，生成

烯醇结构中间体。

$$CH_3\overset{\ddot{O}^-}{C}-CH-CH_2 + {}^-\ddot{C}H(COOCH_2CH_3)_2 \longrightarrow CH_3\overset{\ddot{O}^-}{C}=CH-CH_2-CH(COOCH_2CH_3)_2$$

中间体从溶剂中获得一个质子，得到目标产物。

$$CH_3\overset{\ddot{O}^-}{C}=CH-CH_2-CH(COOCH_2CH_3)_2 \longrightarrow CH_3\overset{O}{C}CH_2CH_2CH(COOCH_2CH_3)_2 + {}^-\ddot{O}CH_2CH_3$$

随后该目标产物可以进一步进行水解和脱羧反应生成 5-酮酸。

$$CH_3\overset{O}{C}CH_2CH_2CH(COOCH_2CH_3)_2 \xrightarrow[\substack{2.\ H^+ \\ 3.\ 加热}]{1.\ KOH,乙醇/水} CH_3\overset{O}{C}CH_2CH_2CH_2\overset{O}{C}OH$$

10.3.5 浦尔金反应

在碱性催化剂作用下，不含有活泼 α-氢的芳香醛（如苯甲醛）和含有活泼 α-氢的酸酐（如乙酸酐、丙酸酐等）发生缩合反应，生成 α,β-不饱和羧酸盐，后者经水解得到 α,β-不饱和羧酸，这个反应称为浦尔金反应（Perkin reaction）。所用的碱性催化剂通常是与酸酐相对应的羧酸盐。反应的通式为：

$$ArCHO + RCH_2\overset{O\ O}{COCC}H_2R \xrightarrow[\triangle]{RCH_2COO^-} \underset{Ar}{\overset{H}{C}}=\underset{R}{\overset{COOH}{C}} + RCH_2COOH$$

首先含有活泼 α-氢的酸酐在碱的作用下，生成酸酐阴离子。

$$RCH_2\overset{O\ O}{COCC}H_2R + OH^- \longrightarrow RCH_2\overset{O\ O}{COCC}HR$$

酸酐阴离子与芳香醛发生亲核加成反应，生成烷氧阴离子。

$$RCH_2\overset{O\ O}{COCC}HR + ArCHO \longrightarrow RCH_2\overset{O\ O}{COCC}\underset{R}{\underset{|}{CH}}\overset{O^-}{CHAr}$$

烷氧阴离子进攻分子内的羰基进行成环反应，再进一步发生开环反应，生成羧酸根离子。

$$RCH_2\overset{O}{C}OCC\underset{R}{CHCHAr} \longrightarrow \cdots \longrightarrow RCH_2COCHCHCO^-$$

该羧酸根离子与另一个酸酐发生反应生成混酸酐。

$$RCH_2\overset{Ar}{COCHCH}CO^- + RCH_2COCCH_2R \longrightarrow RCH_2COCHCHCOCCH_2R + RCH_2COO^-$$

在碱的作用下混酸酐失去一个质子，再失去一个 RCH_2COO^- 后，生成不饱和酸酐。

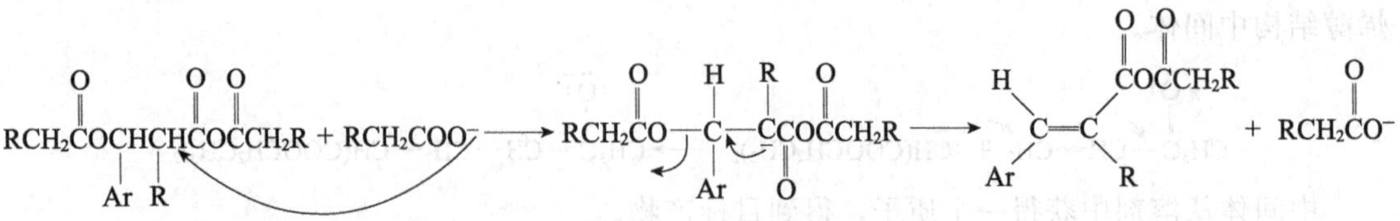

不饱和酸酐经过水解后生成产物 β-芳基-α,β-不饱和酸。

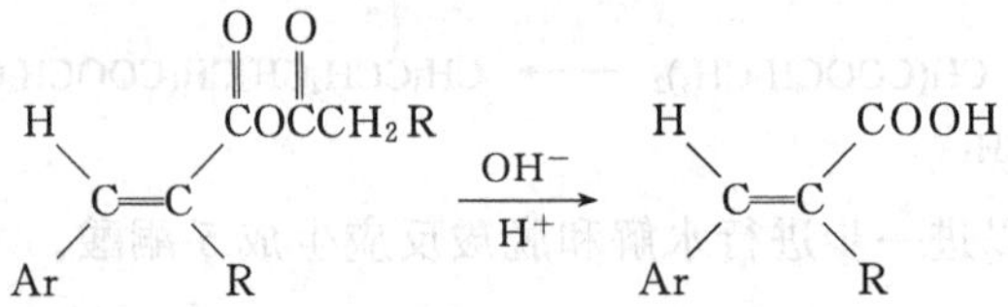

在乙酸钠催化下，用苯甲醛和乙酸酐反应可以合成肉桂酸。

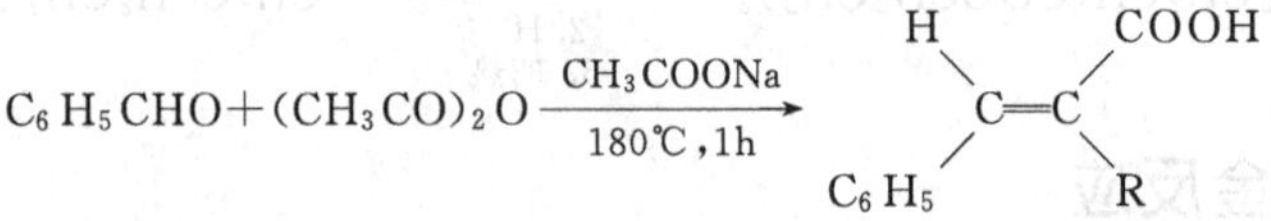

$$C_6H_5CHO + (CH_3CO)_2O \xrightarrow[180℃,1h]{CH_3COONa}$$

肉桂酸主要用于香精香料、食品添加剂、医药工业、美容、农药、有机合成等方面。

10.3.6　克脑文格反应

在弱碱催化下，醛、酮和具有活泼 α-氢的化合物发生的失水缩合反应称为克脑文格反应（Knoevenagel reaction）。所用的弱碱性催化剂通常是吡啶、一级胺、二级胺等。反应通式为：

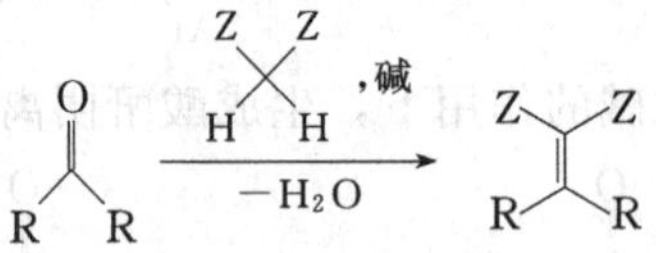

图 10-46　克脑文格反应通式

Z 是吸电子基团，一般为 CHO、COR、COOR、COOH、CN、NO₂ 等基团。两个 Z 可以相同，也可以不同。NO₂ 的吸电子能力很强，有一个就足以产生活泼氢。例如

$$CH_3CH_2CHO + CH_2(COOC_2H_5)_2 \xrightarrow[78\%]{\text{吡啶,苯,}\triangle} CH_3CH_2CH = C(COOC_2H_5)_2$$

反应过程如下：

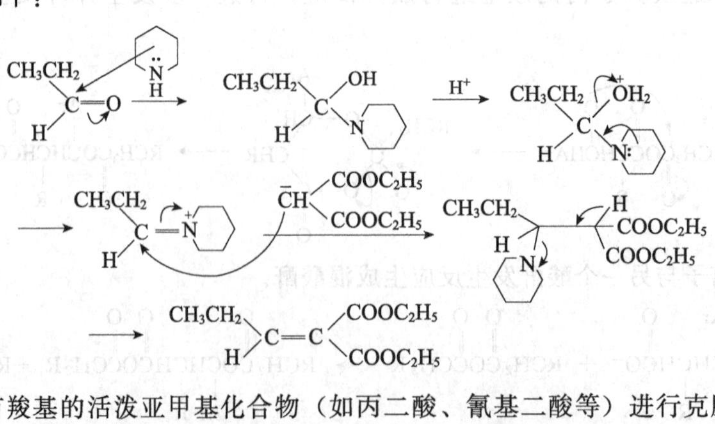

若使用含有羧基的活泼亚甲基化合物（如丙二酸、氰基二酸等）进行克脑文格反应，其缩合产物可以在加热情况下进一步脱羧，生成 α,β-不饱和化合物。例如

$$\text{C}_6\text{H}_5\text{—CHO} + \text{CH}_2(\text{COOH})_2 \xrightarrow[-\text{H}_2\text{O}]{\text{哌啶},95\sim100{}^\circ\text{C}} \left[\text{C}_6\text{H}_5\text{—CH=C(COOH)}_2 \right]$$

$$\xrightarrow{-\text{CO}_2} \text{C}_6\text{H}_5\text{—CH=CHCOOH}$$

克脑文格反应是对浦尔金反应的改进，它用活泼亚甲基化合物代替酸酐，由于活泼亚甲基化合物优先与弱碱发生反应，生成足够浓度的碳负离子进行亲核加成，降低醛分子间发生羟醛缩合的概率，因此该反应可以得到较高的产率。

拓展知识

二次有机气溶胶

由于快速的工业化和城市化，发展中国家的空气污染（如酸雨、雾霾）日益严重，其中，有机气溶胶占大气较低层中近半的小颗粒，它们是大气环境的主要污染物之一，对气候和人类健康有显著的影响。有机气溶胶分为一次有机气溶胶（primary organic aerosol, POA）和二次有机气溶胶（secondary organic aerosol, SOA）两类。前者通过燃烧被直接排放到大气中，后者的形成和总量与大气中的二羰基化合物密切相关。大气中的二羰基化合物（如乙二醛和甲基乙二醛等）是由生物源（如热带森林）和人为源（如化石燃料、汽车尾气）排放的挥发性有机化合物（volatile organic compounds, VOCs）与 O_3、·OH 和 NO_3^- 等发生光化学氧化反应的中间产物，其中，乙二醛和甲基乙二醛的主要来源是生物源挥发性有机物（异戊二烯、萜烯等）和人为源产生的乙炔和芳香族化合物（甲苯、二甲苯和三甲苯等）。一方面这种光化学氧化反应影响了大气的氧化能力；另一方面，生成的二羰基化合物具有较强的极性和水溶性，容易发生光解或与·OH 自由基发生反应形成 SOA。SOA 能够引发一系列环境问题，如形成烟雾，降低能见度；改变云的物化性质，间接影响气候变化；散射吸收太阳光，影响全球气温分布；严重危害人体健康等。研究发现严重的霾污染在很大程度上是由于 SOA 的形成导致的，据统计 SOA 分别占 $PM_{2.5}$ 和有机气溶胶含量的 30%～77% 和 44%～71%。因此，空气污染现状已引起了人们对 SOA 的高度重视。

习　题

1. 试写出乙酰乙酸乙酯在酸、碱催化作用下的酮-烯醇互变异构过程。

2. 乙酸乙酯的 α-氢的酸性很弱，而乙醇钠的碱性也比较弱，用乙氧负离子把乙酸乙酯变为乙酸乙酯负离子是很困难的，为什么这个反应会进行得比较完全？

3. 丙酸乙酯的克莱森缩合产物及反应路线如何？

4. 为什么 2-甲基丙烯酸乙酯很难发生克莱森缩合反应？

5. 为什么在进行混合克莱森缩合时，要求一种酯分子含有活泼 α-氢，另一种酯分子不含有活泼 α-氢？

6. 将下列化合物的烯醇式含量进行排序，并且说明原因。

(1) $\text{CH}_2(\text{COOC}_2\text{H}_5)_2$，$\text{C}_6\text{H}_5\text{COCH}_2\text{COC}_6\text{H}_5$，$\text{CH}_3\text{COCH}_2\text{COCH}_3$，$\text{CH}_3\text{COCH}_2\text{COOC}_2\text{H}_5$

(2) $\text{C}_6\text{H}_5\text{COCH}_2\text{COCF}_3$，$\text{C}_6\text{H}_5\text{COCH}_2\text{COCH}_3$，$\text{CH}_3\text{COCH}_2\text{COCH}_3$

7. 将下列碳负离子的稳定性进行排序，并且说明原因。

(2) 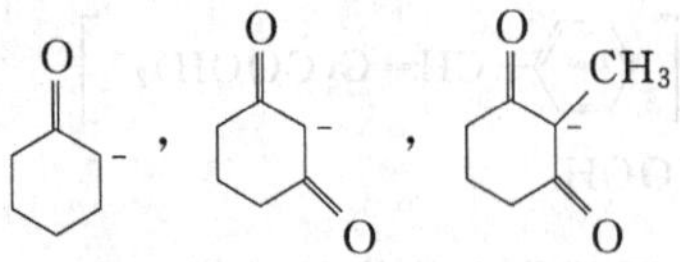 ，，

8. 完成下列反应。

(1) $EtOOCCH_2COOEt + BrCH_2CH_2CH_2CH_2Br \xrightarrow[C_2H_5OH]{NaOC_2H_5} (\quad) \xrightarrow[H_2O]{HCl} (\quad) \xrightarrow{\triangle} (\quad)$

(2) $CH_3\overset{\overset{\displaystyle O}{\|}}{C}CH_2COOC_2H_5 \xrightarrow[NH_3]{2KNH_2} (\quad) \xrightarrow[②NH_4Cl]{①CH_3I} (\quad)$

(3) $CH_3COCH_2COOEt \xrightarrow[PhCHO]{EtONa,\ EtOH} (\quad)$

(4) $(CH_3)_2CHCH_2CHO + CH_2(CO_2Et)_2 \xrightarrow[C_6H_6,\triangle]{\overset{\displaystyle NH}{\bigcirc}} (\quad)$

(5) 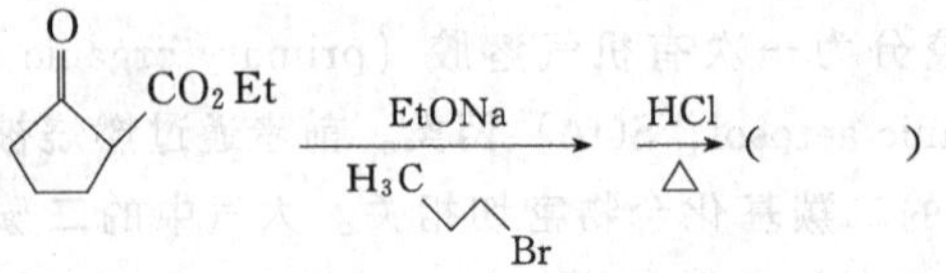 $\xrightarrow{EtONa} \xrightarrow[\triangle]{HCl} (\quad)$

(6) $CH_3\overset{\overset{\displaystyle O}{\|}}{C}CH_2\overset{\overset{\displaystyle O}{\|}}{C}OC_2H_5 \xrightarrow{C_2H_5ONa} \xrightarrow{CH_3I} (\quad) \xrightarrow{C_2H_5ONa} \xrightarrow{C_2H_5Br} (\quad) \xrightarrow{稀 OH^-} \xrightarrow{H^+} \xrightarrow{\triangle} (\quad)$

(7)  $+CH_2(COOC_2H_5)_2 \xrightarrow{C_2H_5ONa} (\quad)$

9. 以四个碳以下的原料合成下列化合物。

(1) $CH_3-\overset{\overset{\displaystyle O}{\|}}{C}CH_2CH_2CH_2CH_2\overset{\overset{\displaystyle O}{\|}}{C}-CH_3$

(2)

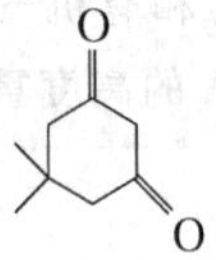

(3) $CH_3-\overset{\overset{\displaystyle O}{\|}}{C}-CH_2CH_2-\underset{\underset{\displaystyle CH_2CH_3}{|}}{CH}-\overset{\overset{\displaystyle O}{\|}}{C}-CH_3$

第11章

含氮、磷化合物

11.1 胺

　　氨分子中的一个或多个氢原子被烃基取代后生成的产物称为胺。胺类化合物广泛存在于生物界中，具有重要的生理活性和生物活性，如蛋白质、核酸、激素、抗生素、生物碱和部分维生素等都是胺的衍生物，临床上使用的大多数药物也是胺的衍生物。另外，苯胺及其衍生物在染料工业中也有广泛的应用。

11.1.1　胺的分类和命名

　　根据氨分子中氢原子被取代的数目，可将胺分成伯胺、仲胺和叔胺。

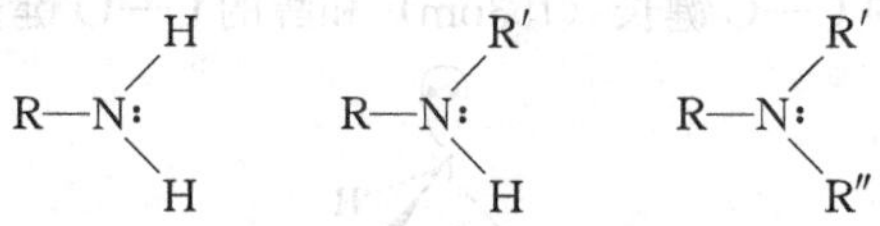

$$R-\underset{\underset{H}{|}}{\overset{\overset{H}{|}}{N}} \qquad R-\underset{\underset{H}{|}}{\overset{\overset{R'}{|}}{N}} \qquad R-\underset{\underset{R''}{|}}{\overset{\overset{R'}{|}}{N}}$$

伯胺　　　　　　仲胺　　　　　　叔胺

　　伯胺的命名以胺作为官能团，先写与氮原子连接的烃基的名称，再以胺字作词尾，称为某胺。仲胺和叔胺命名为伯胺的 N-取代衍生物，根据需要增加前缀"N-"，后面加上氮原子上取代基的名称。例如

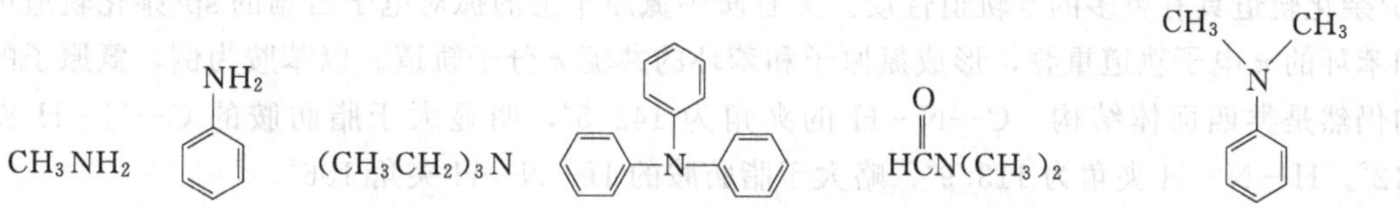

$$CH_3NH_2 \qquad \underset{\text{苯胺}}{\bigcirc\!\!-\!NH_2} \qquad (CH_3CH_2)_3N \qquad \underset{\text{三苯胺}}{\bigcirc\!N(\bigcirc)_2} \qquad \underset{\text{N,N-二甲基甲酰胺}}{HCN(CH_3)_2} \qquad \underset{\text{N,N-二甲基苯胺}}{\bigcirc\!N(CH_3)_2}$$

甲胺　　　苯胺　　　　三乙胺　　　　三苯胺　　　N,N-二甲基甲酰胺　　N,N-二甲基苯胺

　　另外，如果铵离子中的四个氢原子都被烃基取代，生成与无机盐性质相似的化合物称为季铵盐，通式为 $R_4N^+X^-$。其中四个烃基 R 可以相同，也可以不同，X 多是卤素离子（如 F^-、Cl^-、Br^-、I^-）和酸根离子（如 HSO_4^-、$RCOO^-$ 等）。

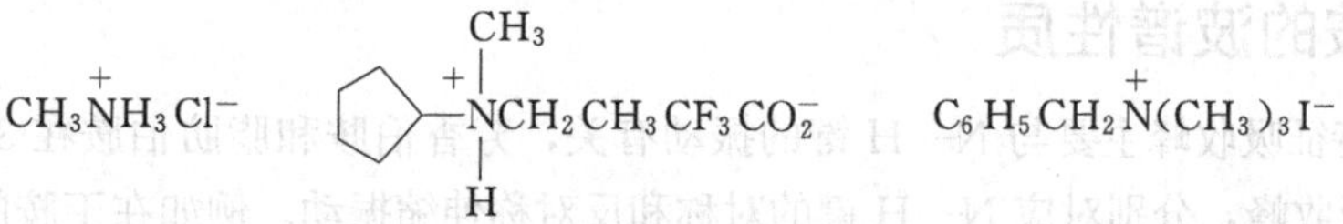

$$CH_3\overset{+}{N}H_3Cl^- \qquad \underset{H}{\overset{CH_3}{\bigcirc\!\!\!-\!\!\overset{+}{N}CH_2CH_3}}CF_3CO_2^- \qquad C_6H_5CH_2\overset{+}{N}(CH_3)_3I^-$$

氯化甲铵　　　N-甲基-N-乙基环戊基三氟乙酸铵　　　碘化三甲基苯甲铵

　　根据胺分子中与氮原子相连的烃基种类的不同，可以将胺分为脂肪胺和芳香胺。例如甲胺、三乙胺和 N,N-二甲基甲酰胺为脂肪胺，苯胺、N,N-二甲基苯胺和三苯胺为芳香胺。

　　如果胺分子中含有两个或两个以上的氨基，则根据氨基数目的多少，进行分类和命名。例如

$$NH_2CH_2CH_2NH_2$$

乙二胺

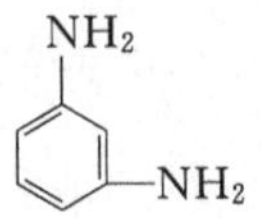

间苯二胺（NH₂ benzene NH₂）

$$NH_2CH_2NH_2CHCH_3$$

1,2-丙二胺

当胺类化合物中有羟基、羧基等官能团时，则将氨基作为取代基，以醇或者酸的命名规则进行命名。例如

$$HOCH_2CH_2NH_2$$

2-氨基乙醇

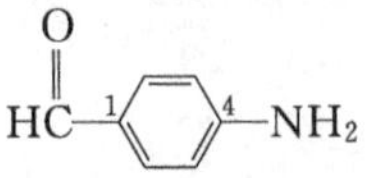

4-氨基苯甲醛

11.1.2 胺的结构

氨分子的氮原子有五个价电子，其中三个价电子占据氮原子的 sp^3 杂化轨道与氢原子的 s 轨道重叠形成三个 σ 键，另外一对孤对电子占据第四个 sp^3 杂化轨道，所以氨分子的结构类似于碳的四面体结构，氮原子位于四面体的中心。脂肪胺的结构与氨分子类似，也具有四面体结构。以甲胺为例，氮上的两个 sp^3 杂化轨道与氢的 s 轨道重叠，第三个 sp^3 杂化轨道与甲基上碳的 sp^3 杂化轨道重叠，第四个 sp^3 杂化轨道被氮原子上的孤对电子占据。甲胺中，H—N—H 的夹角为 106°，比正四面体的夹角 109.5°略小。C—N—H 的夹角为 112°，比正四面体的夹角稍大。C—N 键长度为 147pm，位于烷烃的 C—C 键长（153pm）和醇的 C—O 键长（143pm）之间。

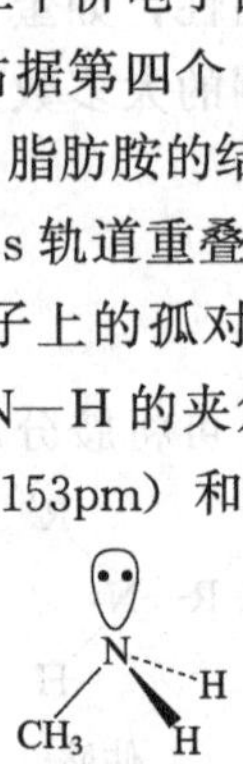

甲胺

在芳香胺中，苯环的一个 sp^2 杂化轨道与氮原子的 sp^3 杂化轨道重叠形成一个 σ 键，因此芳香胺中氮原子上的孤对电子占据的 sp^3 杂化轨道比氨分子中氮原子上孤对电子占据的 sp^3 杂化轨道具有更多的 p 轨道性质。芳香胺中氮原子上的孤对电子占据的 sp^3 杂化轨道可以和苯环的 π 电子轨道重叠，形成氮原子和苯环的共轭 π 分子轨道。以苯胺为例，氮原子的结构仍然是类四面体结构，C—N—H 的夹角为 142.5°，明显大于脂肪胺的 C—N—H 夹角 112°。H—N—H 夹角为 113.9°，略大于脂肪胺的 H—N—H 夹角 106°。

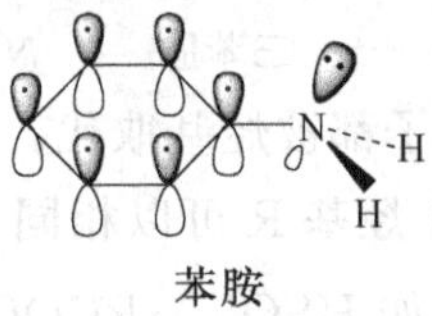

苯胺

11.1.3 胺的波谱性质

胺的红外特征吸收峰主要与 N—H 键的振动有关，芳香伯胺和脂肪伯胺在 3000～3500cm⁻¹ 范围内有两个吸收峰，分别对应 N—H 键的对称和反对称伸缩振动。例如在丁胺的红外吸收光谱 [见图 11-1(a)]中可以清楚地看到两个吸收峰，分别位于 3270cm⁻¹ 和 3380cm⁻¹ 处。

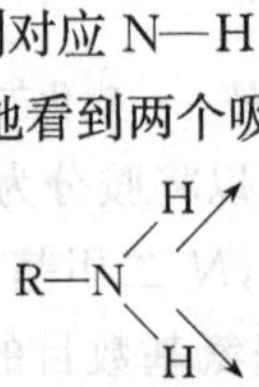

伯胺 N—H 反对称伸缩振动 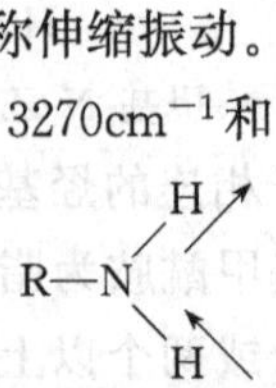　　　伯胺 N—H 对称伸缩振动

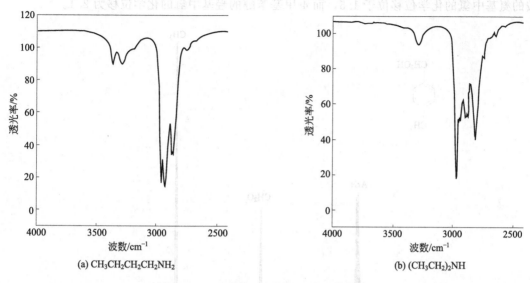

图 11-1 丁胺与二乙胺的红外吸收光谱

在仲胺如二乙胺的红外吸收光谱[见图 11-1(b)]中只有一个峰，这是由 N—H 键在 3280cm^{-1}处发生伸缩振动引起的。因为叔胺没有 N—H 键，因此在该区域不存在明显的吸收峰。

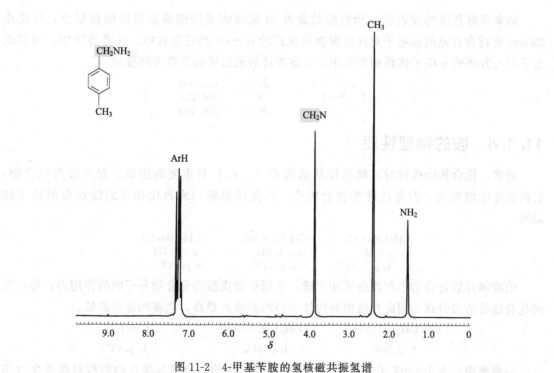

图 11-2 4-甲基苄胺的氢核磁共振氢谱

对比 4-甲基苄胺与 4-甲基苄醇的核磁共振氢谱（图 11-2、图 11-3），可以很容易地看出胺的核磁共振氢谱特征。氮原子比氧原子的电负性小，屏蔽作用更大，导致 4-甲基苄胺的 α-碳原子上氢的化学位移位于高场（$\delta=3.8$），而 4-甲基苄醇的 α-碳原子上氢的化学位移位于低场（$\delta=4.6$）。胺的氮原子上的氢比醇的氧原子上的氢受到的屏蔽更大，所以 4-甲基苄胺的氨基中氢的化学位移位于1.5，而4-甲基苄醇的羟基中氢的化学位移为2.1。

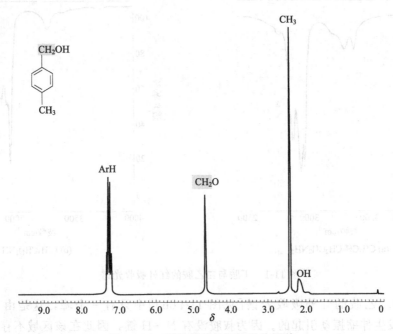

图 11-3　4-甲基苄醇的氢核磁共振谱

如果没有其他的发色团，脂肪胺的紫外-可见吸收光谱能够提供的信息很少，只是在200nm附近存在氮的孤电子对向反键轨道跃迁的 n→σ* 跃迁吸收峰。在芳香胺中，氮的孤电子对与芳环的 π 电子体系相互作用，导致芳环的吸收峰向长波方向移动。

X	λ_{max}/nm
H	204.256
NH_2	230.280

11.1.4　胺的物理性质

通常，化合物的极性对其物理性质如沸点（b. p.）有重要的影响。对于胺类化合物，它的极性比烷烃大，但是比醇类化合物小，因此烷基胺的沸点比相应的烷烃高但低于烷基醇。

$CH_3CH_2CH_3$	$CH_3CH_2NH_2$	CH_3CH_2OH
$\mu=0D$	$\mu=1.2D$	$\mu=1.7D$
b. p. $-42℃$	b. p. $17℃$	b. p. $78℃$

伯胺和仲胺化合物中存在分子间氢键，氢键会提高胺类化合物分子间的作用力，导致胺类化合物的沸点升高，因此在胺的异构体中伯胺的沸点最高，叔胺的沸点最低。

$CH_3CH_2CH_2NH_2$	$CH_3CH_2NHCH_3$	$(CH_3)_3N$
b. p. $50℃$	b. p. $34℃$	b. p. $3℃$

一般来说，少于6～7个碳原子的胺是可以溶于水的。包括叔胺在内的所有胺类化合物都可以接受水分子的氢原子形成氢键。

11.1.5　胺的碱性

因为氨基的氮原子上有一对孤电子，容易接受质子，所以胺具有碱性。胺的碱性可以利

用碱性常数 K_b 衡量。K_b 反映胺与质子结合能力，K_b 越大，胺与质子的结合能力越强，则胺的碱性越大，反之亦然。

$$R_3N: \overset{\frown}{+} H \overset{\frown}{\longrightarrow} \ddot{O}H \Longrightarrow R_3\overset{+}{N}-H + :\ddot{O}H^-$$

$$K_b = \frac{[R_3NH^+][HO^-]}{[R_3N]}, pK_b = -\lg K_b$$

氨分子的 $K_b = 1.8 \times 10^{-5}$ ($pK_b = 4.7$)，甲胺的 $K_b = 4.4 \times 10^{-4}$ ($pK_b = 3.3$)，因此甲胺的碱性比氨分子强。

胺的碱性也可以利用其共轭酸解离常数 K_a 来衡量。K_a 反映胺的共轭酸解离出质子的能力，K_a 越大，胺的共轭酸的酸性越强，则胺的碱性越小，反之亦然。

$$R_3\overset{+}{N}-H \Longrightarrow H^+ + R_3N:$$

$$K_a = \frac{[H^+][R_3N]}{[R_3NH^+]}, pK_a = -\lg K_a$$

氨分子的共轭酸是铵离子（NH_4^+），它的 $K_a = 5.6 \times 10^{-10}$（$pK_a = 9.3$）。甲胺共轭酸是甲基铵离子（$CH_3NH_3^+$），它的 $K_a = 2 \times 10^{-11}$（$pK_a = 10.7$）。甲基铵离子的酸性比铵离子的弱，则甲胺的碱性比氨分子强。

表 11-1 胺的碱性

名称	分子结构	碱度		共轭酸的酸度	
		K_b	pK_b	K_a	pK_a
氨	NH_3	1.8×10^{-5}	4.7	5.5×10^{-10}	9.3
甲胺	CH_3NH_2	4.4×10^{-4}	3.4	2.3×10^{-11}	10.6
乙胺	$CH_3CH_2NH_2$	5.6×10^{-4}	3.2	1.8×10^{-11}	10.8
异丙胺	$(CH_3)_2CHNH_2$	4.3×10^{-4}	3.4	2.3×10^{-11}	10.6
叔丁胺	$(CH_3)_3CNH_2$	2.8×10^{-4}	3.6	3.6×10^{-11}	10.4
苯胺	$C_6H_5NH_2$	3.8×10^{-10}	9.4	2.6×10^{-5}	4.6
二甲胺	$(CH_3)_2NH$	5.1×10^{-4}	3.3	2.0×10^{-11}	10.7
二乙胺	$(CH_3CH_2)_2NH$	1.3×10^{-3}	2.9	7.7×10^{-12}	11.1
N-甲基苯胺	$C_6H_5NHCH_3$	6.1×10^{-10}	9.2	1.6×10^{-5}	4.8
三甲胺	$(CH_3)_3N$	5.3×10^{-5}	4.3	1.9×10^{-10}	9.7
三乙胺	$(CH_3CH_2)_3N$	5.6×10^{-4}	3.2	1.8×10^{-11}	10.8
N,N-二甲基苯胺	$C_6H_5N(CH_3)_2$	1.2×10^{-9}	8.9	8.3×10^{-6}	5.1

注：在 25℃ 的水中测得。

表 11-1 为部分胺的碱性，可以发现如下规律。

（1）脂肪胺的碱性比氨略强

在脂肪胺中，烷基的给电子效应使形成的铵离子正电荷分散而稳定，而铵离子越稳定说明胺与质子的结合能力越强，胺的碱性越强，所以脂肪胺的碱性比氨强。

（2）脂肪胺的碱性相差不大

脂肪胺的碱性不仅与烷基的给电子效应有关，而且与铵离子的溶剂化效应有关。从表 11-1 可以看出，随着胺中氮原子上烷基取代数量的增加，在一定程度上可以提高胺的碱性，从而仲胺的碱性强于伯胺。但是当烷基取代数量过多则会减少胺与水接触的机会，形成氢键的数量减少，导致铵离子的溶剂化能力降低和稳定性变差，胺的碱性减弱，因此仲胺的碱性反而比叔胺强。

（3）芳香胺的碱性比氨和脂肪胺都弱很多

芳香胺上氮原子的孤电子对与苯环的 π 电子相互作用形成一个稳定的共轭体系，导致芳香胺上氮原子的质子化能力变弱，所以芳香胺的碱性比氨和脂肪胺都弱很多。

苯环上的其他取代基对芳香胺的碱性也会产生影响。一般来说，给电子取代基会增加氮原子上的电子云密度，提高氮原子与质子的结合能力，导致芳香胺的碱性增加，而吸电子取代基会减小苯环的电子云密度，使芳香胺共轭酸的正离子的稳定性变差，导致芳香胺的碱性减小，如表 11-2 所示。

表 11-2 取代基对苯胺碱性的影响

苯胺	X	K_b	pK_b
X—⬡—NH$_2$	H	4×10^{-10}	9.4
	CH$_3$	2×10^{-9}	8.7
	CF$_3$	2×10^{-12}	11.5
	O$_2$N	1×10^{-13}	13.0

11.1.6 季铵盐的相转移催化作用

尽管季铵盐是离子，但是很多种季铵盐却可以溶解在非极性溶剂中。例如甲基三辛基氯化铵和三乙基苄基氯化铵可以溶解在低极性溶剂如苯、正癸烷、卤代烃中。利用这个特殊的性质，可以将季铵盐作为相转移催化剂应用在相转移催化领域。

$$CH_3 \overset{+}{N}(CH_2CH_2CH_2CH_2CH_2CH_2CH_2CH_3)_3 Cl^- \qquad \overset{}{⬡}—CH_2 \overset{+}{N}(CH_2CH_3)_3 Cl^-$$

甲基三辛基氯化铵   三乙基苄基氯化铵

相转移催化是 20 世纪 70 年代以来在有机合成中应用日趋广泛的一种新的合成技术。相转移催化剂是可以帮助反应物从一相转移到能够发生反应的另一相中，从而加快异相体系反应速率的一类催化剂。相转移催化反应一般都存在水相和有机相两相，离子型反应物往往可溶于水相，不溶于有机相，而有机底物则可只溶于有机相。如果没有相转移催化剂时，两相相互隔离，反应物之间仅在两相体系的界面上接触，反应速率很慢，甚至难以发生，例如：

$$CH_3CH_2CH_2CH_2Br + NaCN \longrightarrow CH_3CH_2CH_2CH_2CN + NaBr$$

氰化钠不溶于溴代正丁烷中，二者仅在固体氰化钠的表面接触，反应速率太慢，没有合成价值。利用水溶解氰化钠帮助不大，因为溴代正丁烷不溶于水，反应也只能在两相的界面进行。如果在上述反应体系中加入少量的三乙基苄基氯化铵相转移催化剂，三乙基苄基氯化铵与水相中的 CN$^-$ 结合，可以不断地将 CN$^-$ 从水相运送到有机相。在有机相中，CN$^-$ 很容易与溴代正丁烷发生反应，得到高产率的戊腈，反应历程如下。

$$C_6H_5CH_2\overset{+}{N}(CH_3)_3 Cl^- + CN^- \overset{快}{\rightleftharpoons} C_6H_5CH_2\overset{+}{N}(CH_3)_3 CN^- + Cl^-$$

11.1.7 胺的合成

11.1.7.1 氨的烷基化反应

卤代烃和氨发生亲核取代反应，可以生成伯胺，反应按 S_N2 机理进行。

$$RX + 2NH_3 \longrightarrow RNH_2 + \overset{+}{N}H_4 X^-$$

虽然这个反应可以合成伯胺，但是它并不是合成伯胺的常用方法。这是因为生成的伯胺也是一个亲核试剂，它的亲核性通常比氨更强，会进一步与卤代烷反应生成仲胺。

$$RX + RNH_2 + NH_3 \longrightarrow RNHR + \overset{+}{N}H_4 X^-$$

例如溴代正辛烷与氨反应可以得到比例大致相当的伯胺和仲胺。

$$CH_3(CH_2)_6CH_2Br \xrightarrow{NH_3(2mol)} CH_3(CH_2)_6CH_2NH_2 + [CH_3(CH_2)_6CH_2]_2NH$$

$$(1mol) \qquad\qquad\qquad (45\%) \qquad\qquad (43\%)$$

相似地，生成的仲胺的亲核性比伯胺更强，可以继续与卤代烷反应生成叔胺。

$$RX + R_2NH + NH_3 \longrightarrow R_3N + \overset{+}{N}H_4X^-$$

叔胺甚至会继续与卤代烷反应生成季铵盐。

$$RX + R_3N \longrightarrow R_4\overset{+}{N}X^-$$

氨的烷基化反应可能生成多种产物的混合物。如果各种产物的沸点差别较大时，可以利用蒸馏的方法将它们分离。另外，也可以通过改变原料的摩尔比、控制反应温度和时间等方法使其中的一种胺成为主要产物。

11.1.7.2　盖布里埃尔（Gabriel）合成法

邻苯二甲酰亚胺与氢氧化钾的乙醇溶液作用生成邻苯二甲酰亚胺盐，该盐与卤代烷反应生成 N-烷基邻苯二甲酰亚胺，然后在酸性或碱性条件下水解得到邻苯二甲酸和伯胺，这是制备纯净伯胺的一种好方法，称为盖布里埃尔（Gabriel）合成法。

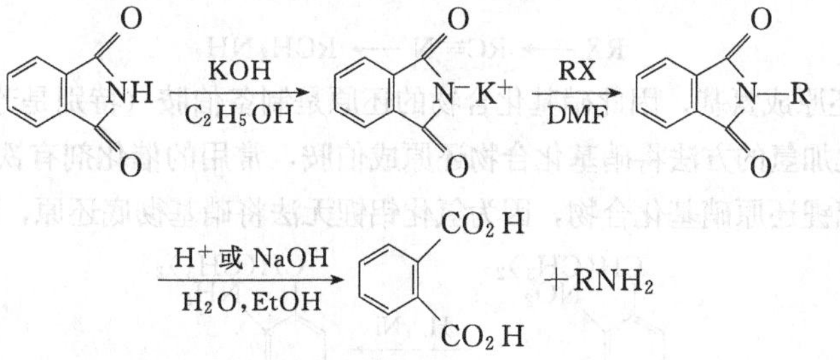

有些情况下水解很困难，可以用肼解来代替。

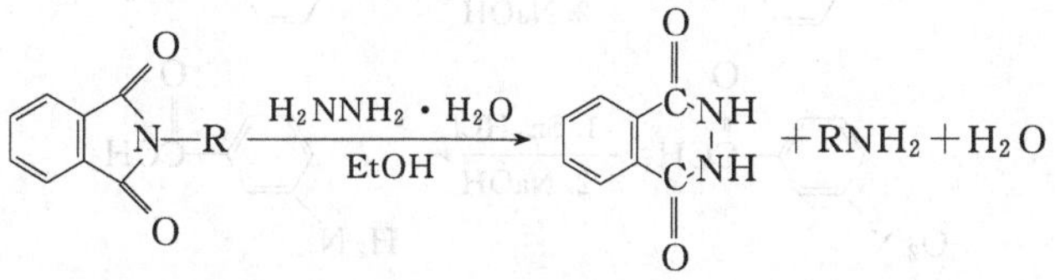

以氯化苄为原料，利用盖布里埃尔合成法合成苄胺的实例如下：

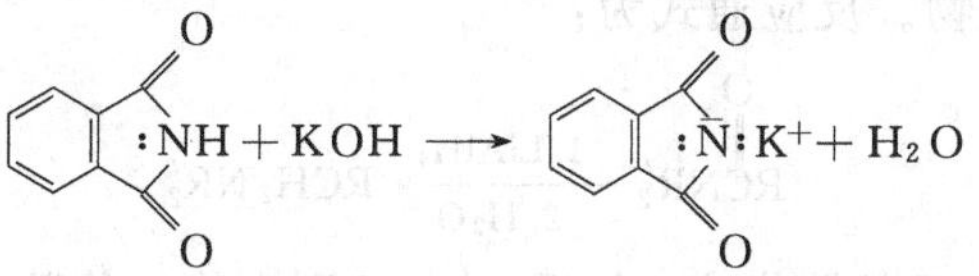

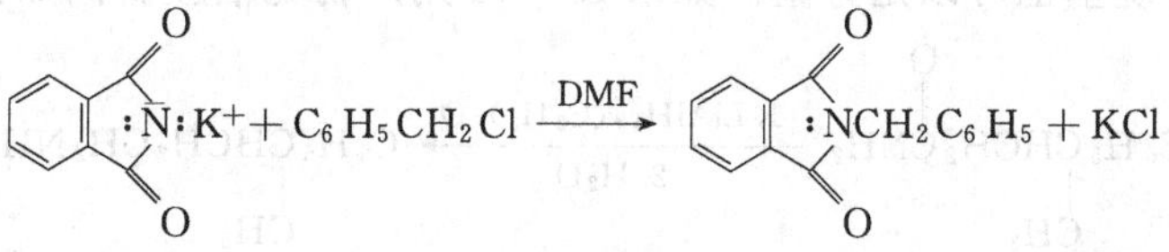

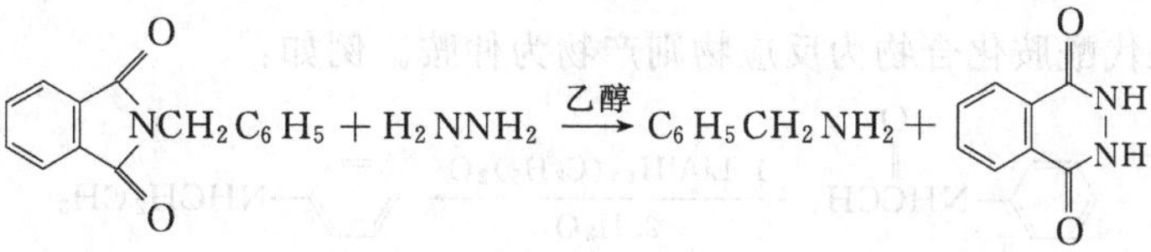

11.1.7.3 含氮化合物的还原

叠氮、腈、硝基化合物、酰胺和肟等含氮化合物都可以被适当的还原剂还原成胺。

利用叠氮化合物还原是制备伯胺的一个较为常用的方法。一般叠氮化合物主要通过卤代烷用叠氮基取代合成。化学还原和催化加氢均可用于叠氮化合物的还原。例如：

$$C_6H_5CH_2CH_2N_3 \xrightarrow[2.\ H_2O]{1.\ LiAlH_4,\ C_2H_5OC_2H_5} C_6H_5CH_2CH_2NH_2$$

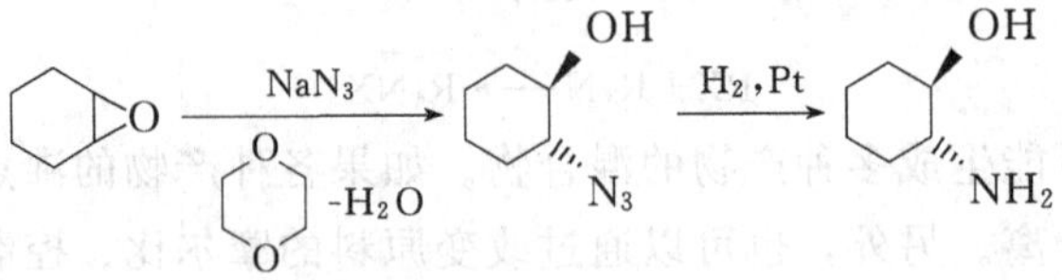

利用上述方法可以将腈还原成伯胺。

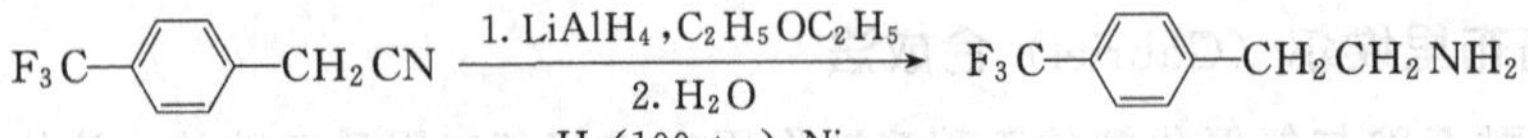

$$CH_3CH_2CH_2CH_2CN \xrightarrow[C_2H_5OC_2H_5]{H_2(100atm),\ Ni} CH_3CH_2CH_2CH_2CH_2NH_2$$

由于腈化合物是利用卤代烷与氰酸根通过亲核取代反应合成，因此生成的伯胺比卤代烷多一个碳原子。

$$RX \longrightarrow RC{\equiv}N \longrightarrow RCH_2NH_2$$

硝基很容易被还原成氨基，因此硝基化合物的还原是制备伯胺（特别是芳香伯胺）的一种常用的方法。一般用催化加氢的方法将硝基化合物还原成伯胺，常用的催化剂有铁、镍、$SnCl_2$、铂、钯等。一般不用氢化铝锂还原硝基化合物，因为氢化铝锂无法将硝基彻底还原，而是得到混合物。

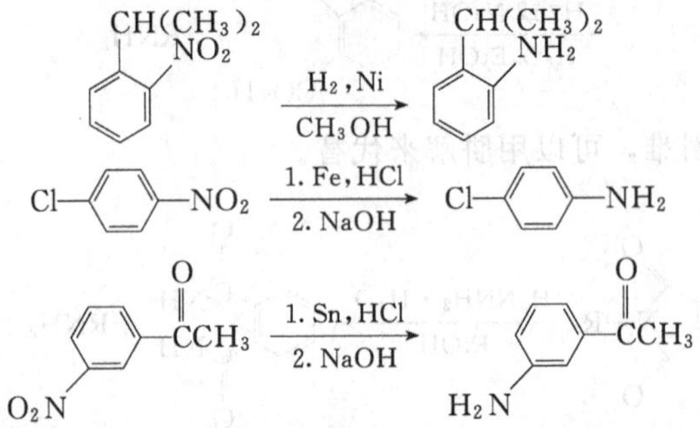

还原叠氮化物、腈和硝基化合物只能得到伯胺。如果要合成仲胺、叔胺化合物，则需要用氢化铝锂还原酰胺化合物。反应通式为：

$$\overset{O}{\overset{\|}{RC}}NR'_2 \xrightarrow[2.\ H_2O]{1.\ LiAlH_4} RCH_2NR'_2$$

R 和 R′可以是烷基也可以是芳基。如果 R′＝H 则产物为伯胺。例如：

$$C_6H_5\underset{CH_3}{\underset{|}{CH}}CH_2\overset{O}{\overset{\|}{C}}NH_2 \xrightarrow[2.\ H_2O]{1.\ LiAlH_4,\ (C_2H_5)_2O} C_6H_5\underset{CH_3}{\underset{|}{CH}}CH_2CH_2NH_2$$

如果以 *N*-取代酰胺化合物为反应物则产物为仲胺。例如：

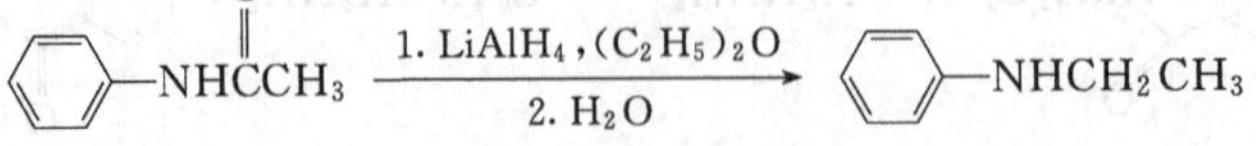

如果以氢化铝锂还原 N,N-二取代酰胺化合物则产物为叔胺。例如：

$$\text{环己基-CN(CH}_3)_2 \xrightarrow[2.\ H_2O]{1.\ LiAlH_4,(C_2H_5)_2O} \text{环己基-CH}_2\text{N(CH}_3)_2$$

由于酰胺化合物容易合成，因此利用酰胺化合物合成胺也是一种常用的方法。

11.1.7.4 还原胺化

将醛或酮等含羰基化合物与氨或胺反应生成亚胺，然后用催化加氢或者氢化试剂将亚胺还原成胺，这个方法称为还原胺化。例如：

$$\text{环己酮} + NH_3 \xrightarrow[C_2H_5OH]{H_2,Ni} \text{环己亚胺} \longrightarrow \text{环己胺}$$

羰基化合物与伯胺反应生成 N-取代亚胺中间体，后者可以进一步被还原成仲胺。例如：

$$CH_3(CH_2)_5CH + H_2N-\text{苯基} \xrightarrow[C_2H_5OH]{H_2,Ni} CH_3(CH_2)_5CH = N-\text{苯基} \longrightarrow CH_3(CH_2)_5CH_2NH-\text{苯基}$$

还原胺化法还可以制备叔胺化合物，例如丁醛和哌啶反应合成 N-丁基哌啶。

$$CH_3CH_2CH_2CH + \text{哌啶} \xrightarrow[C_2H_5OH]{H_2,Ni} CH_3CH_2CH_2CH_2-N\text{哌啶}$$

一般认为上述反应中没有生成中性的亚胺中间体，而是生成醇胺或者亚胺离子中间体。

$$CH_3CH_2CH_2CH-N\text{哌啶}(OH) \Longleftrightarrow CH_3CH_2CH_2CH = N^+\text{哌啶} + HO^-$$

另外对还原胺化法的一个重要改进是用氰基硼氢化钠代替氢作为还原剂，优点是还原剂用量少，只需要将几克氰基硼氢化钠加入到含有羰基化合物和胺的醇溶液中，就可以顺利完成反应。

$$C_6H_5CH + CH_3CH_2NH_2 \xrightarrow[CH_3OH]{NaBH_3CN} C_6H_5CH_2NHCH_2CH_3$$

11.1.8 胺的化学性质

11.1.8.1 与卤代烷的亲核取代反应

胺的氮原子有未共用电子对，可以与卤代烷发生 S_N2 亲核取代反应。例如伯胺与一级卤代烷反应可以生成仲胺。

$$RNH_2 + R'CH_2X \longrightarrow RN^+(H)(H)-CH_2R' X^- \longrightarrow RN(H)-CH_2R' + HX$$

$$C_6H_5NH_2 + C_6H_5CH_2Cl \xrightarrow[90℃]{NaHCO_3} C_6H_5NHCH_2C_6H_5$$

生成的仲胺可以继续与一级卤代烷反应生成叔胺，叔胺继续与一级卤代烷反应生成季铵盐。

$$RNH_2 \xrightarrow{R'CH_2X} RNHCH_2R' \xrightarrow{R'CH_2X} RN(CH_2R')_2 \xrightarrow{R'CH_2X} RN^+(CH_2R')_3 X^-$$

由于碘甲烷发生亲核取代反应的活性高，所以它是制备季铵盐时最常用的卤代烷。

$$\bigcirc\text{—CH}_2\text{NH}_2 + 3\text{CH}_3\text{I} \xrightarrow[\triangle]{\text{CH}_3\text{OH}} \bigcirc\text{—CH}_2\overset{+}{\text{N}}(\text{CH}_3)_3\text{I}^-$$

11.1.8.2　霍夫曼（Hofmann）消除反应

季铵盐在氢氧化钠、氢氧化钾等强碱的作用下产生季铵碱。由于季铵碱的碱性与氢氧化钠、氢氧化钾相当，该反应是一个平衡反应，无法分离出纯净的季铵碱产物。为了合成季铵碱，通常用季铵盐与氧化银浆反应，因为可以生成卤化银沉淀，反应向有利于生成季铵碱的方向移动。

$$2(\text{R}_4\overset{+}{\text{N}}\text{I}^-) + \text{Ag}_2\text{O} + \text{H}_2\text{O} \longrightarrow 2(\text{R}_4\overset{+}{\text{N}}\overset{-}{\text{OH}}) + 2\text{AgI}$$

$$\bigcirc\text{—CH}_2\overset{+}{\text{N}}(\text{CH}_3)_3\text{I}^- \xrightarrow[\text{H}_2\text{O},\text{CH}_3\text{OH}]{\text{Ag}_2\text{O}} \bigcirc\text{—CH}_2\overset{+}{\text{N}}(\text{CH}_3)_3\text{HO}^-$$

季铵碱在加热条件下发生 β-消除反应生成烯烃和胺，这个反应称为霍夫曼（Hofmann）消除反应。

$$\xrightarrow{160℃} \bigcirc\text{=CH}_2 + (\text{CH}_3)_3\text{N}\colon + \text{H}_2\text{O}$$

霍夫曼消除反应是德国化学家 August W. Hofmann 在 19 世纪 80 年代发现的，它可用于制备某些烯烃，还可用于测定复杂胺类和生物碱的结构。

霍夫曼消除反应的一个重要性质是其具有区域选择性（regioselectivity）。当季铵碱有两个 β-碳且碳上都有氢时，霍夫曼消除反应发生在较少烷基取代的 β-碳的氢上，即 β-碳上氢的反应活性为 $\text{CH}_3 > \text{RCH}_2 > \text{R}_2\text{CH}$。例如：

$$\underset{\overset{|}{+}\text{N}(\text{CH}_3)_3}{\text{CH}_3\text{CHCH}_2\text{CH}_3}\ \text{HO}^- \xrightarrow[-(\text{CH}_3)_3\text{N}]{\overset{\triangle}{-\text{H}_2\text{O}}} \text{CH}_2\text{=CHCH}_2\text{CH}_3 + \text{CH}_3\text{CH=CHCH}_3$$

上述规则称为霍夫曼消除规则，其原因是霍夫曼消除反应受动力学控制，OH^- 进攻 β-碳上给电子取代基较少、酸性较强的氢，该氢容易被 OH^- 夺取而生成霍夫曼消除产物。

11.1.8.3　芳香胺的亲电取代反应

在芳烃一章中讲到，—NH_2、—NHR 和—NR_2 等氨基可使苯环活化，因此芳香胺极易发生亲电取代反应，且主要发生在氨基的邻对位。因为这些氨基的化学活性比较强，所以很少用芳香胺直接进行亲电取代反应。例如用苯胺或其他芳香胺直接进行硝化反应，结果会因为氨基被氧化而得到一些黑色黏稠物质。为了能够合成硝基取代芳香胺，通常是要先把氨基用乙酰氯或乙酸酐保护起来，然后再进行硝化反应，最后将生成的硝化产物水解得到硝化芳香胺。

芳香胺与卤素的反应速率很快，例如苯胺与溴水作用时，在室温下会立即生成2，4，6-三溴苯胺，它是难溶于水的固体，因碱性弱，也不能与反应中生成的氢溴酸成盐，而以白色沉淀的形式析出。此反应能定量完成，可用于苯胺的定量和定性分析：

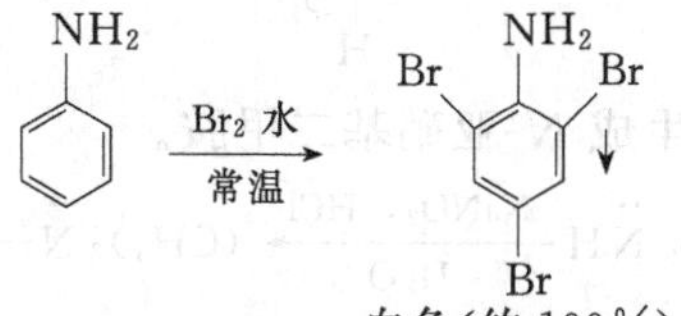

白色(约100%)

其他芳香胺也可发生类似的反应。例如：

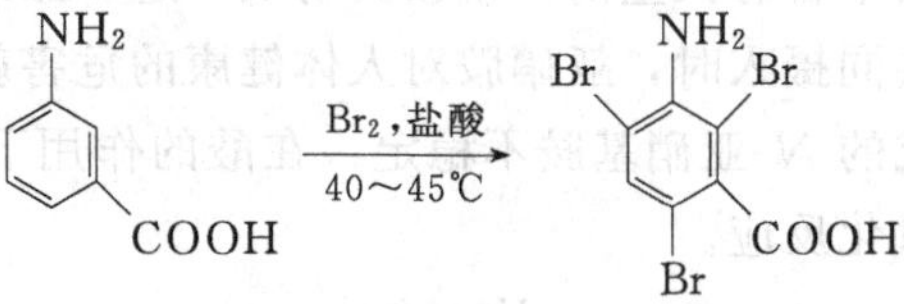

如果只需在芳环上引入一个卤原子，通常是先将氨基乙酰化，降低其对苯环的活化作用，然后再进行水解得到一卤代芳香胺。例如：

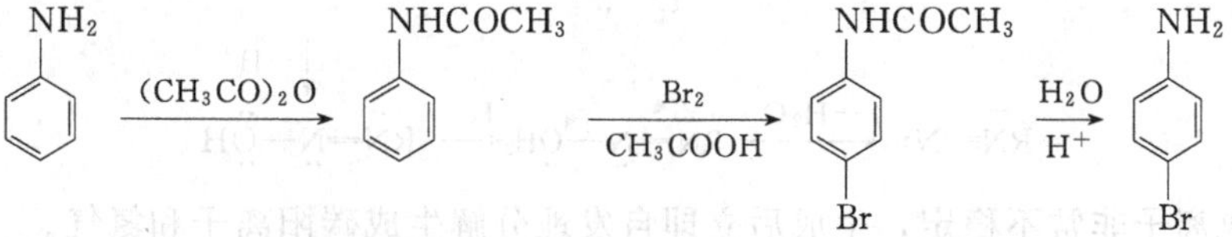

也可采用N-卤代酰胺作卤代试剂。例如：

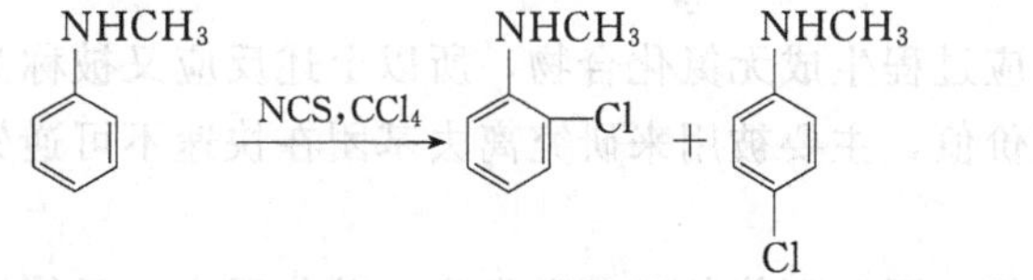

芳香胺的磺化是先将苯胺溶于浓硫酸中让其先生成硫酸盐，然后升温至180～200℃即可得到对氨基苯磺酸：

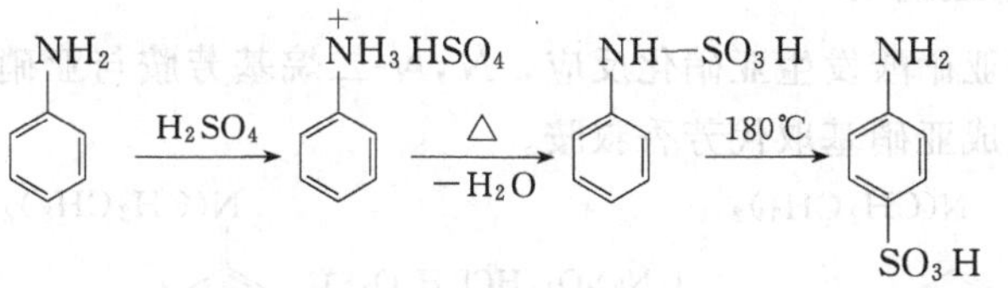

对氨基苯磺酸

p-氨基苯磺酸同时具有酸性基团（—SO_3H）和碱性基团（—NH_2），分子内能成盐叫内盐。它主要用于制造偶氮染料，也可用作防治麦锈病的农药。

11.1.8.4 脂肪胺的亚硝化

有机化合物分子中的氢被亚硝基（—NO）取代的反应称为亚硝化反应。参与亚硝化反应的亚硝酸不稳定，受热或在空气中会发生分解，因此多采用亚硝酸盐（通常是亚硝酸钠）与酸（盐酸、硫酸、醋酸等）代替。

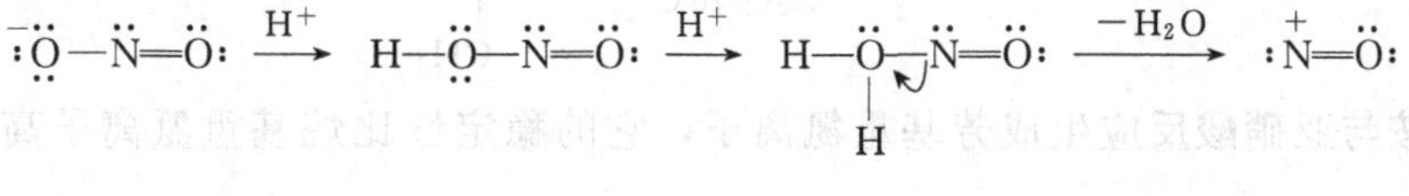

仲胺与亚硝酸反应时，胺作为亲核试剂进攻亚硝酰基阳离子的氮，中间产物在失去一个质子后，得到 N-亚硝基胺产物。

$$R_2\overset{\cdot\cdot}{N}: \ + \ :\overset{+}{N}=\overset{\cdot\cdot}{O}: \longrightarrow R_2\overset{+}{N}-\overset{\cdot\cdot}{N}=\overset{\cdot\cdot}{O}: \xrightarrow{-H^+} R_2\overset{\cdot\cdot}{N}-\overset{\cdot\cdot}{N}=\overset{\cdot\cdot}{O}:$$

例如二甲胺与亚硝酸反应生成 N-亚硝基二甲胺。

$$(CH_3)_2\overset{\cdot\cdot}{N}H \xrightarrow[H_2O]{NaNO_2,\ HCl} (CH_3)_2\overset{\cdot\cdot}{N}-\overset{\cdot\cdot}{N}=\overset{\cdot\cdot}{O}:$$

N-亚硝基胺又称为亚硝胺，是最重要的化学致癌物之一。食物、化妆品、啤酒、香烟中都含有亚硝胺。熏腊食品中含有大量的亚硝胺类物质，过多摄入引发某些消化系统肿瘤如食管癌。当熏腊食品与酒共同摄入时，亚硝胺对人体健康的危害就会成倍增加。

伯胺与亚硝酸反应生成的 N-亚硝基胺不稳定，在酸的作用下最终反应生成烷基重氮离子，这个过程称为胺的重氮化反应。

$$RNH_2 \xrightarrow[H^+]{NaNO_2} R\overset{\cdot\cdot}{N}\begin{smallmatrix} H \\ | \\ N=O: \end{smallmatrix} \xrightarrow{H^+} R-\overset{H}{\underset{\cdot\cdot}{N}}\begin{smallmatrix} H \\ | \\ N-OH \end{smallmatrix}$$

$$\xrightarrow{-H^+}$$

$$\overset{+}{RN}\equiv N: \xleftarrow{-H_2O} RN=\overset{\cdot\cdot}{N}-\overset{+}{OH_2} \xleftarrow{H^+} R\overset{\cdot\cdot}{N}=\overset{\cdot\cdot}{N}-OH$$

烷基重氮离子非常不稳定，生成后立即自发地分解生成碳阳离子和氮气。

$$R-\overset{+}{N}\equiv N: \longrightarrow R^+ + :N\equiv N:$$

由于经过上述反应过程生成无氮化合物，所以上述反应又被称为脱氨反应。烷基重氮离子在有机合成中没有价值，主要被用来研究离去基团在快速不可逆失去时生成的碳正离子的性质。

叔胺的氮上没有氢，因此不能与亚硝酸发生亚硝化反应，只能形成不稳定的盐。

$$R_3N + HNO_2 \longrightarrow [R_3NH]^+ + NO_2^-$$

11.1.8.5　芳香胺的亚硝化

烷基叔胺不能与亚硝酸发生亚硝化反应，N,N-二烷基芳胺与亚硝酸却可以发生苯环上的亲电取代反应，生成亚硝基取代芳香叔胺。

由于亚硝酰阳离子是一个相对较弱的亲电试剂，但是二甲氨基对苯环的活化作用很强，促使亚硝酰阳离子容易在苯环上发生亲电取代反应。

N-烷基芳胺是一个仲胺，它与亚硝酸反应生成 N-亚硝基化合物。

$$C_6H_5NHCH_3 \xrightarrow[H_2O,\ 10℃]{NaNO_2,\ HCl} C_6H_5\overset{\ \ \ }{\underset{CH_3}{N}}-N=O$$

芳香伯胺与亚硝酸反应生成芳基重氮离子，它的稳定性比烷基重氮离子高，在 $0\sim5℃$

下可以长时间保存。

$$C_6H_5NH_2 \xrightarrow[H_2O,0\sim5℃]{NaNO_2,HCl} C_6H_5\overset{+}{N}\!=\!N\!:Cl^-$$

$$(CH_3)_2CH\!-\!\!\!\!\!\!\text{—}\!\!\!\!\!\!-\!NH_2 \xrightarrow[H_2O,0\sim5℃]{NaNO_2,H_2SO_4} (CH_3)_2CH\!-\!\!\!\!\!\!\text{—}\!\!\!\!\!\!-\!\overset{+}{N}\!=\!N\!:HSO_4^-$$

芳基重氮离子的化学活性较强，能够被多种其他基团取代生成一系列环取代芳香化合物。这些反应具有位置的特定选择性，即原子或者基团取代苯环的位置是氮分子在苯环上离去的位置。

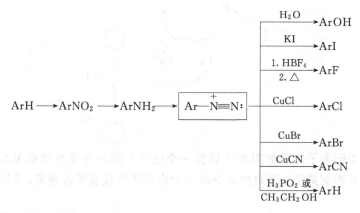

11.1.8.6 芳香重氮盐的合成转移

芳基重氮离子的一个重要的反应是水解转化为酚。

$$Ar\overset{+}{N}\!=\!N\!:+H_2O\longrightarrow ArOH+H^++\!:N\!=\!N\!:$$

在反应过程中，重氮盐的酸性水溶液一般很不稳定，加热时释放出氮气生成芳基阳离子，芳基阳离子一旦形成，则立刻与亲核的水分子反应生成酚。因此这是从芳胺制备酚最常用的方法。

$$(CH_3)_2CH\!-\!\!\!\!\!\!\text{—}\!\!\!\!\!\!-\!NH_2 \xrightarrow[2.\ H_2O,\triangle]{1.\ NaNO_2,H_2SO_4,H_2O} (CH_3)_2CH\!-\!\!\!\!\!\!\text{—}\!\!\!\!\!\!-\!OH$$

在重氮化反应中，常常用硫酸代替盐酸，这样做的目的是因为硫酸氢根阴离子（HSO_4^-）比氯离子的亲核性更弱，可以尽量避免与水竞争碳阳离子。

利用芳香伯胺合成芳基重氮盐，再加入碘化钾水溶液，在室温或加热下反应，这是用芳基重氮盐和碘化钾制备芳基碘化物最常用的方法。

$$Ar\!-\!\overset{+}{N}\!=\!N\!:+I^-\longrightarrow ArI+\!:N\!=\!N\!:$$

$$\overset{\text{—}NH_2}{\underset{Br}{\bigcirc}} \xrightarrow[KI,室温]{NaNO_2,HCl,H_2O,0\sim5℃} \overset{\text{—}I}{\underset{Br}{\bigcirc}}$$

氯离子和溴离子的亲核能力较弱，因此用同样的方法很难将氯、溴引入苯环。桑德迈尔（T. Sandmeyer）发现，在氯化亚铜或溴化亚铜的催化下，芳基重氮盐在氢卤酸溶液中加热，重氮基团可分别被氯和溴取代，生成芳香氯化物或芳香溴化物。这个反应称为桑德迈尔（Sandmeyer）反应。和简单的卤化反应不同，桑德迈尔反应只生成一种卤代芳烃化合物，而芳烃的卤化反应产物比较复杂。

$$Ar\!-\!\overset{+}{N}\!=\!N\!: \xrightarrow{CuX} ArX+\!:N\!=\!N\!:$$

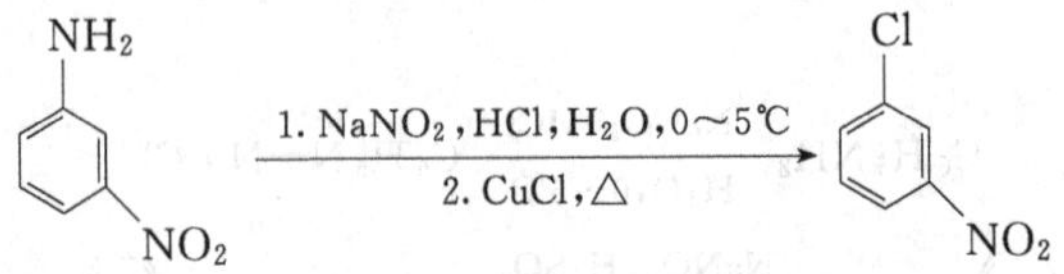

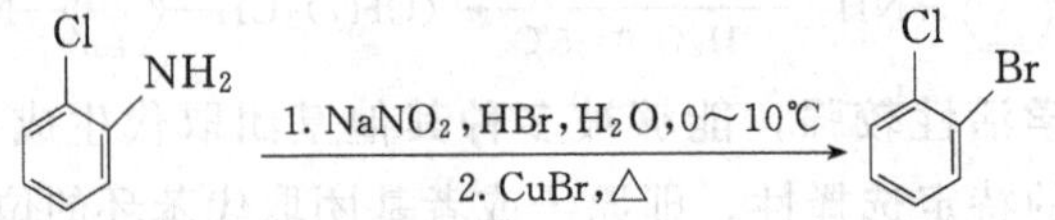

桑德迈尔反应机理如下：

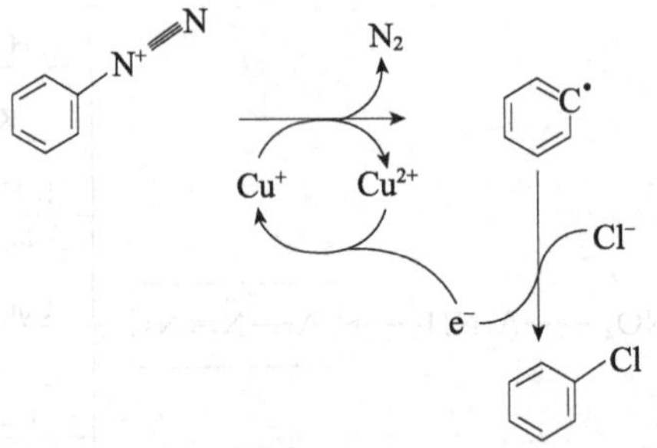

在加热时，亚铜离子向重氮阳离子转移一个电子，而后芳基重氮盐发生分解释放出氮气，生成苯自由基和铜离子。苯自由基夺取一个卤原子生成氯苯或溴苯，同时铜离子重新生成亚铜离子。

在氰化亚铜的催化下，重氮基还可以被氰基取代，生成芳香腈。

$$Ar-\overset{+}{N}\equiv N: \xrightarrow{CuCN} ArCN + :N\equiv N:$$

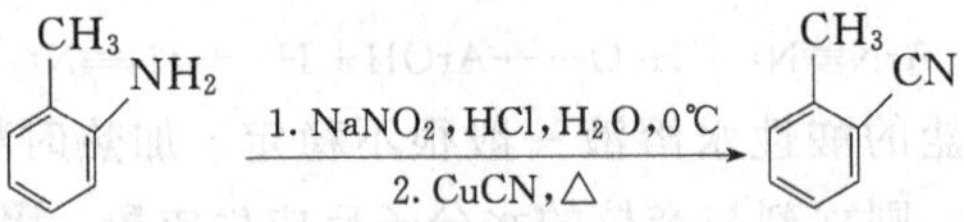

将氰基进行水解可以生成羧基，因此用桑德迈尔反应合成芳香腈，而后将它进行水解，这是合成取代苯甲酸化合物的一个重要反应路线。例如可以将以上反应得到的邻甲基苄腈用酸催化水解，可以生成邻甲基苯甲酸，收率为 $80\%\sim89\%$。

在冷的芳基重氮盐水溶液中加入氟硼酸或氟硼酸盐溶液，立即析出重氮氟硼酸盐晶体。分离提纯后小心地加热，芳基重氮氟硼酸盐受热时，分解放出氮气，生成芳基碳正离子。芳基碳正离子立即从氟硼酸根离子中夺取一个氟离子生成芳基氟。这是制备芳香族氟化物的经典方法，称为席曼（Schiemann）反应，也称为巴尔茨-席曼（Balz-Schiemann）反应。

$$Ar-\overset{+}{N}\equiv N:\overset{-}{B}F_4 \xrightarrow{\triangle} ArF + BF_3 + :N\equiv N:$$

由于芳基重氮氟硼酸盐可由芳香胺经重氮化反应制得，席曼反应提供了一条由氨基引入氟原子的途径。

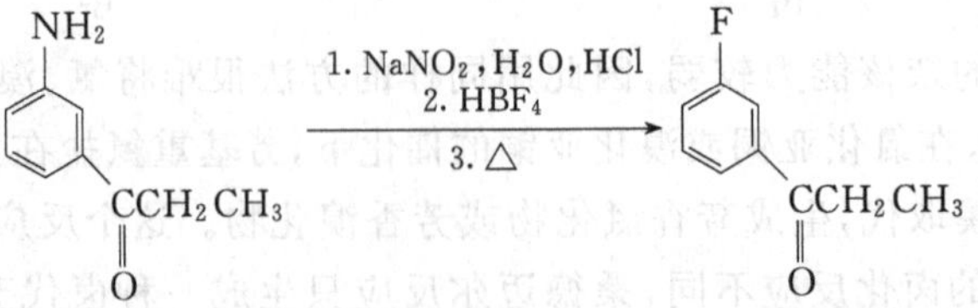

11.1.8.7　芳香重氮盐的还原

在次磷酸（H_3PO_2）或乙醇等还原剂的作用下，芳香重氮盐的重氮基能够被氢原子取代，由于重氮基来源于氨基，所以这个反应称为脱氨基还原反应。该反应是自由基反应，反应中取代重氮基的氢原子来自次磷酸、乙醇等还原剂。

$$Ar\overset{+}{-}N\!\equiv\!N: \xrightarrow[\ CH_3CH_2OH\ ]{H_3PO_2\ 或} ArH + :N\!\equiv\!N:$$

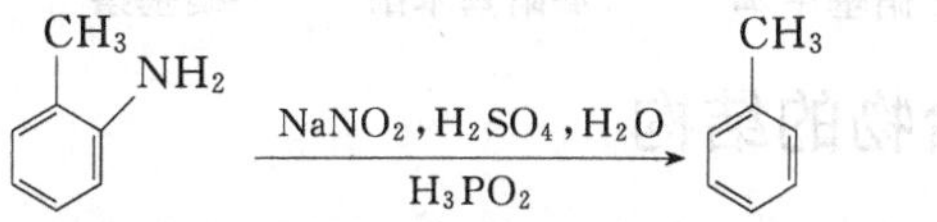

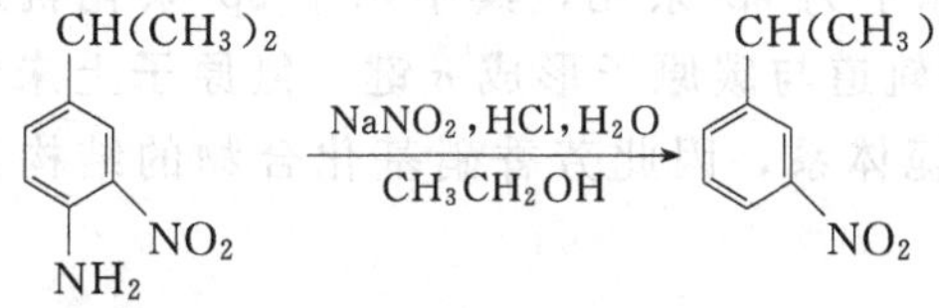

这个反应还可以借助氨基的定位效应，将某些基团引入到苯环的特定位置上，然后再把氨基除去。例如为了合成 1,3,5-三溴苯，无法用苯直接溴化获得，因为溴为邻、对位基团。但是可以用苯胺作为原料，经过溴化合成 2,4,6-三溴苯胺，而后利用重氮化和脱氨基还原反应就可以合成 1,3,5-三溴苯。

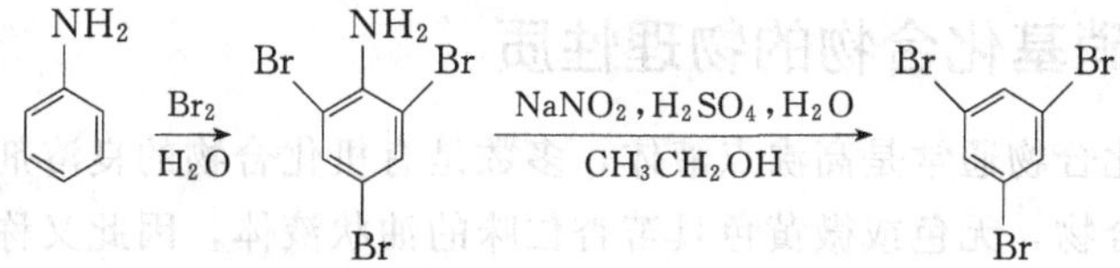

11.1.8.8 芳香重氮盐的偶联

芳香重氮阳离子可以作为亲电试剂与酚、芳香叔胺等活泼的芳香化合物进行芳环上的亲电取代反应，反应结果是两个芳环用偶氮（—N＝N—）基团连接起来，这个反应称为偶联反应，生成的化合物称为偶氮化合物。

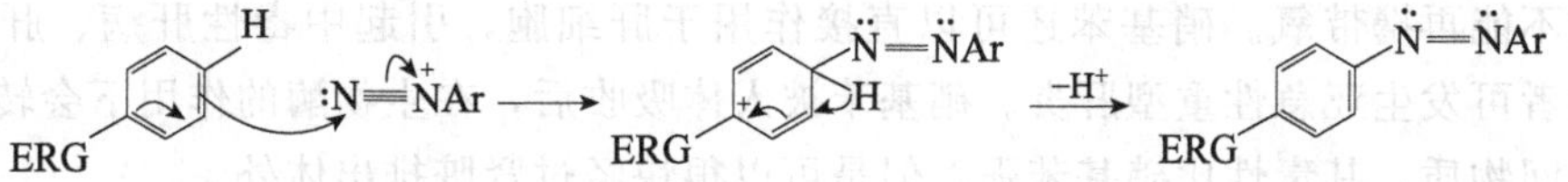

ERG 为供电子基团，例如—OH、—NR$_2$。

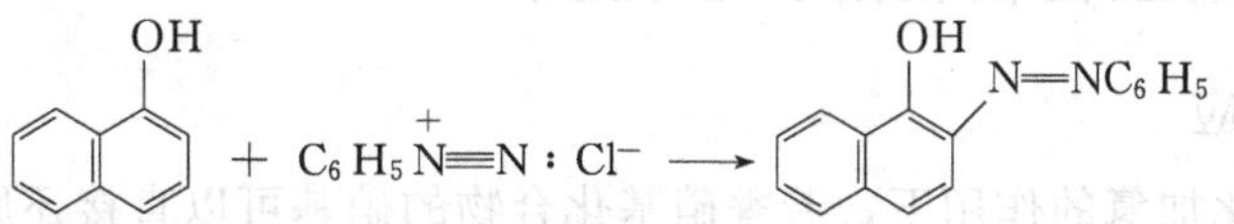

偶氮化合物通常具有高度着色性，其中不少被用作染料。偶氮染料是纺织品服装在印染工艺中应用最广泛的一类合成染料，用于多种天然和合成纤维的染色和印花，也用于油漆、塑料、橡胶等的着色。

11.2 芳香硝基化合物

芳香硝基化合物是指硝基直接与芳环相连的化合物。根据芳环上硝基的数量，可以分为一元、二元、三元或多元芳香硝基化合物。例如：

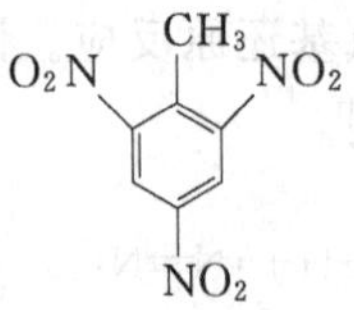

2,4,6-三硝基甲苯 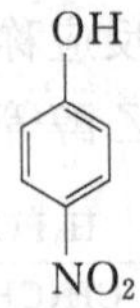　　　4-硝基苯酚 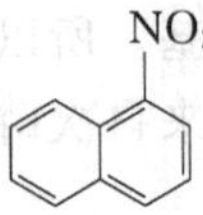　　　1-硝基萘

11.2.1　芳香硝基化合物的结构

芳香硝基化合物中的氮原子为 sp^2 杂化，其中两个 sp^2 杂化轨道分别和两个氧原子形成 σ 键，另外一个 sp^2 杂化轨道与碳原子形成 σ 键。氮原子上未参与杂化的 p 轨道与两个氧原子的 p 轨道形成共轭体系，因此芳香硝基化合物的结构是对称的，即两个氮氧键的键长相等。

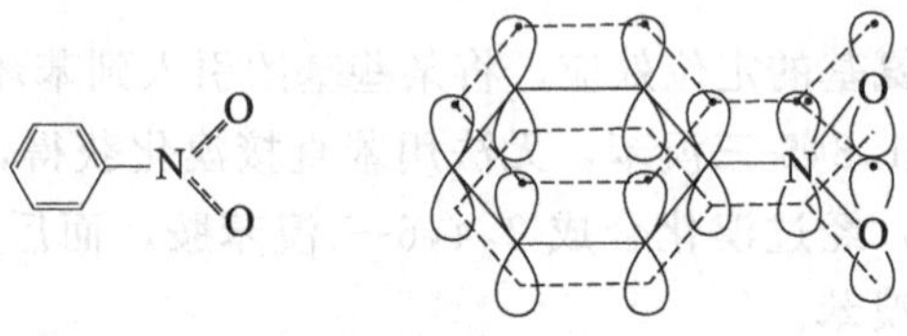

11.2.2　芳香硝基化合物的物理性质

一元芳香硝基化合物通常是高沸点液体，多数是有机化合物的良溶剂。硝基苯是最简单的一元芳香硝基化合物，无色或微黄色具苦杏仁味的油状液体，因此又称为苦杏仁油。硝基苯不溶于水，密度比水大，熔点 5.7℃，沸点 210.9℃，易溶于乙醇、乙醚、苯和油。多元芳香族硝基化合物大多为黄色结晶固体。2,4,6-三硝基甲苯（TNT）为白色或淡黄色针状结晶，又称为黄色炸药，是一种比较安全的炸药。它无臭，有吸湿性，熔点 80.35～81.1℃，能耐受撞击和摩擦，但任何量突然受热都能引起爆炸。

硝基苯有中等毒性，经皮、呼吸道、消化道侵入人体，能把血红蛋白转变为高铁血红蛋白，使它不能再携带氧。硝基苯还可以直接作用于肝细胞，引起中毒性肝病、肝脏脂肪变性，严重者可发生亚急性重型肝炎。硝基苯被人体吸收后，在生物酶的作用下会转化成水溶性高的中间物质，其毒性比硝基苯强，但是可以很快经过肾脏排出体外。

11.2.3　芳香硝基化合物的化学性质

11.2.3.1　还原反应

在还原剂或催化加氢的作用下，芳香硝基化合物的硝基可以直接还原成氨基。还原剂通常选择铁或锡与盐酸的混合体系，因此生成的产物通常是芳香胺的氯化季铵盐。催化加氢的还原产物一般是芳香胺。在锡和盐酸的作用下，将硝基苯还原成苯胺是芳香硝基化合物还原反应的一个经典实例。

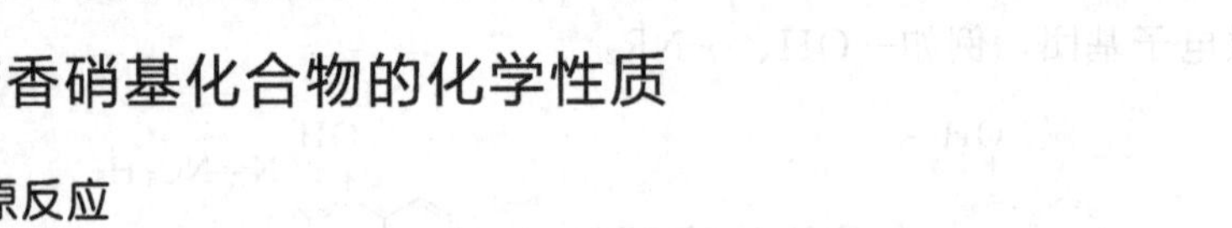

在还原反应过程中，锡由零价被氧化成四价，同时氮原子被还原。氯化亚锡（$SnCl_2$）

也可以用作芳香硝基化合物的还原剂。还原反应的产物为芳香胺的氯化季铵盐，因此需要用强碱进行处理得到中性的苯胺。

对硝基苯甲酸可以进行催化加氢反应生成对氨基苯甲酸。

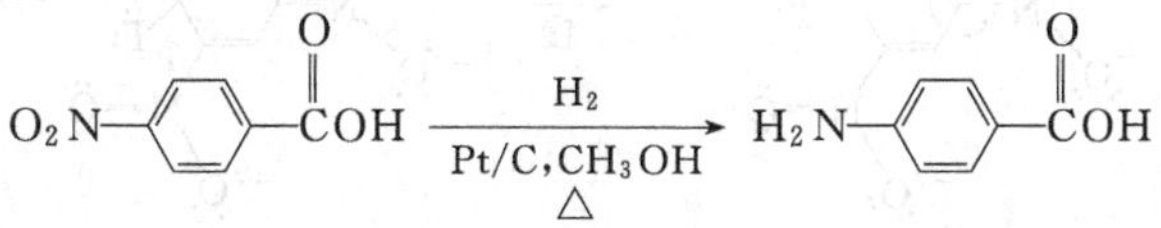

氨基酸是生物功能大分子蛋白质的基本组成单位，能在植物或动物组织中合成，在组织的代谢、生长、维护和修复过程中起重要作用。

11.2.3.2 亲核取代反应

在卤代芳烃上没有吸电子基团，利用亲核试剂取代卤原子是很困难的。但芳环上连有硝基等吸电子基团，特别是当硝基位于卤原子的邻、对位时，亲核取代反应很容易发生。

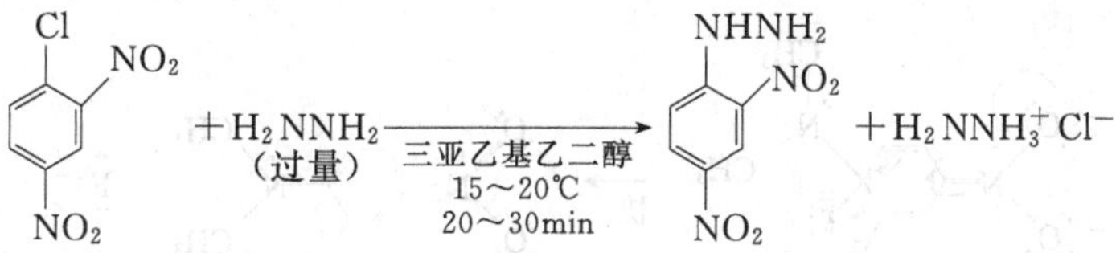

在反应过程中，肼作为碱和亲核试剂，取代芳环上的氯原子，反应产物氯化氢和过量的肼反应生成盐。

芳香硝基化合物的亲核取代反应可以发生在任意一对亲核试剂和离去基团之间。例如，2,4-二硝基氯苯在碳酸钠水溶液中加热转化为 2,4-二硝基苯酚。

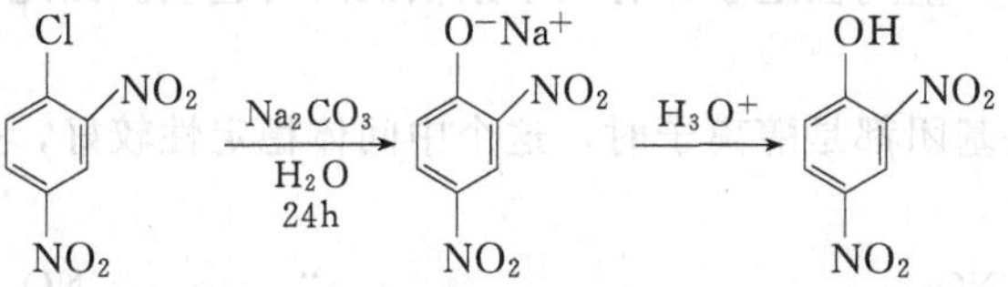

在这个反应中，亲核试剂是来自碳酸钠水溶液中的氢氧根离子。

虽然氟代烷的氟原子在亲核取代反应中不容易离去，但是在氟代芳香硝基化合物的亲核取代反应中却是一个容易离去的基团。例如哌啶与 2,4-二硝基卤代苯进行亲核取代反应时，氟化物的反应速率比碘化物快 3300 倍。

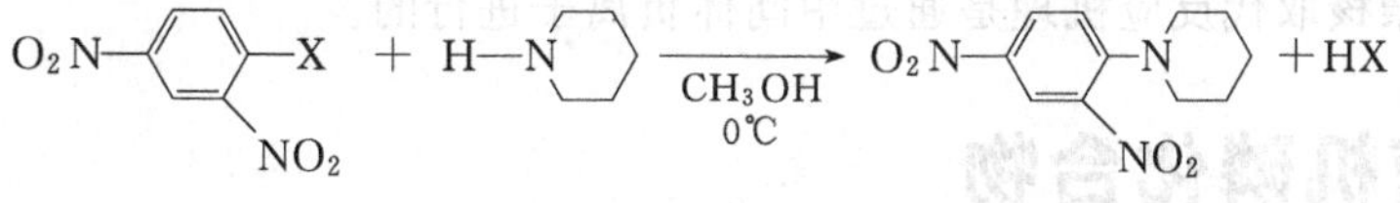

X	k_{rel}
F	3300
I	1

研究表明，由于硝基的吸电子效应使其邻、对位缺电子，所以亲核试剂在反应时主要进攻芳环上硝基的邻、对位。反应过程中会首先形成一个碳正中间体，这个中间体是负电性的，因为硝基的吸电子效应而稳定。一旦中间体形成，立即向碱转移一个质子，得到一个因为硝基的吸电子效应而稳定的阴离子。最后氟离子离去形成最终产物。

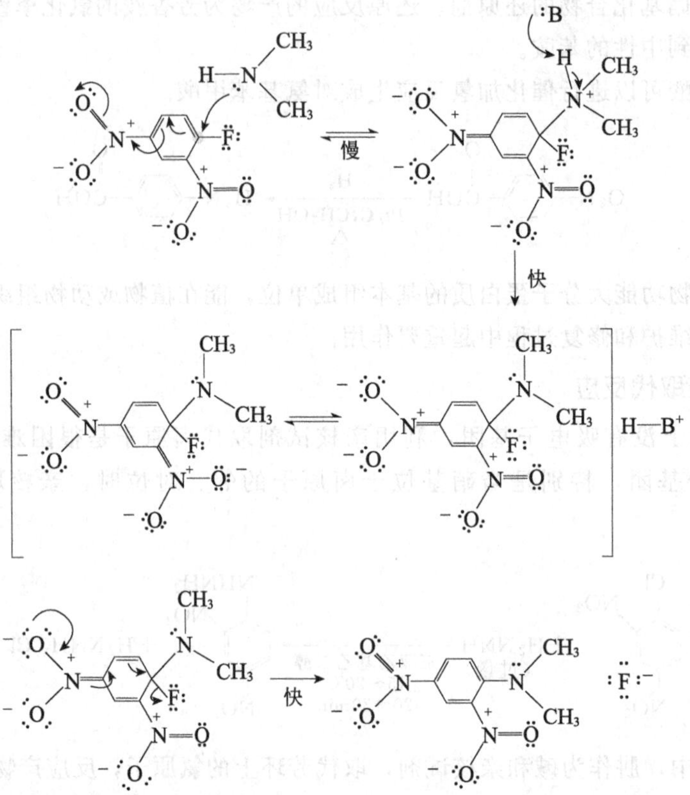

上述反应速率主要受亲核试剂进攻卤原子形成中间体的速率控制。一方面氟比碘的电负性更强，因此与氟原子相连的碳原子比与碘原子相连的碳原子带有更多的正电荷。另一方面氟原子比碘原子小得多，空间位阻小，有利于亲核试剂的进攻。因此氟化物比碘化物的反应速率快得多。

当亲核试剂和离去基团都是醇离子时，这个中间体稳定性较好，并可以从反应体系中分离出来。例如：

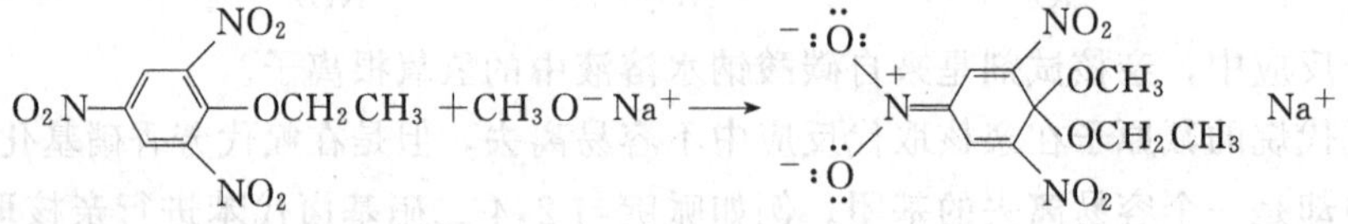

这个稳定的中间体称为迈森海默络合物（Meisenheimer complexes），这个络合物的存在证实了上述亲核取代反应机理是通过中间体负离子进行的。

11.3　有机磷化合物

11.3.1　有机磷化合物的分类和命名

含碳-磷键的化合物或含有机基团的磷酸衍生物统称为有机磷化合物。有机磷化合物的磷原子有空的 d 轨道，价态较多。按照磷原子的价态，有机磷化合物主要分为以下两种类型。

（1）三价磷有机化合物

当有机磷化合物中磷的化合价为 3，并且至少含有一个 P—O 键时称为亚磷（膦）酸。

其中含有一个 P—C 键或 P—H 键的称为亚膦酸，而含有两个 P—C 键或两个 P—H 键，或者一个 P—C 键和一个 P—H 键的有机磷化合物称为次亚膦酸。三价磷有机化合物主要以上述三个酸为母体进行命名，见表 11-3。

表 11-3　三价磷有机化合物的命名

类　型	化合物	名　　称	类　型	化合物	名　　称
亚磷酸	P(OH)$_3$	亚磷酸	亚膦酸	RP(OH)$_2$	烷基亚膦酸
	ROP(OH)$_2$	单烷基亚磷酸酯		RP(OH)(SH)	烷基硫代亚膦酸
	(RO)$_2$POH	双烷基亚磷酸酯	次亚膦酸	H$_2$POH	次亚膦酸
	(RO)$_3$P	三烷基亚磷酸酯		H(R)POH	烷基次亚膦酸
	(RO)$_2$PCl	氯代二烷基亚磷酸酯		R$_2$POH	二烷基次亚膦酸
	ROPCl$_2$	二氯代烷基亚磷酸酯		R$_2$PCl	氯代二烷基次亚膦酸
亚膦酸	HP(OH)$_2$	亚膦酸			

（2）五价磷有机化合物

当有机磷化合物中磷的化合物价为 5，并且具有磷氧酰键（P＝O）时，称为磷（膦）酸。其中含有一个 P—C 键或 P—H 键称为膦酸，而含有两个 P—C 键或两个 P—H 键，或者一个 P—C 键和一个 P—H 键的有机磷化合物称为次膦酸。与三价磷有机化合物类似，五价磷有机化合物主要以上述三个酸为母体进行命名，见表 11-4。

表 11-4　五价磷有机化合物的命名

类　型	化合物	名　　称	类　型	化合物	名　　称
磷酸	(OH)$_3$P＝O	磷酸	膦酸	RP(O)(SH)(OH)	烷基硫代膦酸
	(RO)$_3$P＝O	三烷氧基磷酸酯	次膦酸	H$_2$P(O)OH	次膦酸
	((CH$_3$)$_2$N)$_3$P＝O	六甲基磷酰胺		H(R)P(O)OH	烷基次膦酸
膦酸	HP(O)(OH)$_2$	膦酸		R$_2$P(O)OH	二烷基次膦酸
	RP(O)(OH)$_2$	烷基膦酸		R$_2$P(O)Cl	二烷基次膦酰氯

11.3.2　有机磷化合物的合成

磷化氢通常用三氯化磷和氢化铝锂反应合成，随后与金属钠反应可以得到磷化钠。

$$PCl_3 + LiAlH_4 \xrightarrow{THF} PH_3 \xrightarrow[\text{乙醚}]{Na} H_2PNa$$

伯、仲和叔膦可以利用卤代烷与磷化钠、烷基或芳基膦以及取代磷化钠反应合成。

$$H_2PNa + RX \longrightarrow RPH_2 + NaX$$
伯膦

$$RPH_2 + Na \longrightarrow RHPNa \xrightarrow{R'X} \begin{matrix}R\\R'\end{matrix}{>}PH + NaX$$
仲膦

$$RPH_2 + 2R'X \longrightarrow R_2'RP + 2HX$$
叔膦

伯膦和仲膦也可以利用碘化鏻和碘烷在氧化锌存在下加热至 150℃ 左右合成。

$$2RI + 2PH_4I + ZnO \longrightarrow 2RPH_2 \cdot HI + ZnI_2 + H_2O$$
$$2RPH_2 \cdot HI + ZnO \longrightarrow 2RPH_2 + ZnI_2 + H_2O$$
$$RPH_2 + RI \longrightarrow R_2PH \cdot HI$$
$$2R_2PH \cdot HI + ZnO \longrightarrow 2R_2PH + ZnI_2 + H_2O$$

叔膦还可以利用格氏试剂和三氯化磷的反应合成。

$$3CH_3MgI + PCl_3 \xrightarrow{\text{乙醚}} (CH_3)_3P + 3Mg \bigg\langle{\begin{array}{c} Cl \\ I \end{array}}$$

三甲膦

$$3C_6H_5MgBr + PCl_3 \xrightarrow{\text{乙醚}} (C_6H_5)_3P + 3Mg \bigg\langle{\begin{array}{c} Cl \\ Br \end{array}}$$

三苯膦

膦非常容易被氧化，较低级的膦在空气中会迅速氧化而发生自燃。当以空气或硝酸为氧化剂时，伯、仲、叔膦分别会被氧化成烷基膦酸，二烷基次膦酸和三烷基氧化膦。烷基膦酸和二烷基次膦酸都是结晶固体，易溶于水，呈强酸性。

$$RPH_2 \xrightarrow{[O]} \begin{array}{c} O \\ \uparrow \\ R-P-OH \\ | \\ OH \end{array}$$

烷基膦酸

$$R_2PH \xrightarrow{[O]} \begin{array}{c} O \\ \uparrow \\ R-P-OH \\ | \\ R \end{array}$$

二烷基次膦酸

$$R_3P \xrightarrow{[O]} R_3P \rightarrow O$$

三烷基氧化膦

叔膦可与氯或硫反应，生成五价磷化合物，还可与卤代烷反应生成季鏻盐。

$$R_3P + Cl_2 \longrightarrow R_3PCl_2$$

$$R_3P + S \longrightarrow R_3P \rightarrow S$$

$$(C_2H_5)_3P + C_2H_5I \longrightarrow [(C_2H_5)_4P]^+I^-$$

$$(C_6H_5)_3P + \begin{array}{c} R^1 \\ R^2 \end{array}\!\!> CHX \longrightarrow \left[(C_6H_5)_3P^+ - C \begin{array}{c} R^1 \\ | \\ H \\ | \\ R^2 \end{array} \right] X^-$$

11.3.3 磷叶立德的合成

叶立德（Yelid）又称鏻内盐，是指由供电子的 Lewis 结构形成的正负电荷处于邻位，且均满足八电子结构的内盐分子。叶立德在有机化学，尤其是有机合成中应用广泛。最常见的叶立德是磷叶立德，磷叶立德是由带正电荷的磷原子与带负电荷的碳原子直接相连的一类结构特殊的化合物。通常磷叶立德可以写成以下共振式（A 和 B 所示），其中一个共振杂化体具有双键（B），实际上它是 A 和 B 的共振杂化体，即 C 型结构。

$$\underset{A}{Ph_3\overset{+}{P}-\overset{-}{C}\!\!\begin{array}{c} R \\ R' \end{array}} \rightleftharpoons \underset{B}{Ph_3P=C\!\!\begin{array}{c} R \\ R' \end{array}} \quad \underset{C}{Ph_3\overset{\delta+}{P}=\!\!=\!\!=\overset{\delta-}{C}\!\!\begin{array}{c} R \\ R' \end{array}}$$

根据取代基的不同，磷叶立德可以分为三种类型：当 R 或 R′ 为强吸电子基时，为稳定的磷叶立德；当 R 或 R′ 为烷基时，为活泼的磷叶立德；当 R 或 R′ 为烯基或芳基时，为中等活泼的磷叶立德。

磷叶立德通常用磷盐法合成，即用叔膦与卤代烷反应生成季鏻盐，经强碱除去 α-C 上的 H 而得。用于合成磷叶立德的卤代烷可以是伯卤代烷，也可以是仲卤代烷，不能是叔卤代烷。用于合成磷叶立德的强碱包括氨、三乙基胺、碳酸钠、氢氧化钠、醇钠或醇钾、氨基钠、烷基锂、氢化钠等。碱的选择取决于鏻盐中 α-H 的酸性。例如，苯甲酰亚甲基三苯基膦烷和对硝基苯甲酰亚甲基三苯基膦烷可以用相应的鏻盐与碳酸钠水溶液反应合成。

$$\overset{+}{Ph_3P}-CH_2\overset{O}{\overset{\|}{C}}-C_6H_5 \quad Br^- \xrightarrow{Na_2CO_3 \text{ 水溶液}} Ph_3P=\overset{H}{\overset{|}{C}}-\overset{O}{\overset{\|}{C}}-C_6H_5$$
$$pK_a=5.5$$

$$\overset{+}{Ph_3P}-H_2\overset{O}{\overset{\|}{C}}-C_6H_4-NO_2 \quad Br^- \xrightarrow{Na_2CO_3 \text{ 水溶液}} Ph_3P=\overset{H}{\overset{|}{C}}-\overset{O}{\overset{\|}{C}}-C_6H_4-NO_2$$
$$pK_a=4.2$$

这是因为 R 或 R′ 通过拉电子诱导效应或共轭效应使 α-C 上面的负电荷稳定，导致 α-H 的酸性较强，因此用较弱的碱如氨或碳酸钠就可以反应。

相反，如果 R 或 R′ 不能使 α-C 上面的负电荷稳定，α-H 的酸性较弱时，就必须用较强的碱反应。例如：

$$\overset{+}{Ph_3P}CH_3 \quad Br^- \xrightarrow{NaH} \overset{+}{Ph_3P}-\overset{-}{CH_2}+NaBr+H_2$$

$$\overset{+}{Ph_3P}CH_2CH_3 \quad Br^- \xrightarrow{n\text{-BuLi}} \overset{+}{Ph_3P}-\overset{-}{CHCH_3}+LiBr$$

11.3.4　磷叶立德的反应

磷叶立德的化学性质主要取决于其碳负离子的稳定性。如果 R 或 R′ 是强的吸电子基（如—COOCH$_2$CH$_3$）时，磷叶立德的碳负离子稳定，遇水不反应。当 R 或 R′ 是烷基时，磷叶立德不稳定，不仅对羰基化合物有很高的反应活性，而且也能和水、醇、氧等发生反应。

当活泼的磷叶立德与水或醇反应时，能迅速夺取一个质子生成相应的鏻氢氧化物或鏻烷氧化物，随后分解成氧化膦和碳氢化合物。

$$\overset{+}{R_3P}-CR_2' \xrightarrow{H_2O} R_3PCHR_2' \ OH^- \begin{array}{l} \longrightarrow R_3P=O+CH_2R_2' \\ \longrightarrow R_2P(O)CR_2'+RH \end{array}$$

$$R=\text{烷基，芳香基；} R'=H, \text{芳香基}$$

$$Ph_3P=CH-C_6H_4-NO_2 \underset{EtOD}{\rightleftharpoons} \overset{+}{Ph_3P}-CHD-C_6H_4-NO_2 \ EtO^- \rightleftharpoons \overset{+}{Ph_3P}-\overset{-}{CD}-C_6H_4-NO_2$$

$$\underset{EtOD}{\rightleftharpoons} \overset{+}{Ph_3P}-CD_2-C_6H_4-NO_2 \ EtO^- \xrightarrow{EtOD} Ph_3P=O+ \ CD_3-C_6H_4-NO_2$$

磷叶立德能被氧化成羰基化合物，后者再与磷叶立德反应生成烯烃。

$$Ph_3P=CRR'+O_2 \longrightarrow RR'CO+Ph_3P=O$$

$$RR'CO+Ph_3P=CRR' \longrightarrow RR'C=CRR'+Ph_3P=O$$

因此，在制备磷叶立德时，一般需要在氮气保护下进行，防止与空气中的氧气和水分接触，所用的溶剂一般是非质子性溶剂（如碳氢化合物、干醚、液氨等）。

活泼的磷叶立德的碳负离子还能与卤代烷或酰基化试剂发生反应，在磷叶立德分子上引入烷基或酰基。

$$Me_3P\!=\!CH_2 + MeI \longrightarrow Me_3\overset{+}{P}\!-\!CH_2CH_3\,I^- \xrightarrow{EtONa} Me_3P\!=\!CHCH_3$$

$$R_3P\!=\!CH_2 + R'COX \longrightarrow \left[\,R_3\overset{+}{P}\!-\!CH_2\!-\!\overset{\overset{O}{\|}}{C}R'X^-\,\right] \xrightarrow{R_3P=CH_2} R_3P\!=\!CH\!-\!\overset{\overset{O}{\|}}{C}R' + R_3\overset{+}{P}CH_3\,X^-$$

$$Ph_3P\!=\!CH_2 + RCOOEt \longrightarrow \left[\,Ph_3\overset{+}{P}\!-\!CH_2\overset{\overset{O}{\|}}{C}REtO^-\,\right] \longrightarrow Ph_3P\!=\!CHCR + EtOH$$

11.3.5 威蒂格（Wittig）反应

1953 年，德国科学家威蒂格（Wittig）发现二苯基酮和亚甲基三苯基膦反应可以得到接近定量产率的 1,1-二苯基乙烯和三苯氧化膦，这个发现引起了有机合成化学工作者的高度重视，并把它称为威蒂格（Wittig）反应。

$$Ph_3P\!=\!CH_2 + O\!=\!C\!\!\begin{array}{c}C_6H_5\\C_6H_5\end{array} \longrightarrow Ph_3P\!=\!O + CH_2\!=\!C\!\!\begin{array}{c}C_6H_5\\C_6H_5\end{array}$$

一般认为威蒂格反应分为两步。

第一步，磷叶立德的碳负离子进攻羰基碳形成内锑盐，这步反应是可逆的。

$$Ph_3P\!=\!CR_2' \longrightarrow \begin{array}{c}Ph_3\overset{\oplus}{P}\!-\!\overset{\ominus}{CR_2'}\\R\!-\!C\!=\!O\\|\\R\end{array} \underset{k_2}{\overset{k_1}{\rightleftharpoons}} \begin{array}{c}R_2C\!-\!CR_2'\\|\quad\ |\\O\quad PPh_3\\\qquad\ominus\end{array}$$

第二步，内锑盐经过一个氧磷杂环丁烷中间体，然后脱去三苯氧化膦生成烯烃。

$$\begin{array}{c}R_2C\!-\!CR_2'\\|\quad\ |\\\ominus O\ \oplus PPh_3\end{array} \rightleftharpoons \begin{array}{c}R_2C\quad CR_2'\\|\qquad\ |\\O\!-\!PPh_3\end{array} \xrightarrow{k_3} \begin{array}{c}R_2C\!=\!CR_2'\\+\\Ph_3P\!=\!O\end{array}$$

威蒂格反应能在特定位置形成 C=C 双键，反应条件温和，产率较高，是合成烯烃的一种重要方法。例如：

$$\text{环己酮} + Ph_3P\!=\!CH_2 \longrightarrow \text{亚甲基环己烷} = CH_2 + Ph_3P\!=\!O$$

$$\begin{array}{c}Ph\\ \ \ \ C\!=\!O\\Ph\end{array} + Ph_3P\!=\!\square \xrightarrow{(C_2H_5)_2O} \begin{array}{c}Ph\\ \ \ \ C\!=\!\square\\Ph\end{array} + Ph_3P\!=\!O$$

在正常情况下，磷叶立德能和 α,β-不饱和醛、酮反应，生成共轭多烯烃。

$$Ph_3P\!=\!\underset{\underset{CH_3}{|}}{C}\!-\!COOCH_3 + CH_2\!=\!CH\!-\!CHO \longrightarrow \begin{array}{c}CH_2\!=\!CH\quad CH_3\\ \ \ \ \ \ \ \ \ \ \ C\!=\!C\\H\qquad\ COOCH_3\end{array} + Ph_3P\!=\!O$$

同分子双磷叶立德，如 1,3-二亚丙基双磷叶立德，与邻苯二甲醛反应，可得到双环化合物 3,4-苯并环庚三烯，产率为 28%。

$$\begin{array}{c}CH\!=\!PPh_3\\|\\CH_2\\|\\CH\!=\!PPh_3\end{array} + \begin{array}{c}OHC\\ \\OHC\end{array} \longrightarrow \text{(双环产物)} + 2Ph_3P\!=\!O$$

拓展知识

2,4,6-三硝基甲苯

2,4,6-三硝基甲苯（2,4,6-trinitrotoluene，TNT）是一种无色或淡黄色晶体，无臭，有吸湿性，熔点为 354K（80.9℃）。它带有爆炸性，是常用炸药成分之一。1863 年，德国化学家威尔伯兰特（Julius Wilbrand）在一次失败的实验中发明了 TNT 炸药。TNT 是一种威力很强而又相当安全的黄色炸药，即使被子弹击穿一般也不会燃烧和起爆，安全性优于苦味酸炸药（三硝基苯酚）。每千克 TNT 炸药可产生 420 万焦耳的能量，相当于 20 颗手榴弹。一直到第二次世界大战结束时，TNT 一直是综合性能最好的炸药，被称为"炸药之王"。现今有关爆炸和能量释放的研究，也常常用"公斤 TNT 炸药"或"吨 TNT 炸药"为单位，以比较爆炸、地震、行星撞击等大型反应时的能量。TNT 的生产成本低，工艺成熟，各国都有大量生产。TNT 的熔点远低于分解温度，可以放心地将其熔化而不担心发生危险。熔化的 TNT 是良好的溶剂和载体，许多不易熔化的粉状炸药都可以与其混熔后浇铸成型。片状的 TNT 及用片状物压成的药块易被起爆，浇铸成块的起爆较困难。点燃 TNT 时只发生熔化和缓慢燃烧，发出黄色火焰，不会爆炸，因而常用燃烧法进行销毁。

习　题

1. 命名下列化合物。

(1) 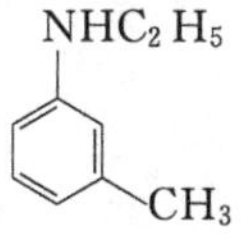 结构式（苯环上含 NHC$_2$H$_5$ 和 CH$_3$）；(2) $(CH_3)_2CHN(CH_3)_3 OH^-$；(3) $Br-\!\!\!\!\bigcirc\!\!\!\!-N(CH_3)_3 Cl^-$；

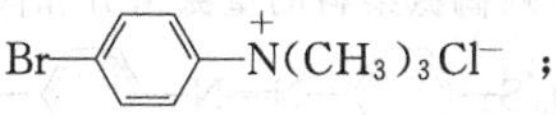

(4) 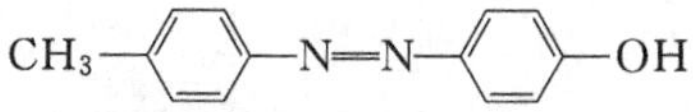 $CH_3-\!\!\!\!\bigcirc\!\!\!\!-N=N-\!\!\!\!\bigcirc\!\!\!\!-OH$；(5) $CH_3-\!\!\!\!\bigcirc\!\!\!\!-N=N-\!\!\!\!\bigcirc\!\!\!\!-N(CH_3)_2$

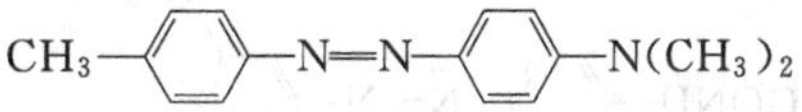

2. 用化学方法鉴别下列各组化合物。

(1) 乙醇、乙醛、乙酸和乙胺

(2) 邻甲基苯胺、N-甲基苯胺、N,N-二甲基苯胺和乙酰苯胺

3. 将下列各组化合物按碱性由强到弱排列顺序。

(1) CH_3CONH_2、CH_3NH_2、NH_3 和 $\bigcirc\!\!\!\!-NH_2$

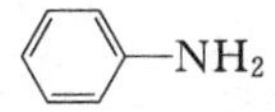

(2) 对甲苯胺、苄胺、2,4-二硝基苯胺和对硝基苯胺

(3) 苯胺、甲胺、三苯胺和 N-甲基苯胺

(4) 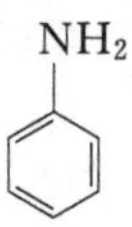 结构式（苯环 NH$_2$）、（环己基 NH$_2$）和（苯环 NHCOCH$_3$）

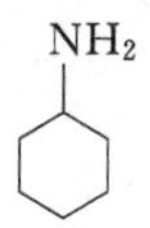

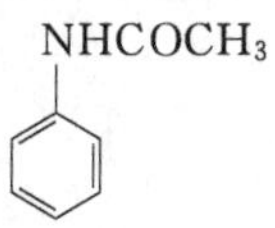

4. 完成下列各反应式。

(1) 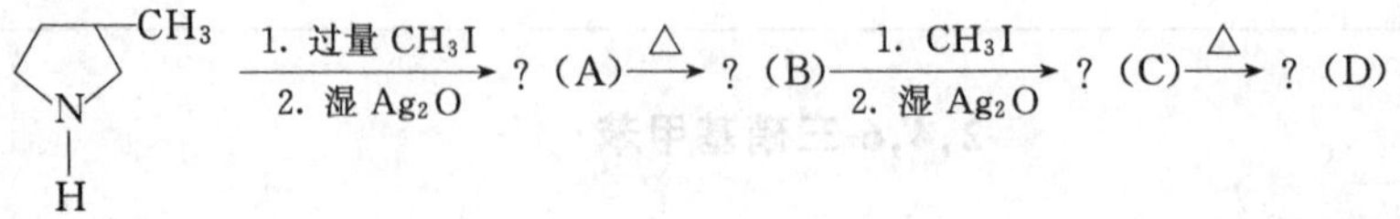
3-甲基吡咯烷 $\xrightarrow[\text{2. 湿 } Ag_2O]{\text{1. 过量 } CH_3I}$? (A) $\xrightarrow{\triangle}$? (B) $\xrightarrow[\text{2. 湿 } Ag_2O]{\text{1. } CH_3I}$? (C) $\xrightarrow{\triangle}$? (D)

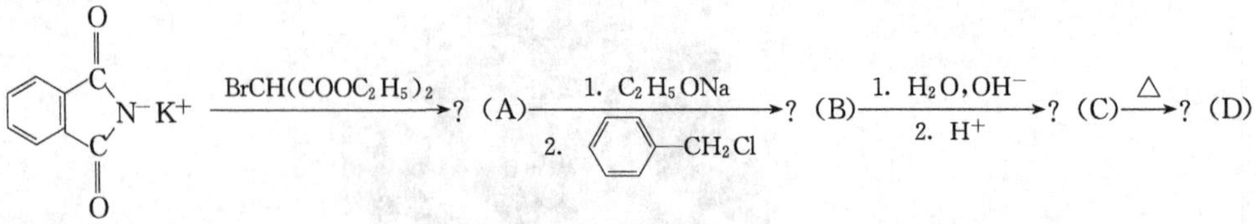

(2)
邻苯二甲酰亚胺钾 $\xrightarrow{BrCH(COOC_2H_5)_2}$? (A) $\xrightarrow[\text{2. } C_6H_5\text{-}CH_2Cl]{\text{1. } C_2H_5ONa}$? (B) $\xrightarrow[\text{2. } H^+]{\text{1. } H_2O, OH^-}$? (C) $\xrightarrow{\triangle}$? (D)

(3) $POCl_3 + CH_3\text{-}\bigcirc\text{-}OH \xrightarrow{\triangle}$ (   )

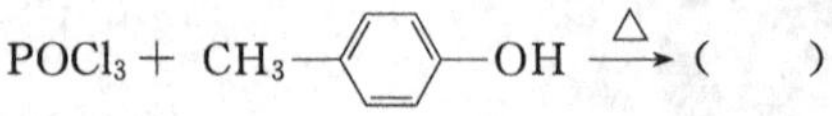

(4) $(n\text{-}C_4H_9O)_3P + n\text{-}C_4H_9Br \xrightarrow{\triangle}$ (   )

5. 完成下列转变为什么要保护氨基？如何保护？

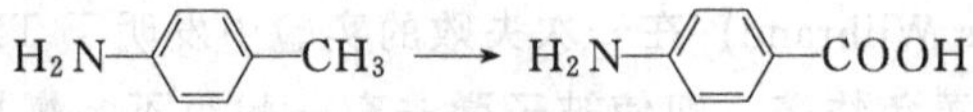

$$H_2N\text{-}\bigcirc\text{-}CH_3 \longrightarrow H_2N\text{-}\bigcirc\text{-}COOH$$

6. 写出下列季铵碱受热分解时，生成的主要烯烃的结构。

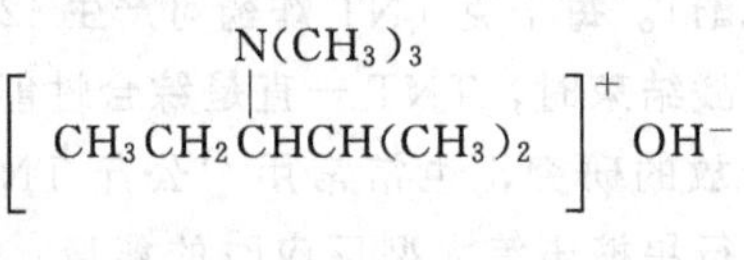

(1) 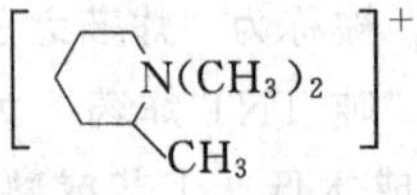 $\left[\bigcirc\overset{N(CH_3)_2}{\underset{CH_3}{}} \right]^+ OH^-$ (2) $\left[CH_3CH_2\overset{N(CH_3)_3}{\underset{|}{C}}HCH(CH_3)_2 \right]^+ OH^-$

(3) $\left[\bigcirc\overset{CH_3}{\underset{N(CH_3)_3}{}} \right]^+ OH^-$

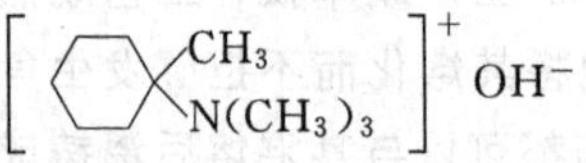

7. 试解释下面的偶合反应为什么在不同 pH 值时得到不同偶合产物？

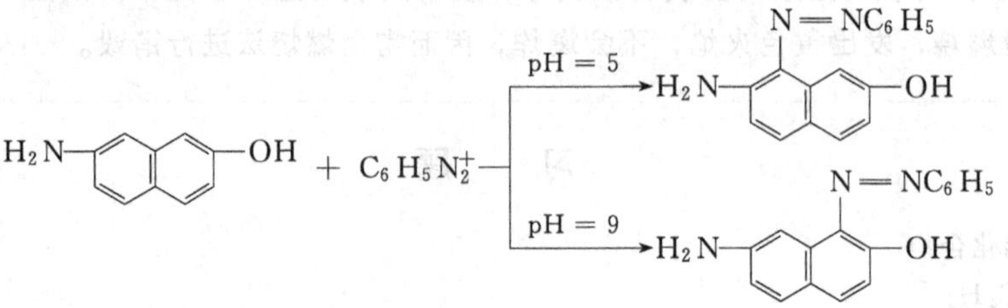

8. 指出下列偶氮染料的重氮组分和偶联组分。

(1) 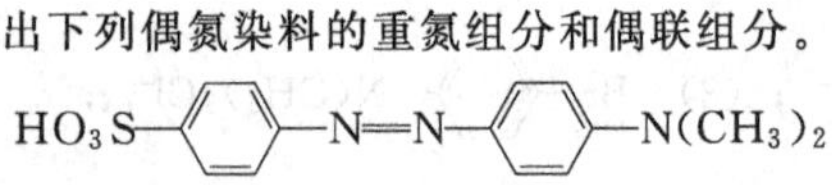 $HO_3S\text{-}\bigcirc\text{-}N=N\text{-}\bigcirc\text{-}N(CH_3)_2$

(2)

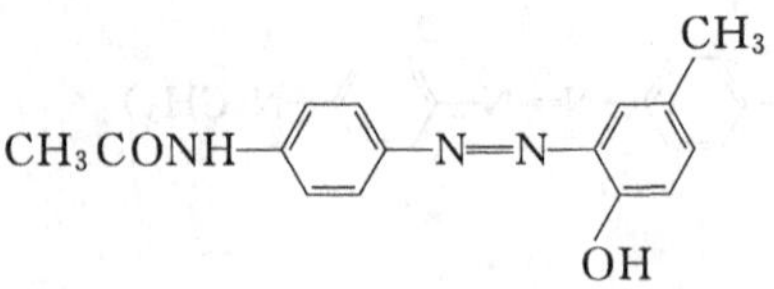

(3)

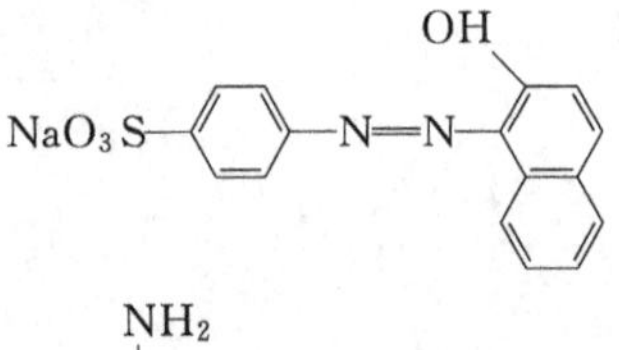

(4)

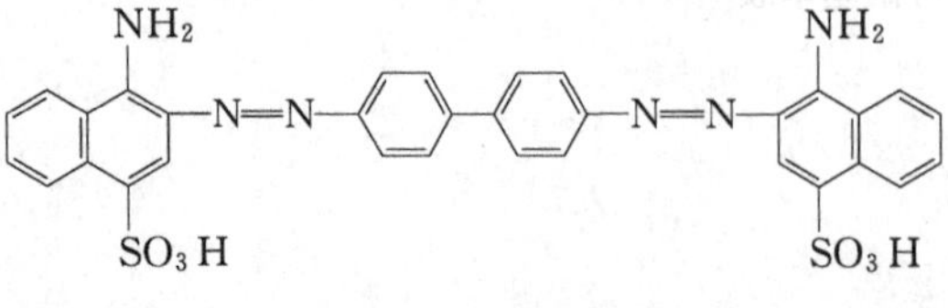

9. 以苯或甲苯及三个碳原子以下的有机化合物为原料合成下列化合物。

(1) 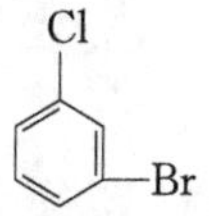 ；(2) 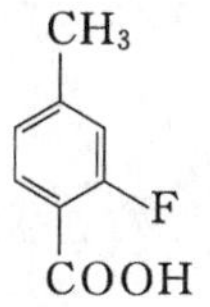 ；(3) CH_3CONH—〈〉—$\overset{O}{\underset{\parallel}{C}}$—〈〉—$NO_2$

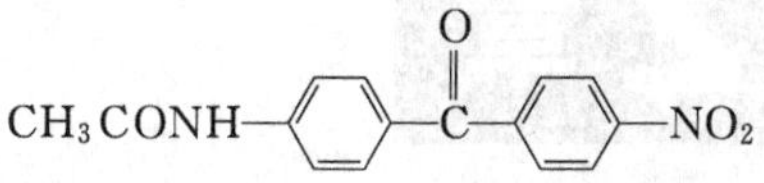

10. 完成下列转化。

(1)

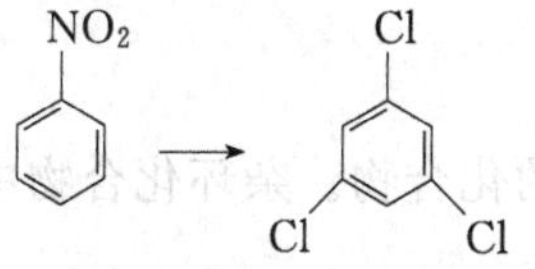

(2)

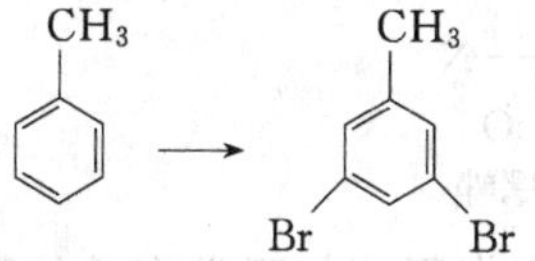

(3)

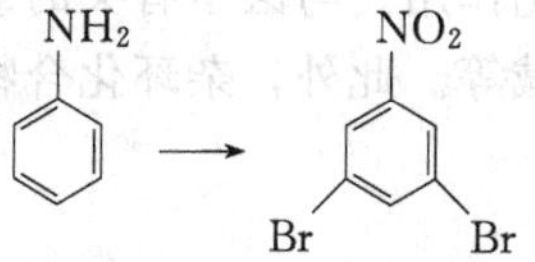

(4)

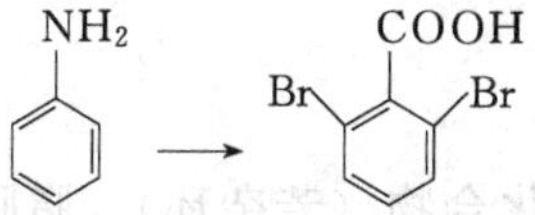

(5) 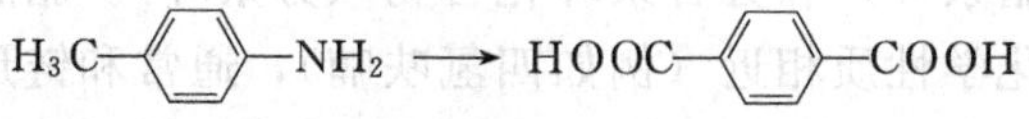 H_3C—〈〉—NH_2 ⟶ $HOOC$—〈〉—$COOH$

(6) 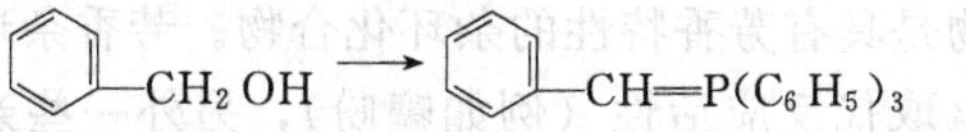 〈〉—CH_2OH ⟶ 〈〉—$CH{=}P(C_6H_5)_3$

11. 如何把苯胺从乙醚溶剂中分离出来。

12. 能否以氯苯为原料，利用 Gabriel 合成法合成苯胺，为什么？

13. 给出下列化合物 A、B、C 的构造式。

(1) 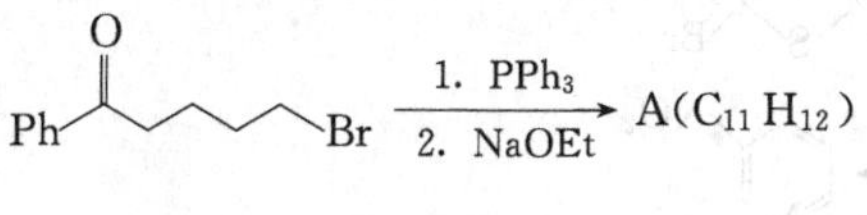 Ph—$\overset{O}{\underset{\parallel}{C}}$—$(CH_2)_3$—$Br$ $\xrightarrow[\text{2. NaOEt}]{\text{1. PPh}_3}$ $A(C_{11}H_{12})$

(2) Br—$(CH_2)_3$—Br $\xrightarrow[\text{2. BuLi}]{\text{1. PPh}_3}$ $B(C_{39}H_{34}P_2)$ $\xrightarrow{\text{（邻苯二甲醛）}}$ $C(C_{11}H_{10})$

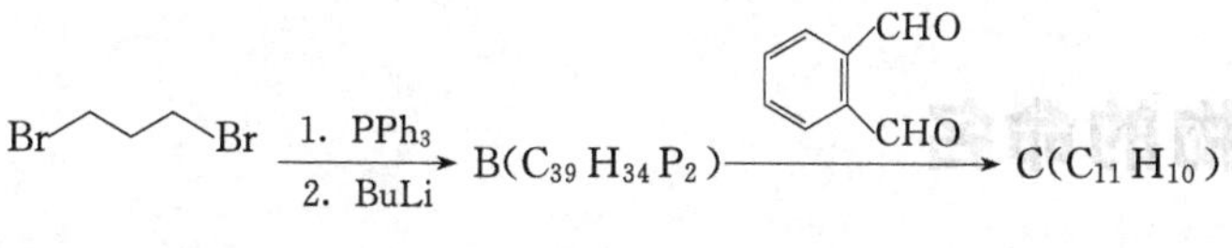

第12章

杂环化合物

杂环化合物为环状骨架除碳原子还至少含有一个杂原子的化合物。杂环化合物中最常见的杂原子是氮原子、氧原子和硫原子。例如：

吡啶　　　呋喃　　　噻吩　　　噁唑

杂环化合物广泛存在于自然界中，发挥着重要的医用生化作用。与医学有关的重要化合物多数为杂环化合物，例如核酸、盐酸小檗碱、激素和生物碱等。此外，杂环化合物还广泛应用于药物、杀虫剂、除草剂、染料和塑料等领域。

12.1 杂环化合物的分类

杂环化合物分为脂肪杂环化合物（脂杂环）和芳香杂环化合物（芳杂环）。脂肪杂环化合物的化学性质与相应的链形化合物的化学性质相近（例如四氢呋喃），通常和链形化合物一起学习，本章不予讨论。芳香杂环化合物是具有芳香特性的杂环化合物。芳香杂环化合物的化学活性不同，某些具有比苯更大的亲电取代反应活性（例如噻吩），另外一些亲电取代反应活性较小，只有在极端的条件下才能够发生亲电取代反应（例如吡啶）。

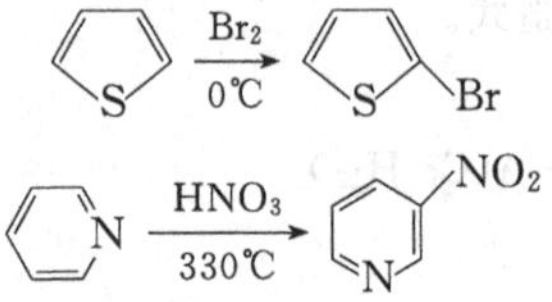

$$\text{噻吩} \xrightarrow[0\text{℃}]{Br_2} \text{2-溴噻吩}$$

$$\text{吡啶} \xrightarrow[330\text{℃}]{HNO_3} \text{3-硝基吡啶}$$

12.2 杂环化合物的命名

杂环化合物的命名比较复杂，有特定名称的杂环化合物原则上是外文名称的 2~3 个汉字的音译，名词的结构尊重我国的习惯，以"口"字旁作为杂环的标志。常见杂环化合物如下：

噻吩　　呋喃　　吡咯　　咪唑　　吡唑　　吡啶　　嘧啶

吡嗪　　哒嗪　　噁唑　　噻唑　　吡喃　　吲嗪　　吲哚

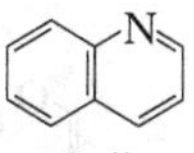

喹啉 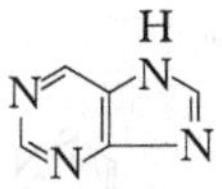　　　嘌呤 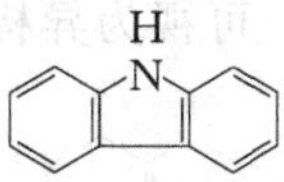　　　咔唑 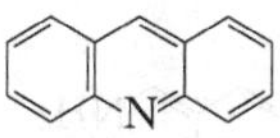　　　吖啶

环上有取代基的化合物，命名时以杂环为母体，将杂原子定为 1 号，杂原子旁边的碳原子按数字顺序依次排序，使带有取代基的碳原子的位次保持最小。当杂环上含有两个及两个以上相同的杂原子时，应使杂原子所在的位次的数字最小。环上有不同的杂原子时，按照氧、硫、氮的顺序编号。例如：

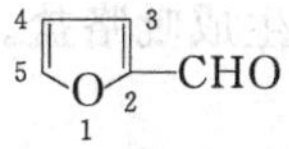

2- 呋喃甲醛 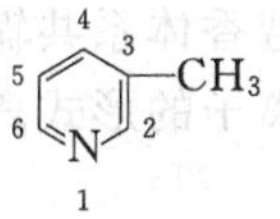　　　3- 甲基吡啶 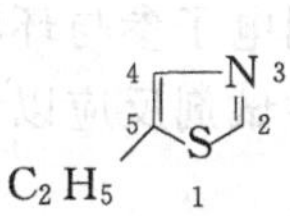　　　5- 乙基噻唑 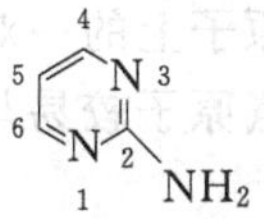　　　2- 氨基嘧啶

环上只有一个杂原子时，有时也可以把靠近杂原子的位置称作 α 位，其次是 β 位，再次是 γ 位。例如：

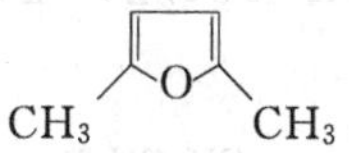

α,α'- 二甲基呋喃　　　β- 吲哚乙酸　　　γ- 吡啶甲酸

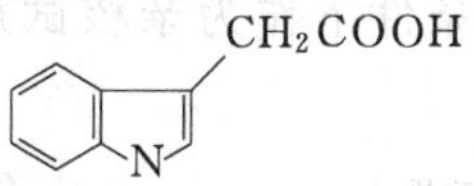

（2,5- 二甲基呋喃）　　　（3- 吲哚乙酸）　　　（4- 吡啶甲酸）

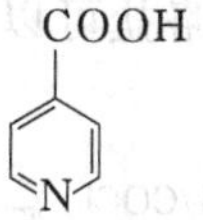

环上有两个或多个杂原子同时还有取代基时，首先要使杂原子编号尽可能小，然后再按最低系列原则考虑取代基的编号。例如：

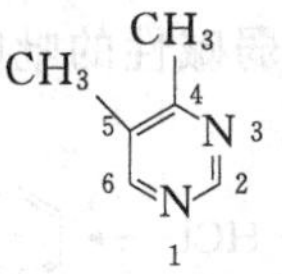

4,5- 二甲基嘧啶

苯并杂环的稠杂环化合物，编号方式与稠环芳烃相同，但编号一般从杂环开始，然后再编苯环。例如：

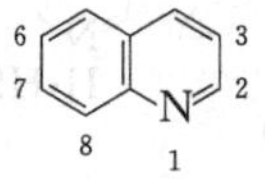

喹啉 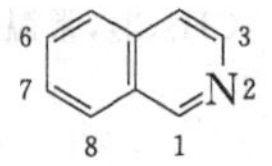　　　异喹啉

杂环母体中每个碳原子上只有一个氢原子，氮原子有的有氢原子（例如吡咯），有的没有氢原子（例如吡啶），它们往往处于最高不饱和状态（非累积双键数已达最高程度）。如果有些杂原子化合物中某个碳原子上具有两个氢原子，命名时其中增加的那个氢原子的位置编号放在词首，并且氢用大写斜体 H 表示，同时在并环上的氢应注明编号（用 α、β、γ… 表示）。

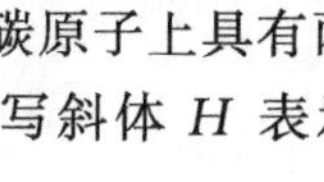

$3H$- 吲哚 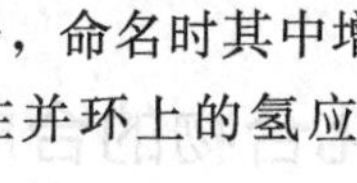　　　$4\alpha H$- 咔唑

当杂原子在环上的位置不同时，可视为异构体。

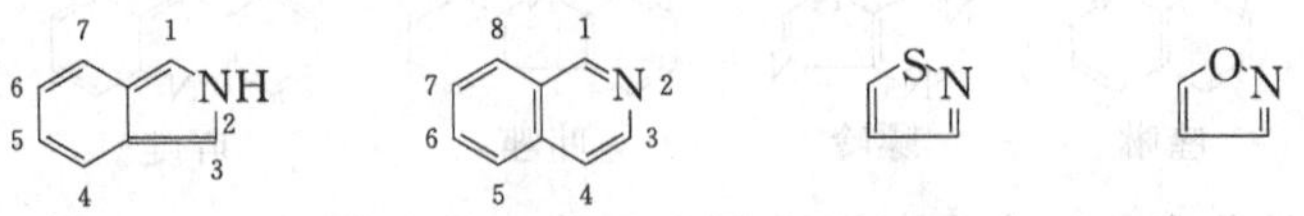

异吲哚   异喹啉   异噻唑   异噁唑

12.3   吡咯和吡啶的酸碱性

吡咯氮原子上的一对未共用电子参与环状芳香体系共轭，氮原子的电子密度降低，导致氮原子上的氢原子较易与强碱性试剂反应以氢离子的形式离去，生成吡咯盐。因此吡咯具有弱酸性。

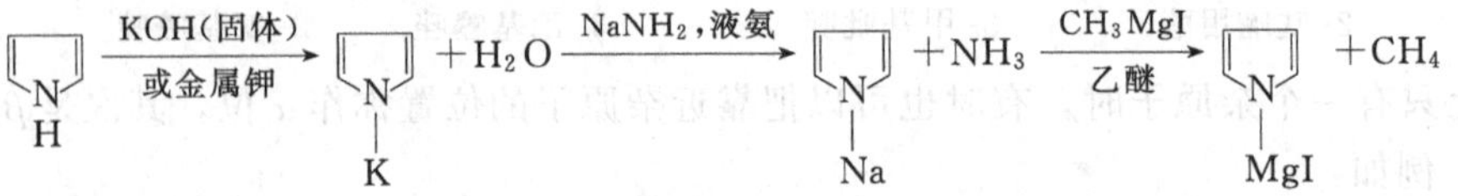

生成的吡咯盐可以在一定条件下作为亲核试剂与许多化合物反应，生成吡咯的 N-取代物。

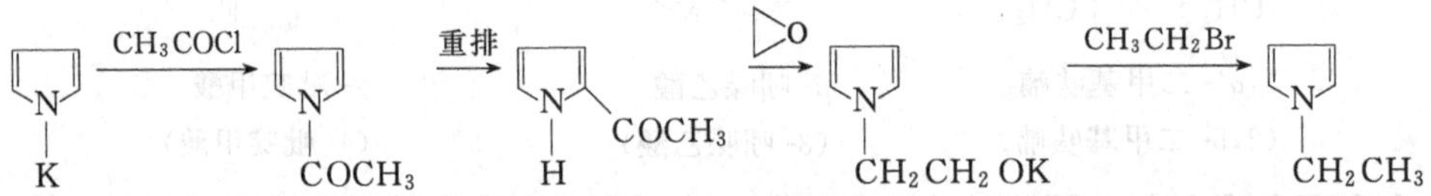

吡啶氮原子 sp^2 杂化轨道上的一对未共用电子不参与环状芳香体系共轭，氮原子呈现较大的电子云密度，因此吡啶可以和质子结合而呈现弱碱性。吡啶的碱性比苯胺强，与 N,N-二甲基苯胺相仿，比氨和脂肪胺弱得多。弱碱性的吡啶在工业上主要用来吸收反应中生成的酸，常称为缚酸剂。例如：

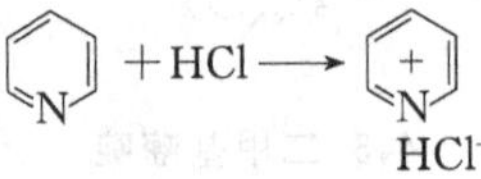

吡啶容易和三氧化硫反应生成无水 N-磺酸吡啶，随后在热水中水解生成吡啶硫酸盐，因此吡啶还可以用作缓和的磺化剂。

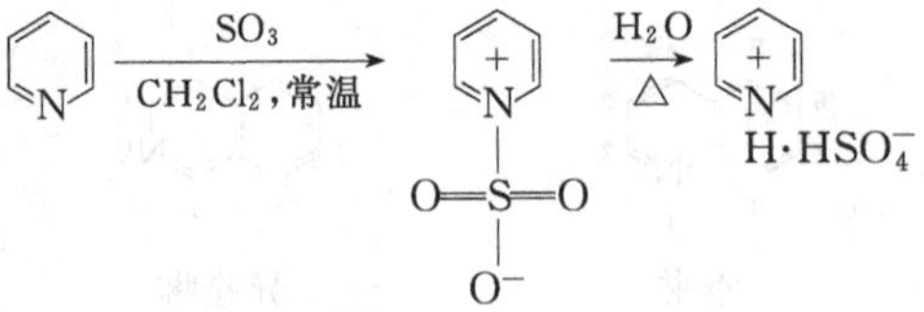

12.4   杂环化合物的合成

12.4.1   五元杂环化合物的合成

利用二羰基化合物和含有杂原子的亲核试剂发生成环反应是合成杂环化合物一种通用的方法。例如利用 1-苯基-1,4-戊二酮和氨反应合成 2-甲基-5-苯基吡咯，反应式为：

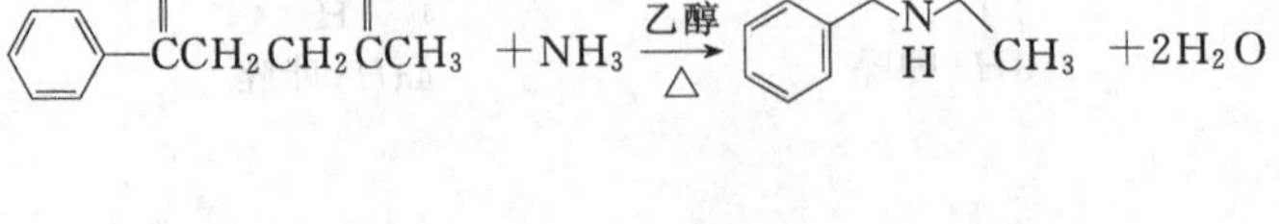

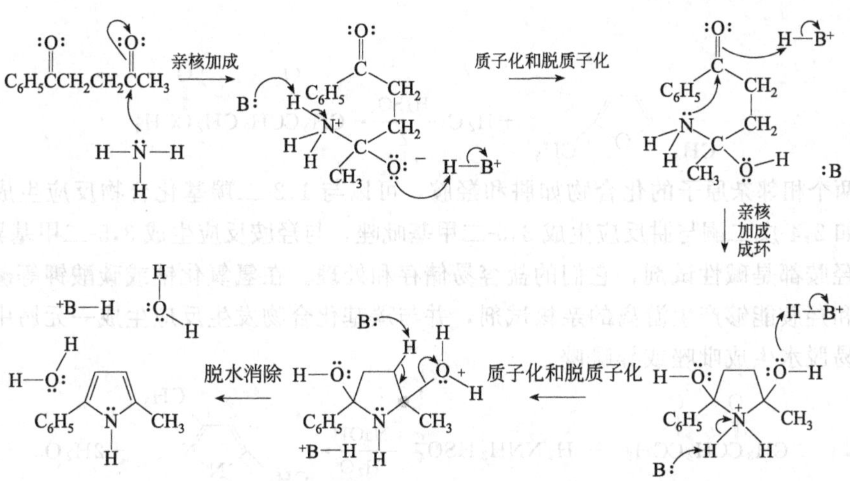

上述反应的历程为：首先亲核试剂氨攻击一个羰基，生成氨基酮中间体，然后氨基酮中间体中的氨基进攻另外一个羰基发生成环反应生成稳定的五元环，最后经过脱水消除反应生成最终产物。

同样，1-苯基-1,4-戊二酮和五硫化二磷（P_4S_{10}）在加热下反应生成 2-甲基-5-苯基噻吩。反应式为：

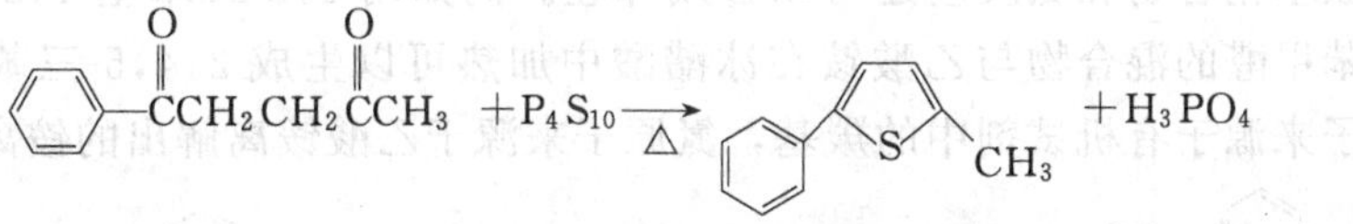

$$C_6H_5COCH_2CH_2CH_2COCH_3 + P_4S_{10} \xrightarrow{\triangle} \text{（2-甲基-5-苯基噻吩）} + H_3PO_4$$

硫化磷的分子结构复杂，在反应式中不容易进行描述。在反应过程中，硫化磷的作用主要是硫原子替代氧原子生成硫代羰基，后者的生成可能是在酮的烯醇互变过程完成的。硫代羰基中的硫原子作为亲核试剂进攻分子中的另一个羰基，生成稳定的五元环。具体的反应历程如下：

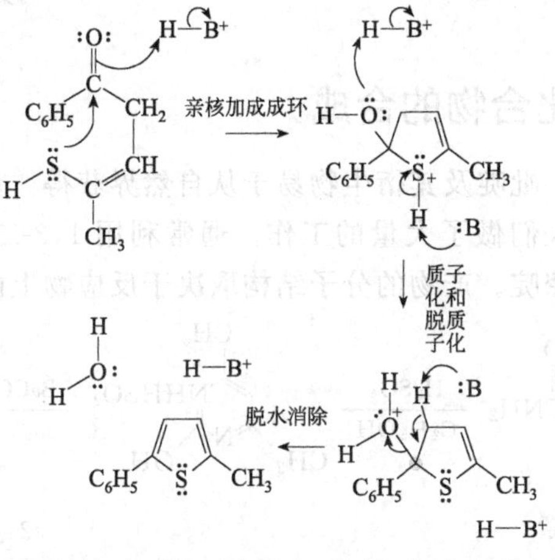

1-苯基-1,4-戊二酮在酸中加热生成 2-甲基-5-苯基呋喃。此时，一个酮烯醇化后作为亲核试剂参与反应形成环状半缩酮，然后脱水生成呋喃。

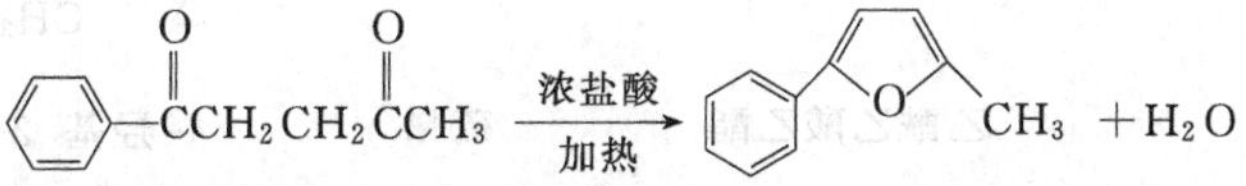

$$C_6H_5COCH_2CH_2COCH_3 \xrightarrow[\text{加热}]{\text{浓盐酸}} \text{（2-甲基-5-苯基呋喃）} + H_2O$$

促使上述成环反应进行的驱动力是生成的芳香性五元环的稳定性。吡咯和噻吩的稳定性好，不易发生开环反应。呋喃可以看作是脱水的环状半缩酮，在稀酸中加热水解生成二羰基化合物。

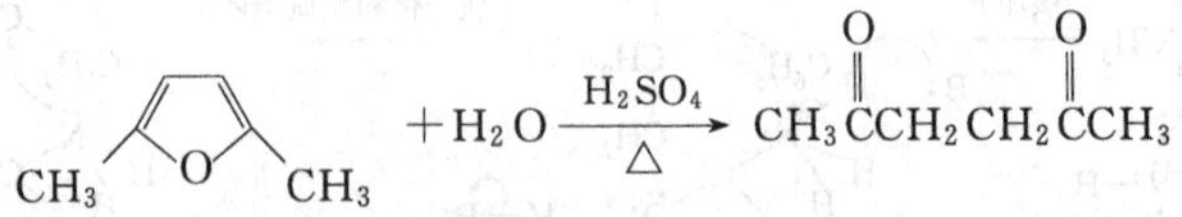

含有两个相邻杂原子的化合物如肼和羟胺，可以与 1,3-二羰基化合物反应生成吡唑和异噁唑。例如 2,4-戊二酮与肼反应生成 3,5-二甲基吡唑，与羟胺反应生成 3,5-二甲基异噁唑。

肼和羟胺都是碱性试剂，它们的盐容易储存和处理。在氢氧化钠或碳酸钾等碱性试剂存在下，肼和羟胺能够产生游离的亲核试剂，并与羰基化合物发生反应生成一元肟中间体，该中间体容易脱水生成吡唑或异噁唑。

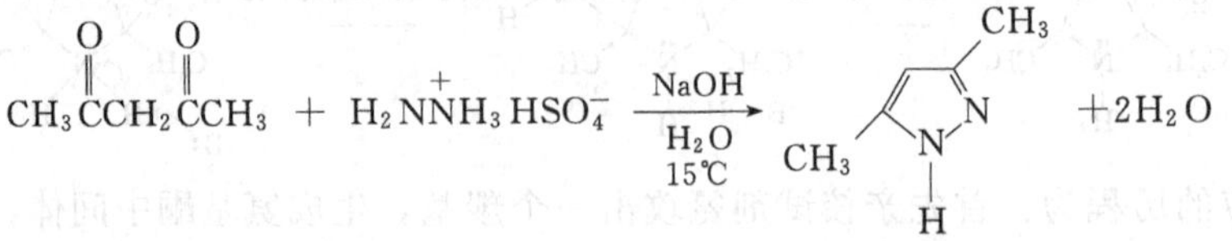

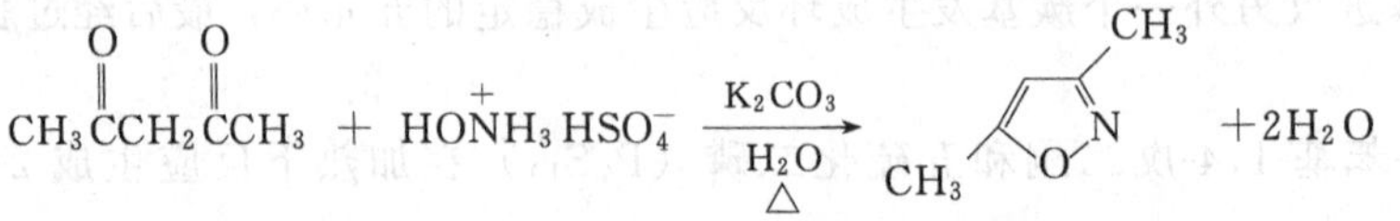

利用二羰基化合物和氨反应还可以合成咪唑。例如用 1,2-二苯基-1,2-乙烷二酮（也称苯偶酰）和苯甲醛的混合物与乙酸铵在冰醋酸中加热可以生成 2,4,5-三苯基咪唑。咪唑环的三个碳原子来源于有机试剂中的羰基，氮原子来源于乙酸铵离解出的铵离子。

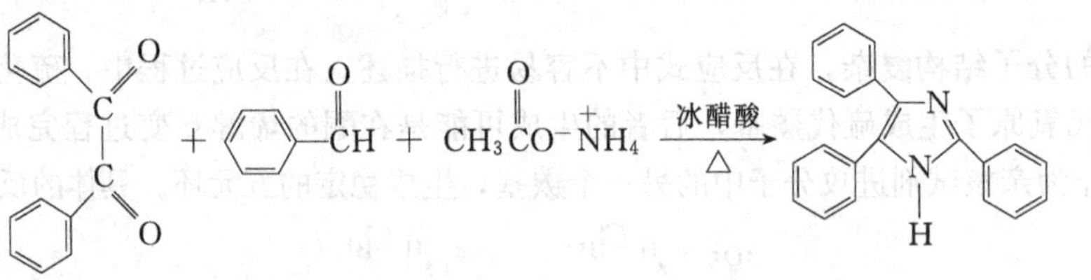

12.4.2　六元杂环化合物的合成

在六元杂环化合物中，吡啶及其衍生物易于从自然界获得。由于嘧啶在药物和核酸中的重要性，关于嘧啶的合成人们做了大量的工作。通常利用 1,3-二羰基化合物和具有尿素结构的化合物缩合反应合成嘧啶。产物的分子结构取决于反应物上的取代基。例如：

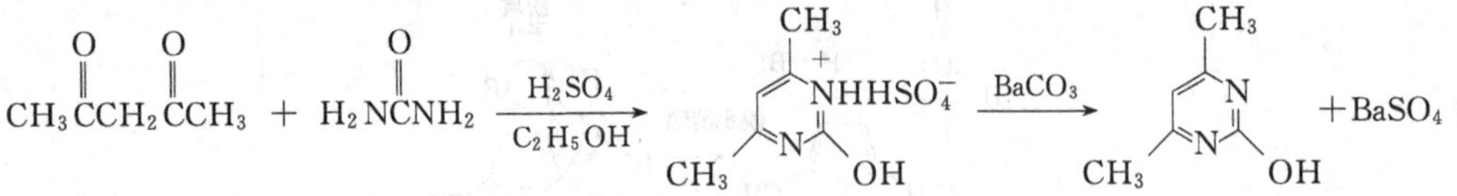

2,4-戊二酮　　　　　尿素　　　　　　　　　　　　2-羟基-4,6-二甲基嘧啶

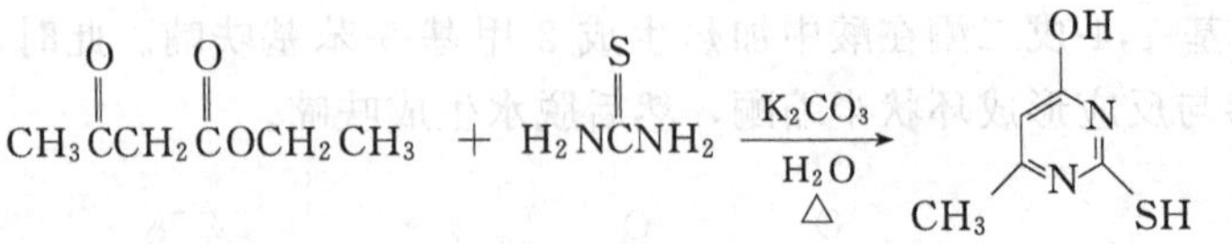

乙酰乙酸乙酯　　　　硫脲　　　　　　4-羟基-2-巯基-6-甲基嘧啶

在 2,4-戊二酮与尿素的反应过程中，尿素的氨基与酮的羰基发生亲核加成反应，并且通过互变异构、环化和脱水反应生成嘧啶。具体的反应历程如下：

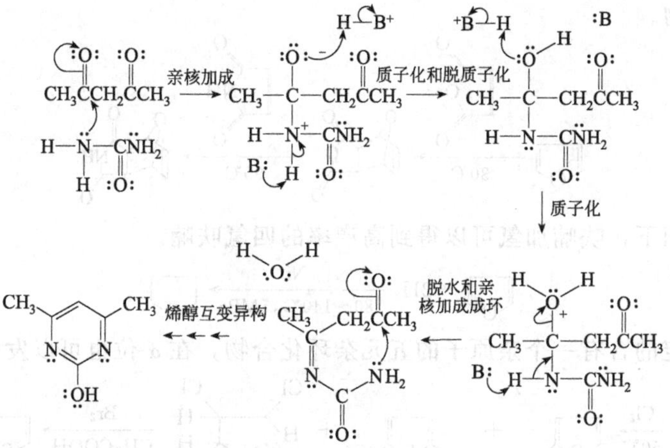

（反应机理图示：亲核加成 → 质子化和脱质子化 → 质子化 → 脱水和亲核加成成环 → 烯醇互变异构 → 产物）

12.5 杂环化合物的化学性质

12.5.1 五元杂环化合物的化学反应

五元杂环化合物具有芳香性，亲电取代反应活性比苯强，与苯酚相近，反应通常发生在杂环的 α 位上。

吡咯遇酸容易发生聚合反应，因此一般不用酸性试剂进行氯化、硝化和磺化等反应。吡咯的亲电取代反应实例如下：

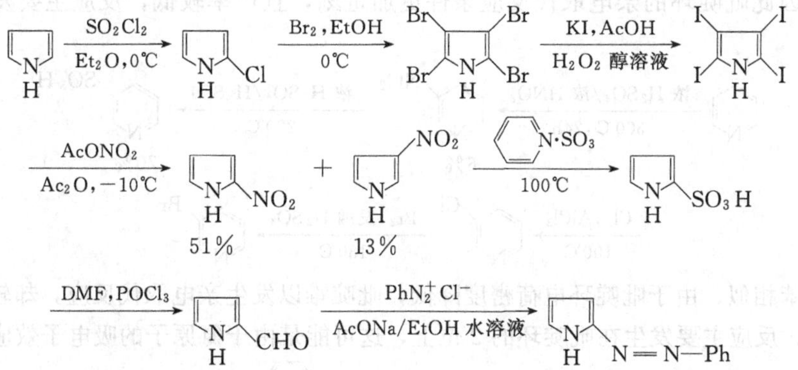

（吡咯亲电取代反应系列：吡咯 —SO₂Cl₂, Et₂O, 0℃→ 2-氯吡咯 —Br₂, EtOH, 0℃→ 四溴吡咯 —KI, AcOH, H₂O₂ 醇溶液→ 四碘吡咯）

（吡咯 —AcONO₂, Ac₂O, −10℃→ 2-硝基吡咯 51% + 3-硝基吡咯 13%；吡咯 —吡啶·SO₃, 100℃→ 2-吡咯磺酸）

（吡咯 —DMF, POCl₃→ 2-吡咯甲醛 —PhN₂⁺Cl⁻, AcONa/EtOH 水溶液→ 偶氮产物 N=N—Ph）

呋喃遇酸容易发生开环或聚合反应，因此呋喃的取代反应要选择比较温和的试剂。呋喃的取代反应实例如下：

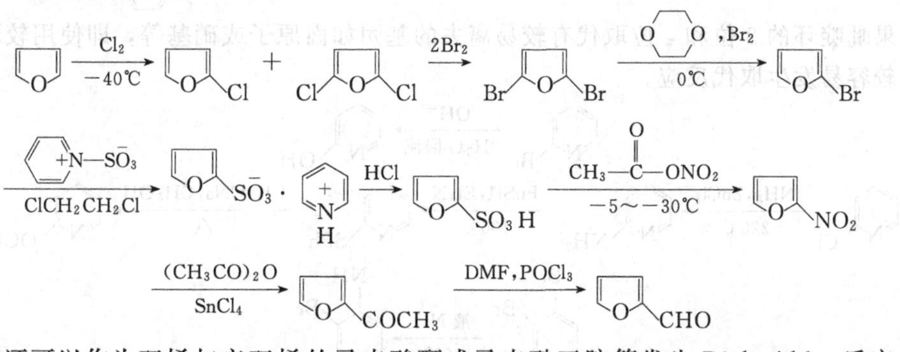

（呋喃 —Cl₂, −40℃→ 2-氯呋喃 + 2,5-二氯呋喃 —2Br₂→ 2,5-二溴呋喃 —吗啉/Br₂, 0℃→ 2-溴呋喃）

（呋喃 —吡啶·SO₃/ClCH₂CH₂Cl→ 呋喃磺酸吡啶盐 ·HCl→ 2-呋喃磺酸 —CH₃COONO₂, −5～−30℃→ 2-硝基呋喃）

（呋喃 —(CH₃CO)₂O, SnCl₄→ 2-乙酰基呋喃 —DMF, POCl₃→ 2-呋喃甲醛）

呋喃还可以作为双烯与亲双烯的马来酸酐或马来酰亚胺等发生 Diels-Alder 反应，得到高产率的加成产物。

在催化剂作用下，呋喃加氢可以得到高产率的四氢呋喃。

噻吩是最稳定的含有一个杂原子的五元杂环化合物，在 α 位也可以发生亲电取代反应。

12.5.2　六元杂环化合物的化学反应

尽管五元杂环化合物的亲电取代反应活性比苯大得多，但是吡啶的反应活性比苯小。这是因为具有更强负电性的氮原子取代苯环中的一个碳原子，降低环电荷密度，同时亲电试剂更容易进攻吡啶环的氮原子形成吡啶盐，吡啶盐的电荷密度会进一步降低，使其更难被亲电试剂攻击，因此吡啶环的亲电取代反应条件更加苛刻，且产率较低，反应主要发生在吡啶环的 3 位上。

与硝基苯相似，由于吡啶环电荷密度降低，吡啶难以发生亲电取代反应，却较容易发生亲核取代反应，反应主要发生在吡啶环的 2 位上，这可能是由于氮原子的吸电子效应引起的。

如果吡啶环的 2 位和 4 位取代有较易离去的基团如卤原子或硝基等，即使用较弱的亲核试剂也较容易发生取代反应。

吡啶还能发生如卤化、烃化等自由基反应，反应也主要发生在吡啶环的 2 位，其次发生在 4 位。

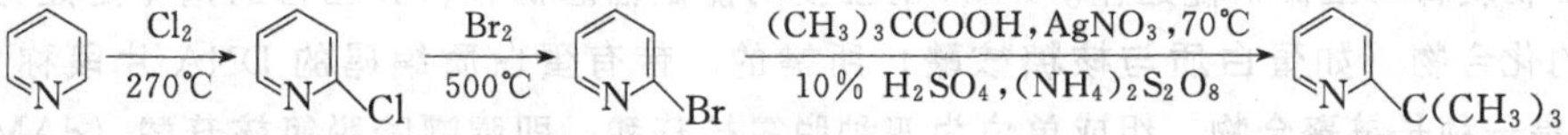

$$\text{吡啶} \xrightarrow[270℃]{Cl_2} \text{(2-Cl)} \xrightarrow[500℃]{Br_2} \text{(2-Br)} \xrightarrow[10\% \ H_2SO_4,(NH_4)_2S_2O_8]{(CH_3)_3CCOOH,AgNO_3,70℃} \text{(2-C(CH_3)_3)}$$

吡啶环的电荷密度低，因此吡啶不容易被氧化。吡啶用过氧羧酸（或 30% H_2O_2 和醋酸）作用时，生成吡啶 N-氧化物。

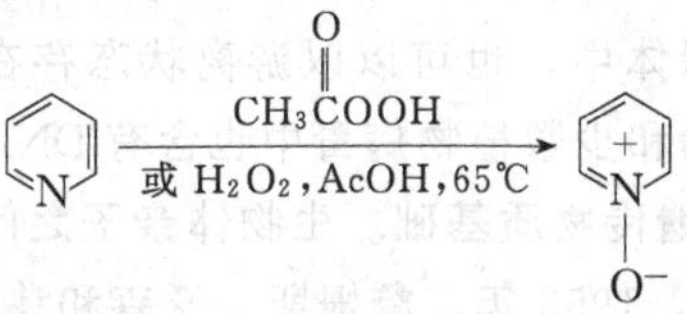

$$\text{吡啶} \xrightarrow[\text{或 } H_2O_2,AcOH,65℃]{CH_3COOH} \text{吡啶 N-氧化物}$$

吡啶的 N-氧化物改变了吡啶环上电子云分布，提高了吡啶环发生亲电取代反应的活性，亲电取代反应主要发生在吡啶环的 4 位。如吡啶的 N-氧化物发生硝化反应，可以将硝基引入到吡啶环的 4 位，硝基是较易离去基团，通过反应可以转变成其他基团，甚至最后氮上的氧原子还可以脱去，相当于吡啶环的 4 位间接发生亲电取代反应。

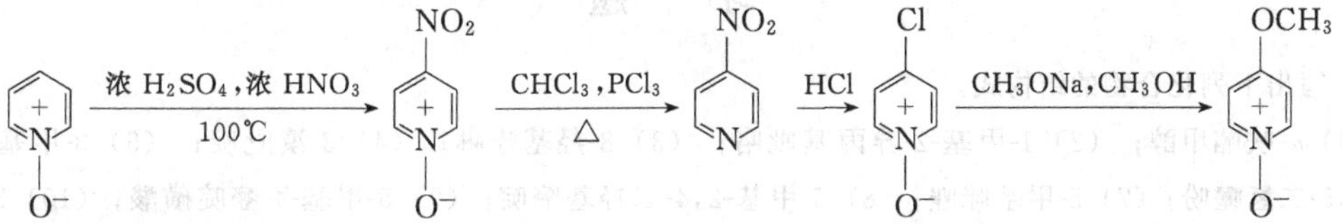

$$\xrightarrow[100℃]{\text{浓 } H_2SO_4,\text{浓 } HNO_3} \text{(4-NO_2)} \xrightarrow[\triangle]{CHCl_3,PCl_3} \text{(4-Cl)} \xrightarrow{HCl} \text{(4-Cl)} \xrightarrow{CH_3ONa,CH_3OH} \text{(4-OCH_3)}$$

吡啶的同系物被氧化时，侧链先被氧化而吡啶环不会受到破坏，结果生成相应的吡啶甲酸。

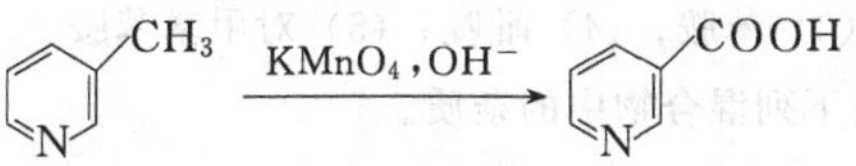

$$\text{(3-CH_3 吡啶)} \xrightarrow{KMnO_4,OH^-} \text{(3-COOH 吡啶)}$$

吡啶比苯容易还原，如催化加氢可以被还原为六氢吡啶（哌啶），反应的产率较高。

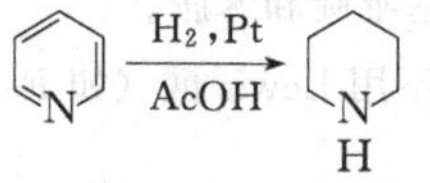

$$\text{吡啶} \xrightarrow[AcOH]{H_2,Pt} \text{哌啶}$$

哌啶为无色具有特殊臭味的液体，沸点为 106℃，碱性比吡啶大，易溶于水和有机溶剂。

拓展知识

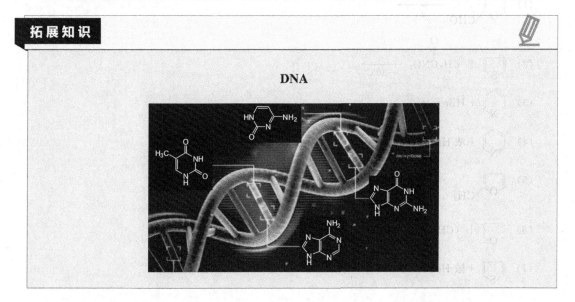

DNA

DNA 即脱氧核糖核酸（又称去氧核糖核苷酸）是一种生物大分子，可组成遗传指令，引导生物发育与生命机能运作。DNA 的主要功能是信息储存，其包含的指令是建构细胞内其他的化合物（如蛋白质与核糖核酸）所需的。带有蛋白质编码的 DNA 片段称为基因。DNA 是一种长链聚合物，组成单位为四种脱氧核苷酸，即腺嘌呤脱氧核苷酸（dAMP）、胸腺嘧啶脱氧核苷酸（dTMP）、胞嘧啶脱氧核苷酸（dCMP）和鸟嘌呤脱氧核苷酸（dGMP）。DNA 是由许多脱氧核苷酸按一定碱基顺序彼此用 3′,5′-磷酸二酯键相连构成的长链。DNA 存在于细胞核、线粒体、叶绿体中，也可以以游离状态存在于某些细胞的细胞质中。大多数已知噬菌体、部分动物病毒和少数植物病毒中也含有 DNA。除了 RNA（核糖核酸）和噬菌体外，DNA 是所有生物的遗传物质基础。生物体亲子之间的相似性和继承性即所谓遗传信息，都储存在 DNA 分子中。1953 年，詹姆斯·沃森和弗朗西斯·克里克描述了 DNA 的结构：由一对多核苷酸链相互盘绕组成双螺旋。他们因此与伦敦国家工学院的物理学家弗雷德里克·威尔金斯共享了 1962 年的诺贝尔生理学或医学奖。

习　题

1. 写出下列化合物的结构式。

(1) α-呋喃甲醇；（2）1-甲基-2-异丙基吡咯；（3）8-羟基喹啉；（4）3-溴吡啶；（5）3-甲基吲哚；(6) 2,5-二氢噻吩；(7) 5-甲基咪唑；(8) 5-甲基-2,4-二羟基嘧啶；(9) 5-甲基-4-嘧啶磺酸；(10) 5-溴-2-呋喃甲醛

2. 试比较下列化合物碱性的强弱，并且说明原因。

(1) 吡咯；(2) 六氢吡啶；(3) 苯胺；(4) 吡啶；(5) 对甲基苯胺

3. 使用简单的化学方法除去下列混合物中的杂质。

(1) 甲苯中混有少量的噻吩；(2) 吡啶中混有少量的六氢吡啶；(3) 苯中混有少量的吡啶

4. 用简单的化学方法区分吡啶、4-甲基吡啶和苯胺。

5. 为什么吡啶在进行亲电溴化反应时不用 Lewis 酸（如 $FeBr_3$）？

6. 完成下列反应方程式：

(1) 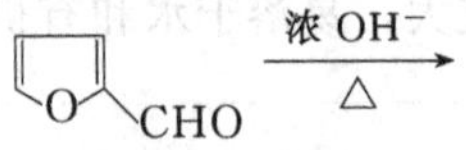　（呋喃甲醛结构）$\xrightarrow[\triangle]{浓\ OH^-}$

(2) 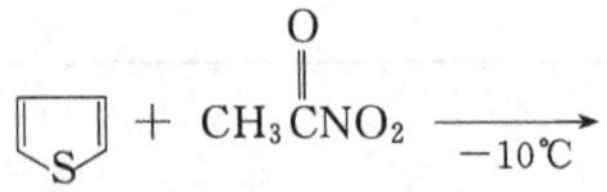　（噻吩结构） + CH_3CNO_2（含O=） $\xrightarrow{-10℃}$

(3) 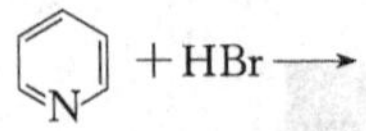　（吡啶结构） + HBr $\longrightarrow$

(4)　（吡啶结构） + 浓 HNO_3 $\xrightarrow[\triangle]{浓\ H_2SO_4}$

(5)　（呋喃甲基结构） + （酸酐结构） $\longrightarrow$

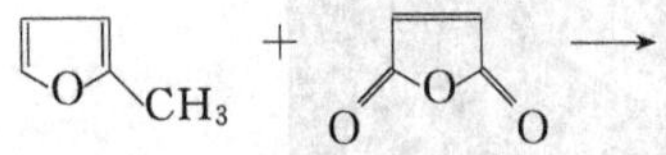

(6)　（呋喃结构） + $(CH_3CO)_2O$ $\xrightarrow{BF_3}$

(7)　（噻吩结构） + 浓 H_2SO_4 $\xrightarrow{室温}$

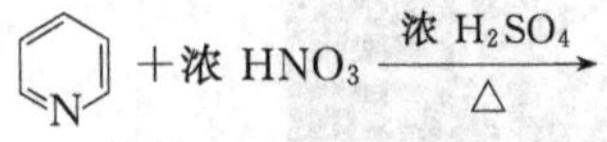

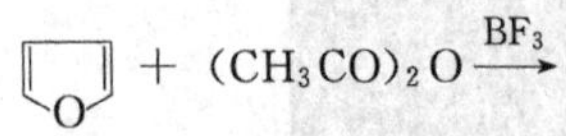

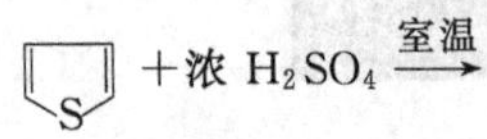

(8) +CH₃CH₂Br ⟶

(9) +KOH ⟶

(10) $\xrightarrow[\triangle]{KMnO_4}$

7. 合成下列化合物。

(1) 由呋喃合成己二胺；(2) 由 3-甲基吡啶合成 3-吡啶甲酸苄酯；(3) 由 4-甲基吡啶合成 4-氨基吡啶；(4) 由吡咯合成 2-乙烯基吡咯

第13章 合成高分子聚合物

13.1 基本概念

13.1.1 高分子聚合物

高分子聚合物指由许多相同的、简单的结构单元通过共价键重复连接而成的高分子量的化合物。例如聚苯乙烯是由许多苯乙烯分子通过共价键重复连接而成。

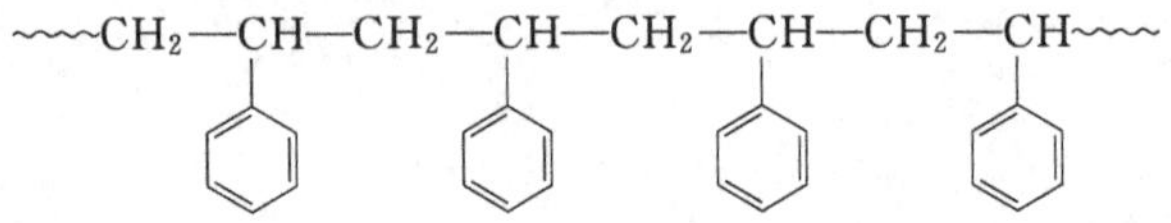

聚苯乙烯

高分子聚合物的分子量一般大于5000，通常在10^4～10^6之间。分子量小于5000的聚合物，称为低分子聚合物。高分子聚合物和低分子聚合物统称为聚合物。

13.1.2 单体

单体是一个分子，它与具有相同或不同结构的其他分子结合形成高分子聚合物。丙烯腈是聚丙烯腈的单体。

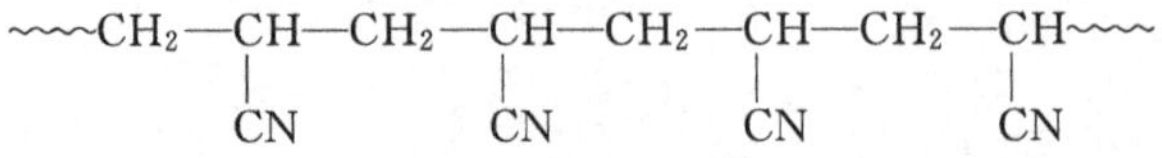

聚丙烯腈

某些单体在不同的条件下，能生成不同的聚合物。例如苯乙烯利用过氧化苯甲酰作引发剂时生成高分子聚合物，利用硫酸作催化剂时生成低分子聚合物。高分子聚合物有显著的机械强度，低分子聚合物的机械强度低。油脂类物质有很多都是低分子聚合物，例如机油、润滑油和液状石蜡等。

13.1.3 重复单元

重复单元是指聚合物中化学组成相同的最小单位。重复单元可以包含一个单体单元，例如聚苯乙烯、聚丙烯腈、聚乙烯或聚氯乙烯：

$$\sim\sim CH_2—CH_2—CH_2—CH_2—CH_2—CH_2—CH_2—CH_2\sim\sim$$

聚乙烯

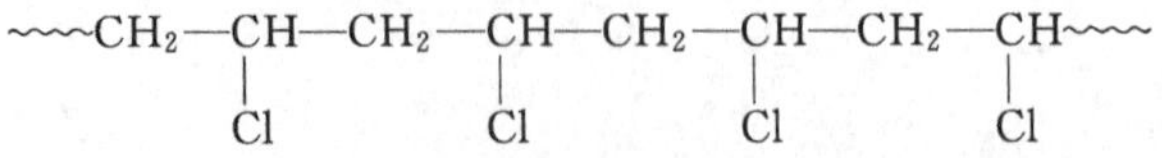

聚氯乙烯

重复单元也可以由几个小的单体组成，例如聚对苯二甲酸乙二醇酯或聚己二酰己二胺：

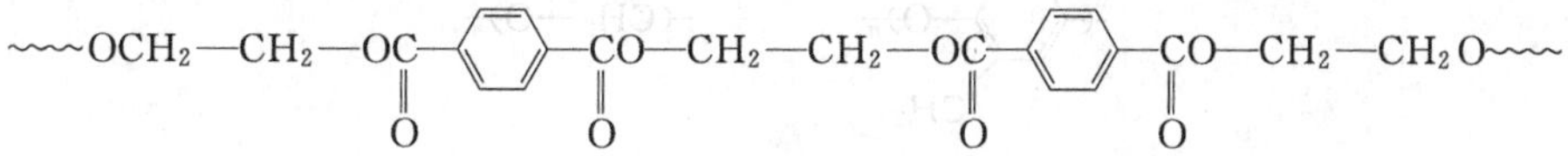

聚对苯二甲酸乙二醇酯

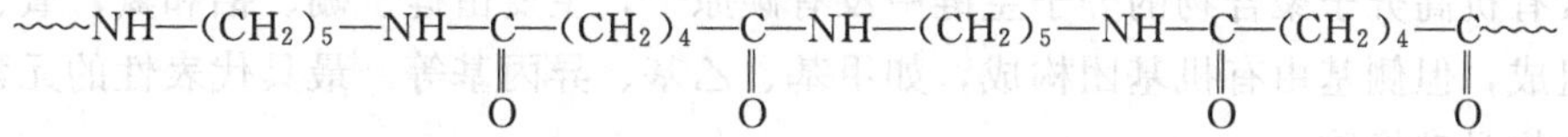

聚己二酰己二胺

13.1.4　端基

聚合物分子链端的基团称为端基，例如聚对苯二甲酸乙二醇酯的端基是羟基或羧基；聚己二酰己二胺的端基是氨基或羧基。合成高分子聚合物的端基类型取决于聚合方法，端基除了来自于单体外，还可能来自于引发剂、分子量调节剂、链终止剂或溶剂等。端基在聚合物分子链中所占的比例非常低，通常对聚合物性能的影响可以忽略不计。

13.1.5　聚合度

聚合度是衡量聚合物分子大小的指标，指聚合物分子链中连续出现的重复单元的次数，通常用 n 表示。由于聚合物大多是由一些分子量不同的同系物组成，所以聚合物的聚合度指的是其平均聚合度。例如聚丙烯、聚碳酸酯：

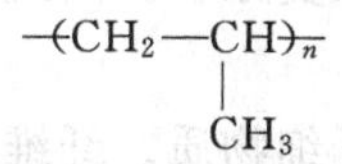

聚丙烯 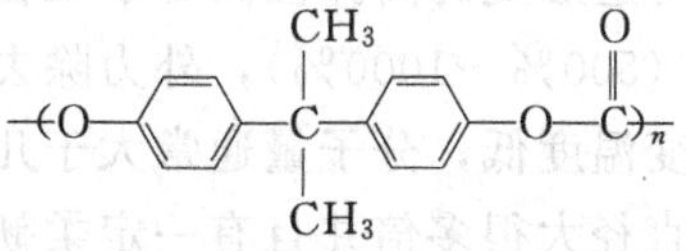　　　　　　　　　　聚碳酸酯

对于同一种聚合物，聚合度和分子量 M 之间的关系为：

$$M = n M_0$$

式中，M_0 是重复单元的分子量。

13.2　高分子聚合物的分类

13.2.1　碳链、杂链和元素有机高分子聚合物

按照高分子聚合物主链的元素组成，可将高分子聚合物分为碳链高分子聚合物、杂链高分子聚合物和元素有机高分子聚合物三种类型。

碳链高分子聚合物的分子主链完全由碳原子组成。例如聚丙烯、聚苯乙烯、聚氯乙烯和聚异戊二烯等绝大多数烯类和二烯类高分子聚合物属于这一类型。

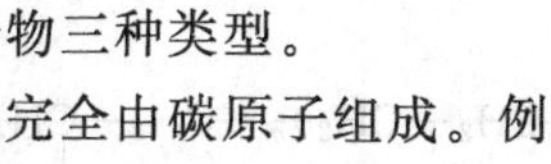

聚异戊二烯

杂链高分子聚合物的分子主链中除碳原子外，还有氮、氧、硫等杂原子。如聚苯醚、聚对苯二甲酸乙二醇酯、聚甲醛、聚酰胺、聚碳酸酯等工程塑料大多是杂链高分子聚合物。

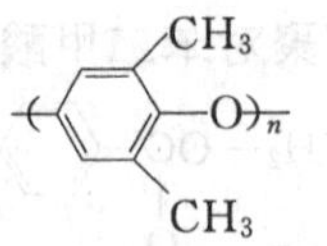

$$-\left(\underset{\underset{CH_3}{|}}{\overset{\overset{CH_3}{|}}{\bigcirc}}-O\right)_n \qquad -(CH_2-O)_n$$

聚苯醚　　　　　　　　聚甲醛

元素有机高分子聚合物的分子主链中没有碳原子，主要由硅、硼、铝和氮、氧、硫、磷等原子组成，但侧基由有机基团构成，如甲基、乙基、异丙基等。最具代表性的元素有机高分子聚合物是硅橡胶。

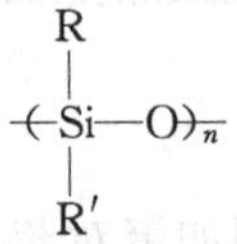

$$-\left(\underset{\underset{R'}{|}}{\overset{\overset{R}{|}}{Si}}-O\right)_n$$

硅橡胶

13.2.2　塑料、橡胶和纤维

按照高分子聚合物的性质和用途分类，可将高分子聚合物分为塑料、橡胶和纤维。

塑料是以高分子聚合物为基体，再加入塑料添加剂（如填充剂、增塑剂、润滑剂、稳定剂、着色剂和交联剂等），在一定温度和压力下加工成型的材料或制品。高分子聚合物是塑料的主要成分，占塑料质量的40%～60%。塑料的性质介于橡胶和纤维之间，具有较宽的弹性模量、拉伸强度和断裂伸长率。

橡胶是一类具有可逆形变的高弹性高分子聚合物，在室温下富有弹性，在很小的作用力下能产生很大的形变（500%～1000%），外力除去后能恢复原状。因此，橡胶属于完全无定形聚合物，玻璃化转变温度低，分子量通常大于几十万。

纤维是指长度比直径大很多倍并且有一定柔韧性的纤细物质。纤维通常是线性结晶聚合物，分子量低于塑料和橡胶。纤维具有弹性模量大、强度高、受力不易形变的特点。

13.3　高分子聚合物的命名

（1）"聚"＋"单体名称"命名法

这是一种最简单常用的高分子聚合物的习惯命名法，该命名法大多适用于由烯烃类单体合成的加成聚合物，如聚乙烯、聚丙烯、聚异戊二烯等。

（2）"单体名称"＋"共聚物"命名法

这种方法主要用于由两种或两种以上烯类单体利用加成聚合制备的共聚物的命名，通常不适用于混缩聚物和共缩聚物的命名。例如，乙烯和辛烯的共聚物可以命名为乙烯-辛烯共聚物。

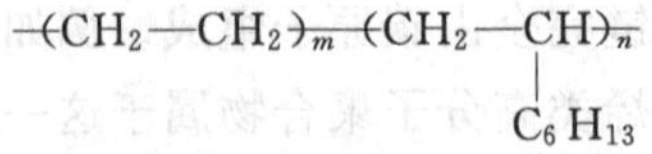

$$-(CH_2-CH_2)_m(\underset{\underset{C_6H_{13}}{|}}{CH_2-CH})_n$$

乙烯-辛烯共聚物

（3）单体简称＋聚合物用途或物性类别命名法

对于三大合成高分子聚合物材料，分别以"树脂""橡胶"或"纶"作为后缀。通常在"树脂"和"橡胶"的前面加上单体或聚合物的全称或简称，在"纶"的前面加上原料材质。例如：

（苯）酚＋（甲）醛→酚醛树脂

三聚氰胺＋甲醛→三聚氰胺甲醛树脂

丁(二烯)＋苯(乙烯)→丁苯橡胶

丁(二烯)＋(丙烯)腈→丁腈橡胶

聚丙烯腈纤维→腈纶(纤维)

聚氨基甲酸酯纤维→氨纶(纤维)

（4）化学结构类别命名法

这种命名法主要用于缩聚物的命名，即按照缩聚物的类别，在前面加上"聚"字。例如："聚酯""聚酰胺"等。对于一种具体的缩聚物，在命名中要包括其结构特征或与单体之间的联系。例如：

对苯二甲酸＋乙二醇→聚对苯二甲酸乙二（醇）酯（涤纶，一种聚酯）

对苯二甲酸＋对苯二胺→聚对苯二甲酰对苯二胺（芳纶，一种聚酰胺）

己二酸＋己二胺→聚己二酰己二胺（尼龙 66，一种聚酰胺）

（5）"IUPAC"系统命名法

1972 年，国际纯粹与应用化学联合会提出的一种高分子聚合物的系统命名法。具体要求如下：

① 首先确定聚合物的重复单元；

② 然后将重复单元中的取代基按照由小到大、由简单到复杂的顺序排列；

③ 最后命名重复单元，并在前面加上"聚"字。

例如：

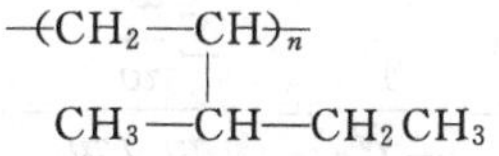

$$-(CH_2-CH)_n-$$
$$CH_3-CH-CH_2CH_3$$
聚(3-甲基-1-戊烯)

13.4　高分子聚合物的分子量和分子量分布

分子量对高分子聚合物的强度、韧性和弹性具有重要的影响。通常，随着分子量增加，这些性能迅速提高，当分子量增大到一定数值后，上述性能提高的速度减慢，最后趋向于某一极限值。分子量还会影响高分子聚合物的加工性能，高分子聚合物熔体的黏度随着分子量的增加而增加，当分子量增加到某种程度时，熔体的流动状态变得很差，给高分子聚合物的加工成型造成困难。因此，从高分子聚合物的使用性能和加工性能两方面考虑，需要准确测量高分子聚合物的分子量和分子量分布。

13.4.1　高分子聚合物的分子量

与低分子化合物相比，合成高分子聚合物的分子量最显著的特点是具有多分散性，即分子量的不均一性。这主要是由于聚合反应的随机性，使得每一个聚合物分子的聚合度都不相同，因此实际上聚合物是由长短不同的分子链构成的同系物。一般情况下，高分子聚合物的分子量指的是其平均分子量。根据不同的统计方式，可以将平均分子量分为数均分子量、重均分子量和黏均分子量。数均分子量和重均分子量主要利用凝胶渗透色谱测定，黏均分子量是利用黏度法测量高分子聚合物的稀溶液获得。

假定某一种高分子聚合物试样中含有若干种分子量不同的分子，该种聚合物的总质量为

w，总物质的量为 n，不同分子量的分子的序数用 i 表示。第 i 种分子的分子量为 M_i，物质的量为 n_i，质量为 w_i，在试样中的质量分数为 W_i，摩尔分数为 N_i，则这些量之间存在下列关系：

$$\sum n_i = n \qquad \sum w_i = w \qquad N_i = \frac{n_i}{n} \qquad W_i = \frac{w_i}{w} \qquad \sum N_i = 1 \qquad \sum W_i = 1$$

数均分子量的定义为：

$$\overline{M_n} = \frac{\sum n_i M_i}{\sum n_i} = \sum N_i M_i$$

即数均分子量是所有分子的分子量和其所占摩尔分数的乘积之和。

重均分子量的定义为：

$$\overline{M_w} = \frac{\sum w_i M_i}{\sum w_i} = \sum W_i M_i$$

即重均分子量是所有分子的分子量和其所占质量分数的乘积之和。

黏均分子量的定义为：

$$\overline{M_\eta} = (\sum W_i M_i^\alpha)^{1/\alpha}$$

式中，α 是与高分子聚合物和溶剂有关的系数。

当 $\alpha = 1$ 时，

$$\overline{M_\eta} = \sum W_i M_i = \overline{M_w}$$

当 $\alpha = -1$ 时，

$$\overline{M_\eta} = (\sum W_i M_i^{-1})^{-1} = \frac{1}{\sum \dfrac{W_i}{M_i}} = \frac{\sum \dfrac{w_i}{w}}{\sum \dfrac{w_i/w}{M_i}} = \frac{\sum w_i}{\sum \dfrac{w_i}{M_i}} = \frac{\sum n_i M_i}{\sum n_i} = \overline{M_n}$$

通常 $0.5 < \alpha < 1$，所以 $\overline{M_w} > \overline{M_\eta} > \overline{M_n}$，更接近 $\overline{M_w}$。

13.4.2   高分子聚合物的分子量分布

如前所述，高分子聚合物的分子量具有多分散性的特点，因此用平均分子量无法精确描述多分散性试样，还需要知道高分子聚合物的分子量分布。高分子聚合物的分子量分布通常用分布宽度指数或者多分散系数表示。

分布宽度指数（σ^2）指试样中各种分子量与平均分子量差值平方的平均值，分子量的分布越宽则 σ^2 值越大。分布宽度指数又分为数均分子量分布宽度指数（σ_n^2）和重均分子量分布宽度指数（σ_w^2），即：

$$\sigma_n^2 = \overline{\sum (M_i - \overline{M_n})^2}$$

$$\sigma_w^2 = \overline{\sum (M_i - \overline{M_w})^2}$$

多分散系数（d）指试样的重均分子量与数均分子量的比值。即：

$$d = \frac{\overline{M_w}}{\overline{M_n}}$$

同分布宽度指数一样，分子量的分布越宽则 d 值越大。因为 $\overline{M_w} > \overline{M_n}$，所以 d 值通常大于 1，对于单分散试样 $d = 1$。

13.5 高分子聚合物的合成

根据聚合机理不同，高分子聚合物的合成方法主要分为连锁聚合和逐步聚合。大多数烯类单体的加成聚合反应属于连锁聚合，即一旦反应活性中心（自由基、阴离子或阳离子）形成，单体就迅速加成到活性中心上去，瞬间就能达到高分子量，自由基聚合是典型的连锁聚合。逐步聚合的单体通常带有两种不同的官能团，聚合反应利用官能团之间的缩合或加成，通过二聚体、三聚体等一步步聚合上去，分子量随着聚合时间逐渐增加，绝大多数的缩聚反应都属于逐步聚合。

13.5.1 自由基聚合

自由基聚合反应一般由链引发、链增长和链终止等基元反应组成，此外还有可能伴有链转移反应。链引发反应是形成单体自由基活性种的反应。用引发剂引发时，引发剂在热、光和高能辐射线等作用下发生分解，形成初级自由基，初级自由基与单体加成反应，形成单体自由基。单体自由基仍然具有活性，能够继续与其他单体进行加成反应生成长链自由基，这个过程称为链增长反应。链增长反应过程几乎消耗全部的单体，并决定生成聚合物的分子结构。自由基的活性很高，有与其他自由基相互作用而失去活性的倾向，这个过程称为链终止反应。在自由基聚合过程中，一个自由基可能与单体、溶剂、引发剂等小分子或高分子作用生成产物和另一个自由基，继续新的链增长反应，使聚合反应能继续进行，这个过程称为链转移。以合成聚丙烯酸甲酯为例介绍自由基聚合的反应过程。

13.5.1.1 链引发

有机过氧类引发剂如过氧化苯甲酰（BPO）在热的作用下发生分解，均裂成苯甲酸基自由基。

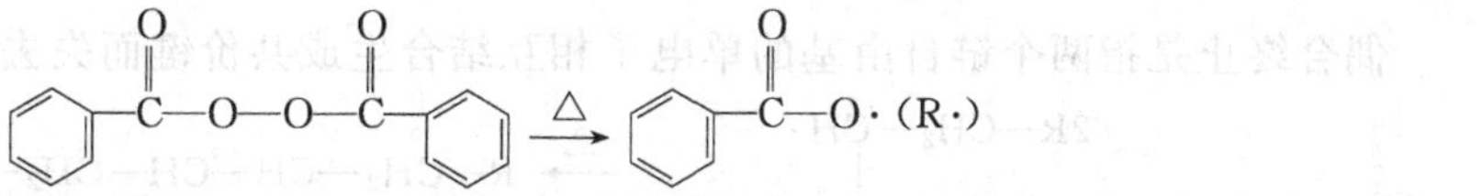

如果没有丙烯酸甲酯单体存在时，苯甲酸基自由基进一步发生分解反应，生成苯基自由基，并释放出 CO_2。

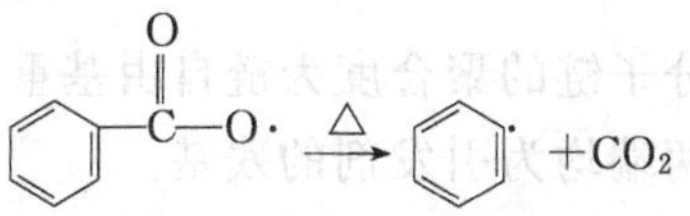

如果有丙烯酸甲酯单体存在时，苯甲酸基自由基可以打开单体的 π 键，发生加成反应，生成单体自由基。

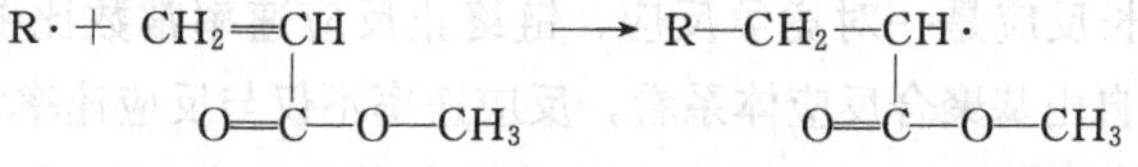

上述反应步骤中，引发剂分解是吸热反应，活化能高，约为 $105\sim150kJ/mol$，反应速率慢，分解速率常数约为 $10^{-4}\sim10^{-6}s^{-1}$。生成单体自由基过程是放热反应，活化能低，约为 $20\sim34kJ/mol$，反应速率快。

13.5.1.2 链增长

单体自由基仍然具有活性，能打开第二个单体的 π 键，生成新的自由基。新自由基的活性并不衰减，可以继续和第三个单体反应，生成更多重复单元的链自由基。

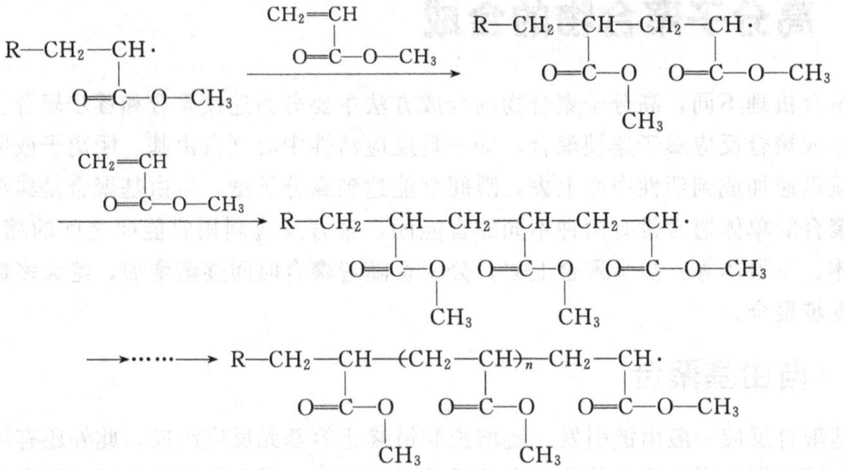

$$R-CH_2-CH\cdot \quad \xrightarrow{\begin{array}{c}CH_2=CH\\ |\\ O=C-O-CH_3\end{array}} \quad R-CH_2-CH-CH_2-CH\cdot$$

（链增长反应示意图）

链增长反应是放热反应，活化能低，约为 $20\sim34kJ/mol$，反应速率很快，反应速率常数约为 $10^2\sim10^4 L/(mol\cdot s)$，在 0.01 秒～几秒内，就可以生成聚合度数千，甚至上万的长链自由基。

13.5.1.3 链终止

自由基聚合的链终止反应分为歧化终止和偶合终止两种方式。歧化终止是指一个链自由基夺取另一个链自由基上的一个氢原子或其他原子而失去活性的过程。例如：

$$2R-CH_2-CH\cdot \xrightarrow{\triangle} R-CH_2-CH_2 \quad + \quad R-CH=CH$$

（歧化终止反应示意图）

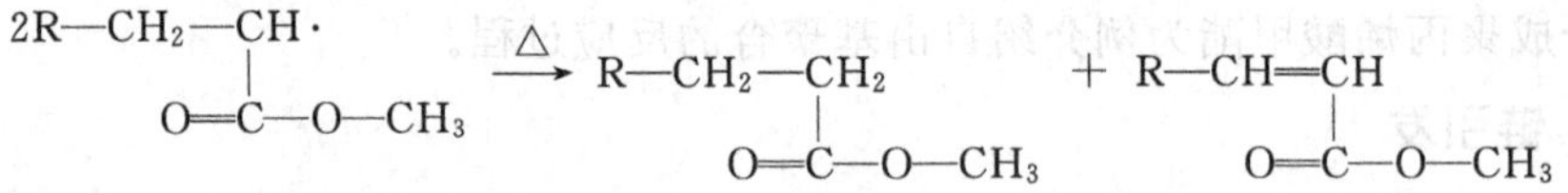

歧化终止生成的大分子链的聚合度与链自由基重复单元的数量相同，两个大分子的一端为引发剂的残基，另一端分别为饱和或者不饱和结构。

偶合终止是指两个链自由基的单电子相互结合生成共价键而失去活性的过程。例如：

$$2R-CH_2-CH\cdot \xrightarrow{\triangle} R-CH_2-CH-CH-CH_2-R$$

（偶合终止反应示意图）

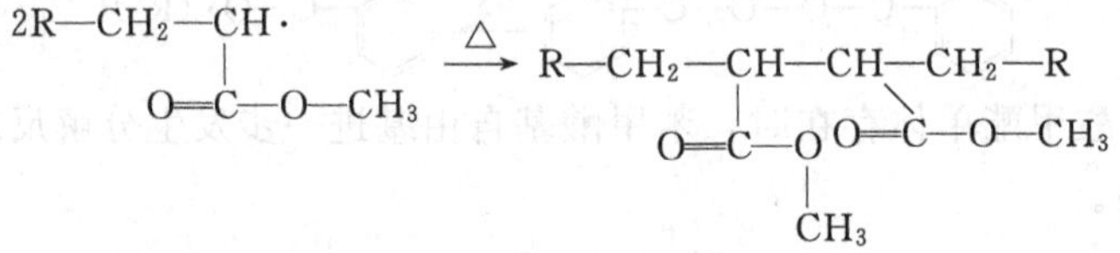

偶合终止会导致生成的大分子链的聚合度为链自由基重复单元的两倍。用引发剂引发且无链转移反应时，大分子链的两端均为引发剂的残基。

链终止反应是放热反应，活化能很低，约为 $8\sim21kJ/mol$，甚至为零。反应速率极快，反应速率常数约为 $10^6\sim10^8 L/(mol\cdot s)$。

链终止反应和链增长反应是一对竞争反应，链终止反应速率常数比链增长反应速率常数高 $4\sim6$ 个数量级。但是从自由基聚合反应体系看，反应速率不仅与反应速率常数成正比而且与反应物浓度成正比。因为单体浓度（$1\sim10mol/L$）远大于自由基浓度（$10^{-7}\sim10^{-9}mol/L$），所以链增长速率要比链终止速率高 $3\sim6$ 个数量级，仍然可以生成高分子量的聚合物。

13.5.1.4 链转移

在自由基聚合过程中，链自由基可能从单体、溶剂、引发剂等小分子或者高分子聚合物上夺取一个原子，发生链转移反应。向小分子链转移的结果是使聚合物的分子量降低。例如：

$$\sim CH_2-CH \cdot \quad + HA \longrightarrow \quad \sim CH_2-CH_2 \quad + A \cdot$$
$$\underset{O=C-OCH_3}{} \qquad\qquad \underset{O=C-OCH_3}{}$$

向高分子链转移时，通常链自由基夺取高分子链上的叔氢原子，结果使高分子链上带有单电子，形成新的自由基，继续使单体进行链增长，因此向高分子聚合物转移的结果是在聚合物上生成支链。例如：

$$\sim CH_2-CH \cdot \;+\; \sim CH_2-CH \sim \;\longrightarrow\; \sim CH_2-CH_2 \;+\; \sim CH_2-\overset{\cdot}{C}\sim$$

（反应示意图及相关结构式）

13.5.2　缩合聚合

缩合聚合简称缩聚，是指大量相同的或不相同的小分子物质相互反应生成高分子聚合物的过程。缩聚反应通常会伴有小分子副产物，如水、醇、氨、卤化物等的产生。缩聚反应只能发生在具有 2 个或 2 个以上官能度的分子之间，如二元酸和二元醇、氨基酸、二元胺和酸酐等。相同分子（如氨基酸）的缩聚称为均缩聚。不相同分子（如对苯二甲酸和对苯二胺）的缩聚称为共缩聚。相同官能团的同系物如乙二醇、丁二醇与对苯二甲酸反应称为混缩聚。以聚对苯二甲酸乙二醇酯为例介绍缩合聚合的反应过程。

首先，对苯二甲酸的一个羧基和乙二醇的一个羟基发生酯化反应，形成二聚体羟基酸，并释放出 1 个水分子。

$$HOOC-\!\!\!\!\bigcirc\!\!\!\!-COOH + HO-CH_2CH_2-OH \rightleftharpoons HOOC-\!\!\!\!\bigcirc\!\!\!\!-COO-CH_2CH_2-OH + H_2O$$

然后，二聚体的端羟基或者端羧基与对苯二甲酸或者乙二醇发生酯化反应，生成三聚体，并释放出 1 个水分子。

$$HOOC-\!\!\!\!\bigcirc\!\!\!\!-COO-CH_2CH_2-OH + HO-CH_2CH_2-OH \rightleftharpoons$$
$$HO-CH_2CH_2-OOC-\!\!\!\!\bigcirc\!\!\!\!-COO-CH_2CH_2-OH + H_2O$$

$$HOOC-\!\!\!\!\bigcirc\!\!\!\!-COO-CH_2CH_2-OH + HOOC-\!\!\!\!\bigcirc\!\!\!\!-COOH \rightleftharpoons$$
$$HOOC-\!\!\!\!\bigcirc\!\!\!\!-COO-CH_2CH_2-OOC-\!\!\!\!\bigcirc\!\!\!\!-COOH + H_2O$$

二聚体羟基酸本身也可以相互发生酯化反应，生成四聚体，并释放出 1 个水分子。

$$2HOOC-\!\!\!\!\bigcirc\!\!\!\!-COO-CH_2CH_2-OH \rightleftharpoons$$
$$HOOC-\!\!\!\!\bigcirc\!\!\!\!-COO-CH_2CH_2-OOC-\!\!\!\!\bigcirc\!\!\!\!-COO-CH_2CH_2OH + H_2O$$

如上所示，含羟基的任何聚体和含羧基的任何聚体都可以发生酯化反应，如此重复进行，最后就可以得到高分子量的聚对苯二甲酸乙二醇酯，反应通式为：

$$n \text{ 聚体} + m \text{ 聚体} \rightleftharpoons (n+m) \text{ 聚体} + \text{水}$$

　　与自由基聚合不同，缩合聚合没有特定的活性中心，也没有链引发、链增长和链终止等基元反应，各步反应活化能和速率常数均相等。在缩聚早期，单体迅速转化成二聚体、三聚体、四聚体等低聚体，单体转化率很高，此后低聚体继续互相发生反应，分子量逐步增大。自由基聚合和缩合聚合的差异如表13-1所示。

表 13-1　自由基聚合和缩合聚合的差异

反应特征	自由基聚合	缩合聚合
反应过程	由链引发、链增长和链终止等基元反应组成，可能伴有链终止反应	单体、低聚物和缩聚物之间均能发生缩聚反应，使分子链增长
反应活化能	各基元反应的反应活化能不同，链引发活化能最高，是控制总速率的反应	各步反应活化能和反应速率常数基本相同
分子量和时间的关系	链增长活化能低，反应速率常数大，一旦发生聚合反应，单体自由基迅速生成高分子量的聚合物，继续延长反应时间，聚合物的分子量变化很小	单体、低聚物和缩聚物之间均能发生缩聚反应，分子量随着反应时间的延长逐渐增加，在聚合后期，才能获得高分子量的缩聚产物
转化率和时间的关系	在聚合过程中，单体逐渐减少，转化率逐渐增加，延长反应时间主要是提高转化率	缩聚反应初期，单体几乎全部转变成低聚物，继续延长反应时间，转化率提高很小
反应混合物的组成	单体、聚合物和微量的活性链自由基	聚合度不等的同系物

13.6　高分子聚合物的结构

13.6.1　线型、支化和交联聚合物

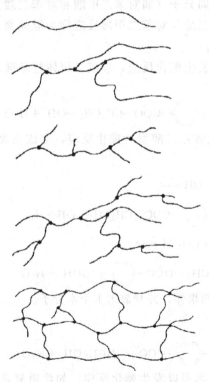

　　图13-1为高分子聚合物链的线型、支化和交联结构示意图。线型高分子聚合物的分子链只有两个链端，聚合物分子中每一个重复单元仅与其他两个重复单元连接。例如聚苯乙烯、聚甲基丙烯酸甲酯和聚（4-甲基-1-戊烯）都被称为线型聚合物，虽然它们含有短支链，但是它们是重复单元的一部分。

$$\begin{array}{cc} & \\ CH_3 & +CH_2-CH\frac{}{n} \\ | & | \\ +C-CH_2\frac{}{n} & CH_2 \\ | & | \\ O=C-OCH_3 & CH_3-CH-CH_3 \end{array}$$

聚甲基丙烯酸甲酯　　　聚（4-甲基-1-戊烯）

　　支化和交联高分子聚合物的分子链有三个或者三个以上的链端。一般来说，如果在缩聚过程中有三个或三个以上官能团的单体存在，或者在加聚过程中发生自由基的链转移反应，或者双烯类单体在聚合物过程中发生第二双键活化，这些都能生成支化或者交联聚合物。

　　例如丙三醇和邻苯二甲酸酐缩聚反应可以合成具有下面分子结构的高分子聚合物。这是醇酸聚合物的结构，它是二元酸和多元醇的反应产物。

图 13-1　高分子聚合物的线型、
支化和交联结构示意图

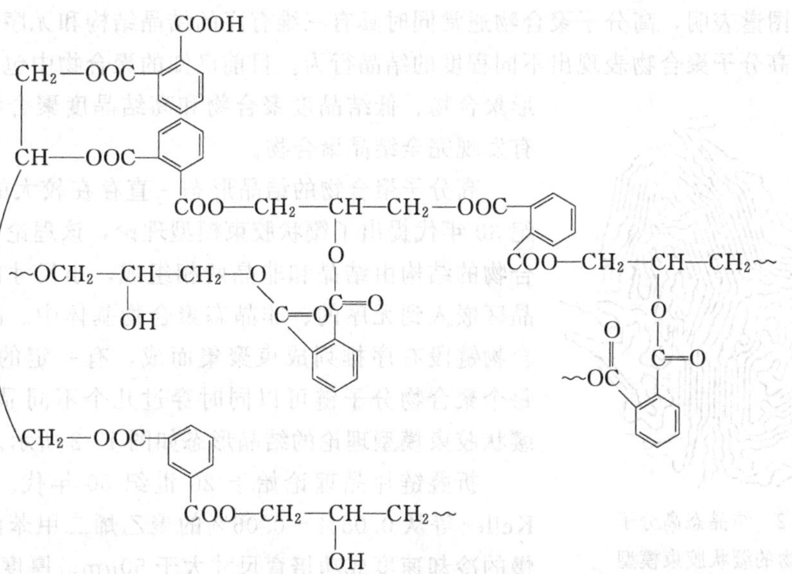

COOH

CH₂—OOC

CH—OOC

COO—CH₂—CH—CH₂—OOC

~OCH₂—CH—CH₂—O　OH

OH

COO—CH₂—CH—CH₂~

CH₂—OOC

COO—CH₂—CH—CH₂~

OH

　　支化对高分子聚合物的性能有重要的影响。支化程度越高，支化结构越复杂，则影响越大。例如线型聚乙烯往往具有较高的拉伸强度，无规支化聚乙烯的拉伸强度则较低。通常高分子聚合物的支化程度用支化点密度或者两个相邻支化点之间链段的平均分子量表示，称为支化度。

　　通过化学连接线型或者支化聚合物而得到一种三维空间网型大分子，即为交联聚合物。这种形成的三维空间网型聚合物的过程称为交联过程。交联聚合物的交联程度通常用交联（密）度表示，即两个相邻交联点之间的数均分子量或每立方厘米交联点的物质的量。交联与支化有本质的区别，交联聚合物既不能熔融也不能溶解，只有当交联度较低时在溶剂中溶胀，支化聚合物通常是能够溶解的。硫化橡胶和热固性塑料都是交联聚合物。

　　橡胶的硫化是橡胶制品生产过程中最重要的环节之一，主要是利用硫黄或者其他硫化剂使聚异戊二烯分子之间产生交联，形成具有三维空间网型的体型大分子。

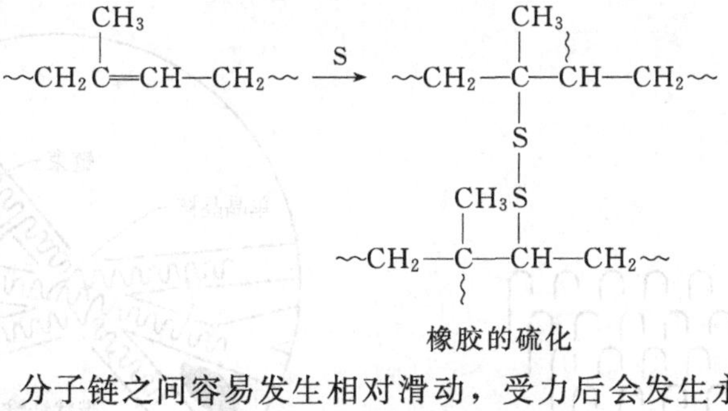

CH₃　　　　　　　　　　CH₃

~CH₂—C=CH—CH₂~　——S→　~CH₂—C——CH—CH₂~

　　　　　　　　　　　　　　　　S

　　　　　　　　　　　　　CH₃　S

　　　　　　　　　　~CH₂—C——CH—CH₂~

橡胶的硫化

　　未经硫化的橡胶，分子链之间容易发生相对滑动，受力后会发生永久变形，没有弹性，因此没有使用价值。橡胶经过硫化后，分子链之间不能滑动，才有可逆的弹性形变，所以橡胶一定要经过硫化形成交联结构后才能使用。

　　另外，高的交联度还可以赋予热固性塑料高的刚度和尺寸稳定性，如酚醛树脂、脲醛树脂等。

13.6.2　聚集态结构

　　高分子聚合物的聚集态结构是指高分子链之间的排列和堆砌结构，它直接影响高分子聚合物的性能。高分子聚合物的聚集态结构和一般低分子量化合物明显不同。X射线衍射和透射电子衍射图谱表明，高分子聚合物通常同时具有三维有序的结晶结构和无序的弥散结构特征。不同的高分子聚合物表现出不同程度的结晶行为。目前已知的聚合物中包含了完全无定形聚合物、低结晶度聚合物和高结晶度聚合物，但是还没有发现完全结晶聚合物。

图 13-2　结晶态高分子聚合物的缨状胶束模型

高分子聚合物的结晶形态一直存在较大的争议。20 世纪 30 年代提出了缨状胶束模型理论，该理论认为高分子聚合物的结构由结晶和非晶两相组成，小尺寸的、有序的结晶区嵌入到无序的、非晶态聚合物基体中。晶粒由许多聚合物链段有序排列成束聚集而成，有一定的大小和尺寸。每个聚合物分子链可以同时穿过几个不同晶区和非晶区。缨状胶束模型理论的结晶形态如图 13-2 所示。

折叠链片晶理论始于 20 世纪 50 年代。1957 年，A. Keller 等从 $0.05\% \sim 0.06\%$ 的聚乙烯二甲苯溶液中用极缓慢的冷却速度成功培育尺寸大于 $50\mu m$、厚度约 10nm 的菱形片状聚乙烯单晶。由电子衍射图谱推测，聚乙烯分子链的排列方向垂直于晶片平面。由于晶片的厚度比伸直链分子长度小得多，人们进一步设想晶片中的分子链必定是以垂直于晶片平面的方向来回折叠的，这就是所谓的折叠链片晶。

折叠链片晶模型认为，在稀溶液中，伸展的聚合物分子链倾向于相互聚集在一起形成链束。电镜下观察这种链束比分子链长得多，说明它是由许多分子链组成。分子链在链束中顺序排列，分子链的末端可以在链束的不同位置。分子链规整排列的链束是高分子聚合物结晶的基本结构单元。这种规整的链束既细又长，表面能很大，热力学稳定性差，有自发折叠成带状结构的倾向，最终形成如图 13-3 结构的单层片晶。在折叠部位，分子链的排列规整性被破坏，产生不规则折叠、链缠结、松散链端、位错、闭塞杂质等缺陷，这就是聚合物的结晶度小于 100% 的原因。

图 13-3　结晶态高分子聚合物的折叠链片晶模型

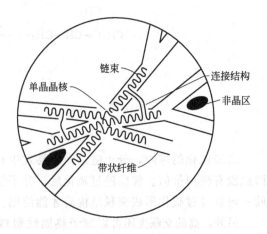

图 13-4　球晶的结构示意图

如上所述，高分子聚合物从稀溶液中析出时会形成片晶。当高分子聚合物从浓溶液中析出或从熔体冷却结晶时，则都倾向生成比单晶更复杂的球状多晶聚集体，称为球晶，结构示意图如图 13-4 所示。它是一个以晶核为中心，呈球形对称生长的结晶形态。按照折叠链片晶模型的观点，球晶也是以折叠链结构的小晶片为基本结构单元。球晶的生长核心是单晶，在其内部形成多层堆叠，每层堆叠向外延伸形成一个链束。随着链束向核外生长，链束折叠成扁平的带状纤维结构，并且发散、扭曲，形成新的分支。同时带状纤维之间有分子链贯穿其中。因此球晶的生长就是依赖于链束不断折叠成带状纤维，聚合物分子链的轴线始终垂直于带状纤维的径向。同样，在链束的折叠结构中，依然存在各种缺陷，导致球晶的结晶度低于100%。

13.6.3　热转变温度

高分子聚合物具有两种主要类型的热转变温度，即玻璃化转变温度 T_g 和熔融温度 T_m。因为即使是结晶聚合物，结晶度也很难达到100%，因此玻璃化转变温度始终存在于非结晶聚合物和结晶聚合物中，只是当聚合物的结晶度很高时，玻璃化转变温度不明显。熔融温度是结晶聚合物的结晶区域的熔化温度，因此熔融温度只能存在于结晶聚合物中。

如果取一块非结晶聚合物样品，对它施加一个恒定的应力，对样品加热，随着温度的升高，会测量得到如图 13-5 所示的非结晶聚合物的温度-形变曲线。

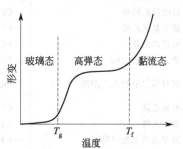

图 13-5　非结晶聚合物的温度-形变曲线

随着温度变化，非结晶聚合物的温度-形变曲线可以分为三个部分：玻璃态、高弹态和黏流态。玻璃态和高弹态之间的转变，称为玻璃化转变，对应的温度称为玻璃化转变温度，用 T_g 表示。高弹态和黏流态之间的转变温度称为黏流温度，用 T_f 表示。

当温度低于 T_g 时，非晶态聚合物表现出明显的脆性，随着温度的升高，样品的形变较小。从微观角度上来说，这是由于温度较低时，聚合物的分子热运动能量较低，不足以克服主链内旋转的位垒，因此聚合物的分子链段被冻结，只有那些较小的运动单元，如侧基、支链和链节等才能运动。此时在外力的作用下，只有主链的键长和键角有微小的变化，因此从宏观角度上看，聚合物受力后的形变很小，形变与受力大小成正比，非晶态聚合物处于普弹性状态。当温度高于 T_g 时，随着温度的升高，分子热运动的能量逐渐增加，当分子链热运动的能量足以克服主链内旋转的位垒时，分子链段被解冻。当聚合物受外力时，分子链可以通过链段的运动改变构象，例如分子链在外力的作用下，可以从卷曲状态变为伸展状态，从宏观角度看，此时非晶态聚合物表现出高弹性状态。当温度高于 T_f 时，分子热运动的能量足以使整个分子链在外力的作用下发生整体的相对移动，宏观上表现出小分子液体的流动状态。

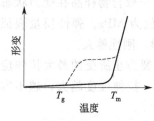

图 13-6　结晶高分子聚合物的温度-形变曲线
——低结晶度高分子聚合物；
-----高结晶度高分子聚合物

对于结晶高分子聚合物，随着结晶度不同，温度-形变曲线发生变化。当高分子聚合物的结晶度比较低时，随着温度的升高，结晶高分子聚合物的非结晶区域仍然会发生明显的玻璃化转变。当温度继续升高，结晶高分子聚合物的结晶区域和非结晶区域同时发生相转变，由固体转变成为熔融态的液体，对应的温度称为熔点，用 T_m 表示。当高分子聚合物的结晶度比较高时，高分子聚合物中的非结晶区域减小，玻璃化转变不明显，宏观上只能观察到熔融相转变过程（见图 13-6）。表 13-2 列出部分高分子聚合物的玻璃化转变温度和熔点。

表 13-2   部分高分子聚合物的玻璃化转变温度和熔点

高分子聚合物	重复单元	$T_g/℃$	$T_m/℃$
聚二甲基硅氧烷	—OSi(CH₃)₂—	−127	−40
聚乙烯	—CH₂CH₂—	−125	137
聚甲醛	—CH₂O—	−83	181
聚异戊二烯	—CH₂C(CH₃)=CHCH₂—	−73	28
聚异丁烯	—CH₂C(CH₃)₂—	−73	44
聚环氧乙烷	—CH₂CH₂O—	−53	66
聚偏二氟乙烯	—CH₂CF₂—	−40	185
聚丙烯	—CH₂CH(CH₃)—	−1	176
聚氟乙烯	—CH₂CHF—	41	200
聚偏二氯乙烯	—CH₂CCl₂—	−18	200
聚醋酸乙烯酯	—CH₂CH(OCOCH₃)—	32	
聚三氟氯乙烯	—CF₂CFCl—		220
聚己内酰胺	—(CH₂)₅CONH—	40	223
聚己二酰己二胺	—NH(CH₂)₆NHCO(CH₂)₄CO—	50	265
聚对苯二甲酸乙二醇酯	—OCH₂CH₂OCO—⬡—CO—	61	270
聚氯乙烯	—CH₂CHCl—	81	273
聚苯乙烯	—CH₂CH(C₆H₅)—	100	250
聚甲基丙烯酸甲酯	—CH₂C(CH₃)(CO₂CH₃)—	105	220
聚四氟乙烯	—CF₂CF₂—	117	327

13.6.4   力学性能

一般来说，高分子聚合物具有许多性能，如溶解性、化学反应性、绝缘性、气体阻隔性等，这些性能决定了高分子聚合物的应用领域。然而，不同的高分子聚合物在使用时都必须具有一定的力学性能。可以这样认为，对于大部分高分子聚合物的应用而言，力学性能比其他性能更加重要。高分子聚合物的力学性能主要通过测量高分子聚合物样品在拉伸力的作用下的应力-应变曲线获得。几种典型的高分子聚合物的应力-应变曲线如图 13-7 所示。

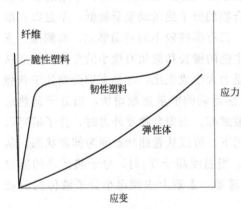

图 13-7   几种典型高分子聚合物的应力-应变曲线

从高分子聚合物的应力-应变曲线中可以得到以下四个重要的力学性能指标。

① 弹性模量   高分子聚合物样品在受力状态下的应力应变之比，单位为 MPa。弹性模量表征高分子聚合物抵抗变形能力的大小，弹性模量越大，越不容易变形，刚性越大。

② 拉伸强度   高分子聚合物样品在拉伸力的作用下，直至断裂为止所受的最大拉伸应力，单位为 MPa。拉伸强度表征高分子聚合物对拉力的抵抗能力，拉伸强度越大，越不容易断裂。

③ 断裂伸长率   高分子聚合物样品在拉断时的位移值与原长的比值，以百分比表示（%）。断裂伸长率是表征高分子聚合物韧性的重要指标，断裂伸长率越大，表明高分子聚合物在受力时越不容易脆断。

④ 屈服强度　对于韧性高分子聚合物样品，当拉伸应力超过弹性极限后，除了弹性变形增加以外，塑性变形急剧增加，塑性变形急剧增加这一点对应的拉伸应力称为屈服强度，单位为 MPa。对于脆性高分子聚合物，拉伸强度是其使用时的最大许可应力。对于韧性高分子聚合物，屈服强度是其使用时的最大许可应力。

其他重要的力学性能指标：

① 弯曲强度　也称挠曲强度，是指在规定的试验条件下，对标准样品施加弯曲载荷直至断裂或达到规定挠度，此过程中的最大应力，以 MPa 为单位。它反映材料抗弯曲的能力。

② 冲击强度　用于评价材料的抗冲击能力或判断材料的脆性和韧性程度，是表征高分子聚合物韧性的又一个重要指标。通常定义为试样在冲击破坏过程中所吸收的能量与原始横截面积之比。根据试验设备不同，冲击强度可分为简支梁冲击强度和悬臂梁冲击强度。

高分子聚合物的力学性能很大程度上取决于它的化学组成，此外还受到分子量及其分布、支化和交联、结晶度和结晶形态、分子取向等结构因素的影响。

13.7　合成高分子聚合物的应用

13.7.1　塑料

塑料主要是以合成高分子聚合物为基体，再加入塑料添加剂如填充剂、增塑剂、润滑剂、稳定剂、着色剂和交联剂等制得。按照是否具备可重复加工的性能，塑料可以分为热塑性塑料和热固性塑料两大类。前者是指在特定的温度范围内，能反复加热软化和冷却硬化，可以再次回收利用的塑料，如聚丙烯、聚甲醛、聚碳酸酯、聚苯乙烯、聚氯乙烯、聚酰胺、聚甲基丙烯酸甲酯等。后者是指受热后成为不熔的物质，再次受热不再具有可塑性且不能再回收利用的塑料，如酚醛树脂、环氧树脂、氨基树脂、聚氨酯、发泡聚苯乙烯等。热塑性塑料主要采用注射成型和挤出成型等方式加工，热固性塑料主要采用模压成型方式加工。按照使用范围和用途，塑料又可分为通用塑料和工程塑料。通用塑料的产量大、用途广、价格低，但是性能一般，主要用于非结构材料，如聚乙烯、聚丙烯、聚氯乙烯、聚苯乙烯、酚醛树脂等。工程塑料具有优良的综合性能，如刚性大、蠕变小、机械强度高、耐热性好、电绝缘性好，可在较苛刻的化学、物理环境中长期使用，可替代金属作为工程结构材料使用，但价格较贵，产量较小。工程塑料又可分为通用工程塑料和特种工程塑料两类。前者主要品种有聚酰胺、聚碳酸酯、聚甲醛、聚苯醚和热塑性聚酯五大通用工程塑料。后者主要是指长期使用温度在 150℃ 以上的工程塑料，主要品种有聚酰亚胺、聚苯硫醚、聚砜类、芳香族聚酰胺、聚芳酯、聚苯酯、聚芳醚酮和氟塑料等。表 13-3 列出了常用塑料的代号、名称、性能和用途。

表 13-3　常用塑料的代号、名称、性能和用途

代号	名称	性　能	用　途
ABS	丙烯腈-丁二烯-苯乙烯共聚物	抗冲击性、耐热性、耐低温性、耐化学药品性及电气性能优良，易加工，制品尺寸稳定，表面光泽性好	广泛应用于机械、汽车、电子电器、仪器仪表、纺织和建筑等工业领域
EP	环氧树脂	对金属和非金属材料的表面具有优异的粘接强度，介电性能良好，变形收缩率小，制品尺寸稳定性好，硬度高，柔韧性较好，对碱及大部分溶剂稳定	广泛应用于国防、国民经济各部门，作浇注、浸渍、层压料、粘接剂、涂料等用途

代号	名称	性　　能	用　　途
EVA	乙烯-乙酸乙烯酯共聚物	具有良好的柔软性,橡胶般的弹性,化学稳定性良好,抗老化和耐臭氧强度好,无毒性	广泛用于发泡鞋材、功能性棚膜、包装膜、热熔胶、电线电缆及玩具等领域
HDPE	高密度聚乙烯	耐酸碱,耐有机溶剂,电绝缘性优良,低温时,仍能保持一定的韧性。表面硬度、拉伸强度、刚性等机械强度都高于低密度聚乙烯,接近于聚丙烯	用于挤出包装薄膜、绳索、编织网、渔网、水管,注塑较低档日用品及外壳、非承载荷构件、胶箱、周转箱、挤出吹塑容器、中空制品、瓶子
HIPS	高抗冲击聚苯乙烯	优异的冲击韧性和良好的耐化学药品性	用来制备家用电器的壳体或部件、玩具、吸尘器、照明装置、办公用具零部件,也可以与其他材料复合制备纺织纱管、镜框、文教用品等
LDPE	低密度聚乙烯	耐低温性、耐冲击性较好,良好的化学稳定性,除强氧化酸外,一般情况下耐酸、碱、盐类的腐蚀,优异的电绝缘性能	主要用途是作薄膜产品,还用于注塑制品、医疗器具、药品和食品包装材料,吹塑中空成型制品等
PC	聚碳酸酯	强度高,韧性好,使用温度范围宽,高度透明性,尺寸稳定性良好,耐候性、电气绝缘性优良,无毒	主要用途是玻璃装配业、汽车工业和电子、电器工业,其次还有工业机械零件、光盘、包装、计算机等办公室设备、医疗及保健、薄膜、休闲和防护器材等
PET	聚对苯二甲酸乙二醇酯	较宽的温度范围内具有优良的力学性能,长期使用温度可达120℃,电绝缘性优良,抗蠕变性、耐疲劳性、耐摩擦性、尺寸稳定性都很好	主要应用为电子电器、汽车工业和机械工业,如电气插座、电子连接器、开关、仪表机械零件、车窗控制器、脚踏变速器、配电盘罩、齿轮、叶片、皮带轮等
PI	聚酰亚胺	耐高温、耐低温、耐腐蚀、自润滑、低磨耗、力学性能优异,尺寸稳定性好、热膨胀系数小、高绝缘、低热导、不熔融、不生锈,可在很多情况下替代金属和陶瓷	广泛应用于石油化工、矿山机械、精密机械、汽车工业、微电子设备、医疗器械等领域
PMMA	聚甲基丙烯酸甲酯	具有较好的透明性、化学稳定性和耐候性,易染色、易加工,外观优美	汽车工业(信号灯设备、仪表盘等),医药行业(储血容器等),工业应用(影碟、灯光散射器),电子产品的按键(特别是透明的),日用消费品(饮料杯、文具等)
POM	聚甲醛	具有良好着色性,较高的弹性模量,很高的刚性和硬度,拉伸强度、弯曲强度、耐蠕变性和耐疲劳性优异,摩擦系数小,耐磨耗,尺寸稳定性好,表面光泽好,电绝缘性优	广泛应用于电子电气、机械、仪表、日用轻工、汽车、建材、农业等领域
PPO	聚苯醚	无毒、透明、相对密度小,具有优良的机械强度、耐应力松弛、抗蠕变性、耐热性、耐水性、耐水蒸气性、尺寸稳定性,成型收缩率小,难燃有自熄性	主要用于电子电器、汽车、家用电器、办公室设备和工业机械等方面
PP	聚丙烯	无毒、无味,密度小,强度、刚度、硬度、耐热性均优于高密度聚乙烯,可在100℃左右使用。具有良好的介电性能和高频绝缘性且不受湿度影响	适宜制作各种电器部件、电视机和收音机外壳,防腐管道、板材、汽车部件、周转箱、编织包装袋、包装薄膜捆扎材料、各种容器、各种衣着用品、人工草坪等
PS	聚苯乙烯	质地刚硬,抗冲击强度较低,光泽好、透光率大,着色性好,成型性能好,在使用温度范围内,成品收缩变形性小,尺寸稳定	聚苯乙烯塑料广泛应用于光学仪器、化工部门及日用品方面,用来制作茶盘、糖缸、皂盒、烟盒、学生尺、梳子等
PTFE	聚四氟乙烯	具有杰出的优良综合性能,耐高温,耐腐蚀、不粘、自润滑、优良的介电性能、很低的摩擦系数	在原子能、国防、航天、电子、电气、化工、机械、仪器、仪表、建筑、纺织、金属表面处理、制药、医疗、纺织、食品、冶金冶炼等工业中广泛用作耐高低温、耐腐蚀材料,绝缘材料,防粘涂层等

续表

代号	名称	性　能	用　途
PU	聚氨酯	具有耐磨、耐温、密封、隔音、加工性能好、可降解等优异性能	可以代替橡胶、塑料、尼龙等,用于机场、酒店、建材、汽车厂、煤矿厂、水泥厂、高级公寓、别墅、园林美化、彩石艺术、公园等
PVA	聚乙烯醇	无毒无味、无污染,可在80～90℃水中溶解。其水溶液有很好的粘接性和成膜性;能耐油类、润滑剂和烃类等大多数有机溶剂;具有长链多元醇酯化、醚化、缩醛化等化学性质	用于制造聚乙烯醇缩醛、耐汽油管道和维尼纶合成纤维、织物处理剂、乳化剂、纸张涂层、黏合剂等
PVC	聚氯乙烯	聚氯乙烯具有阻燃(阻燃值为40以上)、耐化学药品性高、机械强度及电绝缘性良好的优点	在建筑材料、工业制品、日用品、地板革、地板砖、人造革、管材、电线电缆、包装膜、瓶、发泡材料、密封材料、纤维等方面均有广泛应用

13.7.2　橡胶

橡胶是一类具有可逆形变的高弹性聚合物材料的总称。橡胶的分子链具有较高的柔性,经过硫化交联以后,橡胶形成网状交联结构聚合物,在受到外力作用发生形变时,具有迅速复原的能力,并具有良好的力学性能及化学稳定性。按照性能和用途,橡胶可以分为通用橡胶和特种橡胶。通用橡胶主要是用来代替天然橡胶制造轮胎和一般橡胶制品,如丁苯橡胶、顺丁橡胶、异戊橡胶、氯丁橡胶、乙丙橡胶和丁基橡胶等。特种橡胶一般具有特殊的性能,用来制造各种耐寒、耐热、耐油、耐臭氧等橡胶制品,如氟橡胶、硅橡胶、丙烯酸酯橡胶、聚氨酯橡胶、聚醚橡胶、氯化聚乙烯、氯磺化聚乙烯、环氧丙烷橡胶、聚硫橡胶等。橡胶主要采用开炼机、密炼机和平板硫化机等设备加工成型。橡胶的基本成型工艺过程包括塑炼、混炼、成型和硫化等。常用橡胶的代号、名称、性能和用途列于表13-4中。

表13-4　常用橡胶的名称、性能和用途

代号	名称	性　能	用　途
BR	顺丁橡胶	耐寒性、耐磨性和弹性特别优异,动负荷下发热少,耐老化性尚好,易与天然橡胶、氯丁橡胶或丁腈橡胶并用	特别适用于制造汽车轮胎和耐寒制品,还可以制造缓冲材料及各种胶鞋、胶布、胶带和海绵胶等
EPR	乙丙橡胶	优异的耐候性、耐臭氧、电绝缘性、低压缩永久变形、高强度和高伸长率等	广泛用于汽车部件、建筑用防水材料、电线电缆护套、耐热胶管、胶带、汽车密封件、润滑油添加剂及其他制品
IIR	丁基橡胶	气密性好。它还能耐热、耐臭氧、耐老化、耐化学药品,并有吸震、电绝缘性能	一般用于汽车轮胎以及汽车隔音用品
IR	异戊橡胶	稳定的化学性质,很好的弹性、耐寒性(玻璃化转变温度-68℃)及很高的拉伸强度	主要用于轮胎生产,除航空和重型轮胎外,均可代替天然橡胶
NBR	丁腈橡胶	耐油性极好,耐磨性较高,耐热性较好,粘接力强	主要用于制造耐油橡胶制品
SBR	丁苯橡胶	物理性能、加工性能及制品的使用性能接近于天然橡胶,有些性能如耐磨、耐热、耐老化及硫化速度较天然橡胶更为优良	广泛用于轮胎、胶带、胶管、电线电缆、医疗器具及各种橡胶制品的生产等领域

13.7.3　纤维

纤维是由连续或者不连续的具有一定柔韧性的细丝组成。纤维是一类发展比较早的高分子化合物,早期人们广泛使用的棉花、麻、蚕丝等都属于天然纤维。随着有机合成技术和石油工业的发展，出现了合成纤维。合成纤维是将人工合成的、具有适宜分子量并具有可溶（或可熔）性的线型聚合物，经溶液纺丝或熔融纺丝成形而制得的纤维。通常将这类具有成纤性能的聚合物称为成纤聚合物。成纤聚合物的品种繁多，已投入工业化生产的有 40 余种，其中最主要的产品有聚酯纤维（涤纶）、聚酰胺纤维（尼龙）、聚丙烯腈纤维（腈纶）三大类。这三大类纤维的产量占合成纤维总产量的 90％以上。与天然纤维和人造纤维相比，合成纤维的原料是由人工合成方法制得，原料来源丰富，生产不受自然条件的限制，具有强度高、耐高温、耐酸碱、耐磨损、重量小、保暖性好、抗霉蛀、电绝缘性好等特点，因此发展比较迅速。

按照加工长度，纤维可以分为长丝纤维和短纤维。长丝纤维是在化学加工中不切断的纤维。长丝纤维的长度以千米计，分为单丝和复丝。单丝是指以单孔喷丝头纺制而成的一根连续纤维或以 4～6 根单纤维组成的连纤纤维。复丝一般是指由 8～100 根单纤维组成的丝条。短纤维是指纺丝后被切断成长度为几厘米至十几厘米的纤维。根据性能和生产方法，纤维可以分为常规纤维和差别化纤维。差别化纤维是指通过化学或物理等手段对常规纤维进行改性，使其结构、形态等特性发生改变，从而具有某种或多种特殊功能的纤维，如阳离子高收缩纤维、异型纤维、复合超细纤维、高吸湿透湿纤维、离子交换纤维、纳米纤维以及高阻燃、高导湿、抗静电、抗菌防臭、防辐射等多功能复合纤维。

13.7.4　涂料

涂料是以树脂、油或乳液为主要原料，添加或不添加颜料、填料，添加相应助剂，用有机溶剂或水配制而成的黏稠液体。涂料用以涂覆在被保护或被装饰的物体表面，并能与被涂物形成黏附牢固、具有一定强度、连续的固态薄膜。形成的固态薄膜通常称为漆膜或涂层。现将涂料的主要组分简述如下。

① 成膜物质　也称基料，它是涂料最主要的成分，其性质决定了涂料的基本特性。成膜物质分为两类：一类是反应型成膜物质，另一类是非反应型成膜物质。前者在成膜过程中发生化学反应，形成网状交联结构，此类成膜物质为热固性聚合物，如环氧树脂、醇酸树脂等；后者在成膜过程不发生化学反应，仅是靠涂料中溶剂的蒸发或热熔的方式而得到干硬涂膜，此类成膜物质为热塑性聚合物，如纤维素衍生物、氯丁橡胶、热塑性丙烯酸树脂等。

② 助剂　也称辅料，它是涂料不可缺少的组分，可以改进生产工艺，保持贮存稳定，改善施工条件，提高涂膜质量，赋予涂膜特殊功能。如消泡剂、流平剂、催干剂、增韧剂、乳化剂、增稠剂、抗结皮剂、防霉剂等。

③ 颜料　主要起遮盖和赋色作用。一般为不溶于溶剂，且不与涂料中其他组分发生化学反应的无机或有机粉末。无机颜料如朱砂、滑石粉、铅铬黄、镉黄、铁红、钛白粉等，有机颜料如酞菁蓝、颜料黄等。有的颜料除了遮盖和赋色作用外，还有防锈、发光、导电等特殊性能。

④ 溶剂　溶剂是涂料的重要组成部分，其作用是溶解基料和改善涂料黏度。溶剂通常是易挥发的液体，一个好的涂料配方，溶剂的挥发速度不能太快，也不能太慢。如果挥发速度太快，那么涂膜表面光滑平整、附着力很差。如果挥发速度太慢，不仅会延缓干燥时间，同时涂膜会流挂而变得很薄。为了获得满意的溶解和挥发速度，涂料中常用的溶剂有甲苯、二甲苯、丁醇、丁酮、乙酸乙酯等。随着涂料工业的发展，涂料中有机溶剂对人体健康和环境造成的危害问题日益突出。为了减少涂料中有机溶剂的危害，以水作为溶剂的新型水性涂

料应运而生。水性涂料具有来源方便、易于净化、低成本、低黏度、无毒、无刺激、不燃等特点，将是今后涂料工业发展的方向。

13.7.5　胶黏剂

胶黏剂也称黏合剂，是一种能将同质或异质材料连接在一起，固化后具有一定强度的物质。通常，分子量不大的高分子聚合物都可作为胶黏剂。按照化学成分，合成高分子胶黏剂可以分为树脂型胶黏剂、橡胶型胶黏剂和复合型胶黏剂等。树脂型胶黏剂又可分为热固性树脂类胶黏剂和热塑性树脂类胶黏剂。按照形态，胶黏剂可以分为液体胶黏剂和固体胶黏剂。按照用途，胶黏剂可以分为结构胶黏剂、非结构胶黏剂和特种胶黏剂。表 13-5 列出部分代表性胶黏剂。

表 13-5　部分代表性胶黏剂

名　称	特　点	用　途
酚醛树脂胶黏剂	具有很好的黏附性能，耐热性、耐水性好	广泛用于金属、木材、塑料等材料的黏结
环氧树脂胶黏剂	黏合强度高，收缩率小，尺寸较稳定，电性能优良，耐介质性好	对金属、木材、玻璃、橡胶、皮革等有很强的黏附力，是目前应用最多的胶黏剂
聚醋酸乙烯酯胶黏剂	具有良好的黏结强度，常温固化速度快，早期黏合强度高	以粘接各种非金属为主
聚乙烯醇胶黏剂	芬芳气味、无毒、使用方便、黏合强度不高	主要用于胶合板、壁纸等的粘贴
聚乙烯醇缩甲醛胶黏剂	无臭、无毒、不燃、黏度小、价格低廉、黏结性能好，其黏结强度$\geqslant 0.9$MPa	主要用于墙布、墙纸与墙面的粘贴，室内涂料的胶料、外墙装饰的胶料及室内地面涂层胶料
α-氰基丙烯酸酯胶黏剂	强度高、透明、毒性小、使用方便	可粘各种材料，最适于应急修补

为了满足特定的物理化学特性，一般胶黏剂中要加入各种辅助成分，例如：为了使胶黏剂固化后形成网状结构，增加黏结强度需要加入固化剂；为了提高固化速度、降低固化温度需要加入固化促进剂或催化剂；为了提高胶黏剂的耐老化性能需要加入防老剂；为了降低成本或赋予胶黏剂某些特殊的性质需要加入填充剂；为了提高黏结韧性需要加入增韧剂；为了降低胶黏剂的黏度，延长胶黏剂的存储时间需要加入稀释剂等。

13.7.6　聚合物基复合材料

随着现代工业的发展，对高分子聚合物的性能要求越来越高，传统单一组分的高分子聚合物已经很难满足需求，聚合物基复合材料应运而生。聚合物基复合材料是指以高分子聚合物为基体，通过采用适当的工艺方法，把另外一种或几种物理化学性能不同的材料与之复合而成的一种多相固体材料。按照聚合物基材料分类，聚合物基复合材料可以分为：环氧树脂基、酚醛树脂基、聚氨酯基、聚酰亚胺基、不饱和聚酯基和其他树脂基复合材料。按照增强剂类型分类，聚合物基复合材料可以分为玻璃纤维增强热固性塑料、短切玻璃纤维增强热塑性塑料、碳纤维增强塑料、芳香族聚酰胺纤维增强塑料、碳化硅纤维增强塑料、矿物纤维增强塑料、石墨纤维增强塑料、木质纤维增强塑料等。与传统高分子聚合物材料相比，聚合物基复合材料具有以下优异的性能。

① 具有很高的比强度和比模量　碳纤维/环氧复合材料的比强度为钢的 5 倍，铝合金的 4 倍，钛合金的 3 倍，其比模量约为钢、铝合金和钛合金的 5.5 倍，但密度却是钢的 1/5，铝合金的 1/2，钛合金的 1/3。这样在用聚合物基复合材料制造构件时，可以在强度和刚度

相同的情况下，减轻构件重量或减小构件尺寸，达到节省能源、提高构件的使用性能的效果。

② 耐疲劳性能好，破损安全性能高　金属材料的疲劳破坏往往是没有明显预兆的突发性破坏。聚合物基复合材料的疲劳破坏总是从纤维的薄弱环节开始，逐渐扩展到界面上。当少数纤维发生破裂时，其失去部分的载荷又会通过其他纤维进行分散，使得材料不会在短时间内丧失承重能力，其破坏前有明显的预兆。

③ 减震性能好　受力结构的自振频率除与自身的结构形状有关外，还与材料比模量的平方根成正比。由于聚合物基复合材料的比模量大，所以它的自振频率很高，一般不易产生共振。

④ 结构的各向异性和性能的可设计性　聚合物基复合材料的突出特点是具备各向异性，这与纤维在聚合物基体中的含量、分布和排列有关。通过改变纤维、基体的种类及体积含量、纤维的排列方向、铺层次序等就可以满足对材料结构与性能的各种设计要求，实现制件的优化设计，做到安全可靠、经济合理。

⑤ 良好的加工工艺性　可以灵活选择加工成型方法，可以整体成型，减少装配零件的数量，能够节省工时、材料，减轻重量。

聚合物基复合材料凭借其灵活多变的特性已在国民经济和国防军工的诸多领域具有广泛的用途和广阔的市场前景。开展聚合物基复合材料的研究和开发具有良好的社会效益和经济效益。

13.7.7　功能高分子材料

功能高分子材料的研究可以追溯到 20 世纪 30 年代，人们开始对吸附分离功能高分子材料和高分子负载催化剂进行广泛的研究。但是功能高分子材料科学作为一个完整的学科是从 20 世纪 80 年代中后期开始的。一直以来，功能高分子材料没有一个广泛接受的定义。根据全国科学技术名词审定委员会给出的定义，功能高分子材料是指具有光、电、磁、生物活性、吸水性等特殊功能的聚合物材料。

按照性质、功能或实际用途，功能高分子材料可以分为以下 8 种类型。

① 反应性高分子材料，是指在分子上带有反应性官能团的高分子材料。包括高分子试剂、高分子催化剂和高分子染料，特别是高分子固相合成试剂和固定化酶试剂等。

② 光敏性高分子材料，是指在光作用下能迅速发生化学和物理变化的高分子材料，或者通过高分子或小分子上光敏官能团所引起的光化学反应和相应的物理性质变化而获得的高分子材料。包括各种光稳定剂、光敏涂料、光刻胶、感光材料、非线性光导材料、光导材料和光致变色材料等。

③ 电活性高分子材料，是指在电参量作用下材料能够作出反应，产生各种物理或化学变化或者对各种外界条件变化作出不同反应，产生电信号的高分子材料。包括导电聚合物、高分子电解质、高分子驻极体、高分子介电材料，能量转换型聚合物、电致发光和电致变色材料等。

④ 高分子分离膜，是指具有分离功能的高分子薄膜材料。包括各种孔径的多孔分离膜、密度膜、LB 膜和 SA 膜，这些高分子分离膜广泛作为气体分离膜、液体分离膜、水净化膜和缓释膜等。

⑤ 吸附性高分子材料，是指那些对某些特定离子或分子有选择性亲和作用的高分子材

料。包括高分子吸附性树脂、离子交换树脂、高分子螯合剂、高分子絮凝剂和吸水性高分子材料等。

⑥ 医药用高分子材料，是指用以制造人体内脏、体外器官、药物制剂及医疗器械的高分子材料。包括医用高分子材料、药用高分子材料和医药辅助高分子材料。

⑦ 高分子智能材料，是指通过有机合成的方法，使无生命的材料能够对周围环境和自身变化做出特定反应并以某种显性方式给出的高分子材料。包括高分子形状记忆材料、信息存储材料和光、电、磁、pH、压力感应材料等。

⑧ 高分子液晶材料，是指聚集时在一定程度上既类似于晶体，分子呈有序排列，又类似于液体，有一定的流动性的高分子材料。高分子液晶广泛应用于高性能塑料、纤维、薄膜和机械部件的制备，在电子和高技术领域发挥着重要作用。

功能高分子材料科学主要研究功能高分子材料的合成与制备、组成与结构、构效关系及开发应用各组元本身及四者之间的相互依赖关系的规律。其中合成新的功能高分子材料，或者提供新的制备技术是研究的目标；对功能高分子材料的组成与结构进行测定是物理化学性能表征的研究内容；结构与性能关系的研究建立起功能高分子材料的结构与功能之间的关系理论，以此理论可指导开发功能更加优异，或具有全新功能的高分子材料。功能高分子材料是近二三十年来发展最为迅速、最具理论和应用意义的新领域。功能高分子材料种类繁多、功能各异、应用广泛，将在经济建设、科学研究和日常生活中发挥越来越重要的作用。

拓展知识

高分子材料发展史

高分子材料是以高分子化合物为基础的材料，包括塑料、橡胶、纤维、涂料、胶黏剂和高分子基复合材料。高分子材料具有质轻、绝缘、易加工、耐腐蚀、比强度高、原料丰富和生产成本低等特点，是很多传统材料如金属所不能比拟的。迄今为止，全世界高分子材料的年体积产量已远远超过钢铁和其他有色金属之和。高分子材料产业已经成为国民经济发展的重要支柱，在社会发展与生活中具有举足轻重的地位。

高分子材料按来源分为天然、半合成（改性天然高分子材料）和合成高分子材料。天然高分子是生命起源和进化的基础。人类社会一开始就利用天然高分子材料作为生活资料和生产资料，并掌握了其加工技术。如利用蚕丝、棉、毛织成织物，用木材、棉、麻造纸等。19 世纪 30 年代末期，进入天然高分子化学改性阶段，出现半合成高分子材料。1870 年，美国人 Hyatt 用硝化纤维素和樟脑制得的赛璐珞塑料，是有划时代意义的一种人造高分子材料。从 20 世纪初开始，人类进入合成高分子时代。1907 年出现合成高分子酚醛树脂，真正标志着人类应用合成方法有目的地合成高分子材料的开始。1920 年，德国科学家 H. Staudinger 发表了 "关于聚合反应" 的论文，首次提出以共价键联结为核心的高分子概念。20 世纪 30 年代 PVC、PS、PMMA、PE 等实现工业生产。此后，第二次世界大战促进丁苯橡胶、丁腈橡胶等合成橡胶的迅猛发展。50 年代是高分子材料学科发展的 "黄金年代"，在这一阶段确定了 "高分子物理" 的概念，Ziegler-Natta 催化剂带来了定向聚合，PP、顺丁橡胶和 PET 实现工业化。60 年代是工程塑料大规模发展时期，工程塑料具有较高的力学性能，能够接受较宽的温度变化范围和较苛刻的环境条件，并能在此条件下较长时间地使用。80 年代是高分子设计及改性阶段，全面发展各种高性能、多功能材料，但同时也在这个阶段提出了能源、社会、环境这一影响地球生存的人类重大问题。而在90年代，结构性能的研究进入定量、半定量阶段，重视高分子化学、高分子物理及高分子材料工程三个分支的相互交融，重视高分子材料对环境的破坏，出现了白色污染、塑料回收等一系列研究课题。进入21世纪，高分子材料正向功能化、智能化、精细化方向发展，相继开发出分离材料、智能材料、储能材料、光导材料、纳米材料和电子信息材料，与此同时，在高分子材料的生产加工中也引进了许多先进技术，如等离子体技术、激光技术、辐射技术等。高分子材料的结构与性能研究也由宏观进入微观，从定性进入定量，从静态进入动态，正逐步实现在分子设计水平上合成并制备达到所期望功能的新型材料。

习　题

1. 举例说明单体、重复单元、聚合物、聚合度的含义。

2. 写出下列单体的聚合反应式，以及单体、聚合物的名称。

(1) $CH_2 = CHF$

(2) $CH_2 = C(CH_3)_2$

(3) $HO(CH_2)_5COOH$

(4)  △

(5) $NH_2(CH_2)_6NH_2 + HOOC(CH_2)_4COOH$

3. 写出聚合物名称、单体名称和聚合反应式。指明反应类型是连锁聚合还是逐步聚合？

(1) 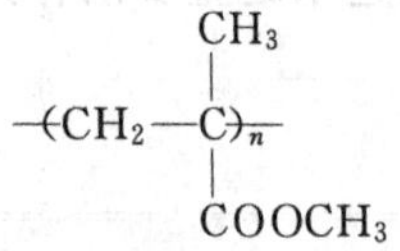
$$-(CH_2-\underset{\underset{COOCH_3}{|}}{\overset{\overset{CH_3}{|}}{C}})_n-$$

(2) $-(NH(CH_2)_5CO)_n-$

(3) 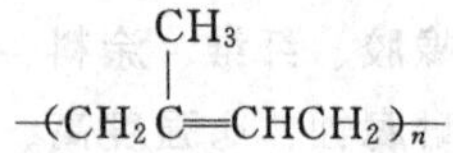
$$-(CH_2\underset{}{\overset{\overset{CH_3}{|}}{C}}=CHCH_2)_n-$$

(4) 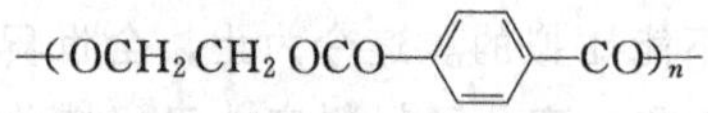 $-(OCH_2CH_2OCO-\bigcirc-CO)_n-$

4. 写出下列聚合物的单体分子式和合成反应式。

聚丙烯腈，聚甲醛，聚氨酯，聚苯醚，聚四氟乙烯，聚偏二氟乙烯，聚丙烯，聚碳酸酯。

5. 求下列混合物的数均分子量、重均分子量和多分散系数。

组分1：质量分数＝0.5，分子量＝$1×10^4$

组分2：质量分数＝0.4，分子量＝$1×10^5$

组分3：质量分数＝0.1，分子量＝$1×10^6$

6. 举例说明热固性塑料和热塑性塑料，以及结晶性聚合物和无定形聚合物的区别。

7. 举例说明塑料、橡胶、纤维的结构和性能的主要差别和联系。

参 考 文 献

[1] 天津大学有机化学教研组. 有机化学. 第 5 版. 北京：高等教育出版社，2014.

[2] 王积涛，胡青眉，张宝申等. 有机化学. 天津：南开大学出版社，1993.

[3] Vollhardt K P C, Schore N E. Organic Chemistry：Structure and Function. 4th ed. 戴立信，席振峰，王梅祥等译. 北京：化学工业出版社，2006.

[4] Morrison R T, Boyd R N. 有机化学复旦大学化学系有机化学教研室译. 第二版. 北京：科学出版社，1992.

[5] 邢其毅，裴伟伟，徐瑞秋等. 基础有机化学（上，下册）. 第 3 版. 北京：高等教育出版社，2005.

[6] 于世钧，安悦，闫杰. 有机化学. 北京：化学工业出版社，2014.

[7] 刘军. 有机化学. 第 2 版. 武汉：武汉理工大学出版社，2014.

[8] 薛思佳. 有机化学. 第 2 版. 北京：科学出版社，2015.

[9] 徐寿昌. 有机化学. 第 2 版. 北京：高等教育出版社，2014.

[10] 胡宏纹. 有机化学. 第 3 版. 北京：高等教育出版社，2006.

[11] 吕以仙，陆阳. 有机化学. 第 7 版. 北京：人民卫生出版社，2008.

[12] 高占先. 有机化学. 第 2 版. 北京：高等教育出版社，2007.

[13] 张凤秀. 有机化学. 北京：科学出版社，2013.

[14] 覃兆海，马永强. 有机化学. 北京：化学工业出版社，2014.

[15] 胡春. 有机化学（药学类专业通用）. 第 2 版. 北京：中国医药科技出版社. 2013.

[16] 叶非，冯世德. 有机化学. 北京：中国农业出版社，2013.

[17] 吉卯祉，彭松，葛正华. 有机化学. 北京：科学出版社，2013.

[18] 高吉刚. 基础有机化学. 北京：化学工业出版社，2013.

[19] 罗一鸣. 有机化学. 北京：化学工业出版社，2013.

[20] 孙景琦. 有机化学. 北京：中国农业出版社，2013.

[21] 王兴明，康明. 基础有机化学. 北京：科学出版社，2012.

[22] 李毅群，王涛，郭书好. 有机化学. 第 2 版. 北京：清华大学出版社，2013.

[23] 高鸿宾. 有机化学. 第 4 版. 北京：高等教育出版社，2005.

[24] 刘华，韦国锋. 有机化学. 北京：清华大学出版社，2013.

[25] 华东理工大学有机化学教研组. 有机化学. 第 2 版. 北京：高等教育出版社，2013.

[26] 杨定乔，汪朝阳，龙玉华. 高等有机化学——结构，反应与机理. 北京：化学工业出版社，2012.

[27] 魏荣宝，阮伟祥. 高等有机化学——结构和机理. 北京：国防工业出版社，2009.

[28] 魏荣宝. 高等有机化学. 第 2 版. 北京：高等教育出版社，2011.

[29] 汪焱钢，张爱东. 高等有机化学导论. 武汉：华中师范大学出版社，2009.

[30] 冯骏材. 有机化学. 北京：科学出版社，2012.

[31] 魏俊杰. 有机化学. 北京：高等教育出版社，2010.

[32] 吴范宏. 有机化学. 北京：高等教育出版社，2014.

[33] 徐寿昌. 有机化学. 北京：高等教育出版社，2014.

[34] 叶非. 有机化学. 北京：中国农业出版社，2013.

[35] 尹冬冬. 有机化学. 北京：高等教育出版社，2010.

[36] 张文勤. 有机化学. 北京：高等教育出版社，2014.

[37] 钱旭红. 有机化学. 北京：化学工业出版社，2014.

[38] 赵建庄. 有机化学. 北京：中国林业出版社，2014.

[39] 聂麦茜. 有机化学. 北京：冶金工业出版社，2014.

[40] 陈建新. 有机化学. 沈阳：辽宁大学出版社，2013.

[41] 陈琳. 有机化学. 北京：人民军医出版社，2014.

[42] Seyhan Egan. Organic Chemistry. 3rd ed. Lexington：D. C. Heath and Company，1994.

[43] Francis A. Carey, Robert M. Giuliano. Organic Chemistry. 9th ed. New York：Mcgraw-Hill Education，2013.

[44] 官仕龙. 有机化学题解精粹. 合肥：中国科学技术大学出版社，2005.

[45]　Seyhan Egan. Organic Chemistry. 3rd ed. Lexington：D. C. Heath and Company，1994.

[46]　Francis A. Carey，Robert M. Giuliano. Organic Chemistry. 9th ed. New York：Mcgraw-Hill Education，2013.

[47]　尹志刚 . 有机磷化合物 . 北京：化学工业出版社，2011.

[48]　彭红，曾丽 . 有机化学学习指导与习题解答 . 武汉：华中科技大学出版社，2011.

[49]　陈敏为，甘礼雅 . 有机杂环化合物 . 北京：高等教育出版社，1990.

[50]　朱玮，刘汉兰，王俊儒 . 有机化学学习指导 . 北京：高等教育出版社，2007.

[51]　官仕龙 . 有机化学题解精粹 . 合肥：中国科学技术大学出版社，2005.

[52]　彭红，曾丽 . 有机化学学习指导与习题解答 . 武汉：华中科技大学出版社，2011.

[53]　李艳梅，赵圣印，王兰英等 . 有机化学 . 北京：科学出版社，2011.

[54]　Seyhan Egan. Organic Chemistry. 3rd ed. Lexington：D. C. Heath and Company，1994.

[55]　何曼君，张红东，陈维孝等 . 高分子物理 . 第 3 版 . 上海：复旦大学出版社，2008.

[56]　潘祖仁 . 高分子化学 . 第 5 版 . 北京：化学工业出版社，2011.

[57]　王槐三，江波，王亚宁等 . 高分子化学教程 . 第 4 版 . 北京：科学出版社，2015.

[58]　Alfred Rudin，Phillip Choi. The Elements of Polymer Science and Engineering（Third Edition）. Holland：Elsevier B. V.，2013.

[59]　Sperling L H Introduction to Physical Polymer Science. 4th ed. Hoboken：John Wiley & Sons Inc，2006.

[60]　黄丽 . 高分子材料 . 第 2 版 . 北京：化学工业出版社，2010.

[61]　赵文元，王亦军 . 功能高分子材料 . 第 2 版 . 北京：化学工业出版社，2013.

[62]　王国建，王德海，邱军等 . 功能高分子材料 . 上海：华东理工大学出版社，2006.